"十一五"国家重点图书出版规划项目

# 现代景观设计理论与方法

成玉宁 著

东南大学出版社
·南京·

## 内容提要

本书为作者16年教学、科研成果的总结。全书共分6章,主要内容有现代景观设计及其发展、景观环境调查与评价、可持续景观设计方法、人性化景观环境设计、现代景观空间建构、景观设计思维与表达。

本书可供本科生、研究生学习,也可供景设计、城市设计人员及相关专业师生阅读。

### 图书在版编目(CIP)数据

现代景观设计理论与方法/成玉宁著.—南京:东南大学出版社,2021.8(2025.1重印)

ISBN 978-7-5641-1841-9

Ⅰ.现… Ⅱ.成… Ⅲ.景观-园林设计 Ⅳ.TU986.2

中国版本图书馆CIP数据核字(2009)第161021号

出版发行:东南大学出版社
社　　址:南京市四牌楼2号　邮编:210096
出 版 人:白云飞
网　　址:http://press.seu.edu.cn
经　　销:全国各地新华书店
印　　刷:广东虎彩云印刷有限公司
开　　本:889 mm×1 194 mm　1/16
印　　张:26.5
字　　数:699千字
版　　次:2010年3月第1版
印　　次:2025年1月第12次印刷
书　　号:ISBN 978-7-5641-1841-9
定　　价:139.00元

本社图书若有印装质量问题,请直接与读者服务部联系。电话(传真):025-83791830

# 序

实存环境中的自然元素、人工元素抑或二者的结合之所以成为景观，首要的原因是因为有人的感知、使用和评价。从这个意义上讲，景观既是客观的，也是主观的。这种人为主体的主观感知和评价的对象是客观的景观对象，它可以是未加人工优化改动的纯自然景观，也包括自然物附加人类实践活动后形成的人文景观。

诚如本书前言所指出：景观设计的本质在于探索人与环境的关系。随着人类社会的不断发展演进，现代景观的塑造和设计融入了更加密切的与人类活动相关的功能因素和更多的科学原理，探索愈发多元和多样。以城市园林为例，18世纪，伦敦海德公园从皇家贵族所有发展到与公众共享，成为公众自由见解表达的场所，推进了社会民主政治的进程；特别值得一提的是，美国近现代城市园林绿地系统的发展，使得现代景观设计越来越多地走向社会民主和大众休闲；波士顿的滨水地区"翡翠项链"景观规划设计和纽约中央公园为新的城市景观类型和设计理论方法开辟了一条新路。1960年代以来，随着"寂静的春天"给人们的警示，环境可持续性成为景观设计的重要视角，后现代艺术思潮的发展和滥觞也给现代景观设计的多价多义和新的审美风尚的崛起注入了活力。随着后工业时代的到来，人们对环境友好和景观广义的绿色属性有了更多的关注，生态学原理不再仅作为美学感受的注脚，而且已经影响甚至重构了人们的审美价值取向。

在中国，景观规划设计学科长期以来一直处在建筑学和农林等几个一级学科的领域范围内，对其的归属看法众说纷纭，莫衷一是。但不管怎么说，除却大自然赋予的自然景观外，在人工环境中，绝大部分景观还是由人们规划设计和建造出来的。大部分景观不会从天上掉下来；即使是自然景观，也需要人工呵护和保护，有时也需要人们的提炼、抽象和组织，才会使景观更好的满足人们日常生产和生活以及审美要求。

中国的景观理论和方法探讨目前仍然处在初步的探索阶段，而这与当前面广量大的景观建设项目和任务很不相称。正因如此，由成玉宁教授撰写的《现代景观设计理论与方法》一书，就显得十分重要而及时。我有幸在本书付梓前阅读浏览了全书，因而有感而发撰写了上述感想。我相信，这本书不仅对于广大景观学专业师生和专业人士，而且也会对那些对景观感兴趣的读者起到系统的景观学知识传授、梗概性的景观设计理论脉络的了解和设计方法的指导作用。

王建国<br>
2010年1月

# 前　言

近一个世纪以来，科学与技术产生了巨大的变化，与之相应，人类的自然观、审美观也在不断地发展与丰富着，景观设计归根结底反映了人们的环境观念，人们对于外部世界的看法，从景观学成立迄今百余年历史，不论景观设计呈现出怎样缤纷的态势，一个亘古不变的主线是景观设计的本质在于探索人与环境的关系，基本内容仍然是围绕着一定的目的，重新调整安排环境秩序，使之符合功能、科学、文化背景等多目标要求。

传统的中国造园向来是"有法无式"，即有一定的方法而无程式，这不仅仅是中国园林的特征，也是当代景观设计的共同点。现代景观设计纷繁复杂，总的来说，多元化是当代景观设计思潮的一大显著特点。随着时代的变化，景观设计的观念也在不断地发生变化，现代景观设计面对新的挑战，设计师重新思考景观的本体意义。

现代主义景观设计自从抛弃了古典主义的景观设计美学准则后一直不断探索，但始终没有似乎也不需要重新建立评价标准，随意性及个性化似乎成为景观设计的普遍特征。现代景观与建筑、艺术等相关学科之间同时存在与变化着，艺术思潮、建筑理论的探索无不影响着景观设计。在千变万化的各式景观存在的同时，现代景观奠定的在理解自然及其过程基础上所形成的"人工自然"的景观模式客观地为不同国度、不同文化背景的人们所接受。比较起争议的各种"主义"、"流派"、"风格"，其尊重自然的景观设计法则仍然是当代景观设计最基本的评价标准，也是景观设计区别于建筑设计、艺术设计的根本所在。不论从数量上还是分布范围上看，自然主义的景观模式仍然是当代景观设计的主流。不同的是景观师们的理解及其表达有所差异，也正因为此带来了景观设计的繁荣。

当代景观师中绝大多数设计师仍然重视传统的设计根基，在造型上仍采用理性方式去锤炼形式与探索空间，景观设计以实现多目标和谐完美作为设计所追求的目标。活跃在当今景观设计领域的景观师们较之于先辈们似乎少了点对"主义"的执著，他们的设计重新回归理性，散布在世界各地的中青年景观师们，虽然受到诸多理论的熏陶，但大多未被理论淹没，没有被先验理论左右，而是强调"创造性设计"，提倡设计中创造能力的开发。设计活动分为分析、创造、决策三个步骤。理性地面对环境，经得起时间考验的设计大多基于对环境生态与文化过程的分析研究，从中寻找设计的理由与依据，基于为人的服务而建构个性化的景观环境。

现代景观设计突出调查研究的前提意义，视其为设计的"起点"、"基石"，强调设计依据的"客观性"，这又与先有立意(idea)的具有鲜明"先验"色彩的传统设计不同。强调逻辑关系并不排斥景观师的灵感发现，相关设计者的思想火花充斥着设计的过程。从对场地的分析开始，到方案构思，设计师对于外部世界的认知是主观能动的反映过程，而不是简单的"照相"。经过分析、归纳、整合、加工，得到场所的全息"影像"，从而对环境的认知更加全面而深刻。分析过程是建立在对环境的剖析基础之上，将环境因子"肢解"为单一要素，即便是"叠加"、"融合"过程也难以还原自然的本来面貌，但毕竟是更加接近于环境本体的一步。景观环境作为生态、空间、社会功能的载体，其规划设计必然要适应多种目标的综合需求，以实现多重目标的整体价值最优。这不等同于各目标的最优，而是依据项目之不同而区别对待，相对于诸目标而言"投入"与"产出"的最优化也是当代景观规划设计必须面对的一大问题,即以合理的技术取得产出的最大化,单纯的依赖减少投入或以大投入谋取高"产出"均不足取,"集约化"设计方法针对景观环境的复合性特征,统筹生态、功能、空间与文化,优化"投入"与"产出",是实现景观环境可持续发展的基本途径。

尊重自然、尊重场所、尊重使用者是现代景观设计的三项基本原则。

尊重自然:以自然规律为基础,依照特征区域自然演替的规律及生境构成的特征,营造、重组景观环境,借助自然之"力",必然不烦人事之功,实现景观环境的持续存在与发展。

尊重场所:任何一处客观存在的环境都是在自然与人为交互作用下长期积淀生成的,其存在的形式和肌理客观地记录了自然的过程,并且能够反映特征环境条件,具有一定的规律性。景观设计对此同样应予以尊重,从而以尽可能少的人为干预、扰动为前提,将设计目的融入环境。

尊重使用者:纯粹的自然景观没有也不需要人的介入,而景观设计的最终目的是为人服务,以满足人的使用及审美需求为目标。研究人在景观环境中的行为心理规律、方式及其对景观环境的需要,营造人性化的景观环境是现代景观设计的宗旨之一。

坚持三个"尊重"可以最大限度地发挥出场所的潜能,不仅适宜人的休闲游憩,而且可以适当的方式求得人为营造与环境的共生,实现景观的持续存在与发展。也正因为突出了对场所本身的研究,从而能够最大限度地发挥场所固有的特征,进一步凸显不同景观环境的个性。

科学的价值在于发现,艺术的价值在于创造,现代景观是科学与艺术交织的产物,景观设计具有感性与理性的双重属性。"感性"的营造具有浪漫主义的色彩,"理性"则更注重因果关系的生成,其设计成果具有说服力与逻辑性。现代景观设计中的"理性精神"集中表现在两个方面:其一,对客观环境的研究,强调尊重规律,寻求设计的依据;其二,对于设计理念的表达应合乎逻辑。"感性"始终充盈着景观环境,景观师表现思想的中介是景观环境,具象、可感知并符合形式美的规律是景观环境空间特征的共性,离开理性的依据,景观环境则归结于材料的堆砌或成为设计者个性思想宣泄的工具;反之,没有感性的支撑,景观则可能归于机械、教条。现代景观设计需要把握住理性与感性的尺度,妥善解决必然性(理性)与或然性(感性)的关系。现代景观设计更强调"逻辑关系",建立在理性的评价与分析基础上的,设计构思与表达过程是可以描述与传授的,这与传统的依赖于直觉与经验的景园设计有着明显的区别。

成玉宁<br>
2009年9月9日

# 目 录

## 1 现代景观设计及其发展 ............................................................................................................. 1
### 1.1 近百年景观设计与理论的发展 ............................................................................................ 1
- 1.1.1 现代景观设计系统观的形成 ......................................................................................... 2
- 1.1.2 二战前后的现代主义与景观设计思潮 ......................................................................... 7
- 1.1.3 60年代到70年代的生态主义与大地景观 ................................................................. 23
- 1.1.4 现代主义之后的多元共生格局 ................................................................................... 27

### 1.2 现代景观设计发展趋势 ..................................................................................................... 47
- 1.2.1 分解与重构及其多维度演绎 ....................................................................................... 47
- 1.2.2 从景观规划到城市设计 ............................................................................................... 49
- 1.2.3 行为科学与人性化景观环境 ....................................................................................... 50
- 1.2.4 生态学观念与方法的运用 ........................................................................................... 50
- 1.2.5 地域特征与文化表达 ................................................................................................... 52
- 1.2.6 个性化与独创性的追求 ............................................................................................... 54
- 1.2.7 场所再生与废弃地景观化改造 ................................................................................... 55
- 1.2.8 节约型景观与可持续发展观 ....................................................................................... 56

### 1.3 走向系统化的现代景观设计 ............................................................................................. 57
- 1.3.1 多学科交叉背景下的现代景观设计 ........................................................................... 57
- 1.3.2 现代景观环境设计的基本意义 ................................................................................... 58
- 1.3.3 走向集约化的现代景观设计 ....................................................................................... 59

## 2 景观环境调查与评价 ................................................................................................................. 61
### 2.1 景观环境特征 ..................................................................................................................... 62
- 2.1.1 景观环境的生态特征 ................................................................................................... 62
- 2.1.2 景观环境的空间特征 ................................................................................................... 65

### 2.2 景观环境调查与评价内容 ................................................................................................. 67
- 2.2.1 景观环境调查 ............................................................................................................... 67
- 2.2.2 生态环境评价 ............................................................................................................... 68
- 2.2.3 空间特征评价 ............................................................................................................... 70
- 2.2.4 人文景观评价 ............................................................................................................... 73
- 2.2.5 环境容量的评价 ........................................................................................................... 77

### 2.3 景观环境调查与评价方法 ................................................................................................. 78
- 2.3.1 叠图法在景观设计中的应用 ....................................................................................... 78
- 2.3.2 基于GIS的景观分析与规划 ....................................................................................... 94

### 2.4 景观环境场地适宜性与设计策略 ................................................................................... 113
- 2.4.1 生态适宜性评价 ......................................................................................................... 114
- 2.4.2 项目建设适宜性评价 ................................................................................................. 122
- 2.4.3 设计策略的生成 ......................................................................................................... 130

## 3 可持续景观设计方法 ······ 139
### 3.1 可持续景观设计策略与方法 ······ 139
  3.1.1 风景环境规划设计 ······ 140
  3.1.2 建成环境景观设计 ······ 148
  3.1.3 集约化景观设计方法 ······ 160
### 3.2 可持续景观设计技术 ······ 162
  3.2.1 可持续景观生境设计 ······ 162
  3.2.2 可持续景观种植设计 ······ 175
  3.2.3 可持续景观材料及能源 ······ 183

## 4 人性化景观环境设计 ······ 197
### 4.1 景观环境与行为特征 ······ 198
  4.1.1 行为与环境 ······ 200
  4.1.2 景观环境中的行为方式 ······ 218
### 4.2 景观环境设计的行为预见性与适应性 ······ 224
  4.2.1 环境行为调查方法 ······ 224
  4.2.2 景观环境中人的行为模式 ······ 227
  4.2.3 设计预见性与适应性 ······ 234
### 4.3 设计人性化的景观环境 ······ 238
  4.3.1 创造交往空间 ······ 239
  4.3.2 人性化尺度 ······ 242
  4.3.3 边界的处理 ······ 244
  4.3.4 坐椅设计与设置 ······ 245
  4.3.5 路径设计 ······ 248
  4.3.6 空间的模糊性与领域感 ······ 250
  4.3.7 公众意识和民众参与 ······ 251
### 4.4 无障碍设计与通用设计 ······ 253
  4.4.1 无障碍设计 ······ 253
  4.4.2 通用设计 ······ 255

## 5 现代景观空间建构 ······ 258
### 5.1 景观空间构成 ······ 259
  5.1.1 景观空间界面 ······ 259
  5.1.2 景观空间尺度 ······ 267
  5.1.3 景观空间围合度 ······ 268
  5.1.4 景观空间密度 ······ 273
  5.1.5 景观空间的边界 ······ 278
  5.1.6 景观空间的肌理与质感 ······ 281
  5.1.7 景观空间的色彩 ······ 284
  5.1.8 景观空间的变化 ······ 286

## 5.2 建构整体化的景观空间 ·········· 289
### 5.2.1 景观空间的生成 ·········· 290
### 5.2.2 景观空间的组织 ·········· 298
## 5.3 景观空间秩序 ·········· 310
### 5.3.1 序列构成 ·········· 311
### 5.3.2 序列组织 ·········· 316
### 5.3.3 空间节奏 ·········· 319
## 5.4 景象的生成 ·········· 322
### 5.4.1 空间单元的形态特征 ·········· 322
### 5.4.2 空间的整体性特征 ·········· 326
### 5.4.3 景象"图"与"底"——景象特征的生成 ·········· 330

# 6 景观设计思维与表达 ·········· 332
## 6.1 景观设计思维 ·········· 332
### 6.1.1 景观设计思维的特征 ·········· 333
### 6.1.2 景观设计思维的线索 ·········· 340
## 6.2 景观设计表达 ·········· 370
### 6.2.1 景观设计表达方式 ·········· 370
### 6.2.2 设计概念的表达 ·········· 389

# 主要参考文献 ·········· 411

# 后记 ·········· 414

# 1 现代景观设计及其发展

景观生态学原理、现代空间理论、行为心理学以及设计艺术思潮等领域的探索与研究奠定了现代景观设计发展的基石。现代景观设计强调尊重自然、尊重人性、尊重文化,生活、科技、文化的交融成为现代景观设计的源泉。通过将空间、行为、生态及人文精神有机结合,综合提升土地的使用价值与效率,以可持续的方式、方法促进人居环境的发展。正如约翰·O·西蒙兹(John Ormsbee Simonds)指出:"景观,并非仅仅意味着一种可见的美观,它更是包含了从人及人所依赖生存的社会及自然那里获得多种特点的空间;同时,应能够提高环境品质并成为未来发展所需要的生态资源。"不断地探索优化人与自然的关系,始终是景观设计发展的前进动力。当代景观设计已超越单纯追求美观或纯粹的生态至上的界限,在科学的基础上,强调感性与理性的结合,表现人工与自然融合成为现代景观设计的发展趋势。现代景观设计以多学科的整合为基础,它与建筑学、城市规划学共同构成人居环境建设的三大学科。

## 1.1 近百年景观设计与理论的发展

现代景观设计经历了一个不断演变的过程,它顺应了科学技术的发展并满足了社会的需求。景观设计是一个开放的领域,与大多数实践性学科相类同,变革发展成为景观学科自我完善的根本途径。景观设计的变革与高速发展的社会经济和科学技术以及文化的震荡相伴,促进现代景观设计变革的主要因素大致有以下四个方面:第一,20世纪,各国均力图在急剧变化的世界格局中确定各自的位置,国家间既相互合作又激烈斗争,景观设计领域的开放和相互渗透交流的国际化过程加剧。第二,哲学与美学及艺术思潮直接或间接影响着景观设计理念,20世纪是一个"多主义"的时期,不同的艺术思潮先后或交互冲击着此间的景观设计,景观师们追逐并创造潮流,亦受到不同思潮的影响,其间人们在不懈地探索有别于古典主义的设计途径,由此带来景观设计领域的空前繁荣。第三,相关科学技术的发展改变着景观设计的基本架构,以生态学、"3S"技术、信息技术为代表,不仅改变景观学科的发展态势,也改变着传统的专业价值观念。第四,伴随着学科发展速度倍增,景观设计专业知识呈现出既高度分化又高度整合的趋势,景观设计不断变化的目的在于适应学科的发展。可持续发展不仅适用于人类对自然的认识,而且也符合学科的发展规律,景观设计经历了一个不断发展与完善的过程。

时代的变化,一方面加速了景观设计观念更新,同时也加速了知识老化。景观设计主动适应和促进科学技术和社会经济的发展,必须不断地丰富与发展设计思想与方法。发展变革是现实需求,符合景观学科内在的发展规律,也是景观学科不断自我完善的主要途径。近百年来关于景观设计的研究经历了逐步深入与拓展的过程,它对于现代景观的形成与发展具有深远的影响。20世纪以来,人类社会发生了巨大的变化,科学技术突飞猛进,哲学、美学思想空前繁荣,其间又经历了两次世界大战,人们一次次的重新思考现实世界的问题,不断地变化着自身的价值取向,从而导致了20世纪的景观设计五彩缤纷,诸多的主义、流派杂糅并存,但总体而言,现代景观设计正在向艺术和科学两个方向深入发展,世界上许许多多的景观师都在进行有益的尝试和积极的探索,并取得了令人瞩目的成就。

景观设计在经历了古典主义的唯美论、工业时代的人本论之后,在后工业时代迎来了景观设计的多元理论。回顾现代主义景观设计历程,不同的景观师甚至是不同时段与地域的景观师之间,往往其设计思想或手法表现出某些相似性,如托马斯·丘奇(Thomas Church,1902—1978)与布勒·马克思(Roberto Burle Marx,1909—1994)都热衷于立体主义、超现实主义,流畅的曲线与几何化的平面构成是他们景观作品的共同特征;丹·凯利(Dan Kiley)与佐佐木英夫(Sasaki)都精通建筑设计手法,不论是大尺度的城市环境还是在建筑的夹缝之中,他们的作品均能够与所在环境充分对话;而劳伦斯·哈普林(Lawrence Halprin,1916—2009)与彼得·沃克(Peter Walker)作为现代主义景观师的代表,面对高度建筑化的人工环境,他们没有采取妥协的方式去趋同于建筑秩序,而是以自己的方式诠释着自然的秩序与美,他们以弱化界面、延续构图以及自然或拟自然的材料实现与环境的融合。更多的景观师们选择默默地改变着环境而不抛头露面,但他们与大师们一道在改变环境的同时推动景观设计的进步。这百余年的景观设计难以用传统的史学观念加以简单的分类,不同阶段往往也是诸多主义与思潮并存,同一景观设计师在不同时期的设计思想与风格也不尽相同甚至是迥异。为了概括地勾勒出现代景观的沿革历程,选择其间影响较大、最具阶段性特征的设计师及其成熟期作品为例,将近百年来的景观设计历程大致划分成以下四个阶段。

### 1.1.1 现代景观设计系统观的形成

现代景观设计思潮源于欧洲兴于美洲。18世纪英国"如画的园林"与古典主义崇尚理性的欧洲造园不同,建立在对自然环境模拟的基础之上的景园,体现着时人对于自然的尊重与向往。19世纪末英国人对于传统的园林形式展开讨论,希望创造新的园林形式。1892年,英国建筑师布鲁姆菲尔德(Reginald Blomfield)出版了《英国的规则式庭院》(The Formal Garden in England)一书。他批评传统的都铎式风景园趣味不正、不合逻辑。他提出庭园设计应将庭园与建筑物紧密结合。他对造园家简单地模仿自然的造园方式加以批判,提出风景式庭园仍然是人工的东西。而修剪的树木和森林树木

图 1.1a 纽约中央公园总平面图
(资料来源:[加]艾伦·泰特.城市公园设计.周玉鹏,肖季川,朱春模,译.北京:中国建筑工业出版社,2005)

图 1.1b 纽约中央公园鸟瞰

是一样的,也具有自然的属性。因此自然式园林不应排斥人为因素,典型的庭园模式由肾脏形的草坪、弯曲的园路、乔灌木环抱的人工山丘和花坛共同组成。园艺家罗宾逊(William Robinson)反对布鲁姆菲尔德的建筑化庭园理论。他反对在花坛里种植外来植物种,提倡"野趣园(Wild Garden)",大力推荐种植适应英国气候条件、生长繁茂的植物。

　　欧洲如此,美洲也不例外。19世纪的自然主义运动对美国的环境设计产生了很大的影响,在这场运动中诞生了美国景观建筑学。19世纪的代表人物如唐宁等一大批景观师在学习欧洲的基础上延续着莱普顿(Repton)的造园风格。A.J.Downing在莱普敦的作品中接受都铎式造园的影响,并研究了培育树木的先进技术。就景观设计方法而言,由老欧姆斯特德及沃克斯合作设计的中央公园也是模仿英国自然式园林的营造方法,其中自然的湖面、起伏的草地、成片的林木以及水晶宫等无不有其"都铎式"的原型可循。正如弗雷德里克·劳·欧姆斯特德(Frederick Law Olmsted,SR,1822—1903)的第一本著作《一个美国农夫在英格兰的游历与评论》一样,早期的美国景观设计从英国的都铎式中汲取了丰富的养分,他与卡尔弗特·沃克斯(Calvert Vaux,1824—1895)共同完成了纽约中央公园设计(图1.1)、布鲁克林的希望公园(图1.2)、将贝克海湾(Back Bay)的沼泽地改造为一个城市公园,所有

图1.2a　布鲁克林的希望公园平面(资料来源:[美]Elizabeth Barlow Rogers.Landscape Design—A Cultural and Architectural History. New York: Harry N. Abrams,2001)

图1.2b　布鲁克林的希望公园

这些项目均延续都铎式造园的布局手法,几乎都与英国的自然式如出一辙。但欧姆斯特德创造性地提出在保护自然风景的基础上,按照需要对景观环境加以整理修补,除建筑物周围的有限区域外,一般应避免规整式设计。在欧姆斯特德的景观作品中宽敞的草坪和牧场占据景观的中央,曲线状的回游园路穿行园区。与此同时,美国的城市规划设计开始摒弃杰弗逊(Thomas Jefferson)的"方格网加放射广场"的古典主义、折衷主义和理性主义思想,19世纪(1811年)开始的纽约市规划就完全放弃了巴洛克风格,而是采用了单纯的方格网,通过12条纵向大道(Avenue)、155条横向大街(Street),同时在上城区留出面积较大的中央公园。与杰弗逊竭力宣传他的民主思想相对应,欧姆斯特德则将公园设计的相关理论推广到平民的生活范畴,老欧姆斯特德致力于改善美国人民的生活质量,注重从整个城市的角度出发,主张把一系列公园联系起来,构成有机体融入城市,即形成公园系统(Park System)。1880年,他与查尔斯·艾略特(Charles Elliot,1859—1897)合作的波士顿公园系统规划更加鲜明地强调了这一构思。该公园体系以河流泥滩、荒草地所限定的自然空间为定界依据,利用200~1500英尺宽的带状绿化将数个公园连成一体,在波士顿中心地区形成了景观优美、环境宜人的公园体系(Park System)。老欧姆斯特德提出"公园路"将城市公园串联起来,构成公园系统,为城市居民提供多样化的公共娱乐休闲设施,以缓解城市人的生活压力。波士顿"翡翠项链"规划方案将查尔斯

**图1.3　波士顿"翡翠项链"规划方案**（资料来源：[美]查尔斯·A 伯恩鲍姆.美国景观设计的先驱.孟雅凡，译.北京：中国建筑工业出版社，2003）

河畔与富兰克林公园沟通起来，组成公园系统（图1.3）。老欧姆斯特德不仅提炼升华了英格兰"如画的园林"，他的设计建立在对人性的肯定基础上，以陶冶公众心理感受，以"创造人与环境的和谐"作为景观规划设计的终极目标。而欧姆斯特德父子的开放空间系统的观念更是进一步从操作层面深化了这一理论。当时美国大多数城市的急剧膨胀带来许多问题，比如城市空间结构不合理、环境恶化、城市交通混乱等。从19世纪60年代开始，欧姆斯特德和卡尔弗特·沃克斯（Calvert Vaux）构思一个宏伟的计划，即用一些连续不断的绿色空间——公园道（parkway）将其设计的两个公园和其他几个公园，以及穆德河（Mudd）（该河最终汇入查尔斯河Charles）连接起来。欧姆斯特德尝试用公园道路或其他线性方式来连接城市公园，或者将公园延伸到附近的社区中，从而增加附近居民进入公园的机会。欧姆斯特德所说的"公园道"，主要是指两侧树木郁郁葱葱的线性通道。这些通道连接着各个公园和周边的社区，宽度仅能够容纳马车道和步行道。用欧姆斯特德的话说："在公路上，行车的舒适与方便已经变得比快捷更为重要。并且由于城镇道路系统中常见的直线道路以及由此产生的规整平面会使人们在行车时目不斜视，产生向前挤压的紧迫感。我们在设计道路的时候，应该普遍采取优美的曲线、宽敞的空间，避免出现尖锐的街角。这种理念，它暗示着景观是适于人们游憩、思考，且令人们愉快而宁静的环境。"欧姆斯特德和沃克斯在晚期的作品中大量使用这种表现方式，包括布法罗（Buffalo）的公园道和芝加哥的开放空间系统等。这些公园道首先强调的是那个时代最迫切的社会和美学问题（John M. Levy，1994）。应该注意的是：由于欧姆斯特德生活的时代汽车还未大量使用，他所强调的交通方式依旧是马车和步行。1920年以后的公园道建设虽然继承了欧姆斯特德的思想，但主要强调汽车以及道路两旁的景观所带来的行车愉悦感。比如在芝加哥的河滨庄园规划（River Side）中，欧姆斯特德将河流及其两侧的土地规划为公园，并用步行道将其和各个组团中心的绿地连接起来。在"翡翠项链"计划的实施工程中，欧姆斯特德也非常强调城市防洪和城市水系质量等问题，这些问题主要通过修建下水管道、水闸等工程措施解决。尽管这些手段与今天强调的生态方法有所不同，但欧姆斯特德在无意识中开创了多目标规划的先河。

随后在英国也相继出现了一些相关的概念，如1898年埃比尼泽·霍华德（Ebenezer Howard，1850—1928）的花园城市（Garden City）、绿带（Greenbelt）等思想。在霍华德的田园都市理想计划中，420英尺宽的林荫大道环绕着中心城市（图1.4）。人们不再局限于传统景园设计思想和对于花园的研究，而是将视野拓展到城市范畴，霍华德的景观环境观念充分体现在其花园城市的构想之中，与传统不同,其思想建立在城市系统基础之上,而不再是单纯的园林,从霍华德提出花园城市理论到欧洲花园城市运动的兴起,欧洲的城市社区规划、工业园区规划、绿带城镇规划等均不同程度地实践花园城市概念。

图1.4a 霍华德的田园都市、绿带(资料来源:[美]Elizabeth Barlow Rogers.Landscape Design—A Cultural and Architectural History. New York: Harry N. Abrams, 2001)

图1.4b 霍华德的田园都市、绿带(资料来源:[美]Elizabeth Barlow Rogers.Landscape Design— A Cultural and Architectural History. New York: Harry N. Abrams, 2001)

查尔斯·艾略特先后与欧姆斯特德父子两度合作从事景观规划设计。查尔斯·艾略特提出在闲置土地上建立一个开放空间系统,征用湿地、陡坡、崎岖山地等无人利用的土地,规划设计成公园系统。伴随着城市扩展,公共工程大量增加,城市历史的维护被提上了议事日程,城市景观的研究将保护历史的观念发展到不仅包括建筑物,还包括空间和环境。时人已经开始注意到保护全面的区域、邻里、社区和乡土景观。其中一个很具代表性的活动,就是将受到干扰的地区恢复成原生自然景观。新的种植观念、资源管理的观念和技术,使得许多凌乱的环境诸如采石场、矿区和其他受到工业破坏的区域,再次变得美丽并重新具有"生产力"。艾略特参加了波士顿及剑桥城市公园系统的规划设计,调查该区域植物分布并绘制草图,在此基础上采用叠加方法分析道路、地形和水文特征,这种方法确立了以资源调查为基础的设计模式。其中艾略特的突出贡献在于提出"保护区"(Reservations)概念,将城市中海岸、岛屿、河口、森林等自然资源加以保护,与城市公园共同构成城市开放空间系统。城市的滨水区、废弃的工业区经过规划改造,成为城市开放空间的重要组成部分。在这一时期,城市美化和景观改良反映了一种新的景观研究方向。艾略特参与了欧姆斯特德在波士顿的主要项目如希望公园等。1893年他加入欧姆斯特德的事务所并成为主要负责人之一,该所也更名为欧姆斯特德(J.C.Olmsted,1852—1920)、欧姆斯特德(即小欧姆斯特德,1870—1957)、艾略特景观设计事务所(Olmsted, Olmsted and Eliot)。1893年该事务所承担了规划设计波士顿都会开放空间系统的任务。艾略特最杰出的贡献体现在两个方面:一是对自然景观的保护。在1890年他发表的《韦弗利橡树园》(The Waverly Oaks)一文中,艾略特竭力呼吁对麻省贝蒙特山(Belmont)的一片橡树林进行保护,并制定了一些保护麻省优美景色的策略。1896年艾略特完成了名为"保护植被和森林景色(Vegetation and Forest Scenery for Reservation)"的研究。在该研究中,他发展了一整套方法,即著名的"先调查后规划"理论,该理论将整个景观设计学从经验导向系统和科学。该方法一直影响到20世纪60年代以后的路易士(Lewis Louis)和麦克哈格(Ian Lennox McHarg)的生态规划理论,强调景观规划设计的科学性是艾略特对景观学的又一大贡献。

20世纪早期，德国的景观开始走向现代，1901年德国的第一个花园城市德累斯顿(Dresden)的一个区——荷尔伦开始建设。由莱赛(Lesser)提出的第一个公共园林的计划在1906年产生。一个是由卡尔·海克斯(Carl Heieke's)为法兰克福的东公园所作的设计，包括一个很大的三角形草坪，由一条水系一分为二，环绕着一圈高大的树木。湖边草地上有密集的树丛和曲折的小径，周围缺少大型建筑，似乎在和莱内(Lenne)的传统设计相交流，公园的设计概念有三个清晰的元素——湖面、铺满草地的岛屿以及背阴的树丛，这些都使设计步入了一个新的境界，并且代表了一种适应未来发展的方案。第二个规划是由莱赛为柏林佛纳自治区所设计，并被命名为"活动公园"，园内大量的绿化都服务于运动场、马球场和网球场，这些场地都必须是矩形的几何空间，随后许多现代公园设计相继推出，其中有1908年弗里德里西·鲍尔(Friedrich Bauer)设计的柏林席勒公园(图1.5)和1909年由弗里

图1.5a 柏林席勒公园平面

图1.5b 柏林席勒公园

茨·恩克(Fritz Encke)在科隆设计的沃格博格公园(图1.6)。20世纪早期的德国景观设计强调必须为人的各种活动和游戏提供足够的大空间，并且必须对外开放。林荫大道应该靠近活动场地并且将人引导向大面积的水域。根据现有的城市规划的发展和卫生环境等

图1.6a 沃格博格公园平面

图1.6b 沃格博格公园

主要因素来决定公园的选址、流线和设施。里博切特·米凯（Leberecht Migge）是典型的现代主义派代表人物，他强调公园的使用功能，更新公园审美观念。一种有序而富于变化的几何组合能更好地布置体育设施，创造吸引力，不仅景观和谐，而且有一定的逻辑性。米凯构想的庭院似乎不仅仅基于建筑周围的环境，而且扩大到建筑外部空间的功能性。它们提供了建筑以外的生存空间，在这个空间里，孩子们可以嬉戏，大人们可以进行锻炼和活动，并可以种植果蔬，园林空间构成元素都是自然生长的缤纷的植物。

19世纪末20世纪初是现代景观设计理论与方法形成与探索阶段，欧洲早期现代艺术和"新艺术运动"促成了景观审美和景观形态的空前变革，而欧美"城市公园运动"则开始了现代景观的科学之路，其中最具代表性的是美国景观师对城市景观具有里程碑意义的研究与发展。这一阶段的代表人物有老弗雷德里克·劳·欧姆斯特德、卡尔弗特·沃克斯、查尔斯·艾略特、埃比尼泽·霍华德、小弗雷德里克·劳·欧姆斯特德（1870—1957）、约翰·查尔斯·欧姆斯特德（J.C.Olmsted,1852—1920）等，他们提倡大型的城市开放空间系统和景观的保护，发展都市绿地公园系统，致力于"给予国民休闲和居住的乐趣"，这一观念成为指导景观设计的宗旨。此间的公园设计拥有田园般的风光，代表了城市生活的一部分和文明的生活环境。他们的景观设计为工业社会的"冲突和紧张"创造了理想的放松环境。欧姆斯特德不仅创造性地发展了都铎式景观，而且把景观园林这个由莱普顿创造的术语分解并转化成景观建筑（Landscape Architecture）。自1850年开始，直到1900年小欧姆斯特德及其同母异父的兄弟约翰·查尔斯·欧姆斯特德等人在哈佛大学成立景观建筑学科（Landscape Architecture），将景观研究从非正式的个人研究发展到学院专业化的研究，开启了现代景观设计的新里程。

### 1.1.2 二战前后的现代主义与景观设计思潮

1914—1918年的第一次世界大战不仅仅给世界带来动荡，也重新划分了世界格局。现代主义盛行，强调以科学为基础，讲求理性逻辑、实验探证，并主张无神论。其中牛顿的力学理论、达尔文的进化论及弗洛伊德对自我的研究为现代主义奠定了重要的基础。欧美景观设计先后出现与传统景观设计分道扬镳的各种流派和思潮，有着鲜明的现代主义色彩。现代主义景观艺术比起建立在感性基础之上的以写实和模仿为特征的传统景观艺术而言，具有注重功能、理性、象征性、表现性和抽象性的特点。20世纪的现代主义思潮与新艺术思潮交互冲击着景观设计，当时的先锋景观设计师们关注空间的形式语言，其中包含对于人、环境、技术的理解，抛弃对称、轴线以及新古典主义的景观法则成为此间景观师们的新追求。与单调专制的直线不同，曲线有着不受约束并具有神秘性的特征，由于景观具有自然的属性，曲线更易于适应自然的地形与植物，景观师们从建筑与景观形式的内在二元性出发，借此生成一种全新的设计语言。20世纪的新艺术思潮中，立体主义为景观设计的形式和结构提供了丰富的源泉，立体主义理性地融合了空间与时间，并将四维的效果转化成二维，从而实现单一视角内的多重画面。在景观建筑中，立体主义表现为抽象概念和联合视点的产生。这一艺术手法首先在20世纪20年代由法国设计师——罗伯特·马利特-斯蒂文斯（Robert Mallet-Stevens）、安德烈（Andre）、保罗·薇拉（Paul Vera）和加布里埃尔·圭弗莱基安（Gabriel Guevrekian）等人将立体主义手法运用在庭园景观设计中。1925年巴黎展览会上盖帕瑞尔·古埃瑞克安设计的"水与光的园林"，几何的形式与强烈的色块使其成为展览会上最前卫的设计，随后他在诺李斯花园（Noailles Garden）的设计中也充分体现了风格派和构成主义的影响。英国景观师唐纳德（Christopher Tunnard,1910—1979）在其功能、移情和美学的理论中开始强调在景观设计中应用绘画和雕塑的手法。唐纳德和艺术家们保持着密切的联系，直接或间接地受到艺术家米罗（Joan Miro,1893—1983）和保罗·克利（Paul Klee）等人的影响，前卫的抽象艺术和超现实主义的手法在他的景观作品中有明显的体现（图1.7）。1939年，唐纳德受格罗皮乌斯（Walter Gropius）邀请赴哈佛任教，支持了加略特·艾克博

图1.7 唐纳德在Rhode Island的Newport设计的一个园林，具有流动的空间和形式

图1.8 加略特·艾克博设计的门罗公园（资料来源：[美]Elizabeth Barlow Rogers.Landscape Design— A Cultural and Architectural History. New York: Harry N. Abrams,2001）

(Garrett Eckbo,1910—2000)、詹姆斯·C.罗斯(James C. Rose, 1910—1991)、丹·凯利(Dan Kiley, 1912—2004)等人的新探索，对美国的现代景观发展起到了积极的推动作用。1937年，加略特·艾克博在加利福尼亚格里德利附近的一个公园设计，艾克博受到密斯·范·德·罗(Ludwig Mies Van der Rohe, 1886—1969)的影响，尝试以穿插的绿篱划分组织空间，彼此重复而不相交的"绿墙"完全是建筑化构成方式(图1.8)。

罗斯认为，"实际上，它(景观设计)是室外的雕塑，不仅被设计为一件物体，并且应该被设计为令人愉悦的空间关系环绕在我们周围"，"地面形式从空间的划分方式发展而来……空间，而不是风格，是景观设计的真正范畴"。艾克博强调景观应该是运动的而不是静止的，不应该是平面的游戏而应是为人们提供体验的场所。无论如何，景观脱离不了对"美"的追求，而不同时期的审美趣味的改变，影响着景观设计的去向。从20世纪30年代末开始，在欧洲、北美、日本等一些国家的景观设计领域已开始了持续不断地相互交流和融会贯通。

20世纪初建于德国德绍(DesSau)的包豪斯(Bauhaus)是所著名的建筑学校，也是现代主义设计的发源地。20世纪30年代纳粹党关闭这所学校后，大批艺术家、建筑师和教师纷纷逃往美国，其中

心由欧洲迁往美洲。二战以前,密斯与弗兰克·劳埃德·赖特(Frank Lloyd Wright,1869—1959)两位建筑大师的设计思想不仅影响着建筑界,同样给景观设计思想带来全新的血液。1929年,密斯设计了巴塞罗那世界博览会德国馆(图1.9),这座展览馆占地长约50 m,宽约25 m。主厅部分有8根十字形的钢柱,上面顶着一片薄薄的屋顶,长25 m左右,宽14 m左右,玻璃和大理石构成的墙面相互穿插,伸出屋顶之外。紧邻建筑有两方水池和几片墙体,由此形成了一些既分隔又连通的半封闭半开敞的空间,室内各部分之间、室内和室外之间相互穿插,没有明确的分界,室内外的区别被悬浮于穿插墙面之上的屋顶淡化了,密斯成功地将建筑与景观环境处理成统一的空间。简单的形体,突出建筑材料本身固有的色彩、肌理和质感,巧妙地实现了"少就是多"(Less is more)的建筑设计原则。

图1.9a　巴塞罗那世博会德国馆平面图

图1.9b　巴塞罗那世博会德国馆

图1.9c　巴塞罗那世博会德国馆

赖特相信现代社会中诸多弊端主要根源于人与自然的不和谐以及人定胜天的误区,建筑师的职责便在于协调人与自然的关系。因此,赖特的建筑始终是自然环境的一部分。美国中西部的草原成为赖特有机建筑理论的实验平台,建筑舒展的形体与地面平行,一方面强化了场地的特征,同时也与场地环境共同成为景观的一部分,实现建筑与环境的相互渗透。他的建筑与环境之间构成了可塑的整体空间。流动与连贯成为赖特建筑与环境有机性的特征。"我们不再将建筑内部和外部空间作为两个独立的部分。如今,外部能够成为内部,同样,内部也能成为外部。它们之间可以相互转化……有机建筑要从它的场地中生长出来,从土壤中来到阳光里——场地也是建筑的一部分",因此赖特的建筑犹如土地中生长出的一般,在1936年的流水别墅(Fallingwater)(图1.10)、1938年的

图1.10a 流水别墅平面

图1.10b 流水别墅

图1.11a 西塔里埃森平面

西塔里埃森(Taliesin West)均有突出的反映。西塔里埃森位于亚利桑那州斯科茨代尔(Scottsdale, Arizona)附近的沙漠中,那里气候炎热,雨水稀少,西塔里埃森的建筑用当地的石块和水泥筑成厚重的矮墙和墩子,粗犷的乱石墙、没有粉饰的木料和白色的帆布板错综复杂地组织在一起,它与当地的自然景物相匹配,给人的印象犹如从那块土地中长出来的沙漠植物一般(图1.11)。

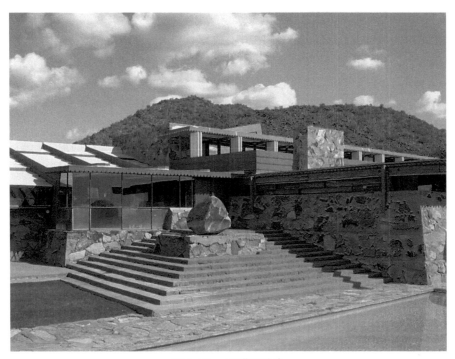

图1.11b 西塔里埃森

在1890年前后大约65%的美国人口居住在农村地区,从1930年起,超过半数的人口居住在城市和郊区。城市和城镇的新人口,有更多的闲暇时间、要求更多的机会、需要休闲公园、露营地和体育设施。20世纪初的马尔福得·罗宾逊(Mulford Robinson)也呼吁对于城市形象加以改进,以此解决当时美国城市脏、乱、差的现状,随后兴起了持续多年的"城市美化运动"。两次世界大战之间的美国景观设计已从由欧洲承继的传统设计思路转向开辟新的景观设计方法。二战后,新的公共建设给设计者提供了大量的机会,众多的建筑师与艺术家开始加入到景观设计的行列中,景观设计与城市设计结合在一起,"现代主义"景观设计得到广泛应用,一些大规模的景观设计项目得以实现。随着科技的发展,生态技术开始出现在景观的设计中,追求精神表现的作品也大量出现,文脉性、地域主义逐渐得到景观设计师的重新认同。人文思想、回归自然的渴望是此间发生的最大变化,多元文化的需求也促使景观设计再一次寻求自身的变革。美国现代景观设计实践首先大规模出现在私家庭院中,继而反映在校园景观设计中。从20世纪20—30年代美国"加州花园"到50—60年代景观规划设计事业的迅速发展,都集中表现为"现代主义"倾向的反传统强调空间和功能的理性设计(图1.12)。此间涌现的一些大型景观设计事务所和众多杰出的设计师在其中起到了不可忽视的推动作用。由于美国成了世界经济的中心,大量的实践再次将美国推向景观发展的前沿,与此同时,欧洲在二战后也重新开始走向繁荣,自由形式设计的语言在各种规模的景观项目中得以广泛运用。

抽象艺术对20世纪所有艺术形式都产生了深远的影

图1.12 1925年巴黎展览会上盖帕瑞尔·古埃瑞克安(Gabriel Guevrekian)设计的"水与光的园林"(资料来源:[美]Elizabeth Barlow Rogers. Landscape Design—A Cultural and Architectural History. New York: Harry N. Abrams, 2001)

响。从20世纪50年代开始,一些早期景观设计已在创作手法上有所变化。结构主义大师马勒维奇(Malevich)和罗德琴科(Rodch enko,1891—1956)创造了抽象的几何结构和硬边结构;迪澳·凡·兹泊格(Theo van Doesberg)和约瑟夫·阿尔伯斯(Josef Albers)实现了具体艺术;汉斯·阿尔皮(Hans Arp)和简·米洛(Joan Miro)则运用了抽象的松散结构,即生物形态。加之受到立体主义的影响,从20世纪40年代开始,一些美国景观建筑师如加略特·艾克博(Garrett Eckbo,1910—2000)、詹姆斯·罗斯、罗伯特·洛斯顿(Robert Royston)、托马斯·丘奇、劳伦斯·哈普林等致力于新形式的探索,随后而来的"肾形"、"变形虫"之类的设计语言广泛出现在托马斯·丘奇等人的景观设计中,甚至成为加州景观的标志。

当现代景观艺术来临之后,与美洲及欧洲其他国家相比较,英国却显得相对保守,现代景观艺术对英国的影响微乎其微,杰弗里·杰里科(Geoffrey Jellicoe,1900—1996)于1929—1934年间,作为建筑联合会的一个工作室的主要负责人,他吸收了现代主义思想,杰里科对现代主义景园做出的具有最具现代意义的设计是在1936年为约克郡的公爵夫妇所做的"平台"。他通过把建筑刷成白色,并在建筑周围种满杜鹃花,来一改维多利亚时代哥特式皇家风格的古板与沉闷。保罗·克利(Paul Klee)对杰里科的景观设计产生了深刻的影响,莎顿庄园和舒特住宅花园是他的代表性作品,高贵优雅而又富有神秘的色彩。直到二战的前夕,亨利·摩尔(Henry Moore,1898—1986)和巴巴拉·赫普沃斯(Barbara Hepworth,1903—1975)终于凭借现代雕塑为英国争得了一定的国际地位,本·尼克松(Ben Nicholson,1894—1982)的抽象雕塑经常会出现在杰里科的景观中。

安东尼奥·高迪(Antonio Gaudi Cornet,1852—1926)初期作品近似华丽的维多利亚式,随后采用历史风格,属哥特复兴的主流。高迪作为建筑师希望仿效大自然,像大自然那样去建筑。1900年高迪设计了一处供中产阶级使用的居住小区,取名古埃尔公园,公园位于佩拉达山坡,面积29 hm$^2$,规划的每一栋住宅都可以得到阳光并可以俯瞰以大海为背景的巴塞罗那市容,遗憾的是已建成的住宅只有两栋,一栋是为古埃尔家庭设计的,另一栋后来被高迪买下并一直住在那里。作为住宅,无疑这个项目是失败的,而作为公园,古埃尔却成为奇迹。高迪将建筑、雕塑、色彩、光影、空间以及大自然环境融为一体。虽然高迪极力地追求形式的特异,但公园布局沿用中心轴线的平面构图,有些古典味道。由于山地不规则的地貌,而采用水渠形状的桥梁作为公园的路径,融合了地中海地域特征。大门两侧分别是警卫室和接待室,建筑平面为椭圆形,屋顶是传统的加泰隆尼亚式砖砌穹顶,碎石砌

图1.13a 高迪古埃尔公园平面(资料来源:[美]Elizabeth Barlow Rogers.Landscape Design—A Cultural and Architectural History. New York: Harry N. Abrams,2001)

筑的墙、色彩斑斓的马赛克装饰。进入公园,沿轴线布置大台阶和跌落水池、喷泉,导向一座由69根陶力克柱支起的大厅,原设计作为居住区的中心商业街,大厅的屋顶作为露天剧场,其中的柱子犹如森林中的树干。在古埃尔公园中高迪成功地将大自然与建筑有机地融合成一个完美的整体,其中的小桥、道路和镶嵌着彩色瓷片的长椅,都蜿蜒曲折流动着,构成童话般的境界(图1.13)。

图1.13b 高迪古埃尔公园

图1.13c 高迪古埃尔公园

图1.13d 高迪古埃尔公园

图1.13e 高迪古埃尔公园

巴西画家罗伯特·布勒·马尔克斯(Roberto Burle Marx,1909—1994)是抽象画家出身,早年在德国学习绘画,深受当时先锋艺术的影响,熟悉植物和生态知识以及景观设计的基本理论,他将景观设计当作绘画艺术与自然的结合。在巴西教育部侧楼屋顶花园的设计中他采用绘画艺术造园,庭院呈现出抽象性平面构图。马尔克斯的景观作品表达了其对艺术构图过程的理解,形体的布局、色彩与形的有节奏的交替、重复与并列的使用,类似的设计手法也出现在潘普尔哈公园和里约热内卢美术馆庭院、巴西利亚的动植物园之中,马尔克斯的景观犹如一幅幅真实的"生态画",表现着自然的价值。

马尔克斯认为,艺术是相通的,1954年他在美国景观设计师学会(ASLA)演讲再次提到:"艺术之间没有隔阂,因为我们使用相同的语言。"(《看不见的花园——探寻美国景观的现代主义》彼得·沃

# 现代景观设计理论与方法

图1.14a　三角园平面图(资料来源:[美]Elizabeth Barlow Rogers.Landscape Design— A Cultural and Architectural History. New York: Harry N. Abrams,2001)

图1.14b　三角园(资料来源:[美]Peter Walker, Melanie Simo. Invisible Gardens —The Search for Modernism in the American Landscape. Cambridge: The MIT Press,1996)

图1.15a　唐纳花园平面图(资料来源:[美]Elizabeth Barlow Rogers.Landscape Design— A Cultural and Architectural History. New York: Harry N. Abrams,2001)

图1.15b　唐纳花园游泳池(资料来源:[美]Peter Walker, Melanie Simo.Invisible Gardens—The Search for Modernism in the American Landscape. Cambridge: The MIT Press,1996)

克、梅拉尼·西莫著,王键、王向荣,译.中国建筑工业出版社,2009)景观设计与绘画从某种角度来说,只是工具的不同。他用大量的同种植物形成大的色彩区域,如同在大地上而不是在画布上作画,他曾说,"我画我的园林"(I paint my gardens),这生动地表明了他的绘画般景园设计手法。从他的设计平面图可以看出,他的景观形式语言受到超现实主义绘画及立体主义的影响。

20世纪40—50年代,美国景观设计师丘奇将新的视觉形式运用到园林中,立体主义、超现实主义的形式语言被他结合形成简洁流动的平面,满足功能要求。他对包豪斯和立体主义绘画产生了浓厚的兴趣。1948年他与哈普林合作设计的唐纳花园(Dewey Donnell Garden)被评价为"20世纪最重要的花园设计之一"。受立体主义思想的影响,丘奇认为花园每处景观应可以同时从若干个视角来观赏,并且一个花园应该没有起点和终点的限制,景观空间是周而复始的。线条之间的对抗、形式之间的对立,使整个形体具有强烈的约束感,不仅具有自身独立的特点,同时也符合场地的需要。丘奇从阿尔托(Alvar Aalto 1898—1976)的设计中获得了灵感,并且将阿尔托设计的独特的凳子、椅子和花瓶引入旧金山。索诺玛(Sonoma)附近埃尔·那维赖勒(El Novillero)教堂水池是其代表作。水池的形状与旧金山湾北部弯曲的盐碱沼泽地互为呼应。随后"肾形泳池"成为加利福尼亚景观设计风格的代表。丘奇放弃了传统的轴线,逐渐形成一种新的动态的构成,即由流动、简洁的形式、多视角的观赏和自由曲线以及折线的构成。

丘奇不仅对于设计的基本元素和原则掌握得十分熟练,而且对历史景观先例也有充分的研究,他能够从传统的"三段式"提取设计的灵感。他擅长整合内部空间和外部空间,于是场所空间和其中的活跃元就成为一个具有整体格调生活空间的一部分。同样,涉及自然景观的设计也要考虑这二者的整合,他擅长在铺地上用绿色植物进行"减法",或者用构成和间隔重复的方法,打破铺装的单调。在一个小的范围内,不同的场所功能常常被组合在一起,一个升起的路基边缘毫无疑问会被设计成能坐的矮墙或者是绿化的平台。在他所有的设计中,无论规模、地形及业主的要求等如何不同,他总是很注意的将环境中各个部分综合起来形成一个具有整体性的场所。

丹·凯利(1912—2004)的设计理论则是基于其对现代建筑的深邃感悟,与其他倾向于自我表现的景观师不同,凯利的设计更强调景观环境与建筑的有机结合,突出整体美感的持久魅力。于1955—1958年间他设计了印第安纳州哥伦布市的米勒花园(Miller Garden)(图1.16),从中可以看出

图1.16a 米勒花园平面图(资料来源:[美]Peter Walker, Melanie Simo.Invisible Gardens —The Search for Modernism in the American Landscape. Cambridge: The MIT Press,1996)

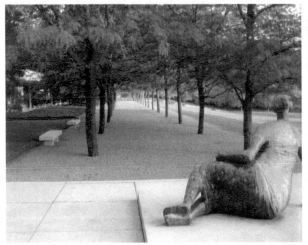

图1.16b 米勒花园(资料来源:[美]Dan Kiley, Jane Amidon. Dan Kiley in his own words:America's master landscape architect. London: Thames & Hudson,1999)

图1.16c 米勒花园(资料来源:[美]Dan Kiley, Jane Amidon. Dan Kiley in his own words:America's master landscape architect. London: Thames & Hudson, 1999)

凯利尝试运用西方古典主义景观语言营造现代空间,凯利的设计显示出对理性与功能的重视。而于1988年设计的北卡罗来纳州国家银行(North Carolina National Bank)公园(图1.17),则显示出一些微妙的变化。与早期功能主义不同,这一时期凯利加强景观的偶然性、主观性,突出时间和空间不同

图1.17a 国家银行公园平面图(资料来源:[美]Peter Walker, Melanie Simo.Invisible Gardens—The Search for Modernism in the American Landscape. Cambridge: The MIT Press,1996)

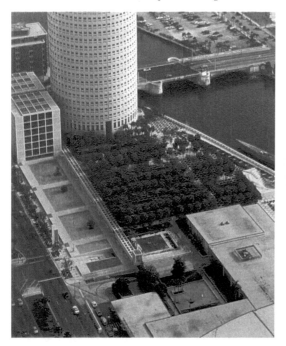

图1.17b 国家银行公园(资料来源:[美]Dan Kiley, Jane Amidon.Dan Kiley in his own words:America's master landscape architect.London: Thames & Hudson, 1999)

图1.17c 国家银行公园(资料来源:[美]Dan Kiley, Jane Amidon. Dan Kiley in his own words:America's master landscape architect. London: Thames & Hudson,1999)

层次的叠加,创造出更复杂更丰富的空间效果。在这两件作品中凯利采用的是建构与种植相结合的手法,其中占地 1.86 hm² 长条形的米勒花园平面沿着长轴方向被划分为三个部分,花园、草地和林地,他用树篱、林荫道和墙垣围合形成矩形空间,在庭院区和草坪之间是一条两边种植着美洲皂荚的林荫道,道路的尽头摆放着亨利·摩尔的雕塑,花园与埃罗·沙里宁(Eero Saarinen)设计的住宅部分完美结合。达拉斯联合银行广场设计,凯利在基地上采用了建筑玻璃幕墙的构成方式,以两套重叠 5 m × 5 m 的网格,于网格的交叉点上布置了圆形的落羽杉树池与喷泉,整个景象犹如森林沼泽,为夏季炎热的达拉斯带来一片清凉。米勒花园及北卡罗来纳州国家银行环境等作品均反映了凯利以建筑秩序作为景观设计的出发点,在景观环境与建筑之间形成内在的同构关联,景观细部刻画追求简洁与多重变化,实现建筑与景观环境的交融。

劳伦斯·哈普林作为美国现代第二代景观设计的代表人物之一,先后在康奈尔大学、威斯康星大学和哈佛大学学习。深受赖特(Frank Lloyd Wright,1869—1959)、唐纳德、格罗皮乌斯、丘奇等人现代主义景观的设计思想的影响。1945 年他加盟托马斯·丘奇(Thomas Church)事务所,协助丘奇从事"加州花园概念"的完善与发展。1949 年开办了自己的事务所,他的景观设计领域广阔,从雕塑喷泉设计到城市更新、建筑及区域规划。水、树木、粗糙的石块与混凝土等都是其景观作品中最具特征的组成部分。

哈普林强调对于自然及其过程的解读,其景观设计融合西方的理想与东方的哲理。"理解、记忆与体验"大自然景观及其过程是哈普林景观设计的特色。通过巨大的水瀑、波涛、粗糙的混凝土墙面与茂密的树林在城市人工环境中为人们架起了一架通向大自然的桥梁,它使人想起点缀瀑布和植物的绵绵山脉。受到东方艺术与哲学的启发,他在开始设计项目之前,首先要查看区域的景观,并试图理解这片区域的肌理,结合其自创的谱记方法记录下自然的过程,再通过设计来反映这个自然的"全貌",如同东方人的"搜尽奇峰打草稿"的创作过程。其中一个很好的例子便是著名的滨海农场住宅开发项目。大自然是哈普林许多作品的重要灵感之源。在深刻理解大自然及其秩序、过程与形式的基础上,他以一种艺术抽象的手段再现了自然的精神,而不是简单地移植或模仿,哈普林通过对自然的观察,体验到自然过程之"道"。20 世纪 60 年代他为俄勒冈州波特兰市(Portland,Oregon)设计的一组广场和绿地——伊拉·凯勒水景广场(Lra Keller Fountain Plaza)(图 1.18),从高处的涓涓细流到湍急的水流,从层层跌落的跌水直到轰鸣倾泻的瀑布,整个过程被浓缩于咫尺之间。"演讲堂前广场"是这一系列中的高潮,广场的大瀑布是整个序列的结束(图 1.19)。在面积达 2.2 hm² 西雅图高速公路公

图 1.18a　伊拉·凯勒水景广场平面

图 1.18b　伊拉·凯勒水景广场

图1.19a 爱悦广场平面

图1.19b 爱悦广场瀑布

图1.19c 爱悦广场水面

园(Seattle Freeway Park)中(图1.20),人造"岩石"作为"自然"素材引入城市空间,水从高低不等的"岩石"上倾泻流下,不仅创造了极好的视觉效果,同时削弱了环境中的噪音。依据对自然的体验来进行设计,哈普林一系列以自然景观为表现对象的景观设计,不仅美化了场所而且营造了人性化的开放空间。1974年为罗斯福纪念园(The FDR Memorial)设计中,哈普林的设计以一系列花岗岩墙体、喷泉、跌水、植物等营造了四个空间,分别代表了罗斯福的四个时期及他所宣扬的"四种自由",以雕塑表现四个时期的重要事件,用岩石和水的变化来烘托各时期的社会气氛,设计与环境融为一体,开放的、引人参与的纪念园的空间特色、景观风格与罗斯福总统平易近人的个性非常吻合,从设计上摆脱了传统模式,更为尊重人的感受和参与,他用独特的视角和创造性的理念设计了罗斯福纪念园(图1.21)。在表达纪念性的同时,也为参观者提供了一个亲切、轻松的游赏和休息环境。

1 现代景观设计及其发展

图1.20a 西雅图高速公路公园

图1.20b 西雅图高速公路公园

图1.20c 西雅图高速公路公园

图1.20d 西雅图高速公路公园
（资料来源：[加]艾伦·泰特.城市公园设计.周玉鹏,肖季川,朱春模,译.北京：中国建筑工业出版社,2005）

图1.21a 罗斯福纪念园

图1.21b　罗斯福纪念园

当代景观接受现代建筑营造法则的同时,一些勇于思考的景观师则提出了质疑,如哈普林在1961年指出:"推土机吹起可怕的灰尘,乡村树林在一夜之间死亡,山丘被平整以迎合车辆的需要,在平整的农业用地上,富饶的土地被下水道的格网和成千上万的延伸数英里的混凝土板分割,迎合着2×4的模数……在这些人造的现代景观中,重要的是应该考虑和实现什么是我们所追求的,应该采用什么样的方法来达到我们的目的。"(《看不见的花园——探寻美国景观的现代主义》彼得·沃克、梅拉尼.西莫著,王键、王向荣,译.中国建筑工业出版社,2009)哈普林用自己的景观语言诠释了现代景观设计的基本含义,以现代的工程技术结合抽象的表现、简洁的形式去展示自然的美与规律。他的景观作品没有"网格"与"轴线",不谋求以趋同的方式求得与建筑环境的协调,而是以表现自然的过程、典型景象与模糊的界面实现与包括建筑在内的周边环境相融合,表现出他高度的智慧与娴熟驾驭景观环境的能力。

佐佐木英夫(Sasaki,1919—2000)是景观、城市设计和规划事务所SWA集团及佐佐木事务所(Sasaki Associates Inc.)创始人,1948年毕业于当时格罗皮乌斯执掌的哈佛大学设计研究生院景观建筑系。1953年佐佐木建立了自己的景观建筑设计事务所。佐佐木将景观规划设计理解为人类的财富和文明的记忆,将设计领域从"景观"拓展到城市设计,在更广泛的范畴中思考自然资源、人类活动的场所,因此极力推动景观设计与城市设计的结合。他鼓励景观建筑师与规划师、建筑师在城市设计领域紧密合作,为城市设计带来新气象。同时,他身体力行,将自己从景观设计中发展出来的一些观念带入到城市设计中去,并以城市设计引领建筑设计。从景观设计到城市设计,佐佐木的设计与创作事业也随之蓬勃发展,他对景观与城市设计领域的认识也在不断深化。

佐佐木侧重大范围内的、适应场地的设计,而不主张受先入为主的概念和理论的束缚,强调设计应当基于对自然环境的理性分析。在对环境正确理解的基础上,从各种生态张力的作用中找到适合的设计手段并将生态系统纳入城市基本结构,追求生态与城市的共生;人与自然、城市与自然的和谐;建立开敞空间系统,并追求宜人的空间和适当的尺度,支持连续的步行空间;联系整体环境考虑地段的设计;提供土地的混合使用,激发城市的活力。佐佐木的和谐设计观是动态的和谐。他主张城市各方面弹性发展,从城市整体结构到具体使用功能的配置均应有可塑性,佐佐木以动态的和谐观所做的系列城市设计、景观设计均取得与环境的协调。他既有学院派规划设计方法的坚实基础,同时也具有为现代建筑场地环境设计的实际经验,他将设计注意力集中在和谐、整体的环境塑造上,建筑与环境彼此烘托。佐佐木认为景观设计是为了给现代建筑与雕塑提供优雅的环境,他倾向于采用人工水面来调节建筑的物理环境,因此佐佐木成为继丹·凯利之后最为现代建筑师们青睐的景观师。佐佐木是现代主义的设计师,其作品中流露出对于理性的执著,同时他又有着如同欧姆斯特德一般的田园审美理想。

此外,对这一时期产生广泛影响的景观师还有日裔美籍雕塑家野口勇(Isamu Noguchi,1904—1988),他的景观设计表达了对日本枯山水庭院的憧憬,将东方的空间美学融入西方的现代理性当中。他的作品包括纪念馆、游乐园和桥梁,代表作有纽约市曼哈顿银行、泊纳克珍藏本图书馆和手稿图书馆、位于加利福尼亚州科斯塔·梅萨(Costa Mesa)的加州情景剧场等。墨西哥建筑师路易斯·巴拉冈(Luis Barragdn,1902—1988)、丹麦景观师S.I.安德松(Sven-Ingvar Andersson,1927—2007)等擅长将景观、城市规划与建筑相融合设计,以其独特的设计理念和方法,影响着世界的景观设计(图1.22~图1.24)。此外如加略特·艾克博、詹姆斯·罗斯、瑞士景观师克莱默(Ernst Cramer,1898—1980)等都是20世上半叶的著名景观建筑师(图1.25~图1.27)。这些不同的风格聚合在一起,共同构成了20世纪上半叶的景观世界,他们大都能够从这些形式复杂多样的风格中获取创造灵感。

图1.22a 加州情景剧场

图1.22b 日美文化会馆广场

图1.23a 圣·克里斯特博马厩与别墅平面图(资料来源:[美]Peter Walker, Melanie Simo.Invisible Gardens — The Search for Modernism in the American Landscape. Cambridge: The MIT Press,1996)

图1.23b 圣·克里斯特博马厩与别墅(资料来源:[美]Elizabeth Barlow Rogers.Landscape Design— A Cultural and Architectural History. New York: Harry N. Abrams,2001)

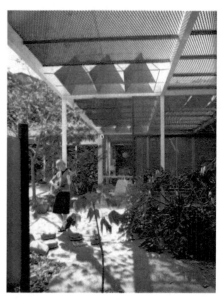

图1.24　加略特·艾克博景观作品（资料来源：[美]Peter Walker, Melanie Simo.Invisible Gardens —The Search for Modernism in the American Landscape. Cambridge: The MIT Press,1996）

图1.25　纳菲花园（资料来源：[美]Peter Walker, Melanie Simo.Invisible Gardens —The Search for Modernism in the American Landscape. Cambridge: The MIT Press,1996）

图1.26a　詹姆斯·罗斯景观作品（资料来源：[美] Elizabeth Barlow Rogers.Landscape Design—A Cultural and Architectural History. New York: Harry N. Abrams,2001）

图1.26b　詹姆斯·罗斯景观作品（资料来源：http://www.jamesrosecenter.org）

图1.27　瑞士景观师克莱默的作品（资料来源：[英]Michael Spens. Modern Landscape. London: Phaidon Press,2003）

### 1.1.3 60年代到70年代的生态主义与大地景观

二次大战后,西方的工业化和城市化发展达到高峰,郊区化导致城市蔓延,环境与生态系统遭到破坏,人类的生存和延续受到威胁。人们对自然的态度发生了转折性的变化,一度被认为是强大而取之不尽的自然环境突然变得脆弱而且资源短缺。20世纪60—70年代开始,雷切尔·卡森(Rachel Carson, 1907—1964)的"寂静的春天"把人们从工业时代的富足梦想中唤醒,生态环境问题日益受到人们的关注。60年代,移居美国的意大利建筑师保罗·索勒瑞(Paola Soleri)造了一个新词,它由两个词结合而成,一个是生态学(Ecology),一个是建筑学(Architecture),二者首尾相接组成了生态建筑学(Acologies)。这是绿色建筑时尚的开端。由于新景观的自然、历史及生态价值观和新技术的发展,开始强调景观规划设计的可持续性,城市经济发展与环境发展需要保持动态的稳定,二者之间要相互适应,共同协调地发展。通过对人的行为需要及其规律的研究,调整人与外部环境的相互关系;对自然的存在与生长规律研究以提高环境质量。科学、哲学和"现代主义"的理性促使现代景观设计思想与范式的形成,在关注空间、功能的同时,"生态主义"的审美观与方法论成为60年代后景观设计科学化的主流(图1.28)。

生态学正改变着人们对于自然环境的观点,甚至左右着人们的审美观念,一处相对稳定的生态群落,依据传统的(古典的)观念来看,是杂乱的,然而生态科学研究表明这意味着多样的、稳定的存在形式,并且是一个动态的、平衡的与稳定的系统,是需要加以保护的对象。正如凯文·林奇(Kevin Lynch)所言:"科学和设计的准则只是部分的吻合。纯粹的保护与人的意向是有矛盾的,而我

图1.28 表示生态经济社会与文化价值区域的系列地图(资料来源:[美]Peter Walker, Melanie Simo. Invisible Gardens —The Search for Modernism in the American Landscape. Cambridge: The MIT Press, 1996)

们对解决这种矛盾缺少引导。对我们的价值观和条件有了更深的理解,就能创造一个包容整个有机体的更合适的道德准则。"(凯文·林奇,等.总体设计.黄富厢,等译.北京:中国建筑工业出版社,2004)生态学带来了人们对于景观审美态度的转变,20世纪70年代在英国的住区景观环境设计中个别案例已到了近乎疯狂地步,景观师抛弃了传统的"设计",而是将大量的地带植物种子播洒在住区的环境之中,任其生长,两三年之后一片荒芜的景象展示在眼前,随之而来小动物出没,以及住区的安全问题,大量的住户迁徙,迫使设计者重新审视自己的举措,其结果是重新恢复到传统的住区景象。将生态观简单地"自然化",杜绝人为的加工显然是失败的,人们在实践中不断地修正思路,景观师更多地在探索"生态化"与传统审美认知间的结合点与平衡点。需要整体地理解生态系统、行为环境以及空间形式之间的内在联系,这是现代景观设计逐步建立起的整体设计价值观。

  大量的创造实践,丰富了生态建筑学理论。景观师伊恩·伦诺克斯·麦克哈格(Ian Lennox McHarg,1920—2001)于1969年出版的《设计结合自然》一书,他反对传统的依据使用功能而对区域和城市加以规划的做法,提出了将景观环境作为一个系统加以研究,其中包括地质、地形、水文、土地利用、植物、野生动物和气候等,这些决定性的环境要素相互联系相互作用共同构成环境整体。麦克哈格强调了景观规划应该遵从自然的固有价值和过程,即土地的适宜性。他完善了以环境因子分层分析和地图叠加技术为核心的生态主义规划方法,俗称"千层饼模式"(Layer-Cake Model,1981)。麦克哈格的研究范畴主要集中于大尺度的景观与环境规划上,麦克哈格的设计思想逐渐影响到不同尺度的景观实践,景观环境由"生态"与"美学"两大体系所共同组成。1960—1981年间,麦克哈格和设计师威廉·罗伯特(William Robert)及托德(Todd)合伙成立了一家设计事务所。与生态学家吉姆斯·索恩(Jim Thorne),李·亚历山大(Lee Alexander)等共同在纽约设计了一个滨河公园。公园位于布朗克斯区,面积为50英亩,设想中的公园将作为一个环境教育中心。麦克哈格的方案是将这处场地恢复为原先的森林群落。他的计划包括对覆盖了此处近半数面积、有着200年历史的森林的整理恢复,同时努力保持场所的延续性,运用自然生态系统的可持续性——这种强大的自然力量去创造富于多样性、易于管理的景观环境,符合自然生态的规律性。麦克哈格于1996年出版了《生命的追求》,1998年又相继出版了《拯救地球》等书。

  约翰·O.西蒙兹在《大地景观——环境规划指南》(Earthscape: a Manual of Environmental Planning)一书中提出从"研究人类生存空间与视觉总体的高度"探讨景观规划设计,"景观设计师的终生目标和工作就是帮助人类,使人、建筑物、社区、城市以及他们同生活的地球和谐共处"。这极大地拓展了景观研究的范畴与视野,为了人类的生存环境改善而设计。西蒙兹说:"自然法则指导和奠定所有合理的规则思想。"他主张理解自然,理解人与自然的相互关系,尊重自然过程,需要全面解析生态要素分析方法、环境保护、生活环境质量提高策略。西蒙兹认为,改善环境不仅仅是指纠正由于技术与城市的发展带来的污染及其灾害,还应是一个人与自然和谐演进的创造过程,帮助人们重新发现与自然的和谐。规划的"人的体验"必须通过重组物质空间要素实现,景观要素既有纯粹自然的要素,如气候、土壤、水分、地形地貌、大地景观特征、动物、植物等,也有人工的要素,如建筑物、构筑物、道路等等。西蒙兹的景观规划设计理念深受美国现代主义建筑大师路易斯·沙利文(Lowis Sullivan,1856—1924)"形式追随功能"的影响。他说:"规划与无意义的模式和冷冰冰的形式无关,规划是一种人性的体验,活生生的、搏动的、重要的体验,如果构思为和谐关系的图解,就会形成自己的表达形式,这种形式发展下去,就像鹦鹉螺壳一样有机;如果规划是有机的,它也会同样美丽。"西蒙兹的研究内容涉及组群规划、生态决定因素分析、各种方式的交通运输设计、社区规划、城市更新、城市与区域规划的结构、露天矿区、垃圾场和土地改造方法、噪声消减、水和空气的保护以及动态的保护方针等(图1.29)。作为匹兹堡环境规划与设计公司(Environmental

图 1.29 西蒙兹作品

Planning and Design，简称为EPD公司）合伙人，西蒙兹通过60余个大型社区的规划实现其景观规划理想。近半个世纪以来，遵从自然的景观设计模式在生态学和人工景观环境之间建立起联系，走出一条可持续环境发展的科学化景观设计之路。后工业时代的景观师们勇敢地担负起"人类整体生态环境规划设计"的重任，由此景观设计研究范畴进一步拓展到人类生态系统的设计，一种基于自然系统自我有机更新能力的再生设计。

"大地景观思想"从科学到艺术层面对此间的景观设计产生了巨大的影响。与景观设计科学层面的演变相呼应，60年大地艺术家们开始摆脱画布与颜料，走出艺术展览馆。他们带着环保意识到美国西部广阔无垠的沙漠和荒地进行创作，营造出巨型的泥土雕塑——"大地艺术"（Land Art）。这些艺术家不仅用泥土，还用石头、水和其他自然因素，改变并重新塑造景观空间。早期的"大地艺术"是为艺术而产生的（Arts for arts sake），正如迈克尔·海泽（Michael Heizer）所说："艺术必须是激进的"，面对"现代功能主义"和"技术理性"的所谓"科学的思想与技术"带来的环境危机，艺术家们的美学理论最初目的是反人工、反易变的，企图摆脱商业文化对艺术的侵蚀，强调不妥协，强调创新。他们的作品都建造在沙漠、废弃的采石场和海滩、湖畔等。"大地艺术"的作品超越了传统的雕塑艺术范

图 1.30 Antony Ggormley 的大地艺术（资料来源：[美]Elizabeth Barlow Rogers.Landscape Design—A Cultural and Architectural History. New York: Harry N. Abrams,2001）

畴，与基地产生了密不可分的联系，从而走向"空间"与"场所"，视环境为一个整体，强调人的"场所"体验，将艺术这种"非语言表达方式"引入景观建筑学中，并为之提供了新的设计观念与思路，赋予其勃勃生机（图1.30~图1.32）。

图1.31　大盐湖螺旋形防波堤（资料来源：螺旋形防波堤（Spiral Jetty）罗伯特·史密森，大盐湖（Robert Smithson Great Salt Lake），1970。[美]Elizabeth Barlow Rogers.Landscape Design— A Cultural and Architectural History. New York: Harry N. Abrams,2001）

图1.32　Up and Under Nancy Holt（资料来源：[美]Elizabeth Barlow Rogers.Landscape Design—A Cultural and Architectural History. New York: Harry N. Abrams,2001）

### 1.1.4 现代主义之后的多元共生格局

20世纪70年代之后,景观设计格局向多元化方向转化,一方面以生态学为代表的景观科学化设计思想仍在如火如荼的发展着,景观师们的视角开始从自然与建成环境转而关注整个地球。生态学的发展改变着人们的世界观与方法论,"异质性"和"共生思想"是20世纪生态学整体论的基本原则。景观异质性理论指出:在景观系统由多种组分和要素构成,如基质、斑块、廊道、动物、植物、生物量、热能、水分、空气、矿质养分等等,各种要素和组分在景观系统中总是不均匀分布的。由于生物不断进化、物质和能量不断流动,因此景观永远也不会实现同质化。日本学者丸山孙郎从生物共生控制论角度提出了异质共生理论,他认为增加异质性、负熵和信息的正反馈可以解释生物发展过程中的自组织原理。在自然界生存最久的并不是最强壮的生物,而是最能与其他生物共生并能与环境协同进化的生物。差异与共生不仅仅符合自然界的规律并且具有优越性,这无疑动摇了传统的一元论、二元论思想基础,人们对于自然界的包容性理解更为透彻。不仅如此,80年代以后随着冷战的结束,国际政治呈现出多元化格局,局部的动荡代替了世界大战的危险,从一个方面证明了保持"异质性"基础上的"共生"思想同样可以适用于人类社会的其他方面,这是80年代以来思想领域的一次飞跃。

当大尺度的景观规划转向理性的生态方法,与此同时小尺度的景观设计受到70年代以来的建筑与艺术的影响以及后现代主义思潮的激励,景观界对于艺术思潮与景观的关联做了大量的探索。伴随着"国际主义"的衰退,新现代主义和后现代主义并存是现代建筑与景观的一大突出现象。现代哲学、美学、艺术设计思潮极大地影响着现代景观设计思潮的流变,观念和哲学的成分在景观设计创作领域中逐渐加重。设计师们意识到往往由于理论创新的缺失而导致了形而上设计哲学思想的落后,最后致使设计程序缺乏理论依据。除去一般的空间形式之外,而缺了形而上的追求,其景观设计结果难免缺乏诱人的意义。概念艺术的盛行几乎使得艺术家、景观师成为哲学家,而这种观念直接导致了景观设计中大地艺术、极简主义、后现代主义等等不同流派的诞生,各种流派之间彼此渗透,现代景观设计较之于过去更强调人和自然的相互依存关系的同时提倡尊重文化的多元化特征,景观环境被视为文化的一种载体。除去美国一度引领了现代景观运动的主要潮流,在欧洲以及世界各国的多元实践共同推动了现代景观发展。帕瑞克·纽金斯称20世纪70年代以来的世界建筑为"个人主义和现代技术的多元化世界"(《世界建筑艺术史》安徽科技出版社)20世纪是一个多"主义"的时代,诸如:结构主义(Constructivism)、解构主义(Deconstructivism)、新构成主义(Neo-plasticism)、有机主义(Oganicism)、新陈代谢主义(Metabolism)、新新陈代谢主义(New-Metabolism)、现代主义(Modernism)、后现代主义(Post-Modernism)、历史主义(Historicism)等等不一而足。极简主义(Minimalism)、地域主义(Regionalism)、表现主义(Expressionism)、后现代古典主义(Post-Modern Classicism)、达达主义,而更多的"主张"、"宣言"则不胜枚举。凡此种种正说明20世纪建筑与景观设计思维的活跃与丰富,反对单纯的模仿传统,探索、求新、发展成为20世纪景观设计的主流。80年代以来,信息的快速传递,不同学科间的相互交融,尤其是哲学与建筑、景观设计的结合,设计创作变得更加自信,表意更加丰富、深刻,所表现出的思想观念和技术水平也更为先进。景观师们可以从建筑、绘画、雕塑、电影等相关艺术领域中获取灵感,在单一性的环境中,拓展了更多样的观点角度。在建筑领域里,面对现代主义的单调与乏味,来自后工业化国家如英国、美国、日本、瑞士等国的一些新锐建筑师们坚持发展自我概念,积极推动当代建筑设计理论与方法的探索,各种反传统的观念在现实的设计中得以实现。建筑师们利用现实环境中的"片段"、"表象"的现象作为主题并反思建筑及景观创作,提倡增强建筑与景观的展示性、表现性、个性化及其信息化,从而建筑师不再受"形式追随功能"的束缚,建筑创作可以彰显设计者的个性风格。各色非理性的设计思想、混沌的非线型思维丰富了建筑师的创作理念,突破传统美学的框框,设计师们不再受到主从、对比、变化等传统营造法则的限制,在个性化空间与形式秩序基础上追求混沌晦涩的空间效果,创造新的形式与意义。

黑川纪章(Kisho Kurokawa,1934—2007)认为现代主义时代人们的思维方式是机械的二元论,非此即彼,是追求"真"的时代。而生命时代,则是多元共生的,是追求关系的"真"的时代。在认识论上已经从否定和矛盾的时代,转向了包含有否定和矛盾的时代,整个知识体系都发生了结构性的变化。共生思想是黑川纪章哲学理念的主体,共生哲学几乎涵盖了自然及人类社会的各个领域,是黑川纪章城市设计思想和建筑设计理念的核心。同样,欧洲当代景观师也反对传统的认知观念,如人与自然、城市和自然、人类和生态、技术和自然之间不再是对立和矛盾的关系,而是可以共生的。安德烈·高伊策(Adriaan Geuze,1960—)认为技术与生态之间是一种新的共生关系。由于景观设计的介入总是在改变着自然,即使是自由放任也是一种塑造自然的方式,故而应当淡化"人造"和"自然"的界限,争取更为宽泛的设计空间。

20世纪末高新科学技术的不断涌现,大批新型材料的运用拓展了景观设计的表现空间。以CAD、3DS、GIS等为代表的辅助设计软件出现后,对于景观环境研究与设计本身变得更加方便,景观分析与设计语言的表达更加生动。三维与虚拟现实技术极大地深化了设计研究的深度与维度,拓展了现代景观设计空间与表现力,以生态学为代表的生命科学、环境科学思想本身成为当代文化的一部分,渗透到景观设计各个层面。而合成金属、玻璃纤维、清洁能源被运用于景观环境,极大地丰富和扩展了景观设计的表现力。行为科学的发展及其向景观环境领域的渗透为景观环境设计提供充分的依据,景观"规划的不是场所,不是空间,也不是物体;人们规划的是体验——首先是确定的用途或体验,其次才是随形式和质量的有意识的设计,以实现希望达到的效果。场所、空间或物体都根据最终目的来设计。"(西蒙兹)从而景观环境更加富有人性化与人情味,实现功能性、舒适性与美观的最佳结合。现代景观设计倾向于运用科学与艺术原理融会贯通,创造出可持续、富有审美情趣并且具精神内涵的人居环境。虽然科学与艺术是人类存在和需求的两个相对独立的分支,在景观设计领域科学与艺术的"整合"成为学科发展趋势,现代景观设计成为科学与艺术的结晶。

建筑师们的探索极大激发了景观师们的创新意识,不甘寂寞的景观师们先后扛起各自的旗帜,各种风格、主义、流派层出,似乎并不比建筑界冷清,景观师们从不同角度探讨景观设计所面对的各种环境问题,走自己的路成为个性景观师们的共性,而似乎人们热议都是那些最富个性特征的景观师。彼得·拉茨(Peter Latz,1939—)曾批评景观界缺少如同建筑界的创新意识与理论思维,反对传统田园牧歌式的唯美景观设计。拉茨认为现代景观设计与建筑艺术相关学科发展相比较,景观设计的理论与实践滞后了20年。而50年代出现的一些借鉴建筑语言的景观设计单调乏味。除了个别项目外,大多数的景观设计缺少理智地与现代主义的对话,而流于一种表面的尝试。景观设计师几乎没有找到通往后现代景观艺术的道路。当下的景观师忽视表达景观的结构。多数景观设计师在玩一些形式的游戏,或者一头钻进了历史,缺乏体现当代文化的景观设计语言。一方面人们追逐、鼓励个性,另一方面则是争议不断。拉茨的探索既有大批拥护者,世界各地不乏其模仿秀;与此同时拉茨的创作又被指责为垃圾美学的代表,庸俗的堆砌、凌乱不堪,莫衷一是。而景观师本人往往也厌倦长时期坚持一种个人风格,譬如80年代中晚期彼得·沃克(Peter Walker,1932—)开始怀疑"极简"的价值。景观学是一个开放性的学科,来自不同领域的影响共同造就了其相对宽泛的涉猎面;另一方面,景观设计更有其自身的规律性,不能脱离景观本体讨论其他领域对景观的意义。现代主义和工业化社会、后现代主义和当代高科技社会都存在关联。后现代主义是针对现代主义节省、极简风格的一种反应,过分地关注文脉、隐喻和形象,它是多种文化的混合物,没有明确的概念。在乔治·哈格里夫斯(George Hargreaves,1952—)、安德烈·高伊策、凯瑟琳·古斯塔夫森(Kathryn Gustafson,1951—)和德维涅(Desvigne)以及道尔诺基(Dalnoky)等人的作品中都含有后现代主义元素。后现代主义宣扬、鼓励多元化设计思想。受到现代主义、后现代主义、文脉主义、极简主义、波普艺术的侵染。景观设计不再拘泥于传统的形式与风格，提倡设计平面与空间组织的多变、形式的简洁、线条的明快与流畅，以及设计手法的丰富性，现代景观设计呈现出了前所未有的个性化与多元化特征。

与建筑相比较，景观环境设计的制约因素(功能等)相对要少一些，而更加强调艺术性，除去景观师以外，先锋的建筑师们往往也会选择景观项目作为其新锐设计理念的试验场，不论是伯纳德·屈米(Bernard Tschumi, 1944—)的拉·维莱特公园、亨利·摩尔的新奥尔良市意大利广场、文丘里的富兰克林庭院(中心广场)、查尔斯·詹克斯(Charles Jencks, 1939—)的宇宙思索庭园，还是矶崎新的筑波广场等，景观空间成为建筑师们阐述观念的理想介质(图1.33~图1.37)。景观较之于单纯的建筑似乎更能够营造宽松的创作环境，任凭建筑师们抒发自己的理想，这些"有意思"的空间或建筑体量虽小，但意味深远，代表着建筑及景观创作领域的新思潮。70年代以后，现代景观设计思潮更加趋向多元化，从一个层面反映了文化及审美的结构性转变。"复杂"、"矛盾"、"对立"、"冲突"等等非传统美的现象均为现代景观师们接受，推崇破除传统的二元论，即所谓形式与功能、抽象与具象等二元思想。相对于传统美学观念的变异，引发出并置的复杂意象，体现了当代景观设计的发展趋势——多元的价值取向。在后现代理论视野中，人类理性被压制，而非理性大放异彩。从而解构"自我"与"他者"的二元对立，实现不同文化、思想观念甚至表现手法之间基于彼此差异的相互尊重。创造与拼贴并存，在复杂与无序景观的背后，不难看出，多元共生的价值观念的核心仍然是基于肯定差异的和谐。

图1.33a 拉·维莱特公园平面(资料来源：[加]艾伦·泰特.城市公园设计.周玉鹏，肖季川，朱春模，译.北京：中国建筑工业出版社，2005)

图1.33b 拉·维莱特公园

图1.34a 新奥尔良市意大利广场平面

图1.34b 新奥尔良市意大利广场

图1.35a 富兰克林庭院(中心广场)平面

图1.35b 富兰克林庭院(中心广场)

图1.36a 宇宙思索庭园之DNA与物理园(资料来源:[美]Elizabeth Barlow Rogers.Landscape Design— A Cultural and Architectural History. New York: Harry N. Abrams,2001[英]盖伊·库珀,戈登·泰勒.未来庭园.安晓璐,译.贵阳:贵州科技出版社,2002)

图1.36b 宇宙思索庭园之DNA与物理园(资料来源:[美]Elizabeth Barlow Rogers.Landscape Design— A Cultural and Architectural History. New York: Harry N. Abrams,2001 [英]盖伊·库珀,戈登·泰勒.未来庭园.安晓璐,译.贵阳:贵州科技出版社,2002)

图1.37a 筑波广场平面（资料来源：[美]Elizabeth Barlow Rogers.Landscape Design— A Cultural and Architectural History. New York: Harry N. Abrams, 2001[英]盖伊·库珀,戈登·泰勒.未来庭园.安晓璐,译.贵阳:贵州科技出版社,2002）

图1.37b 筑波广场（资料来源：[美]Elizabeth Barlow Rogers. Landscape Design— A Cultural and Architectural History. New York: Harry N. Abrams,2001[英]盖伊·库珀,戈登·泰勒.未来庭园.安晓璐,译.贵阳:贵州科技出版社,2002）

50年代后期欧美发达国家先后进入后工业时代（post-industrial），至80年代大量的工业用地与设施随着产业的调整面临"关停并转"，此外，矿山废弃地是人为干扰下生成的一类特殊的环境资源，随着矿山资源的枯竭，随之产生大量的废弃地，由此带来大量的土地与工业设施遗存，被污染的河道、废弃的滨水区、矿山、化工厂、仓储设施、垃圾场、冶炼厂、铁道等所谓棕地。在这样的背景下，人类文明进程中如何更加科学地利用工业废弃地，如何节约再生土地资源，变废为用，对于健全生态系统，是实现工业及矿山废弃地持续发展的重要课题。景观化改造是诸多废弃地解决途径之一，新兴高科技工业不是利用既有的工业用地或遗存，而是另择他处。于是利用空置的工业、交通用地供景观开发，可以节省大量的财力和精力。各国都在探索相应的对策，德国成功转型的鲁尔地区部分工业遗存、英国著名的铁桥峡谷等都是利用工业遗存资源，重建的具有特色的工业遗产景观环境。促进生态恢复、土地复垦与再生利用，对于具有历史价值的建筑及地段进行保护性改造再利用，其中公园化、景观化改造利用是诸多方式之一，依据场所固有特征结合游憩需要进行景观复原、改造设计，进而形成所谓"后工业景观"。在充分研究场地现状、历史前提下，利用原有的构筑物、设施等，赋予新的游憩与展陈功能。这一类景观的显著特征是体现着工业文明和记忆，蕴含着个性化的场所精神。通常关于废弃地景观再生设计思想理性而清晰，往往采取"生态修复"与"遗存再生"并置的方式。首先，利用工业遗存中既有的自然修复，结合人为干预进一步地实现生态化、景观化修复，改善区域生态环境条件,营造良好的生态氛围。其次,保留工业遗存、场地遗址,选择部分具有利用价值的建、构筑物经过二次设计赋予其新的使用功能,通过缝合、填充与串联方式来满足新的使用需要,将观赏、交通、娱乐、演艺、展示和购物等功能重组到设施与建筑物中,以此来取得场所与设施的再生。废弃的机械装置和建构筑物被重新诠释了美的意义,废弃地景观再生思想与六七十年代在环境保护思想的影响下出现的"废弃品艺术"是何等的相似。从历史的角度看来,欧洲古典造园艺术一直就有用残缺遗存表达历史与怀旧的情愫,譬如文艺复兴时期巴洛克园林艺术就热衷于废墟的发掘,甚至造假。

装饰主义在现代景观设计中仍然流行。人们一方面猛烈地抨击着"城市美化运动",另一方面又在突出形式至上,充满着矛盾。通过迥异于周边环境的强烈对比的色彩、体块、线型等引起关注,历史的遗存被重新粉饰一新,甚至改变其颜色。而超越功能要求的构筑物、小品早已不再安分地充当"小品",无限制地放大尺度、披上鲜艳的外衣……凡此种种,一方面与不同民族的审美心理、趣味、取向有着密不可分的关联,另一方面也说明景观尤其是小尺度的环境中的景观,美化仍然是设计的基本目的之一。景观环境中的美化与装饰并不一定都是"罪恶",其关键在于"度"的把握,适当的装饰可以画龙点睛,过度的装饰则会走向堆砌和繁琐,与营造美的景观环境相去甚远。

20世纪六七十年代波普艺术在美国发展迅速,波普艺术的思想代表了一种回归,从精英文化向大众文化的转变,在景观设计中表现为对工业产品的直接运用,景观设计风格通俗化、世俗化,严谨的现代主义作风为戏谑、轻松的手法所替代。美国景观师玛莎·施瓦兹(Martha Schwartz,1950— )曾经从事纯艺术创作,后来转向景观领域。她认为,景观是与其他视觉艺术相当的艺术形式,也是一种采用现代材料制造表达的当代文化产品。她极力主张波普艺术的思想,在景观中大胆地使用工业产品,以塑造一种世俗性、商业性和大众性的文化景观。与抽象表现主义正好相反,波普艺术的作品中往往采取超级写实的手法,逼真到夸张的形体与细部及其强烈对比的色彩。波普艺术思想影响广泛,其中主题公园是依据特定的主题而创造出的景观空间,它以景观环境载体,是景观设计与旅游业、娱乐业联姻的产物。主题公园设计受到波普艺术影响较大,通常以典型地域文化的复制、缩微等手法表现景观,以不同的主题情节贯穿各个游乐项目,具有信息量大、直观的特点。迪斯尼乐园作为主题公园的代表把动画片所运用的色彩、刺激、魔幻等表现手法与游乐园的功能相结合,运用现代科技,为游客营造出一个充满梦幻、奇特、惊险和刺激的游乐世界。

70年代中期开始的合作模式,由一些小型事务所或分支机构共同组成大的设计团体,大型的建筑设计公司如HOK、SOM等也开始成立各自的设计机构,公司化的运作与团队规模的扩大,景观师、规划师以及经理人共同领导着景观公司,极大地冲击了由一两个主持人对于设计目标与过程的决策,到80年代早期,当公司成员达到百人以上时,当个人意志难以充分贯彻之际,早期的创始人大多选择了"离开",如加略特·艾克博、佐佐木英夫、劳伦斯·哈普林、伊恩·麦克哈格、彼得·沃克等人或再次成立个人的设计事务所,或重返讲坛,抑或两者兼顾

图1.38 佐佐木英夫作品(资料来源:[美]Sasaki.Sasaki: Intersection and Convergence. Pt Reyes: Oro Editions,2008)

(图1.38)。这也从一个方面说明了与规模经济利益相比较,大师们更注意实践和追求自我与个人的景观设计理想,正是他们的不懈努力推动了现代景观设计理论与思想的发展。

简约是现代景观艺术设计的特征之一,极简结构、线条和抽象的几何图形不断地出现在20世纪末的景观作品中,简洁的形式与耐人寻味的空间,所谓"简洁而不简单"是极简主义艺术作品的共同特征。彼得·沃克对"极简主义"抱有极大的兴趣,运用极简艺术的手法进行景观设计。将简约的设计与日本禅宗的枯山水庭院相结合,特别是在日本的实践得到世人的认可之后,通过日本的成功之作的广泛宣传而使其在欧洲被广泛接受,从此声名鹊起,他先后设计了索尼幕张技术中心、丰田艺术博物馆、慕尼黑机场凯宾斯基酒店庭院、IBM公司庭院等有影响力的景观作品。彼得·沃克的景观作品带有强烈的极简主义色彩,他也因此被公认为极简主义景观的代表。他的作品具有简洁的布局形式、古典的元素,充满矛盾、神秘的氛围,简洁的形式中往往蕴含了深刻的意义。彼得·沃克曾经师从劳伦斯·哈普林,后与佐佐木英夫合伙成立了事务所(SWA集团的前身)。两位景观设计大师的锐意创新精神对他的创作有深刻的影响,沃克是在对法国古典主义规则园林、现代主义及极简主义艺术综合研究后,开始尝试将极简艺术结合到景观设计中去,从而创造出了其极简主义的景观设计。早期的设计作品包括1980年和施瓦兹合作的尼可庭院和1983年伯纳特公园等。80年代中后期的一些作品标志着其极简设计风格的成熟,1984年的设计的唐纳喷泉(图1.39)、IBM索拉那园区规划、广场大厦以及1991年的市中心花园等为代表(图1.40)。其中哈佛大学校园内的唐纳喷泉位于一个交叉路口,是一个由159块巨石组成的60英尺直径圆形石阵,内部由一些同心但不规则的圆来组合,所有石块都镶嵌于草地之中,呈不规则排列状。石阵的中央是一座20英尺、高4英尺雾状喷泉,喷出的

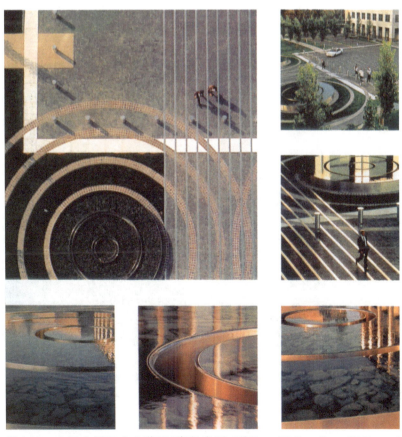

图1.39 广场大厦和中心花园(资料来源:[美]Peter Walker. Peter Walker and Partners: Landscape Architecture Defining the Craft. London: Thames & Hudson, 2005)

图1.40　唐纳喷泉

水雾弥漫在石头上,喷泉会随着季节和时间而变化,尤其在冬季大雪覆盖了巨石,由集中供热系统提供蒸汽在石块上弥漫开来,隐喻着巨大的力量,表现大自然谜一般的特性。在晚上,灯光从下面透射出来,给雾及空间带来神秘的光辉。唐纳喷泉充分展示了沃克对于极简主义手法运用的纯熟。沃克的景观作品除去简约甚至神秘的色彩外,大多隐喻着历史及其对于项目所处环境的理解,甚至有其创作原型。譬如巨石阵景象隐喻着英国远古巨石柱阵,而圆形的布置方式则出于对周围环境的考虑,在其充满神秘感的景观设计作品中,沃克运用简单的甚至自然的形体,以几何化的结构组合自然材料,唐纳喷泉也因此被看做是沃克的一件典型的极简主义园林作品。

　　作为现代抽象艺术的一支,极简主义艺术的纯净形式平衡内在秩序仍然是一种理想的象征;作为现代艺术构成主义的一脉,极简主义艺术的逻辑意图仍然是一种主观的认识。由于极简主义与日本禅宗庭院的设计思想有着相似之处,两者都崇尚简洁与自然,因此而备受日本人的欢迎。90年代后,沃克擅长运用日本园林中的主要要素如竹子、石块、水体、沙砾等。这些特点主要表现在日本播磨科学城、索尼幕张技术中心、丰田艺术博物馆等设计作品中。沃克的作品体现了极简主义与日本园林传统的有机结合。彼得·沃克还出版过《极简主义庭园》和《看不见的花园》这两本专著,其中《看不见的花园》对于美国自二战后至70年代末的景观实践的演变作了全面的论述,彼得·沃克可以称为是最后一位现代主义的景观师,或是现代主义景观的终结者。由于极简主义的出现,现代主义的景观设计手法开始式微,此后的景观设计大多转入到后现代时期(图1.41)。

图1.41a　日本播磨科学城

图1.41b　高级科学技术中心(资料来源:[美]Peter Walker. Peter Walker and Partners: Landscape Architecture Defining the Craft. London: Thames & Hudson, 2005)

彼得·拉茨是德国当代著名的景观设计师,他主张景观设计应尽可能采用一种理性的、结构清晰的设计方法,设计师首先要建立一个理性的系统,在不同的项目中,规划可以有很多变化。他在景观设计中始终贯彻技术、生态、再生的思想。拉茨锐意创新,他批评大多数的景观设计缺少理智地与现代主义的对话。大多数景观设计师在玩一些形式的游戏,或者一头钻进了历史,他们不使用体现当代文化的设计语言,拉茨感叹现代景观设计与相关学科相比发展滞后。

拉茨认为,景观设计师不应过多地干涉一块地段,而是要着重处理一些重要的地段,让其他广阔地区自由发展,采取了对场地最小干预的设计方法。景观设计师处理的是景观变化和保护的问题,要尽可能地利用特定环境,从中寻求景观设计的最佳解决途径。他反对以田园牧歌式的园林形式来描绘自然的设计思想。他的设计侧重寻求适合场地条件的设计,追求的是地段的特征。拉茨推崇密斯·范·德·罗的"少即是多"的设计思想,在景观设计中利用最简单的结构体系,形式和格网是拉茨的景观设计中常用的手法。

北杜伊斯堡景观公园是埃姆舍(IBA Emscherpark)公园中众多景观独特的主题园之一,面积200 hm²的北杜伊斯堡景观公园是拉茨的代表作(图1.42),这里曾经是有百年历史的A.G.Tyssen钢铁厂,于1985年关闭了,无数的老工业厂房和构筑物很快淹没于野草之中。1989年,政府决定将工厂改造为公园,成为埃姆舍公园的组成部分。从1990起,拉茨开始公园规划

图1.42a 北杜伊斯堡景观公园平面(资料来源:[加]艾伦·泰特.城市公园设计.周玉鹏,肖季川,朱春模,译.北京:中国建筑工业出版社,2005)

设计,1994年公园部分建成开放。面对庞大的工业遗存,拉茨采用生态的手段处理这片破碎的地段,融入今天的生活和公园的景观之中。在保留工厂中的建、构筑物的基础上,部分构筑物被赋予新的使用功能。其设计致力于对这些旧有的结构和要素的重新解释。水可以循环利用,污水被处理,雨水被收集,引至工厂中原有的冷却槽和沉淀池,经澄清过滤后,流入埃姆舍河。拉茨最大限度地保留了工厂的历史信息,利用原有的废弃的空间与材料营造公园的景观,从而最大限度地减少了对新材料与能源的消耗。"炉渣堆与露天剧场"、"高炉与眺望台"、"煤气罐与游泳馆"、"高架铁路与游步道"……,这些原本不相关联的场所奇迹般地被拉茨整合在一起。

拉茨设计萨尔布吕肯市(Saarbrucken)的港口岛公园(Buergpark Hafeninsel)(图1.43),同样使用生态的理念与手法,对废弃的材料进行再利用,处

图1.42b 北杜伊斯堡景观公园

图1.42c 北杜伊斯堡景观公园

图1.43a 港口岛公园

图1.43b 港口岛公园

理这块遭到重创而衰退的地区。港口岛公园面积约9 hm²,他综合研究了码头废墟、城市结构、基地上的植被等因素,对场地进行了"景观结构设计"。对待历史遗存,拉茨将其解读为开放空间的结构设计,将重构破碎的城市片段,联系它的各个部分,以揭示被淹没的历史。拉茨用废墟中的碎石,在公园中构建了一个方格网,作为公园的骨架。他认为这样可唤起人们对19世纪城市历史面貌片段的回忆。原有码头上重要的遗迹均得到保留,工业的废墟,如建筑、仓库、高架铁路等等都经过处理,得到很好的利用。公园同样考虑了生态的因素,相当一部分建筑材料利用了战争中留下的碎石瓦砾,并成为花园的不可分割的组成部分,它们与各种植物交融在一起。园中的地表水被收集,通过一系列净化处理后得到循环利用。新建的部分多以红砖构筑,与原有瓦砾形成鲜明对比,具有很强的识别性。

　　查尔斯·詹克斯是后现代主义的思想家,先后出版了一系列关于后现代主义建筑理论著作,如

《后现代建筑语言》《后现代主义》《今日建筑》等。早在20世纪70年代,他最先提出和阐释了后现代建筑的概念,并且将这一理论扩展到了整个艺术界,形成了广泛而深远的影响,为后现代艺术开辟了新的空间。1990年他和妻子玛吉·凯瑟克(Maggie Keswick)共同设计宇宙思索庭园(图1.44),它由一些不同主题的庭园组成,位于苏格兰南部低矮起伏的群山之中,占地 16.2 hm²。该园设计构思与灵感来源于混沌理论和中国风水理论。詹克斯假设大自然的形式是不断变化和弯曲的,园林中一幅由山峦、溪流、绿篱和墙垣构成的整体图体现这一概念。宇宙思索庭园的起点是他家的餐厅——"龙舞室",那里的装饰是非线性的,各种图案突显的是弧线的褶皱和波纹。

图 1.44a　宇宙冥想花园(资料来源:[美]Elizabeth Barlow Rogers. Landscape Design— A Cultural and Architectural History. New York: Harry N. Abrams,2001)

庭园的轴心起于住宅之下,沿斜坡而下。詹克斯以物理、遗传、宇宙、历史等学科名词命名园林中的景观节点。如"干瀑与迷宫之脑"、"公平竞争园"(网球场)、DNA与物理园、双螺旋体山丘。园林中的山丘也有类似象形的名字,如"蜗牛"、"古亚述金字塔"等(图 1.44)。其中"DNA与物理园"是宇宙思索庭园中的主要景点。整个庭园模仿分解的DNA图谱弧线和波纹线栽植,这些块地中种有蔬菜、果树和药草。而由当地的红砂碎砾制成两堵呈波浪状的围墙,其中之一有3个开口,用来观察DNA和物理园(图 1.45)。詹克斯以戏剧化的方式再现了其对于历史上和当今的宇宙观的认知。通向DNA与物理园的石门扶壁在具有17、18世纪传统风格的凤梨尖饰上设置了一个具现代风格的旋转体,左边是铜制的旧宇宙外观,右边是铝制的新宇宙外观。这些独特的金属球代表了主要的宇宙理论模式:托勒密理论、星座理论、圆环论、原子论、盖亚猜想和整体宇宙观。

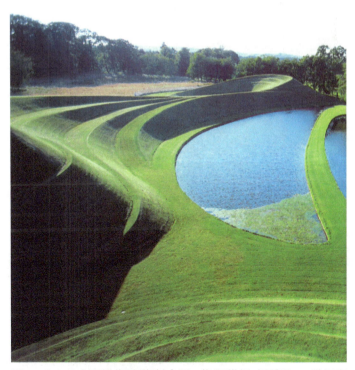

图 1.44b　宇宙冥想花园(资料来源:[英]阿塔妮·佩雷里. 21世纪庭院. 周丽华,译.贵阳:贵州科技出版社,2002)

# 现代景观设计理论与方法

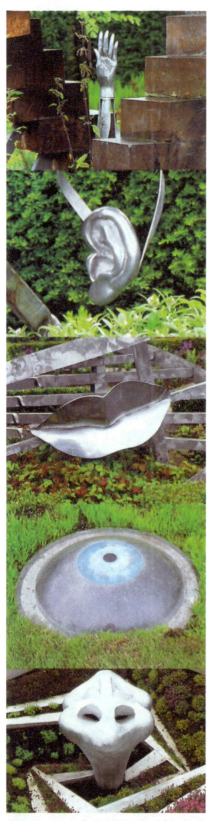

图1.45　DNA与物理园([英]盖伊·库珀,戈登·泰勒.未来庭园.安晓露,译.贵阳:贵州科技出版社,2002)

许多坚持自我概念的建筑师对于历史主义的后现代思潮与20世纪初期的前卫艺术感到反感,他们利用现实环境中的"片段、表象"作为主题并反思当今建筑的窘境。解构建筑应运而生,但是解构建筑并不希望被冠上什么风格。后结构或解构的建筑师意图打破单一形象的概念,如绝对的观点或是明确的形式语言。

解构主义(或称后结构主义)是从对结构主义的批判中建立起来的,它的形式实质是对结构主义的破坏和分解。结构主义哲学认为世界是由结构中的各种关系构成的,人的理性有一种先验的结构能力。而结构是"事物系统的诸要素所固有的相对稳定的组织方式或连接方式,即结构主义强调结构具有相对稳定性、有序性和确定性,而解构主义反对结构主义的二元对立性(非黑即白的绝对对立观点)、整体统一性、中心性和系统的封闭性、确定性,突出差异性和不确定性。雅克·德里达(Jacques Derrida)认为结构主义是西方形而上学的"逻各斯中心主义"的一种表现形式,结构主义的结构中心性是建立在"形而上学"基础上的。因此他把矛头指向"逻各斯中心主义",指向形而上学哲学传统,达到将传统文化中一切形而上学的东西推翻的目的。解构主义哲学渗透到景观设计领域,深深地影响了景观设计理论与实践。先锋派建筑师彼德·艾森曼(Peter Eisenman)(图1.46)、伯纳德·屈米(Bernard Tschumi, 1944—)等人将解构主义理论用于建筑实践并从中探索建筑的解构理论。其中屈米设计的巴黎拉·维莱特公园成为解构主义的代表作之一(图1.47)。1982年拉·维莱特公园获国际设计竞赛一等奖,至1998年工程完工。拉·维莱特公园是纪念法国大革命200周年巴黎建设的九大工程之一,它位于巴黎市东北角,在原有屠宰场和肉市场的旧址上修建而成。法国政府通过竞赛的方式企图把拉·维莱特公园建成一个"属于21世纪的,充满魅力的、独特并且有深刻思想含义的公园,它既要满足人们身体上和精神上的需要,同时又是体育运动、娱乐、自然生态、工程技术、科学文化与艺术等诸多方面相结合的开放式绿地,公园还要成为世界各地游人的交流场所"。屈米采用解构主义手法,打破一切原有秩序和构图原则。首先从中性的数学构成或理想的拓扑构成(网格的、线条的或同中心的系统等)着手,设计出三个自律性的抽象系统——点、线、面,即每隔120 m,建成一个红色疯狂物(Folies)、科学工业城、音乐城等作为一个个"点";轴线、漫步流线的道路系统形成"线";点线相交构成"面",形成公园的整体骨架。伯纳德·屈米的公园设计与传统的景观设计方法不同,体现出不完整性

图1.46a 柏林大屠杀纪念馆广场平面

图1.46b 柏林大屠杀纪念馆广场

图1.47a 拉·维莱特公园栈道

图1.47b 拉·维莱特公园河道

和不系统性,没有非黑即白的二元对立,强调多元与模糊,这是解构主义的特征。解构主义反对二元对立,强调多元,通过模糊化的方式来建构空间,同时解构主义又是反权威的,在貌似随心所欲的空间形式背后却有着内在结构的联系,感性而多变的形式之中彰显高度的理性精神。

玛莎·施瓦兹由美术专业转而学习景观设计,在马萨诸塞州的坎布里奇拥有自己的公司——玛·莎·施瓦兹有限公司,从事公共环境艺术与景观设计。她也是先学艺术再改行景观设计,她的作品具有强烈的装饰意味,表现出她对一些非主流的临时的材料以及规整的几何形式有着狂热的喜爱,同时也表现出对基址的文脉的尊重。施瓦兹是使用特别材料,以怪诞的表达方式进行设计的老手。她的设计注重在平面中几何形式的应用,在景观中使用工业化的成品,使用廉价的材料及人造植物代替天然植物;传统园林要素的变形和再现体现基地文脉的体现(图1.48)。施瓦兹认为,景园是一个与其他视觉艺术相关的艺术形式,景观作为文化的人工制品,应该用现代的材料建造,而且反映现代社会的需要和价值。施瓦兹景观设计作品则否定了材料的真实性,以戏谑代替了严肃,复杂代替了简单,现代主义景观中的呆板与理性被设计者所否定。极力推崇波普艺术的施瓦兹被称作是艺术对景观的"入侵者",是传统园林审美观的"冒犯者",是一位在景观设计方面的"离经叛道者"。

80年代以来,"地景艺术"以全新的面貌出现在景观设计中,与六七十年代的大地艺术有所不同,"地景艺术"不再是存在于人迹罕至的沙漠与海岸,也不再是几乎没有"功能"的纯粹装饰物,各种尺度的景观环境中均可采取地景化的表现方法。新地景艺术已不再是某些空洞理论的物化,而是理性地与景观环境的固有的特征紧密结合在一起,汲取极简主义、抽象主义以及后现代主义的景观形式语言,通过隐喻、象征、联想以及富有雕塑感的方式表现场地的演变过程与秩序,从这些作品中人们隐约可见罗伯特·斯密森、彼得·拉茨、罗伯特·布勒·马尔克斯的影子。

图1.48a 玛莎·施瓦兹,美国住房与城市发展部前广场(HUD PLAZA)平面(资料来源:[美] Tim Richardson. The Vanguard Landscapes and Gardens of Martha Schwartz. London: Thames & Hudson Press, 2004)

图1.48b 玛莎·施瓦兹,美国住房与城市发展部前广场(HUD PLAZA)鸟瞰

当七八十年代生态化景观设计大行其道的时候,乔治·哈格里夫斯坚持认为艺术是景观设计的根本。他的作品关注了空间和时间的双重因素,在设计之处考虑了自然的演变和再生的过程。大地艺术深深地感染着哈格里夫斯,他吸取了一些大地艺术家的创作思想,提出景观艺术可以是"康复大地的一条有效途径",因此用自然的元素再造自然,但他设计的景观是自然的而非自然状的,是对自然的提炼和升华。同时他在设计的景观中也注入了对自然和文化的思考,寻求着客观物质与人类精神世界之间的桥梁。他反对机械地模仿英国的自然式造园与现代主义几何化的景观设计语言。主张依据场地的特殊性,采取隐喻的方式表现场所的演化进程。彼得·沃克称赞哈格里夫斯"不仅才华横溢,而且是其同代人中难得的表现模式可能性的人,(人们)可从他身上学会如何投身于设计实践中去。"1983年哈格里夫斯创立了哈格里夫斯设计事务所,开始了风景园林艺术实践的新尝试,其代表作包括烛台点文化公园、广场公园、拜斯比公园、哥德鲁普河公园、辛辛那提大学总体规划、澳大利亚的悉尼奥运会公共区域景观设计等。哈格里夫斯认为景观是一个人造或人工修饰的空间的集合,它是公共生活的基础和背景,是与生活相关的艺术品,是大自然的动力性和神秘感,基地特有的人与大地、水、风等自然要素的互动,以及历史和文化表达。后现代主义者以近乎怪诞的新颖材料和交错混杂的构成体系反映了后现代美国社会复杂和矛盾的社会现实,以多样的形象体现了社会价值的多源,表达了在这个复杂的社会中给予弱势群体言说权力的后现代主义的社会理想。哈格里夫斯创造的是一种全方位的、动态的、开放式的景观构图表达另外一种自然美的愿望,变化、分解、崩溃和无序成为他景观表达的主要方向。"白艾克什公园"(图1.49)是哈格里夫斯的大地艺术的代表作。

图1.49a　广场公园平面

图1.49b　广场公园

哈格里夫斯以其特殊大地艺术的方式设计改造废弃地,1988—1992年他将加州帕罗·奥托市（Palo Alto）一个占地约12.14 hm²的垃圾填埋场变成了具有大地景观特色的滨水山地公园——拜斯比公园（Byxbee Park）（图1.50）。采用900 mm的复合土层覆盖垃圾山,形成连续的土丘,为了防止树根刺穿土层导致垃圾中有害物质外泄,整个场地不栽大树,仅以地带性草皮覆盖。在山谷处设"大地之门",在山坡处则用土丘群隐喻当年印第安人渔猎时就地填起的贝壳堆。沿等高线的登山道由破碎的贝壳铺成。山下形成湿地,观鸟台随山就势而筑,电线杆成阵列装分布于坡地草丛中,电线杆与起伏的山体曲面形成了很强烈的场所感。山谷间长明的沼气火焰隐喻着场地的历史,采用人字纹混凝土条"人为降落"暗示附近的飞机场的存在。类似的地形处理手法多次出现在其他作品中,如加州萨克拉门托的"绿景园"、哥德鲁普河公园（Guadalupe River Park）（图1.51）,这一系列设计中最为引人注目的是波浪状起伏的地形,粗放种植的树木。或暗示了水的活力和流动性或结合雾状喷泉营造富有诗意的休憩空间。哈格里夫斯认为景观设计不仅仅是要解决与建筑场地有关的社会与环境问题,还要建立人与景观之间的接合点,以寻求要反映的系统美学。

图1.50a　拜斯比公园平面

图1.50b　拜斯比公园

图1.50c　拜斯比公园

图1.51a　哥德鲁普河公园平面

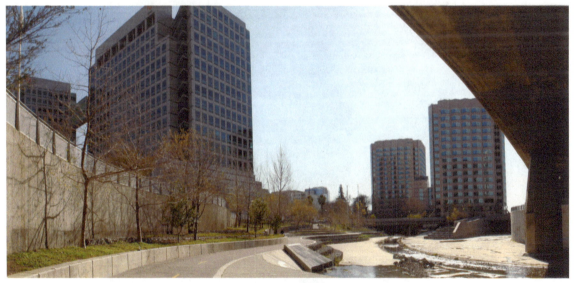

图1.51b　哥德鲁普河公园

安德烈·高伊策认为：景观设计的介入总是在改变着自然，自由放任也是一种塑造自然的方式，即使采取科学的手段也是如此。自然和城市也不再独立的分开，而是彼此互相融合。自然通过技术正在变得完美，城市正在无法控制地扩展成城市森林，处理自然和环境需要理性与技术。高伊策认为自己是写实主义者、功能主义者，他的设计风格源于荷兰人与景观的典型关系。高伊策欣赏俄国的构成派艺术家的作品，喜欢简洁的风格与波普艺术、大地艺术，欣赏丹麦的简约的景观设计，如索伦森(Carl Theodor Sorensen, 1893—1979)和安德松(Sven-Ingvar Andersson, 1927—)等往往使用很少的元素，创造出美丽、形式简洁的作品。高伊策常运用普通的材料创造出为大众接受的作品。他将景观作为一个动态变化的系统，设计的目的在于建立一个自然的过程，而不是一成不变的如画景色。高伊策提出人类应当适应环境，而不是再创造一种新的环境来适应人类。

与早期造作的大地艺术不同，高伊策对于大环境的关注能够与环境自身的特征及其修复相结合。东斯海尔德大坝北部、岛屿和南部景观项目,面对零乱的区域,采取简便的手法利用废弃的蚌壳覆盖并解决工地的美化(图1.52)。鸟蛤壳和蚌壳被布置成有韵律的图案,形成黑白相间的条带或棋盘方格,其中棋盘格图案出自17世纪荷兰画家维米尔(Jan Vermeer,1632—1675)和霍赫(Pieter de Hooch,1629—1684)的绘画。长条形的图案反映了荷兰特有的围海造田而形成的线状景观(图1.52)。经过高伊策的设计,原来的工地遗存变成为在深浅不同的贝壳以及飞翔栖居着的各种鸟类。

1996年建成的鹿特丹剧院广场位于充满生机的港口城市鹿特丹的中心(图1.53,图1.54),1.5 hm² 的广场下面是两层的车库,由于无法覆土导致广场上不能种树。高伊策的设计强调了广场中虚空的重要,通过将广场的地面抬高,保持了广场是一个平的、空旷的空间,成为一个"城市舞台"广场,没有赋予特定的使用功能,广场可以灵活使用。每一天、每一个季节广场的景观都在变化。为了降低车库顶部荷载,高伊策使用木材、橡胶、金属和环氧基树脂等轻型饰面材料。以不同的图案分布在广场不同区域。花岗岩的铺装区域上有120个喷头,每当温度超过22度的时候就喷出不同的水柱。地下停车场的三个15 m高通风塔伸出地面,其上各有时、分、秒的显示,构成数字时钟。广场上4个红色的35 m高的水压式灯每两小时改变一次形状,也可投币,操控灯的悬臂,为广场上的动态雕塑。这些灯烘托着广场的海港气氛,并使广场成为鹿特丹港口的映像。高伊策期望广场的气氛是互动式的,伴随着温度的变化,白天和黑夜的轮回,或者夏季和冬季的交替以及通过人们的幻想,广场的景观都在改变。

图1.52a 东斯海尔德平面

图1.52b 东斯海尔德

1 现代景观设计及其发展

图1.53 鹿特丹剧院广场

图1.54 鹿特丹剧院广场

图 1.55 Interpolis 公司总部庭院平面（资料来源：[德]Thies Schroder.Changes in Scenery: Contemporary Landscape Architecture in Europe.Birkhäuser Basel,2002）

位于荷兰蒂尔堡（Tilburg）Interpolis 公司总部庭院（图 1.55，图 1.56），面积 2 hm² 的内院由绿篱和栏杆围成一个封闭的空间，花园向市民和员工开放。高伊策设计的最突出的特点是其中方向不同、长度不一的水池，与不规则的草坪和铺地构成了花园不断变化的透视效果。庭院的空间摒弃了规则的单灭点的透视原则，利用水池、草地和铺地的不规则组合构成了多灭点的透视关系，在庭院中运动时空间也在不断地发生变化，感受到的是动态的而不是静态的空间，这与传统的规则式园林有着根本性的差异。庭院中采用的大部分是自然的元素，色彩协调，不同的块面之间是隐藏的动态的平衡和微妙的张力，高度有限的水池和草地基本停留在二维的空间中，在有限的空间内增加微妙的变化。庭院有乔木点缀其中，愈向外愈密，与外部形成良好的隔绝，花园接近建筑的部分铺设了大片暗红偏灰色的页岩，当台阶上的玉兰花盛开的时候，两者之间形成了强烈的对比。

图 1.56a　Interpolis 公司总部庭院透视

图 1.56b　景观构成要素分层示意图（资料来源：[德]Thies Schroder. Changes in Scenery: Contemporary Landscape Architecture in Europe. Birkhäuser Basel, 2002）

图1.56c　Interpolis公司总部庭院（资料来源：[德]Thies Schroder.Changes in Scenery: Contemporary Landscape Architecture in Europe.Birkhäuser Basel ,2002）

正如艺术史学家的分析，传统艺术结束于印象主义（Impressionism），现代艺术结束于极简主义（Minimalism），后现代艺术正方兴未艾。当代景观设计理论与实践的探索在景观发展史上是空前的，其主流是积极地推动着景观学的发展。设计思想的解放极大地丰富了景观设计的形式语言，分解重构的手法使现代景观呈现出从未有过的面貌。然而不可否认，复杂的形式背后往往是令人费解的"道理"，唯理论而设计，为理论而论理。当花哨形式被彻底打碎之后，新的迷茫又再次出现在世人面前，难道这些支离破碎的形体与设计者的梦呓就是景观设计的未来？具有试验意义的个案是否具有普遍价值？当代景观设计的宗旨何在？现代景观的实践与探索留给这个时代的不仅仅是五彩斑斓，同时也遗留了一系列的问号，值得当代景观师们思考。

## 1.2　现代景观设计发展趋势

### 1.2.1　分解与重构及其多维度演绎

现代景观设计在于对空间而不是平面或图案的关注，设计应该具有"三维性"。艾克博在1937年的《城市花园设计程序》中指出"人是生活在空间中、体量中，而不是在平面中"，他提出18种城市环境中小型园林的设计方法，这些设计放弃了严格的几何形式，而以应用曲线为主。强调景观应该是运动的而不是静止的，不应该是平面的游戏而是为人们提供体验的场所。空间的概念可以说是现代景观设计的一个根本性变革，对19世纪的学院派体系产生了冲击。现代雕塑中的空间概念对景观的影响是比较直接的，但空间的革命最早是起源于绘画，塞尚的绘画和立体主义的研究为空间的解放开辟了道路，多视点的动态空间和几何的动态构成以及抽象自由曲线的运用开辟了全新的空间组织方式，这些甚至直接地被反映在景观设计的手法中，例如以托马斯·丘奇（图1.57）、艾克博（图1.58）等人为代表的"加州风格"，以及布勒·马尔克斯（图1.59）的有机形式景观作品。

现代主义设计的理论和实践都受到立体派的启发，景观从两维向着多维方向转化，景观师倾向对空间作多维演绎，尤其依赖现代艺术中用简单有序的形状创造纯粹的视觉效果的构图形式。立体

图1.57 康纳花园（资料来源：[美] Elizabeth Barlow Rogers. Landscape Design–A Cultural & Architectural History. New York: Harry N. Abrams, 2001）

图1.58 艾克博作品（资料来源：[美]Peter Walker, Melanie Simo. Invisible Gardens —The Search for Modernism in the American Landscape. Cambridge: The MIT Press,1996）

图1.59 巴西教育及公共卫生部屋顶花园平面（资料来源：[美]Jean-Francois Lejeune. Cruelty and Utopia: Cities and Landscapes of Latin America. Princeton:Princeton Architectural Press,2005）

派所倡导的不断变换视点、多维视线并存于同一空间的艺术表现方法可以说是现代主义设计的重要手法之一。从形式到功能,现代主义设计引发了景观空间的审美革命。建成于1999年的巴塞罗那雅尔蒂(Jardi)植物园位于蒙特惠奇山的南坡,能够欣赏到加太罗尼亚首府的壮丽景色。景观师贝特·费盖拉斯(Bet Figuerashe)和建筑师卡洛斯·菲拉特尔(Carlos Ferrrater)合作设计,使用了复杂的不规则几何形式来划分空间,用裸露的混凝土和锈铁建造园中的小路和墙体。穿过了大型钢铁制成的大门,从低矮的结合地形的建筑中走出来,你就会发现前面视野开阔的景观。园里的景观呈梯田的形状,有着许多三角形的道路和锯齿状延伸的锈红色钢板和浅灰色裸露的混凝土。设计中坚持采用的带墙体的草坡,其意图在于作为面临威胁的梯田文化的抽象再现。整个地块以不同寻常的方式划分成三角形的种植区域,目的在于规划一个三角形的网络,这种形式更加适合灵活多变的地形,同时,自然的片断、尖锐的钢铁护坡和不规则的混凝土混杂形成了独特的视觉外观。形式的解放极大丰富了景观设计的语言,分解重构的手法使现代景观呈现出从未有过的面貌,但是当形式被彻底打碎之后,新的迷茫又开始出现在面前,这些支离破碎的形体难道就是构筑我们未来世界的所有手段?回答应该是否定的。但作为当今景观设计中新的表现形式,它值得我们去认真研究其存在的客观价值。

彼得·艾森曼设计意大利维罗纳"逝去的脚步"(Lost Foot)庭院位于一个14世纪的古堡,在1958—1964年之间由卡洛·斯卡帕(Carlo Scarpa)改建成为博物馆。艾森曼的设计从建筑出发,在建筑外部布置了与室内同大的五个空间,由倾斜的石板构成,与转换了角度的网格系统相重叠,穿插在三维形态的草体中。艾森曼考虑如何把原有的小尺度与大尺度结合在一起,如何在古堡、斯卡帕改造的部分以及自己的设计之间建立关系。在这里他应用了一贯的设计手法,红色钢管、地形的处理、倾斜的石板、起伏而不规则形态的草地成为了较大空间中主要的三维物体,化解了水平空间的真实尺度,也构成了明显的带有立体主义色彩的视觉特征。

### 1.2.2 从景观规划到城市设计

现代景观从其发端便紧紧围绕着城市问题展开讨论,景观界的先哲们不仅仅扩大的研究的视野,业界的研究问题从单一的生活环境美化上升到城市层面。在发表于50年代的几篇文章中,佐佐木描述了从环境规划到城市设计的景观建筑学领域的研究范围。"我们需要对各种影响所规划地区的自然界力量进行生态学的观测",他在1953年写道:"这种观测可以决定何种文化形式最适合这些自然条件。使各种正在运作的生态张力,能从这种研究中得到激发,从而创造出一个比如今我们所见到的更为合适的设计形式。"这种理念不仅反映在其景观设计创作中,也在其城市设计创作中

**图1.60a 印第安那波利斯滨水中心**(资料来源:[美]Sasaki. Sasaki: Intersection and Convergence. Pt Reyes:Oro Editions,2008)

**图1.60b 印第安那波利斯滨水中心鸟瞰**

打下了深深的烙印。注重生态环境与城市的和谐共生,体现在佐佐木事务所的多项城市设计之中。20世纪50年代,当佐佐木和他的事务所从事波士顿、费城和芝加哥的项目时,对城市的一些潜在问题进行了思考(图1.60)。1955年他在文章中写道:作为功能与文化表达载体的城市正处于危险之中。而在1956年他特别提到城市设计的新领域,他认为景观建筑师可以利用专业知识,为城市设计领域作出巨大的贡献。他们还能和规划师一起决定土地利用的有关方面,甚至决定整个项目的设计构架和形式。这些言论,反映了佐佐木对于景观建筑学和城市设计的互动关系以及城市发展的一些根本问题,已经有了严肃而深入的思考,他的城市设计思想正在逐渐走向成熟。虽然佐佐木进行了许多景观设计的实践,但他的同事评论道:"他从来没有认为自己是个景观设计师。"我们进行规划和设计的土地不是作为商品,而是作为自然资源、人类活动的场所以及人类的财富和文明记忆,这就是这位创始人对自己的职业和公司的根本观点。

### 1.2.3 行为科学与人性化景观环境

古典主义的景观设计是以人的意志为中心的,东西方景园设计均有鲜明的人本意识,现代景观设计强调"创造使人和景观环境相结合的场所,并使二者相得益彰。"在此前提下研究人的行为与心理,从而使景观设计更好地实现以人为本。人是环境的主宰,人同样离不开环境的支撑。《马丘比丘宣言》中有这样一段:"我们深信人的相互作用和交往是城市存在的根本依据。"景观环境的创造不同于物质生产,而是将环境作为人类活动的背景,为人类提供了游憩空间。《华沙宣言》指出"人类聚居地,必须提供一定的生活环境,维护个人、家庭和社会的一致,采取充分手段保障私密性,并且提供面对面的相互交往的可能"。拉特利奇(Rutledge A. J.)的《大众行为与公园设计》、扬·盖尔的《交往与空间》、爱德华·T.霍尔的《隐匿的尺度》、高桥鹰志的《环境行为与空间设计》等专著针对环境中人的行为展开系统的调查研究,进一步揭示人在环境中的行为与心理。现代景观设计融功能、空间组织及形式创新为一体。良好的服务或使用功能是景观设计的基础,例如为人们漫步、休憩、晒太阳、遮荫、聊天、观望等户外活动提供适宜的场所,在处理好流线与交通的关系的基础上,考虑到人们交往与使用中的心理与行为的需求。

约翰·O·西蒙兹在《景观设计学——场地规划与设计手册》中指出:"景观,并非仅仅意味着一种可见的美观,它更是包含了从人及人所依赖生存的社会及自然那里获得多种特点的空间;同时,应能够提高环境品质并成为未来发展所需要的生态资源。"设计师应该坚持"以人为本"作为"人性化"设计的基本立足点,在景观环境设计中强调全面满足人的不同需求。人性化景观环境设计建设有赖于使用者的积极参与,不论是建设前期还是建成以后,积极倡导使用者参与空间环境设计具有十分重要的意义。使用者将需求反映给设计者,尽可能弥补设计者主观臆测的一面,这将有助于景观师更有效的工作,并加强使用者对景观环境的归属感和认同感。调研、决策、使用后评价几个过程是可以发挥使用者潜力的环节,应积极地发挥景观设计中的"互动"与"交互"关系。人性化景观环境设计主要由三方面构成:人体的尺寸、人在外部空间中的行为特点以及人在使用空间时的心理需求。

### 1.2.4 生态学观念与方法的运用

20世纪二三十年代,由英国学者G. E. 赫特金斯(G. E. Hutchings)和C. C. 法格(C. C. Fagg)提出景观是由许多复杂要素相联系而构成的系统。如果对系统的构成要素加以变动,将不可避免地影响系统中的其他组成部分。诸环境要素之间存在着内在的关联,而对于环境的研究也总是从单一的因素入手,诸如土壤、植被、坡度、小气候、动物等等,如何将诸要素完整地整合到同一场地之中,从而完整、全面地认知场地,1943年L.B.埃斯克里特(L. B. Escritt)的专著《区域规划》(《Regional Planning》)一书对于如何使用叠图法分析景观环境有了详尽的论述,这是一个简单易学、易用并且行之有效的技术措施,对于推广科学化的景观规划具有重要的现实意义。1969年,麦克哈格在其经典名著

《设计结合自然》中,就提出了综合性的生态规划思想。

对于景观环境中的一些环境敏感设施的选址、选线向来是中外景观设计中备受争议的话题,为此Design Workshop INC 专门研发了一套视觉模拟系统以辅助设计,取得可喜的成果(图1.61)。今天广泛使用的GIS 系统也可以有效地解决长期以来关于上述问题的困扰。Design Workshop INC改造设计的美国亚利桑纳州凤凰城西部能源协会经营与维修中心的景观环境,以对环境非常敏感的沙漠景观代替了原先的绿洲景观以保护水与能源。

图1.61a 亚历山大河谷

图1.61b 亚历山大河谷

生态学观念影响着景观设计理念,生态化景观环境设计突出在改造客观世界的同时,不断减少负面效应,进而改善和优化人与自然的关系,生成生态运行机制良好的景观环境。生态观念强调环境科学不断更新的相关知识信息的相互渗透,以及多学科的合作与协调。城市景观建设须以生态环境为基础,在生态学基本观念的前提下重新建构城市景观环境设计的理论与方法。城市景观环境是一个综合的整体,景观生态设计是对人类生态系统整体进行全面设计,而不是孤立地对某一景观元素进行设计,是一种多目标设计,为人类和动植物需要、为审美需要,设计的最终目标是整体优化。生态学方法可以贯穿到景观环境设计的全过程,如从用地的选择、用地的评价、工程做法、植物的选择与配置、景观构成等方面,目的在于完善环境的机能,促成建筑与环境的有机化,从而达到建筑环境的动态平衡。

生态型景观是指既有助于人类的健康发展又能够与周围自然景观相协调的景观。生态景观的建设不会破坏其他生态系统或耗竭资源。生态景观应能够与场地的结构和功能相依存,有价值的资源如水、营养物、土壤以及能量等将得以保存,物种的多样性将得以保护和发展(美国景观设计教育委员会,1988)。生态型城市景观环境规划设计须遵循景观生态学的原理,建立多层次、多结构、多功能的植物群落,建立人类、动物、植物相关联、相共生、相和谐的新秩序,使其在对环境的破坏影响最小的前提下,达到生态美、艺术美、文化美和科学美的统一,为人类创造清洁、优美、文明的景观环境。现代景观设计在生态学观念引导下业已形成一系列的生态化工程技术措施,诸如为保护表土层、保护湿地与水系、模拟地带性群落、采用地带性树种、地表水滞蓄、自然化驳岸、中水利用、透水铺装等。

1.2.5　地域特征与文化表达

赖特精通于在沙漠里种花和带刺的沙漠植物以及在西南地区贫瘠的干旱土地上种花。营造属于沙漠的建筑与景观,赖特的有机建筑思想具有鲜明的地域性,赖特和欧姆斯特德、凯文·林奇和劳伦斯·哈普林等有着相似自然哲学观。如此强调景观的地域性深深地影响了现代景观设计。贝尔特·柯林斯集团(图1.62)设计的肯尼亚内罗毕狩猎宾馆方案,整个环境犹如布置于非洲土著的地毯之上,浓烈的色彩洋溢着浓郁的非洲文化氛围。

图1.62a　内罗毕狩猎宾馆平面

图1.62b　内罗毕狩猎宾馆透视

詹尼斯·霍尔(Janis Hall)的作品"记忆之河"(Mnemonic River)(图1.63)是一处位于美国马萨诸塞州东南部的私人宅院。霍尔将景观环境中的乡土植物、微地形、光影、风与水、真实的空间与虚幻的景象有机地融于广袤的自然背景中,起伏的地形、干枯的河床俨然是远处海湾与山林的一部分。随着日出日落,起伏的地形呈现出无尽的变化。霍尔将大地与土壤的物质性加以抽象,使泥土的本质更加鲜明。场所中恒定不变的地形在光与空气的作用下,变化多端,从而使大地的永恒与时间的转瞬形成鲜明的对照,达到虽由人作、宛自天开的境界。

1 现代景观设计及其发展

图1.63　记忆之河（资料来源：[美]Steven Moorhead.景园建筑.刘丛红,译.天津:天津大学出版社,2001）

地域是一个宽泛的概念，景观中的地域包含地理及人文双重涵义。大至面积广袤的区域，小至特定的庭院环境，由于自然及人为的原因，任何一处场所历史地形成了自身的印迹，自然环境与文化积淀具有多样性与特殊性，不同的场所之间的差异是生成景观多样性的内在因素。景观设计从既有环境中寻找设计的灵感与线索，从中抽象出景观空间构成与形式特征，从而对特定的时间、空间、人群和文化加以表现，通过场所记忆中的片断的整合与重组，成为新景观空间的内核，以唤起人们对于场所记忆的理解，形成特定的印象。墨西哥景观师马里奥·谢赫南（Mario Schjetnan）的作品泰佐佐莫克公园和成熟期的霍尔米尔科生态公园体现了当地的生态与环境特征，他是全世界的，同时也是本土的（图1.64）。

通过景观设计保留场所历史的印迹，并作为城市的记忆，唤起造访者的共鸣，同时又能具有新时代的功能和审美价值，关键在于掌握改造和利用的强度和方式。从这个意义上讲，设计包括对原有形式的保留、修饰和创造新的形式。这种景观改造设计所要体现的是场所的记忆和文化的体验。尊重场地原有的历史文化和自然的过程和格局，并以此为本底和背景，与新的景观环境功能和结构相结合，通过拆解、重组并融入新的景观空间之中，从而延续场所的文化特征。

二战后的日本景观发展迅速，并不断寻求现代景观与传统园林的结合方式，日本的景观师铃木昌道、枡野俊明、佐佐木叶二、长谷川浩己和户田芳树都是现代景观的杰出代表，为日本的现代景观争得了一定的国际地位。"凤"环境咨询设计研究所设计的东京都千代田区众议院议员议长官邸庭园，占地面积19062 m²。模仿传统禅宗庭院意向，树木、岩石、天空、土地等常常是寥寥数笔即蕴涵着极深寓意，在修行者眼里它们就是海洋、山脉、岛屿、瀑布，一沙一世

图1.64　马里奥·谢赫南作品

界,这样的园林无异于一种"精神园林"。这种园林发展臻于极致——乔灌木、小桥、岛屿甚至园林不可缺少的水体等造园惯用要素均被——剔除,仅留下岩石、耙制的沙砾和自发生长于荫蔽处的一块块苔地,这便是典型的、流行至今的日本枯山水庭园的主要构成要素。结合日本传统和式园林与现代景观于一体的景园风格,象征"新和风"的"条石透廊",横穿和式和洋式两个庭园,消失在水池中。走在条石走廊上,右边是青青的草坪,左边是白河石的"大海"。在和式园中运用了白河石、白沙、枯草以及鸡爪槭,在现代园部分则运用了大草坪。彼得·沃克称赞佐佐木叶二"运用最简单的几何学形态,着眼于有生命的素材自身的丰富性和它们映现出来的光与影,扩展设计的领域"。设计师用一种智慧的手法诠释日本景观的民族风格。

### 1.2.6 个性化与独创性的追求

景观是空间的艺术,其形式不仅仅是表现的对象,也是形而上设计思想的物质载体,设计者千变万化的构思与意图无不是通过"形式"加以表现。景观师又以独特的设计风格为追求。与传统景观追求和谐美不同,凸现景观设计个性化是当代景观设计的趋势之一。如同生物学中基因变异能够产生新的基因和物种一样,部分先锋景观师为了追求奇异或表达特殊的设计理念,通过景观的构成要素、构成形式及其与环境之间的冲突,从而产生一种充斥着矛盾的景观形式,形成新的景观体验。现代景观设计的独创性体现为敢于提出与前人、众人不同的见解,敢于打破一般思维的常规惯例,寻找更合理的新原理、新机构、新功能、新材料,独创性能使设计方案标新立异,不断创新。

一定意义上说,现代景观艺术的变化折射出时代观念的变革,现代绘画与雕塑从描绘神话故事、宣扬宗教教义的重负中摆脱出来,开始寻求自身独立的价值。立体主义表达形式,野兽派表达色彩,表现主义表达精神,未来主义赞扬运动和速度,达达主义宣扬破坏,超现实主义则试图揭示人内心深处的真实……,20世纪60年代,艺术中出现了从精英向大众化转变的呼声,世俗化和地方化的因素重新开始被关注,20世纪70年代之后,观念和哲学的成分在艺术中逐渐加重,概念艺术的盛行甚至表明艺术家可以不用画了,艺术家几乎成了哲学家,而这种观念直接导致了大地艺术、极简主义、行为艺术和装置艺术等等不同的流派的诞生。虽然我们可以质疑其中个别荒诞的现象,但这些思想的确丰富了艺术的发展,与此同时,景观设计也开始积极寻求自身新的意义。大地艺术可以说是和景观设计拥有完全相同的构成要素,但却向不同的方向发展,其中的不同就是大地艺术更加关注功能和形式之外的意义,它试图寻求弥合人类和环境之间沟壑的方式,探讨自然可能产生的新的含义,证明人和自然并不是不可调和的对立体。景观在满足了功能,或功能意义可以淡化的时候,神秘性、隐喻性和观念性的融入能够促进我们的思考,使人们的情感得以寄托,甚至重新回归与绘画、诗歌同等的艺术地位。

当代景观建筑师们从现代派艺术和后现代设计思维方式中汲取创作的灵感,融汇雕塑方法去构

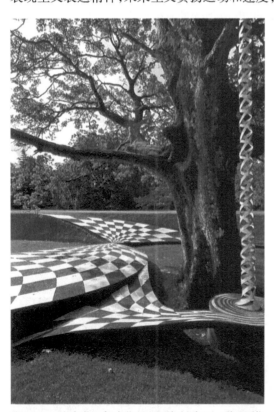

图1.65 查尔斯·詹克斯作品(资料来源:[英]阿塔妮·佩雷里.21世纪庭院.周丽华,译.贵阳:贵州科技出版社,2002)

思三维的景观空间。现代景园不再沿袭传统的单轴设计方法，立体派艺术家多轴、对角线、不对称的空间理念已被景观建筑师们加以运用。抽象派艺术同样影响着当代景观设计，曲线和生物形态主义的形式在景园设计中得以运用，通过对于场地特征的分析与解读，不拘一格。采用适宜的表现方法，利用场地固有的特征营造、突显环境个性成为当代景观设计的一大特点（图1.65）。

### 1.2.7 场所再生与废弃地景观化改造

任何人工营建的设施均有设计及使用寿命，如我国民用建筑设计使用寿命为50—100年，而正常使用周期内也会因为种种原因需要转变使用要求，由此大量设施当超越设计使用周期后或项目本身转变使用功能后往往均存在如何处置或二次设计的问题。

致力于废气工业地景观化再生领军人物如理查德·哈格（Richard Haag）和罗伯特·史密森、彼得·拉兹等人，代表性的作品有：美国西雅图（Seattle）煤气厂公园（Gas Work Park）、德国北杜伊斯堡景观公园（Duisburg North Landscape Park）、德国萨尔布吕肯市港口岛公园、鲁尔区的格尔森基尔辛北星公园，纽约斯坦顿岛Fresh Kills垃圾场、内华达达斯维加斯湾、伦敦湿地中心和荷兰阿姆斯特丹的Westergasfabriek公园。理查德·哈格于1972年主持设计的美国西雅图煤气厂公园（图1.66），首先应用了"保留、再生、利用"的设计手法。面对原煤气厂杂乱无章的各种废弃设备，哈格因地制宜，充分地尊重历史和基地原有特征，把原来的煤气裂化塔、压缩塔和蒸汽机组保留下来，表明了工厂的历史；并把压缩塔和蒸汽机组涂成红、黄、蓝、紫等不同颜色，用来供人们攀爬玩耍，实现了原有元素的再利用。继西雅图煤气厂公园改造成功后，德国景观设计师彼得·拉茨设计的北杜伊斯堡景观公园（图1.67），就充分利用了原有工厂设施，在生态恢复后，生锈的灶台、斑驳的断墙，在"绿色"的包围中讲述着一个辉煌工厂帝国的过去。

各国的实践不仅变革了传统的景观设计观念，也丰富了景观类型与表现手法。但其中也存在诸多的问题，比如尺度迷失，众所周知，产业类建筑由于其功能特殊性往往尺度巨大，设计中往往缺乏对人的尺度和建筑尺度之间的比较分析，造成了方案建筑与人的尺度感相差较大，同时由于其结构的僵硬和冷峻，更加拉大了与人之间的距离。强调了对于工业遗产的多样化改造模

图1.66a　美国西雅图煤气厂公园平面

图1.66b　美国西雅图煤气厂公园远景

图1.67　北杜伊斯堡景观公园

式,却缺乏对尺度消解和产业建筑氛围塑造等方面的研究,这是工业遗存景观化改造中的通病。往往改造建、构筑物大多作为地标,符号性远大于其实用性功能,部分工业建筑物内部的使用方式也受到了既有结构、层高、设备、通风乃至保温节能等因素的限制,改造与使用的成本居高不下,往往是叫好不叫座。

### 1.2.8　节约型景观与可持续发展观

"节约"并不单纯意味着一次性工程造价的少投入,而是在充分调研与分析的基础上,通过集约化设计,以适宜性为基础比选、优化设计方案,合理布局各类景观用地,利用天然的河流、湖泊水系,尽量减少对于洁净水源的依赖,最大限度地重复利用既有的环境资源。通过采取节能、节水、推广地带性植被、使用耐旱植物等技术措施,实现减少管护,减少人、财、物的投入,从而实现节约的目的,科学化的规划设计是实现景观环境可持续发展的基础。

景观环境中的建筑及工程设施,尽可能采用节能技术,充分考虑到太阳能的利用、自然通风、采光、降温、低能耗围护结构、地热循环、中水利用、绿色建材、有机垃圾的再生利用、立体绿化、节水节能设备等建造技术。景观环境亮化节能,延长灯具使用寿命。利用自然光以及自动控制技术实现节电,利用软开关技术可延长灯具寿命等。

合理选择植物种类,优化植物配置。植物是景观环境的主要组成部分,合理的植物种类选择和配置方式,对发展节约型景观环境有重要意义,通过采用地带性植物种、推广使用耐旱植物、模拟地带性植物群落增强植物的适应性和抗逆性、耐旱能力、减少养管等方式实现节约。一片"耐旱的"景观用地,一般可节水30%~80%,还可相应地减少化肥和农药的用量。既减少了对水资源的消耗又降低了对于环境的负面影响。

图1.68a　德国波茨坦广场平面

雨水利用是充分利用有限水资源的重要途径。德国柏林波茨坦广场(图1.68)通过相应集水技术和措施不仅可以利用雨水资源和节约用水,还能够减缓建成环境排涝并补充地下水位,改善城市生态环境。此外采取节水型灌溉方式,可以降低景观环境对水资源的消耗。传统的浇灌会浪费大量的水,而喷灌是根据植物品种和土壤、气候状况,适时适量地进行喷洒,不易产

图1.68b　德国波茨坦广场

生地表迳流和深层渗漏。喷灌比地面灌溉可省水30%—50%,因此必须大力推广节水型灌溉方式。

"3R",即减少资源消耗(Reduce)、增加资源的重复使用(Reuse)、资源的循环再生(Recycle)是进行景观设计的三个重要的方法。"3R"中包含着后现代思想,在建成环境的更新过程中,废弃的工业用地可以通过生态恢复后转变成为游憩地,这不仅可以节约资源与能源,还可以恢复历史片段,延续场所文脉。可持续景观规划设计是指在生态系统承载力范围内运用生态学原理和系统化景观设计方法,改变景观环境中生境条件、优化景观结构,充分利用环境资源潜力,实现景观环境保护、自然与人文生态和谐与持续发展。

## 1.3 走向系统化的现代景观设计

建立在经验基础之上的景观设计,单纯地靠景观师的感觉、悟性与积累,缺乏科学性与可传授性,现代景观环境设计走系统化道路势在必然,综合、统筹、科学地组织环境中的各种要素,实现多重设计目标。现代景观设计已不仅仅是"修建性"的规划与美化,而是建立在系统化思想基础上的全面重组与再造,具有动态、多样、综合的效应。景观环境中的自然因素、人工因素和社会因素是互相联系、不可分割的,景观环境是一项系统工程,构建一套操作性强、可传授的现代设计体系以适应景观学科的发展势在必然。

### 1.3.1 多学科交叉背景下的现代景观设计

景观设计主要从事外部空间环境规划与设计,涉及建筑学、城市规划、植物学、生态学等主要学科,集科技、人文、艺术特征于一体。景观学对于优化城市景观、调节生态系统、保护历史遗产和地方文化、改善人居环境质量等起着重要的作用。由于风景园林学科本身具有科际整合的特征,突出多学科整合、加强相关学科之间的有机统一性,是建构当代景观学科体系的有力保证。近十年来风景园林(景观学科)事业有了长足的发展,大量的实践深化了人们关于景观学学科的认知,景观设计已不再是"建筑+绿化"的初级阶段,概括地说风景园林学科领域包括传统园林学、城市规划和大地景物规划三个层次。

现代景观设计最重要的原则之一就是科学性。传统的景观教育比较注重传授基本概念和基本原理甚至设计表现技巧,以景观设计为例,建立在"改图"基础上的设计课教学对于分析、研究问题、设计方法的讲解较弱,感性成分大于理性成分,在一定程度上景观设计等同于空间构成甚至平面构成,重形式轻内容。因此,景观规划设计体系的完善与创新,必须着眼于景观设计思维与方法的研究,建立起"人、场所、生态、功能、空间、材料、构造、文化"相互关联的景观设计思维模型,强调设计过程的解读与科学化,突出景观空间、场所、功能、文化及技术支撑的一体化整合设计,彻底突破设计要素、层面与方法彼此游离或简单叠加的设计模式,营造可持续的、有机和谐的人居环境。"因地制宜"是中外景观设计的共同原则,是建立在对于景观环境全面的理解、认知基础之上。全面认识基地的自然属性(生态、土壤、植被、小气候、地质、地貌等)、空间属性(围合、朝向等)、人文特征(人群行为、生产及生活方式、宗教与民俗等),对于促进景观设计的科学化、系统化具有重要战略意义。

由于景观学的特殊性,跨人文、技术及自然科学三大领域,涉及学科领域广阔,知识域与课程设置不能简单地等同,同样学科间的交叉并不能取代学科间的融合,当代景观学呈现出如下发展态势:一方面学科内部分工细化,另一方面学科与学科之间交叉与综合日趋明显。多学科的整合研究,景观建筑师需要有广阔的视野、不囿于门类知识的限制,具有将不同专业知识整合起来解决实际问题的能力。长期以来,景观设计或者重于空间理念和形式的建构,或强调自然适应性,缺少统筹兼顾的科学化景观设计,缺乏对新技术的运用主动性。这不仅造成设计方案构思深度的缺失,更会因为欠研究而影响设计的进一步发展,至于科学化的景观规划设计更是无从谈起。

### 1.3.2 现代景观环境设计的基本意义

景观空间是一个多功能、多层次、多目标的评价对象。随着科学与技术的发展，当代景观环境的评价标准也不断丰富与完善，传统的单因子或建立在单纯空间研究基础之上的评价体系正逐渐式微。取而代之的是更加科学全面的评价体系。注重环境品质、生态保护、空间协调、文化内涵丰富、低能耗、易养管等均成为衡量现代景观设计质量的标准。与传统景观设计比较，现代景观设计具有多目标的特点，其中"空间、生态、功能与文化"是现代景观设计的四个基本方面。四要素间的关系犹如三棱形锥体上的四个节点，不同的环境中四个"节点"的权重及其相互间的关联度不尽相同，也正是由于四要素之间的差异，景观环境特征表现出明显的倾向性，从而景观环境呈现出千变万化。

凯文·林奇认为，"设计是想象地创造某种可能的形式，来满足人类的某种目的，包括社会的、经济的、审美的或技术的"。景观环境设计建立在艺术与科学的整合基础之上，具有持续发展意义。1981年国际建筑师学会第14次代表大会上指出，建筑学是为人类建立生存环境的综合艺术和科学；首次形成环境建筑学观念，并很快得到业界的认同与传播。"我们可以说，景观设计师的终生目标和工作就是帮助人类，使人、建筑物、社区、城市以及他们的生活——同生活的地球和谐相关。"——约翰·O·西蒙兹。景观设计在利用、改变环境，自然和人为不再彼此对立，而是互相融合。现存的场所通过人为的介入符合多从目的需求，因此而变得更加完美。

景观环境设计主旨在于利用自然环境或营造人化自然环境，以满足人们的生活及游憩需求，其中前提必须满足自然环境的生成演替规律。在此基础上，满足人在景观环境中的行为要求，如游赏、休憩、体育健身、聚会、演艺、穿越等等，不同的行为对于景观环境有不同的需求。景观环境设计同时也是一种文化现象，除了满足功能需要，成功的设计还必须能够给人以精神的享受，具有良好的文化氛围。一处优秀的环境不仅能够满足人的行为要求，具有悦目的形式，而且应该具有浓郁的文化氛围，丰富人的精神环境，充分发挥环境的社会效益。景观环境的艺术性能够满足人们的审美需求。

景观环境设计始终要追求怡人的视觉景观效果，目的在于为人们创造可观、可游、可参与其中的人居环境，为人们提供轻松舒适的自然化空间，为人们营造诗意的环境。赫伯特·西蒙（Herbert Simon）在《工艺科学》（The Science of Artificial）中指出：设计"就是找到一个能够改善现状的途径"。因而设计方案没有最好只有更好，在两个以上的方案比较中选择更适合特定场所与要求的方案，从而实现对于场所的优化。景观设计过程就是一个研究场所条件、寻求解决问题的途径、建构"空间、生态、功能与文化"和谐共生的景观环境。

现代景观设计思维具有系统性的特征，景观设计具有多目标的特征，生态、空间、功能、文化是景观设计必须统筹的四个基本面，四要素彼此游离又高度聚合。生态、空间、功能、文化在各自的维度中的展开，可以通过"分析"去加以解析，作为景观环境又是一有机整体，不是四要素的简单叠加，而是具有复合性的特征，权衡调节四个基本面，使之在同一的景观环境中共生，因此景观设计需要通过以整合为基础的集约化思维（图1.69）。

景观设计提供的不单纯是一个美好的构想，而必须是一个有针对性的、优选的、切实解决问题的方案。现代景观环境设计的基本意义在于景观环境构建与重组，包含着"三种秩序与两个层面"。概括地说来，景观环境设计包括以下三个方面：其一，满足自然

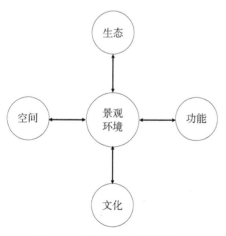

图1.69　景观设计系统模式图

的秩序(生态);其二,满足功能秩序(行为);其三,满足美的秩序(空间)。两个层面:空间层面与文化层面,与之相应,景观环境具备三个基本功能:一是生态环境功能,二是休闲活动功能,三是景观文化功能,建构"安全、稳定、优美并富有文化"的景观环境是当代景观设计的基本准则。

### 1.3.3 走向集约化的现代景观设计

景观设计本身走向科学,评价是其必不可少的环节。无论是最早使用叠图法的艾略特或是麦克哈格都是走的先调查后规划的设计之路,调查与评价方式仍然停留在定性的阶段,将景观环境评价以科学的方法从定性引向定量,无疑可以提高设计依据的客观性以及设计方法的可表达性。传统的景观规划设计方法往往是口口相传的法则,以个人经验的积累为主,而现代景观设计则强调评价与分析方法的重要性,不依赖于景观师个人长时间的积累,也并非按照延续下来的经验来认知环境,而是通过理性的方法,将场地中各因素所反映出的特征转换为可以进行评判的"数据与范围"。场地适宜性评价不仅仅是对环境中的生态条件、空间特征以及历史人文背景加以分析、评估,评价结果并非类似环境评价报告一般的数据分析,而是寻求其与场地使用功能之间的对应性。设计目标是进行景观环境调研与分析的背景,适宜性的评价在于寻求对空间、生态以及文化等合理利用与优化的可能性,通过分析实现对客观环境的认知,对场地适宜性作出评价,在系统化的基础上制定具有一定针对性的设计策略。

现代建筑理论将设计哲学分为两种:归纳式严谨的笛卡尔哲学和浪漫发散型的歌德哲学。现代景观环境设计强调以科学的场所分析与评价为前提,以理性思维为基础,突出设计过程的逻辑性与整体性。现代景观设计思维强调理性的同时,针对景观设计特征,积极融合感性思维的灵活性、模糊性与发散性,将将景观设计科学价值于与艺术价值有机融合,实现理性与感性的交织。景观设计思维体系犹如一棵大树,其中的理性思维如同树干,而感性则如同枝叶,离开理性的支撑,设计思维则是杂芜的;反之,没有感性的丰富,则景观设计思维则会走向刻板与教条。片面地强调"理性"或"感性"都不利于景观设计的健康发展。现代景观设计方法具有理性与感性、分析与整合交织两大基本特征。任何一个景观项目都有其特定环境,籍此通过"发现与创造"生成特定的设计策略,由此形成具有不同特征的景观环境(图1.69)。

由于景观环境具有多义性、复合性的特征,整合了生态、功能、空间与文化等方面要求,因此景观设计并非单纯满足某一因素要求,而是同时满足多方面的需要,具有多目标的特点。景观环境是复杂

图1.70 设计之"树"

的系统,以理性的环境分析为基础、以整合为手段融合环境因素,进而最大限度地实现对于场地本体的认知,通过比较与筛选,明确场地的适宜性,为进一步的设计理念、技术路线的生成提供依据。作为艺术的景观终究需要景观师的创造性思维,景观设计实际上是设计师关于生态、场所、空间的理想及其物化,景观设计过程又具有理性与感性复合的特点,需要有在系统方法论指引下的集约化设计体系的支撑。建立在系统化思想基础之上的"集约化"设计方法具有统筹兼顾、权衡利益、突出重点,实现场所均衡发展的优势。集约化景观设计是指在景观环境寿命周期(前期研究、规划设计、施工维管、再生利用)内,通过合理降低控制资源和能源的消耗以及工程投入,有效减少废弃物的产生,并且可再生利用,从而最大限度地改善生态环境,进而促进土地等资源的集约利用与生态环境优化,实现生态效能的整体提升,景观环境富含人文意义,最终实现人与自然和谐共生的可持续性景观环境。

集约型景观设计理论与方法的提出,主要针对长久以来景观设计过程中普遍存在的主观性、模糊性、随机性的现实缺憾,以及随之产生的工程造价及养管费用居高不下、环境效应不高等问题。以量化技术为平台,依托数字化叠图技术、GIS技术等数字化辅助设计手段,建立全程可控、交互反馈的景观设计方法体系;通过调整景观设计的技术路线、适宜策略,整合关键技术实现设计方法的创新,逐步建构以"数字化"为基础的景观设计体系。集约化思维具有整体性、系统性的特征,以肯定各设计要素间的不可分割性为前提,通过景观系统内部的"重组调节优化"实现设计意图。景观系统整体性的"权重系数"可以表示为"1",其中的四个组成部分"生态($X_1$)、空间($X_2$)、功能($X_3$)、文化($X_4$)"可以表示为"($X/1$)",$1=(X_1/1+X_2/1+X_3/1+X_4/1)$,其中"$X_1$—$X_4$"由于因环境间的差异而有所不同,但最终需服从于景观系统的整体性。空间作为景观环境的物质载体,是其他诸要素存在的前提,同样也是景观设计的基本点,具有不可或缺性。其他三要素的权重可因景观环境的差异而有所不同,譬如纪念性景观环境中"文化"因素的权重较大,也是景观设计还必须面对的主题;自然环境中"生态"是景观设计应重点处理的方面;健身活动场所则着重满足人的"行为"需求,因此不同的景观环境可以表现出不同的性格特征。功能主义已成为景观设计的普遍准则,现代景观设计在肯定功能基础上,将文化艺术与生态完美地结合在景观空间之中,现代景观设计全方位设计特征,在比较中选择较为适合的设计方案。优化设计是现代设计方法的重要内容之一,它以数学规划为理论基础,以电子计算机为工具,在充分考虑各种设计约束的前提下,寻求满足预定目标的最优设计方案。

设计变量、目标函数和约束条件是优化设计数学模型的三个要素。

求 $X=[X_1,X_2,\cdots,X_n]^T$,使

$$\min f(X) = f(X_1, X_2, \cdots, X_n) \quad X \in R_n$$
$$\text{s.t.} \quad h_i(X) \leq 0 \quad (i=1,2,\cdots,p)$$
$$h_j(X) = 0 \quad (j=1,2,\cdots,q)$$

优化方法的基本思想是搜索、渐进。即求解时,从某一初始点出发,利用函数在某一局部区域的性质和信息,确定每一迭代步骤的搜索方向和步长,去寻找新的迭代点,这样一步一步地重复数值计算,用改进后的新设计点替代老设计点,逐步改进目标函数,并最终逼近极值点。

科学是人类探究规律性的结果,重在发现;艺术则是人追求美的产物,重在创造。景观设计是科学与艺术的结晶,人类的发现与创造是其共同基础。景观设计离不开社会环境,离不开特定时代的价值观、科学观、环境观、审美观,正是这些人类的观念左右着景观规划设计及其发展趋势,就这层意义而言,任何景观设计都是自然与人为过程的一部分。

# 2 景观环境调查与评价

景观规划设计范畴包括风景环境与建成环境两大类,不论是哪一类环境,场所均有着自身的特征,如空间、生态、文脉等。所有环境均非"一张白纸",景观规划设计是在有条件的场所中展开,结合场地区位条件、自然秩序、人工建设状况等,对现有场地赋予新的使用功能,因此景观设计的核心在于寻求场所与规划设计方法之间的适应性。

景观环境调查与评价是一个信息采集与分析的过程,对影响环境的因素进行定性的确认与评估,并在可行的情况下加以量化,从而引导规划设计与场地环境相互适应。景观环境的调查与评价是科学规划的重要前提之一。对现有环境资源建立合理评价体系,明确场地适宜性及建设强度,尽可能避免设计过程的主观性和盲目性是现代景观设计方法着重解决的问题,也是实现景观资源综合效益的最大化以及可持续化的基本前提。

场地适宜性的评价目的最终表现在两个方面:一是针对环境而言,对现有自然环境、空间形态以及历史人文背景的认知及评价,最大限度地利用环境自身的条件,因势利导,采取相应的规划设计策略;二是就设计而言,针对设计在开发定位、建设规模、使用功能以及空间形态等方面的具体要求,通过评价"环境条件"与"使用要求"之间的耦合性,进一步明确场地的使用价值,通过评价进而科学地去规划场地,在满足游憩与审美的同时实现环境的可持续发展。

景观设计不仅仅营造满足人们活动、赏心悦目的户外空间,更在于协调人与环境和谐相处。景观设计通过对场地生态系统与空间结构的整合,最大限度地借助于基地潜力,是基于环境自我更新的再生设计。生态系统、空间结构以及历史人文背景是场地环境所固有的属性,对其的认知是环境调查与评价的主要内容,切实把握场地特性,从而发挥环境效益,最大限度地节约资源。

景观环境可分为风景环境与建成环境两类。由于风景环境中人为影响较少或无,自然条件对环境起决定作用,因此,对风景环境的研究主要是对其自然因素的分析与评估。而建成环境则不同,其

图2.1 景观环境调查与评价流程图

是依据人的使用要求而营造的,较多的反映了人的意志,反映了人对环境的改造过程。但是任何一处建成环境中或多或少的仍然保留了原有场所的一些固有的自然属性,譬如地形、地貌、水系乃至植物等等。因此,建成环境较自然环境更为复杂,其中既反映了原有自然的基底,也反映了人的干预和自然环境之间的交互作用过程,更有人文因素的积淀。因此对建成环境的研究,除去对自然属性的考量之外,还包括对人为因素的分析与评估(图2.1)。

## 2.1 景观环境特征

科学认知环境特征是评价的前提,风景环境与建成环境均具有空间与生态双重属性。其中建成环境是以人为中心,包含了其他生物物种生存和延续的生态系统。人们通过技术手段控制整个环境的物质循环和能量流动,使之最大限度的产生有利于使用者的功能输出,创造出符合人们物质使用和精神审美需求的景观环境。对建成环境的评价必须另外加入对人文因素的分析。对于景观环境的认识可以从对风景环境与建成环境所共有的生态特征与空间特征着手。

风景环境没有或少有人类活动干扰,属于自然生态系统,景观的变化主要受自然因素的影响,生态环境整体复杂而有序。地貌特征对环境的空间格局影响较大,景观基质的连通性高,斑块和廊道密度低,景观元素间边界呈曲线状,物种丰富。

自然环境要素是建成环境存在与发展的基础:场地的自然地理位置与地貌类型,如山地、高原、丘陵、盆地、平原、河流等对建成环境空间的发展具有重要的影响;地质条件限制了开发与建设强度;环境中水文、气候等对整体景观风貌有着限定性作用等。同时,建成景观环境内部与外部系统之间的物质、能量、信息的交换,主要依靠人类活动来协调和维持,生态稳定性较差。斑块形状规则且数量多,线状廊道多,带状廊道少。

### 2.1.1 景观环境的生态特征

生态系统是一个由生物群落及其环境所构成的复杂系统。迄今仍只能当"灰箱"加以探讨,通过研究这个灰箱的输入与输出的关系,预测系统的行为。单纯依靠直觉是无法认识生态系统的全部过程,为了预测景观项目对生态系统各成分的影响,现代生态学由描述转向采取数学方法与电算技术对生态系统进行模拟分析。

1)风景环境生态特征

风景环境是由相互作用、相互影响的生态系统组成,具有明确的空间范围和边界。生态系统之间的物质、能量和信息流动形成了整体的结构、功能、过程以及相互的动态变化规律。由于风景环境受人类活动干扰较少,景观中生物栖息地与其周围的景观元素存在较多的自然联系,同类性质斑块之间或不同性质斑块之间的景观连通性水平较高,环境变化对于生态的影响相应的较大。

(1)整体性特征

在自然生态系统所处的空间范围内,以生物为主体,各要素稳定的网络式联系,保证了系统的整体性。在该系统中,不存在绝对的部分和绝对的整体,任何一个子系统对其各要素而言,都是一个独立完整的整体,而对于上一级系统来说又是一个从属部分。自然景观生态系统以"整体"的形式出现,其组成斑块也是一个相对独立完整的整体。其整体属性是景观组成要素相互作用、相互影响共同形成的,而不是景观要素属性的简单相加。

(2)复杂有序的层级关系

由于生物多样性和相互关系的复杂性,决定了自然景观生态环境是一个极为复杂的、多要素、多变量构成的层级系统,较高的层级系统以大尺度、大基粒、低频率和低速率为特征,而低层级则表现出小尺度、高频率、快速度的特征(邬建国,2007)(图2.2)。

图 2.2 层级关系示意图（邬建国，2007）

图片来源：邬建国.景观生态学——格局、过程、尺度与等级.北京：高等教育出版社，2007

(3) 自我修复与更新的能力

风景环境中的动植物是适应了周边气候、土壤以及地貌等条件，逐渐进化而与环境建立了协调的关系。其构成的生态系统具有自我修复与更新的能力：一方面生物从环境中摄取所需的物质从而生存繁衍；另一方面，环境需要对其输出不断地进行着补偿，这种输入与输出的供需关系使同种类生物之间、不同种类生物之间都存在着数量的自我调控，动植物与环境之间能相互适应。同时，生态系统依靠反馈作用，在季节、气候等发生变化的时候，通过正、负反馈的相互作用和转化，通过自身功能减缓系统内的压力，以维持整体稳定性（图2.3，图2.4）。

图2.3 生物与环境之间的供需关系　　　图2.4 动物与植物种群之间的负反馈

（4）动态演化过程

自然生态系统是有生命存在并与外界环境不断进行物质交换和能量传递的特定空间,是运动变化的系统,其在不断经历着一个由原生演替或者次生演替逐渐到达顶级状态的过程,具有发生、形成和发展的不同阶段。其中各子系统都是经过长期发展而形成的,具有自身特定的演化规律。

2）建成环境生态特征

建成环境是由自然生物圈与人类文化圈交织而成的复合生态系统。一方面,建成环境往往要满足景观、人文、经济、建筑、交通、环境和生活质量方面的要求,满足人们的生理心理需要和环境的可持续发展;另一方面人工建筑材料的使用严重污染环境,建筑密集造成了城市热岛等负面效应。由于人口集中以及大规模的人工干扰,生态环境遭到严重的破坏,植物生长比例失调,野生动植物稀缺;大量的建设与开发改变环境原有地貌;人工活动大量占据资源,消耗能源的同时排出废弃物。从而导致了环境恶化,降低了环境自净能力和自我调节机能,破坏了自然界的物质循环。

与大尺度的自然生态系统不同,小尺度的建成环境生态系统不稳定,易受人为活动的影响。如建筑可以改变基地的光照条件,影响局部空气的流动,造成建筑物周边南北向场地的温差,而形成小气候条件、人为的硬质铺装及下水系统改变了地表径流等。而任何景观规划与设计都是以自然生态为背景,以满足使用要求为目的人为干预活动,建成景观环境不可避免的是两种生态系统的叠加:基地固有的生态系统与人为生态系统。所以建成环境中的自然景观要素对于场地生态特征有着决定性的作用。

（1）以人为主体的景观生态单元

建成环境是由人规划设计,由人选择各种要素组成的系统,整齐的行道树、五颜六色的花坛、平整的草坪……由于人类活动的强烈影响,环境的自然条件发生了很大变化。建成景观环境是一个以人工为主的复合系统,大量的人工设施附加在自然环境上,形成了显著的人工化特点。

（2）系统的不稳定性

与自然生态环境相比,物种单调的建成环境生态系统显然很不稳定。枯枝落叶常被清除,养料、水分常常是来自外部,土壤中微生物发育不充分,整个系统内物质循环和能源流动是不连续的。同时随着经济的发展,以及政治、文化等因素的变动,建成环境变化极快。建成环境本身并不是"自给自足"的系统,主要是依靠外来人工,才能保证其系统的相对稳定性。

（3）耗散结构

建成环境是一种耗散结构,就其规模而言,很难达到完全的自我维持的平衡状态。城市生态系统处于非平衡状态,通过与外界系统进行物质与能量交换,产生熵的同时又不断向外界输出熵,以此来维持自身的有序性。因此,对建成环境进行生态化的设计,是最大限度的提高自然及人工资源的利用率,减少对环境的压力,尽可能接近于自然生态系统的生态循环状态(图2.5)。

图2.5 区域系统熵流图(吴良林等,2008)

图片来源:吴良林,周永章,卢远.喀斯特山区环境耗散结构演化与生态重建策略探讨.贵州科学,2008,26(3):52-57

### (4) 高度开放性

建成环境生态系统是一个开放系统,与外界有着能量、物质和信息的交换。从系统科学的角度来看,生态系统向有序方向进化的基本条件是,从外部获得能量和物质,即获得足够的负熵流,其绝对值大于生态系统内部的熵产生,从而使系统的熵减少。也就是说生态系统必须是开放的和非平衡态的。没有充分的开放,生态系统就会失去活力和自主性。建成环境是一个反馈系统,食物、水与材料等输入(负熵)变成了污水、垃圾与其他形式的废物输出(正熵)。同时,建成环境满足了人们的使用要求,通过这种负熵流的方式取得与大范围环境的和谐共存、持续发展。

### (5) 景观的异质性特征

建成环境是由异质单元所构成的镶嵌体,异质性来源主要是人工产生的,如场地中及周边的道路、建筑物、广场、行道树、河道等都是人工兴建、栽植和开挖的。除此之外,还有自然原因形成的,如地形地貌等。建成景观的异质性首先表现为二维平面的空间异质性,环境中的绿地、水面、建筑物、道路等性质各异,功能各不相同;其次表现为垂直的空间异质性,因人为构筑物高度不同而出现垂直方向上的参差不齐。

### 2.1.2 景观环境的空间特征

景观师所面临的景观环境通常是从数百平方米到上百平方千米不等的尺度范围,与大尺度的大地景观有所区别。但正如"全息理论"一样,在小尺度空间仍然存在着与大尺度环境类似的空间格局,譬如斑块、基底、廊道等等。因此在对小尺度的景观格局的评价过程中仍然遵循类似的结构关系。

景观的空间特征主要包含两个方面:一方面为空间形态,主要指场地形状、地形地貌、界面的围合等,即空间的表象特征;另一方面为空间结构,即景观格局,指大小和形状各异的景观要素在空间上的排列和组合形式,它包括景观组成单元的类型、数目以及空间分布,是景观环境内在的结构特征。

空间形态具体是指环境在某一时间内,由自然环境、历史、政治、经济、社会、科技、文化等因素,在互动影响下发展所构成的空间形态特征。空间形态无论是松散还是紧密的,是简单还是复杂的,都反映出环境机能的一种平衡、秩序与效率的状态与水平。景观环境的空间形态指环境实体所表现出来的具体的空间物质形态。而空间结构是指景观的组分构成及其空间分布形式。景观结构特征是景观性状的最直观表现方式,主要包括景观格局、景观异质性和景观尺度效应等。

#### 1) 风景环境空间特征

(1) 空间形态特征(图2.6)

① 区域边界模糊,自然环境的区域间相互分割不明确。

② 方向性不明确,在自然环境中,边界往往出现连续不断的转折与模棱两可的渐变,加之缺少参照物与标志性节点,使环境内导向元素不明晰,方向性差。

③ 空间形态具有不确定性,自然环境中各生态元素的组织方式通常是按照生态特征以及演化规律进行配置,其形态具有随机性。

图2.6 风景环境空间形态图示

(2) 空间结构特征

① 景观基质连通性高。景观由若干类型的景观要素组成,其中基质是面积最大、连通性最好的景观要素类型在景观功能上起着重要作用。

② 景观边界呈曲线。由于景观要素的边界可起到过滤器或半透膜的作用,所以边界形状对基质与斑块间的相互作用至关重要。两个区域间的相互作用与其公共界面周长成正比。自然景观环境与外界的连通性较高,边界的周长大,从形态上呈曲线,即回旋边界较大,系统与外界环境可进行大量的能量与物质交换。

③ 斑块和廊道密度低。斑块是在一定尺度内,与周围环境(基底)性质上或者外观上不同的空间实体。在空间上其呈现出非连续性,在生态系统方面表现为内部均质性。在自然景观环境中,由于没有贯穿整个环境的廊道网络,从而缺少密度大且面积相近的引进斑块群。

2) 建成景观环境空间特征

(1) 空间形态特征(图2.7)

图2.7 建成环境空间形态示意图

① 道路的方向性与连续性强。道路是建成环境中最常见、最可能的运动线路网络,是环境整体组织最有效的手段之一。建成环境中的道路具有指向性,或称作不可逆转的方向性(凯文·林奇2001)。

② 区域边界具有明显的可识别性。建成环境中为了求得人们的关注,往往将反差大的区域并排设置,并且从外部可以看到两者边界相交处,这帮助观察者形成内—外的感觉。当边界不封闭或不明显时,往往会有相应的界标以及指引方向性的节点,使其边界完整,定位明确。

③ 视域空间整体性强。由于人为的介入,在建成环境中有意识的增大观察者的视域范围。如透明度(采用玻璃和架空建筑);空间的方向性(梯形的广场、开敞的空间);景深(沿轴线布置的构筑物)以及视点(高视点、焦点)等等。所有这些相关的特性,通过提高景观视域的渗透性,扩大观察者的视域范围以及心理感受,从而掌握环境的整体特征。

(2) 空间结构特征(图2.8)

① 建成环境以引进斑块为主,形状规则,数量多。城市景观中的斑块主要是各不相同的功能分区之间呈连续岛状镶嵌分布的格局。这些斑块是各具功能、相互联系、分工有序的基本功能单元,即生态元。

② 城市环境中以线状廊道为多,带状廊道少,网络数量多,基质的连接度低,景观高度破碎等特点。城市廊道主要由公路、街道、河流以及带形绿地构成,人工的景观单元形成了城市景观的基本格局。

③ 城市景观的梯度性。城市是人为影响相对集中的地段,对于单核心型城市,由市中心至边缘区,人类活动的强度逐渐减小,方式也有所改变,表现为人口密度、干扰程度等呈梯度逐渐降低。

图2.8　风景环境到建成景观环境空间结构的演化

## 2.2 景观环境调查与评价内容

对场地环境进行调查与评价是为了对场所进行科学的认知,通过对场地适宜性的分析,从而在最大限度利用自然的基础上对生态环境、空间格局以及人文背景进行合理的重组与利用。场地适宜性的评价包含多方面的内容,除了对生态适宜性的分析,还涵盖了对空间特征及人文背景的评价。对生态环境的评价主要在于对场地中自然因子权重的认知,场地本身的敏感程度以及开发建设的承载力;对空间的评价主要针对环境外在空间形态以及内在的空间格局两方面展开;对人文景观的评价侧重于其历史与艺术价值、典型性以及可再生性等。此外,环境评价的内容还包括交通、区位等外部因素。

无论是针对哪种属性,评价的核心主要有两点:一方面,评判环境中那些具有典型性的部分,以及敏感不能扰动区域,对其进行保护;另一方面,明确场地中适宜建设的部分,对环境进行修复、重组以及再利用,从而实现其在新的景观环境中的再生。换言之,场地适宜性的评价最终目的是以实现设计要求为目标,对场地环境进行有意识、有目的的认知,分析环境与设计之间的关系,探索场地系统中开发目标、建设行为的适宜性,从而实现科学客观的规划设计。景观评价的意义在于生态优先的前提下,通过人为干预,优化景观格局;其次,在集约的基础上,寻求系统化的设计途径,重组景观环境内的土地资源,控制建设强度与规模。

景观评价的作用:通过数字化叠图、GIS等方法对景观环境生态质量加以评价,明确区分场地不同区域的生境质量,据此制定相应的规划设计策略,在生态优先的前提下,结合不同拟建项目对场地的要求,以建设适宜性为标准,对场地中适宜建设区域进一步评价,从而针对不同待建项目选择最为适宜的场地。景观评价是建立在比较基础上,对设计策略加以优选,实现对景观环境设计科学化。

分析、整合、评价作为景观设计的前期环境研究,这一阶段的具有"线性"思维的特征,突出强调因果关系,评价的结果可以作为进一步解决问题再分析的基础,由此建立一个理性而完整的过程。

环境的分析与评价作为设计过程中一个不可或缺的环节,离不开景观师的认知能力,及其对于环境构成要素的掌握能力。在强调生态优先的现代景观设计观念中,应尊重场地及其构成演替规律,尊重场所的使用者与文化,通过适度的"设计"实现对场所的整体优化。

### 2.2.1 景观环境调查

调研是对场地环境基础因素的认知过程,是利用现有地形图,结合实地勘测,以实现对环境中不同类型因素的数据收集以及对其图形化的表达,为场地评价提供齐全的基础资料以及建立相对精准的图纸表达。调研前能够获取的地形资料主要有卫星航拍图和CAD图两种类型,两者均存在着一定的局限性。卫星航片图覆盖面广、资料全面,但需专业的软件及技术人员对其判读,以期明确各因素分布的不同边界;CAD地形图相对精确,同时易于进行数据的操作,但其通常仅以表达地貌、地物为主,或稍有植被的信息,难以全面地反映场地环境条件。因此在地形图的基础上对场地环境进行现场的踏勘,对不同类型环境因素的数据整理与收集,以期实现对现有地形资料的完善与补充。

现场踏勘应根据环境中因子类别的不同分项目进行,一方面不同因子所采取的调查方法相异,另一方面,分类调查能够更有针对性地对地形图中的不足进行补充。常采用的调查方法有抽样控制法、问卷调查法、行动观察法等多种方法。对于如水文、土壤以及植被这类因素通常会采用抽样控制法,即将场地环境分为不同的样区,分别抽取其中各要素作为样本,并将其作为该样区的调查结果在地形图中加以反映;对于周边道路交通以及流线等因素可采取行动观察法,即在场地内和周边选择观察点,采取目测、摄影以及测量等方式进行记录,将周边人流和车流方向、场地现状使用情况在图面中进行绘制;而对于如文化背景、历史遗存等人义因素可采用问卷调查法,来确定人们对场地现有文脉的认同感与选择性,即对于坡度、坡向这类尺度较大的地貌因素可采用GPS(全球定位系统)加以辅助,以实现数据的精确与全面。

前期调查的主要目的是对现有地形资料进行补充,因此,调查结果是以图面形式进行表达,通常是采用统一底图,即在原有地形图的基础上,分因素记录场地情况,最终通过不同色阶(色调)或数据标识在图面中明确场地各因素的条件以及分布情况(表2.1)。

表2.1 主要调查项目

| | | |
|---|---|---|
| 自然因素 | 水文 | 水深、水质、水底基质…… |
| | 土壤 | 土质、土壤类型…… |
| | 植被 | 乔木、灌木、地被、水生植物…… |
| | 动物 | 种类、数量、栖息地…… |
| | 地貌 | 海拔、坡度、坡向…… |
| | 气候 | 区域气候、场地小气候…… |
| 人工因素 | 人工构筑物 | 质量、高度、类型、分布情况…… |
| | 历史遗存 | 文物保护等级、保存情况、分布…… |
| 周边环境 | 道路交通 | 车流方向、人流方向、车流量、道路…… |
| | 社会条件 | 用地类型、设施分布…… |

2.2.2 生态环境评价

麦克哈格在其著作《设计结合自然》中,反对对土地和功能加以分区的传统规划方法,而是强调土地利用规划应遵从自然的固有价值和自然过程,即土地的生态适宜性。生态评价就是衡量场地中自然生态因子对整体环境发展的价值。也就是说在自然生态因子的调查、记录的基础上,对各种资料、数据进行分析研究,或通过计算等方法,描述各种生态因子对生态环境发展的价值状况。通过对各种生态因子综合叠加分析,确定场地中的各种价值区域,为场地环境的维护管理、开发决策的制定和环境中被破坏生态区域的恢复提供依据。

1) 评价要求

现状评价是在区域生态环境调查的基础上，针对本区域的生态环境特点，分析区域生态环境特征与空间分异规律，评价主要生态环境问题的现状与趋势。评价生态环境现状应综合考虑两个方面，一是自然环境要素，包括地质、地貌、气候、水文、土壤、植被等方面；二是人类活动及其影响，包括土地利用、城镇分布、污染物排放、环境质量状况等方面内容。现状评价必须明确区域主要生态环境问题及其成因，要分析该地区生态环境的历史变迁，突出地区重点问题。

2）评价内容

（1）生态承载力分析

生态承载力分析主要针对特定景观环境范围内生境最大可能承载的游人规模、空间建设规模以及开发强度等作专项分析，在于确定环境承受力允许下的人为干扰强度。一方面，生态系统作为一个系统而言，不存在绝对的上限；另一方面如果系统长期接近极限状态，其必然将逐渐衰退。要让生态系统处于良性运转状态，环境中的游人数量以及人的干预程度应处在一个适中状态，使环境能够及时进行自我修复。例如，安徽马鞍山采石风景区，由于人流量过大，游客对公园过度的践踏以及垃圾的排放导致了土壤板结，土壤厚度、土壤水分含量减少，地被植物的高度也发生相应的变化，造成场地生态环境的逆向演替。因此，承载力的分析应立足于自然生态质量，对环境中人类活动进行预测，并且对建设强度加以控制，如人均空间面积的计算、社会经济容量的分析等。按照生态系统自然承载力来确定规划范围以及规模，考虑资源负担能力的限制问题是景观生态规划的前提（图2.9）。

图2.9　人为干预对地被及土壤影响模型（冯学钢，包浩生，1999）

图片来源：改绘自 冯学钢，包浩生.旅游活动对风景区地被植物——土壤环境影响的初步研究.自然资源学报，1999,14(3):75-78

（2）生态适宜性评价

景观生态适宜性分析的目标是以景观生态类型为评价单元，根据区域景观资源与环境特征、发展需求与资源利用要求，针对各类发展用地自身要求而制定的适宜性评价体系标准。也可针对环境整体发展而研究其生态适宜性，从而得出总体较优的生态发展模式。这是将各项空间利用对场地的要求与生态环境实际供给之间进行比较和匹配的过程。在评价过程中首先要明确各项人为干预对场地要求，其中场地因素包含多个方面，既有自然因素也有社会经济因素。同时还要在分析过程中分清主次，抓主导因素，选取对项目影响作用大的因子进行评价。

生态适宜性分析是根据区域景观自然资源与环境性能，景观规划发展要求划分适宜性等级，确定实施方案与建设对策，它的研究建立在区域景观资源环境评价的基础之上。生态适宜性评价仅仅是一个阈值的概念，是在项目开发过程中必须要满足的一个基本条件，仅作为基本评价门槛来控制项目的建设强度、开发途径以及方向。

（3）生态敏感性评价

景观环境生态敏感性分析是从另一个侧面来分析用地选择的稳定性，是指在不损失或不降低环境质量的情况下，生态因子对外界压力或干扰适应的能力。不同生态系统对人类活动干扰的反应不尽相同，无序的人工活动有可能损坏一切的生态系统，所以必须把对人类活动反应最强烈、最易受人类干扰的空间（通常是生态敏感因子集合场所）划分出来，通过规划措施加以保护。

首先，敏感性评价应明确区域可能发生的主要生态环境问题的类型与可能性大小；其次，敏感性评价应根据主要生态环境问题的形成机制，分析生态环境敏感性的区域分异规律，明确特定生态环境问题可能发生的地区范围与可能程度。

### 2.2.3 空间特征评价

景观环境中空间形态往往是最为直观、最易识别的要素，同时也是最终景观效果的基础。无论是空间注记法或是序列景观分析法，对其的评价与分析均力求描述环境中各个片段，而缺乏对场地整体的综合认知，如何从全面到局部，全方位地评价场地空间的复杂性、积极与消极因素是空间形态评价的首要任务。在建成环境中，人为不断地干扰在环境中形成了空间的异质性，景观格局分析方法可以用于辨析各种尺度、动态变化的空间格局。

1）评价要求

（1）重视环境中自然因素的空间属性

对景观环境空间特征的评价要建立在对场地中自然因素空间属性认知的基础上。与建筑空间、城市空间有所不同，景观环境通常没有明确的围合边界，无法在特定的空间中进行体积、密度的衡量。在场地中，自然要素作为景观不可缺少的部分往往占据了主导地位，人工构筑物处于从属地位。景观环境的空间界面是生长变化着的，随着时间的推移、植物的生长，其郁闭度会逐渐增加，原有的空间形态发生变化。如季节更替，在夏季围合感强的内向性空间，在秋冬季节往往因为植物的代谢而呈现对外开放性与渗透性；又如枯水期可穿越的河道，在丰水期却成为场地中不可逾越的空间界限（图2.10）。

（2）综合考虑空间界面构成

景观环境的空间形态相对较为复杂，往往存在人工与自然两种不同属性因子形成的围合界面，而根据材质、结构等的不同，这两种界面又在外在形式上表现为多种不同的肌理，如围合体的透明

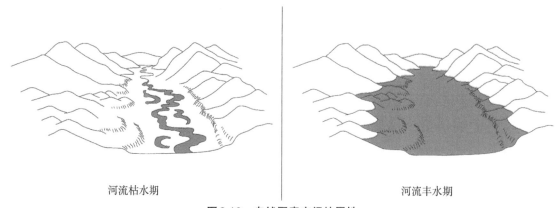

河流枯水期　　　　　　　　　　　　　河流丰水期

图2.10　自然因素空间的属性

度、界面的反射等等,其对空间的影响更为直接,使环境的空间形态更为复杂、丰富。如建筑的柱廊或是连续排列的乔木,都在对空间加以限定的同时具有一定的开放性,又如玻璃幕墙的围合往往会导致空间界面的多层次性等等(图2.11)。因此,评价应对空间界面的不同肌理加以重视,综合考虑其空间特性。

水面的反射

玻璃界面的多层次

**图2.11 空间界面的层次性**

(3) 对大区域地形地貌的研究

大区域地貌是由多因素、多层次相互联系而组成的复杂系统,其对场地环境整体空间形态、生态特征等多方面具有影响。场地周边地形的竖向变化、地貌特征不仅反映了场地围合程度、海拔高程,同时也对场地的采光与小气候具有一定的限制作用,甚至汇水、排水以及坡向的差异都会对景观环境造成不同的影响。

2) 评价内容

(1) 景观空间的特异性

景观空间的特异性是空间形态最重要的属性,是场地区别于周边环境,形成独特景观效果的根本因素。其往往表现在两个方面:空间形态的典型性与空间界面的差异性。

景观环境的空间形态是人工与自然共同作用的结果,无论是山水环境或是城市街道场地中原有竖向变化、河道径流以及人工构筑物等生成景观空间形态。分析其中典型性空间组合或空间序列,如滨河空间的线性构成、城市广场的开放型界面等等,将其加以调整与强化,从而优化既有空间格局。

景观空间中不同界面的转换往往会导致空间形态乃至空间格局的变化,对环境中空间界面进行分类,明确其属性以期在设计中采取相应措施。典型性空间形态往往会出现在两种不同界面的交接处,如硬质广场中的大面积绿化区域,河道与城市之间的滨河绿带等(图2.12)。

(2) 景观空间界面的连续性

景观空间界面的连续性是指边界或表面连续(比如街道、天际线或退让线);形态相似、一定数量的人工构筑物组合(成组的构筑物或景观小品);有节奏的重复与间断(绿化、硬质材质的相同,标示物的连续排列等)(图2.13)。在一个限定的空间范围内,对界面连续性的处理有可能会影响到人们对于环境的整体意向。过长的均质界面令环境缺乏特异性,而过短的空间界面又会使观察者的视域范围受到限制,过于复杂而导致景观空间整体感的缺失。

现代景观设计理论与方法

(a) 建成环境中的大面积绿化
墨尔本大学广场

(b) 风景环境中的人工建筑物
百利头路圆形剧场（Bradleys Head Road）

图2.12 景观空间的特异性

图2.13 景观空间界面的连续性

(3) 景观格局(图2.14)

景观格局是大小和形状不一的镶嵌体在空间内分布的总体形式,反映了景观动态变化的基本过程。景观格局是景观异质性的具体表现,同时又是包括干扰在内的各种生态过程在不同尺度上作用的结果。景观格局的研究目的是在似乎无序的斑块镶嵌的景观系统中,发现潜在规律性(李哈滨,Franklin,1988)。对景观格局进行定量描述和分析,是揭示景观结构与功能之间的关系、刻画景观动态的基本途径。通过景观格局分析,能够确定产生和控制空间格局的因子和机制,比较不同景观的空间格局及其效应,探讨空间格局的尺度性质。分析空间格局要考虑不同景观类型斑块的拓扑学性状,对镶嵌体形状、

图2.14 景观格局的多来源特征

图片来源:邬建国.景观生态学——格局、过程、尺度与等级.北京:高等教育出版社,2007

大小、分布、地理位置和相对位置分析,通过改变景观结构的异质性,增强环境的生物多样性,从而实现景观格局的稳定。

目前景观生态学中对景观格局的研究主要针对空间的异质性、空间的相互作用、空间规律或梯度以及景观格局与功能的相互关系等方面进行研究,已建立了相应的景观结构与空间格局分析方法,主要包括景观格局指数法与空间统计学方法这两类,前者用于空间非连续的类型变量数据,后者用于空间连续的数值数据。景观生态学的研究中主要运用Fragstats这一软件来计算景观格局指数,对单个斑块层次、斑块类型层次以及景观水平三个层次进行定量分析,描述和评价景观结构特征。常用景观格局指数有空间形状指数、斑块面积指数、景观优势度指数等(邬建国,2007)。

### 2.2.4 人文景观评价

"每一种独立的本体都有自己的灵魂……这种灵魂赋予人和场所以生命……同时决定他们的特征和本质(诺伯格·舒尔兹(Norberg-Schulz))。"对于任何建成环境而言,由于人的介入,不同的干预行为与使用功能使场地环境有了丰富的人文精神,所以景观评价不仅仅是对物质环境的调研与分析,更是为了提取环境中所需延续的人文因素,包括场所精神的提炼与文脉特征的延续,借此实现人们对场地环境的历史认同,以及增强场所的可识别性。只有当空间具备了历史文脉的内涵,再配以完善的人工设施才能形成具有场所感的景观环境。任何的景观规划与设计都必须尊重场地中的人文历史沿革,注重与所在地区的历史延续性相协调,体现场地的文脉。因此,在景观环境的规划设计过程中,对场地历史文化的前期评价是不可或缺的。

对景观环境的人文评价并不等同于文物保护的评价,其根本是从可利用的角度出发,希望通过评价,把场所中环境积淀的人文因子加以解析,选择那些具有延续价值和具有地域性的场所精神加以传承、保留或重组到新的景观环境秩序中来,从而实现空间组合与历史印迹的有机延续。

通常来讲,风景名胜区由于尺度大,发展时间长,历史文化遗存与非物质文化丰富,因此对文化资源的评价可以参照国标《旅游资源分类、调查与评价》中的旅游资源分类表以及旅游资源评价赋分标准来进行评定。而景观环境中更多的是小尺度与多种不同开发类型的场地,其并不涉及高等级的人文资源,但这并非意味着小尺度环境没有人文背景可以挖掘与利用。从评价的角度而言,任何场地环境都并非"一张白纸",长久以来人们的生产与生活方式、风俗都在场地中留有印记。任何环境

都是一个"容器",不仅是历史遗迹与遗存的残留,还容纳记录了人的行为模式与地域特征。因此,那些长期存在于场地中,反映了时代信息与人类活动的历史遗迹与非物质文化是评价中的主要对象。其中人文资源等级较高的历史遗存往往隶属于不同级别的文物保护单位,有明确的法规对其外观形式、保护措施以及空间范围进行限定。

1)评价要求

(1)尊重场地原有历史文脉及场所精神

保持场地的地域特征与文化内涵是延续周边大环境"景观风貌"的必要条件,这就要求设计在发掘地段原有文脉基础上提炼并延续其潜在内涵。对人文景观进行评价要在对场地原有历史及文化遗存尊重的基础上,对地段环境和历史文脉进行分析、解读、提炼和升华,同时注重探究空间形式中潜藏的内在含义,尊重并保护环境原有地貌、文脉肌理,使地区特有的历史文化与空间环境特征相融合(图2.15)。

(2)综合考虑与景观环境相协调

作为整体大环境的组成部分,建成场地的景观规划必然要服从其总体定位、风格特征以及延续其历史文脉,从而做到部分与整体相协调(图2.16)。城市作为典型性整体大环境是一个不断发展与变化的有机体,而景观环境作为其组成部分,随着城市的生长而不断地在原有基础上更新与演化。一方面,场所历史文化与固有的自然地理环境紧密结合在一起,形成了城市景观的地域性特征;另一方面,场所是历史痕迹积淀的结果,作为"人化自然"的建成景观环境,其场所精神以及文脉形成了城市人文景观的基本特征。这种地域及人文景观特征共同构建起一个城市独特的景观风貌,而建成环境中的景观规划与设计在一定意义上是城市景观风貌的延续与发展。所以其必须尽可能地与地段整体环境相协调,防止因规划设计不当而割断历史文脉,造成建设性的破坏。

形体的推导　　　　　对历史遗存的尊重　　　　　文脉的延续

中洲地区位处淮安历史街区的核心,由于独处古运河的中央,自成一体。设计在充分研究周边环境空间尺度、历史遗存以及地域特征的基础上,处理好"更新"与"延续"的关系,实现与城市整体风貌的协调。

图2.15　清江浦公园——对原有文脉的挖掘与利用

景区内建筑在吸取苏州民居建筑风格特征(灰瓦、白墙)、空间布局特征(街巷空间)等的同时,融入现代的设计手法;以苏州老城尺度为主导,建立立体的街巷空间体系;外墙采用灰白色调,局部加入木制隔栅,形成独具特色的现代苏州风格,与周边环境相协调。

图2.16 苏州南石湖——规划与城市整体风貌的协调

2）评价内容

（1）人文景观的历史价值

人文景观的历史价值是评价中首要考虑的问题。场所中的历史遗存往往携带着真实的历史信息,蕴含着不同时期经济、文化以及人的审美等多种社会信息,是环境中人化自然最深刻的体现,最

淮安里运河中洲段位于淮安市老城区核心区,周边0.26 km²历史遗存丰富。综合考虑不同等级遗存的历史价值,维持历史街区的视觉完整性。

图2.17 淮安里运河中洲段历史遗存的保护

能反映场地更新、发展的过程。人文景观的价值并非是完全按照文物保护单位的等级划分而进行确定,其最终目的是希望延续场地环境中独具特征的地缘文脉。人文景观评价一方面应对历史文化遗产进行分级分类,确定其保护类型以及保护范围;另一方面对应对其他不在保护范围内的历史遗存,乃至非物质文化景观进行打分测评,在明确其历史价值的同时对其加以合理的保护与利用(图2.17)。

（2）人文景观的艺术价值

无论是历史文化遗产、历史遗存或是非物质文化景观均反映了长期以来人们对场地的认知,而其外在形态或表现形式已为人们所接受,美学价值以及观赏性是评价的主要内容,在对历史遗存进行保护的同时,提取符合时代审美的构成要素对其加以强化。

（3）人文景观的地域性特征

景观环境中固有自然属性与文化背景相结合形成了场地的地域性特征,是人们对场地认知的首要因素,与场所具有不可分割性。

（4）人文景观再利用的可能性

场地中人文景观评价并不仅仅是对其价值及特征的分类与分级,更重要的是如何在保护的基础上实现再利用。而再利用又并非是单纯物质形态的功能置换,同时还包括如传说、民俗等非物质文化的更新与延续。历史遗存能否在现代景观中得到再利用主要针对以下三方面的评价:空间形态与文化关联性、地域性特征的可识别性以及文化内涵。

景观空间形态的变化、发展、更新过程在一定程度上反映人们对于场地的认知,而不同的空间形态与地域特征本身反映了不同的场所精神,如轴线式空间形态反映出了强烈的节奏感以及等级差异。两者的相互关联令场地具有明确的识别性,这是感性认识必须具备的客观基础。环境整体的地域特征反映了整体大区域的自然属性与历史文化特征。对场所中人工实体的风格特征以及非物质文化景观,如历史沿革、社会背景等进行归纳与深入挖掘,提炼其中最具代表性的因素,使之应用于新的景观环境(图2.18)。

设计采用被遗弃的古城砖,进行景观化的利用与改造,从而形成具有明确标示性的、反映地域特征的空间场所。

**图2.18　淮安古城墙公园——历史遗存的景观再生**

建成环境长久以来积累了深厚的文化内涵,如民俗、精神与信仰、审美与情感等。场地环境的规划与设计往往使得生活群体发生变化。在景观设计中以新的手法将其融入新的景观环境中。如江苏镇江圌山地方性节日"黄明节",黄明乃吴语"亡命"的谐音,由春秋时介子推剜肉救重耳而得名。按照当地民俗,清明当天要返乡扫墓,祭奠自家故人,第二天则要登上圌山给那些异乡游子和没有亲人的逝者烧纸祈福。相沿成俗,附近民众每年黄明节都要相约登山踏青,举行祭奠活动。这一地方性节日的存在一方面反映了地域性历史文化内涵;另一方面,登山踏青这一特有形式能够延续至今,也反映出当地公众对其的认可。因此,可以在圌山风景环境规划设计中对其进行景观化的表达,以求在表现地域文化特征的同时实现场所环境的认同感。

#### 2.2.5 环境容量的评价

1）评价标准

环境容量是场地综合属性之一,其综合了生态、空间以及人为干扰等多方面的内容。任何人工设施的建设与开发都会对景观环境造成一定的影响,因此对空间的利用与优化都应控制在生态环境可承受范围之内。

环境容量的原意侧重于生态环境对人类活动的承载力,即可以容纳多少污染物而又不对环境造成永久性损害,是环境评价的必要依据。景观环境是一个动态开放的系统,各要素随着时间的推移而不断变化,如植被密度的增加、区位条件的变化等都会对其产生影响,同时它还受到建成后游客量以及配套设施的改善等因素的限定。因而适宜性评价中的环境容量除对生态条件的考虑之外,还综合了对场地中绿化植被以及建设规模等的评价,主要包括生态容量、空间容量及容人量。

2）评价内容

（1）生态容量

景观环境生态容量是指环境在保持自我更新能力的前提下,能够承载人为设施及游人活动的能力,是景观规划的一个阈值。由于生态容量是以生态系统的"供给量"为基础的运算容量,其定义可概括为"在自然生态系统及要素保持持续生存能力而不受损害的前提下,景观环境所能承受的开发活动强度指标"。其主要包含两个方面的内容,一方面针对环境本身而言,场地中各因素是否超出了自然代谢能力,环境是否能够进行正常的顺向演替。现实情况中,某些自然因素过度增长就有可能导致生态系统的不稳定,如绿化种植密度过高,植物缺少必要的生长空间而出现大面积的死亡,从而造成生态的逆向演替;另一方面,针对场地中人为活动而言,人作为生态环境中的一个因素,对自然的干扰不能超越环境的承载力,使环境丧失自我更新与自我修复的能力。如对水库水位的人为调节,以人工干预的方式控制污染与洪灾等不利因素,并对水文条件加以利用,但这也造成了周边河流的衰退,破坏了河流系统本身自我维持与更新的能力。

生态容量的计算与技术实现的难度非常大,主要是由于生态系统中各要素之间有十分复杂的相互关系,作为一个开放系统是处于不断的变化之中的。如季节的交替、特殊的气候（干旱、暴雨等）都会造成容量的差异。传统生态容量的计算往往强调对土地利用的最大值,如土地面积法,或是针对场地环境中资源的产出量（包括了生态产品产出量和生态服务能力）,如资源产量法（刘年丰,2005）,而景观环境不单纯是对"产出"最大化的追求,同时也包含了人们对环境的空间感受、美学需求等,对景观环境生态容量的考量也较其他环境限定性因素更多。现阶段尚无法做到定量研究。

（2）空间容量

空间容量主要包括两方面的内容,一是自然要素,包括植被等在特定场地中的密度;二是指在不破坏生态景观的前提下功能性空间及设施在环境中所占的比例。

景观环境不同于建筑空间,其没有明确的围合边界,无法在特定的空间中进行体积的衡量。景观环境中,自然要素作为景观不可或缺的部分往往占据了主导地位。这就决定了景观环境的空间密度呈线性变化:随着时间的推移,植物的生长,其密度会逐渐增大,原有的空间格局发生变化,所以景观环境中的空间容量是一个动态的模糊值。因此,在考虑建筑所占比例的同时对绿化的比例进行设计,不应一味地追求绿量,应做到疏朗有致,为今后植被的生长及场地容量的变化留有余地。

(3) 容人量

容人量通常是在对场地路线或游憩项目进行定位与设计后进行评价的适宜性指标,主要包括外部游憩空间以及建筑及服务设施中可容纳的游人数量。其中外部游憩空间主要包括外部活动空间和游览道路空间。由于空间的性质和功能各不相同,游览方式各异,人均占用空间计算标准不尽相同,因此,景观环境中容人量这一指标应根据不同游憩项目与功能分别对待处理。主要计算方法有单位面积指标法、路线法以及卡口容量法。

## 2.3 景观环境调查与评价方法

长期以来,景观环境设计缺乏科学的评价与分析,场地环境中了包含多种不同属性因素,各个属性在场所中的价值往往取决于设计者依据经验的判定,因此风景环境的评价通常是定性的描述。传统的景观规划侧重于地质环境、自然景观空间形态及美学评价,较多地依赖评价者的认识水准,存在着一定的或然性。20世纪60年代以来,一些心理学家、美学家、地学家、生态学家和建筑、园林工作者开始对自然风景做系统的研究,对环境产生影响的因素进行分析与评估,并在可能的情况下加以量化。

传统的评价方法主要包括:专家法、社会科学法等。专家法是一种以绘图方式对城市景观进行记录与分析的方法,由此可以发现城市景观的连续关系、排列位置及顺序。社会科学法则是力求在环境的实质属性与群众反映间找到联系。可用此法研究城市环境中的一些特殊状况,如高层建筑与住户的关系、绿色植物在城市环境中所扮演的角色等问题。这两种方式能够在一定程度上解决景观评价主观性这一问题,但其研究的覆盖面较窄,往往是针对单一因素,如空间形态、植被环境进行调研,缺乏对环境的整体考虑。叠图法与GIS基于对景观环境要素分析的基础上,通过整合统筹实现对于场场的认知,是现代景观环境调查与评价两种基本方法。

### 2.3.1 叠图法在景观设计中的应用

在GIS广泛使用的今天,叠图法这一以因子分层分析和地图叠加技术为核心的环境评价方法,对于景观环境评价仍然具有便捷的运用价值。一方面,叠图法操作方便,无需如GIS般复杂的数据录入,因而工作周期短;另一方面,叠图法能够与现有常用软件紧密结合,如采用AUTO CAD与PHOTOSHOP结合即可完成叠图,无需特殊的专业应用软件作为支持,简便易行,尤以小尺度构成复杂的景观环境评价最为适宜。

叠图法是将环境中具有控制作用的因子提取,依类别进行逐一分析,以色阶(调)或数值表现于统一的底图上,并以图形交叠的方式,显示出影响环境诸因素的总和。由叠图法可产生一个复合式的土地利用图,既体现出该地块的生态敏感区域,也反映了整体环境的形态特征。在地块宏观定位的前提下,对土地兼容性进行全面考虑。

从最早的地图加灯光的叠加到以硫酸纸绘制地形,以不同色彩对因子进行标识叠加,再到后来用透明胶片的层叠,直至今日采用AUTO CAD和PHOTOSHOP等软件,辅以航片进行精确的绘制,应用于大尺度环境信息评价的GIS(地理信息系统),对于景观格局分析的基本原理同样也是将数据精确化后进行叠图。因此,叠图法依然是景观环境评价中最为方便易用的一种有效方法。

1) 传统叠图法的缺陷与问题

叠图法作为景观环境评价的基本方法之一，确实能够解决对环境因素进行综合评价这一问题，有其可取之处，但实际应用中传统叠图法仍有诸多不足。

(1) 因子选取的模糊性

景观环境作为一个复杂系统，其因子数量与种类纷繁复杂，有些因素复合了多种场地特征，而对环境具有很强的控制力，这类因素的改变通常会导致场地生态、空间等发生大的变化，而有些则具有单一特性，仅单纯反映场地某些客观条件，其变化直观影响了复合因素的性质。传统叠图法通常对环境要素采取主观分类的方法，如麦克哈格在里士满林园（Richmond Parkway）大道选线的方案中将场地中各要素分为"工程技术人员通常评价的标准"、"与危及生命财产的因素有关"以及"自然和社会发展过程"三大类。从中可以很容易看出，前两类要素所包含的因子有互相重叠的情况。这种分类方式无法明确有效的区分各因子的差异以及其所反映出的场地特征，往往会造成同类因子的重复叠加，由此导致叠合成果的混乱与随机性。同时由于缺少相应的评价标准，对因子的选取往往主观而不成体系。

(2) 等量叠加的局限性

从19世纪晚期开始，景观设计师就开始使用手绘的、半透明的图纸进行叠加分析。查尔斯·艾略特以及他在欧姆斯特德事务所的同事们最先在办公室的窗户上利用日光透射对基地环境叠加分析。之后，麦克哈格也在其著作《设计结合自然》一书中提到"要承认各因素的参数是不相等的"，同时也提到这种方法带有"不甚精确的局限性"，但没有明确指出这一问题的关键，以及具体的解决途径。而今天，在景观环境的评价中采用叠图法也往往忽视这一问题，仅仅是机械的、等量的叠加，最终成果也只能说明某地块所受的影响因素的多寡。造成这一问题的关键在于缺少对环境因子的权重赋值，无法将各因子对场地的影响力在图中体现。

如图2.19，颜色最深的区域仅能说明叠合的层数较多，地块受到多种因子的影响。由于缺乏对各因子控制强度的分析，因而无法明确该地块可以进行何种程度的人工干扰，以及制定切实相应的设计策略。因此传统叠图法仅是一个数量上的叠加，而非对整体环境质量的有效评估。

2) 叠图法的数字化改造

针对传统叠图法的局限性，数字化叠图法主要从以下两个方面加以改进：其一根据场地客观条件对因子进行分类与分级，其二是对各因子权重赋值，以实现因子属性数值化，明确各因素对场地的影响强度，并加以图示化表达，从而实现对场地生态适宜性、建设可行

图2.19　传统叠加图
（天目湖湿地分析）

（1）景观环境因子的分级

因子分级是基于等级理论对分类方式的完善与补充。景观生态学中等级理论是建立在复杂系统的离散性这一基础之上，主要作用在于简化复杂系统，以便对于其结构、功能和动态进行理解与预测。通常一个复杂的系统可以看作是由具有离散性等级层次(discrete hierarchical Level)组成的系统，包含了相互关联的亚系统，而亚系统又由各自更低一级系统组成，以此类推，直至最低的层次。低层级对高层级表现为从属组分的受制约特性，而高层级对低层级表现出整体特性（图2.20）。（邬建国2007）

等级是一个由若干层次组成的有序系统，它由相互联系的亚系统组成。

图2.20 等级系统示意图

以场地生态作为例，一级因子，即最高层级因子可以分解为多个二级因子，二级进一步分为多个三级因子，而因子层级的多寡主要根据场地的复杂程度而定。生态因子可分为水文因子、土壤因子、植被因子等，而水文因子又可再分为水深、水质等。对场地的评价是基于单项因子调研与分析，对高层级因子进行综合分析。

（2）环境因子赋值及其图形化表达

因子"赋值"与"图形化"是数字化叠图法的关键，其主要针对同一层级因子，经由"初始图形（范围）→无权重叠加→权重计算及其图示化"等步骤来实现。数字化叠图法中所涉及的"图形"均是指根据不同因子属性所划定的场地范围。

数字化叠图过程从最低层级的单因子开始，分层级处理环境要素，根据因子分级的多寡，叠图过程可以重复N次（n为层级数减一）。从对由对单个因子的分析，逐渐过渡到对场地的综合评价（图2.21）。

**初始图形（范围）**：对某一因子赋值并明确其在场地中的分布；

图2.21 多因子分级叠图

某一因子的分值主要依据其在场地中状况而定。如自然条件恶劣则分数为"1",而自然条件良好则为"3"分。在确定因子分值的基础上,将其进行图形化表达,图中颜色深浅与分值高低相对应。即将各因子属性归纳为分值,通过色阶在图面中加以反映。

**无权重叠加**:对多个同一层级因子的初始图形(范围)进行叠加,以明确其复合属性分布情况;

因子的无权重叠合类似于传统叠图法,有所不同的是,所叠合的图纸不仅是色彩深浅的叠加,更是多个同层级因子分值的累积。根据叠加因子数量以及因子分值的不同,场地可划分为多个区域,为下一步引入权重进行因子影响明确区域。

**权重计算及其图示化**:将因子权重(对场地的控制的强弱)带入划定范围的叠合图中进行计算,并将计算结果加以图示表达。

因子权重系数的确定可采取与其他多指标综合评价类似的方法,如AHP(层次分析加权)法、特尔菲法等。同级因素的权重系数总和为"1"。而自然生态环境可分为土壤条件、水文条件、植被条件以及气候地貌等,其权重和为"1",而水文条件可以分为水深与水质等因子,其权重和也为"1"(图2.22)。

将叠合图中因子分值的累积并加以权重,计算结果综合了该层级因子复合属性(分值)及其对场地的影响力(权重),据此判断场地特点及适宜性设计策略,从而实现场地中同层级因子综合条件的数据化,其结果可用适宜度指数加以表示。由于叠图的多层计性,最高层级的适宜度指数可以作为场地适宜性分级依据。适宜度指数算式如下:

因子适宜度指数(FSI Factor Suitability Index)

$$FSI = \sum_{k=1}^{n} W_i C_i$$

$W_i$指第$i$项因子的权重值,$C_i$指第$i$项因子分值。将客观数据与图形紧密结合,经过分层级多次叠合,能够对场地"适宜性"进行图形化表达,从而实现叠图法的数字化改造(图2.23)。

图2.22 场地要素层级与权重

图2.23 传统叠图法与数字化叠图法操作流程对比

3）数字化叠图法的意义

(1) 反映场地生态梯度

叠图法对单因子的分级能够明确场地中各要素的生态梯度,从而帮助设计者针对不同区域确定不同的项目定位。如在图面(图2.24)中将植被加以标明,按照类型的不同将其分为混交林、纯林以及作物等,并依据其生态的稳定性赋予分值。从图面上区别了不同植被的面积范围,同时明确了生态保育区域以及所需的保护方式。

(2) 明确场地的开发强度

在建筑规划与设计中,通常使用容积率、建筑密度配合建筑高度及红线退让来对场地的用地强度加以控制。而景观规划设计是对外部空间的整合并加以利用,同时由于景观环境重形式,往往缺

图2.24 植被区域划分图

少对于土地建设强度的控制性指标。如何在尽可能减少对生态环境破坏的基础上实现景观环境社会价值的最大化,同时保证环境的可持续性利用,是场地评价的目的之一。

采用叠图法,将自然因素、人文历史因素及建设控制因素相叠加,最终的成果反映了特定的社会资源及美学价值,使景观师能够立足于环境容量、空间容量以及视觉容量来采取相应的设计策略。

(3) 对于已建环境要素的评价

叠图法不仅能够对自然环境进行叠加评价,同时可运用于建成环境。对于现有建筑的不同属性进行分类以及图面的表达,使设计者能够明确场地中不同质量与高度的建筑分布情况,从而对基地环境的整体空间形态加以认知,同时形成对现有建筑的改造设计策略(图2.25)。

图2.25 建筑控制力分区图

(4) 明确场地适宜性,从而合理利用场地

场地适宜性的评价是对场地中各因素综合分析的结果,除对生态适宜性的分析之外,还涵盖了对项目建设适宜性的评价以及场地周边区位交通等方面的分析。

生态适宜性分析是在对场地生态条件认知的基础上,对设计要求是否适宜以及适宜程度进行评价并划分适宜性等级。适宜性评价中将场地作为一个生态系统来对待,综合各个因素现状特征来进行考虑,明确其生态梯度,根据生态环境的优劣条件进行分区与分级,从而对不同条件的地块采取相应的规划设计策略。生态适宜性是场地适宜性评价的基本阈值,也是场地可持续发展的评价指标。

项目建设适宜性的评价主要遵从减少对场地空间形态、地貌特征大规模改造这一原则,针对某一具体用地项目,对生态适宜性评价结果中适宜建设区域进行二次评价,其包括了具体项目的建设可行性及对场地环境的要求。建设可行性主要反映建设条件及建设成本等因素。应避免过度化设计,尽可能得减少对原有生态的扰动,尽量利用原有空间形态,调整人工建筑物朝向与形式。建设可

行性高的土地,通常地基承载力大,交通方便,周边生态环境已被扰动、敏感性低,对于项目布局无空间规模限制,因此是适宜开发与建设的区域。

叠图法通过将多个单因子归类为不同的控制性因素,如对自然控制因素(水文、植被、土壤、小气候等),人文历史控制因素(文物古迹、历史沿革等),建设控制因素(坡度、坡向)等。遵循生态优先的原则,对因素进行分级评价,明确场地内生态环境的敏感地区、历史遗存的分布情况以及场地中适宜建设的坡向和空间。在景观项目宏观定位的条件下,明确场地内各区域的定位,与整体环境相协调的基础上最终形成满足设计要求的用地划分。

4)数字化叠图法的操作与应用

菱溪湖基地位于滁州城东开发区,距离城市中心区3 km,周边工业发达,已形成了以汽车及其配套制造为主的产业集群。基地南北两侧为规划居住用地,西侧为工业用地,东侧为中学用地。贯穿滁州城南北的重要河流——清流河由南向北流经场地东侧,与内部水文贯通联系。场地周边交通便利,规划中的经二路、纬三路分别位于南北两侧(图2.26)。

图2.26 菱溪湖上位规划图

基地南北两侧陆地夹中部水系分为三个部分,形成"一片水域、两带陆地"的空间形态。场地水系以菱溪湖为主体,为城市原南北向水系——菱溪的残余片段。湖面有堤,将北侧水体划分出一条水道,两岸有半岛交错其中。基地内植被资源较丰富,覆盖率较高。基地三侧临城市道路,一侧临住区,较之于其他大面积的自然地块,其外在人为干扰因素较强,同时由于外部因素和场地自然生态环境的交互作用,从菱溪湖到周边地区呈梯度变化:一方面是场地与周边环境之间生态敏感性的逐步递减,另一方面是外部环境对场地造成的影响由内而外的逐步增加(图2.27)。

图2.27 用地现状图

项目本身定位为城市公园,位于城市绿色廊道上,是今后服务于该地区乃至整个滁州的重要景观节点,发挥环境的生态调节作用是设计目标之一,而作为城市公园,应满足市民游憩的使用要求,必须具有相应的游憩休闲项目以及配套服务设施。另一方面,从基地本身环境而言,整体生态条件尚好,系统较稳定,部分区域有一定规模的人工村落,相应的对生态环境的扰动较大。

(1)单因子的选取与分类

根据场地现有资源情况以及生态适宜性的评价标准,以生态环境的可持续发展为目的对因子进行分类分级。规划选取水文、植被、土壤三个大类的自然因素,对其中所包含的单因子进行调研与价值判断,并加以综合(表2.2)。

表2.2 菱溪湖场地因子分类表

| 一级因子 | 二级因子 | 三级因子 |
| --- | --- | --- |
| 自然因素 | 水文因子 | 水深 |
| | | 水质 |
| | 植被分析 | 地被 |
| | | 乔灌木 |
| | | 水生植物 |
| | 土壤因子 | 土壤肥沃度 |

依据生态环境的可持续发展为评价标准,明确各个基础因子的分值标准、图面颜色的分区以及最终适宜性分区,具体如表2.3。

表2.3 因子分值标准及图面分区表

| 因 子 | 分 值 | 分值标准 | 图面颜色分区 | 适宜性分区 |
|---|---|---|---|---|
| 水深 | 1~3 | 水浅—水深 | | |
| 水质 | 1~3 | 恶劣—良好 | | |
| 地被 | 1~3 | 恶劣—良好 | 浅—深 | 建设—保护 |
| 乔灌木 | 1~3 | 恶劣—良好 | | |
| 水生植物 | 1~3 | 恶劣—良好 | | |
| 土壤肥沃度 | 1~3 | 贫瘠—肥沃 | | |

(2) 因素的分级叠合与赋值

以水文因素为例,依据"初始图形(范围)→无权重叠加→权重及其图示化"等步骤进行分析。

① 初始图形(范围)

环境中的水体占据近2/3的面积,由东向西贯穿整个基地。大面积的水域一方面具有对生态系统的调节作用,影响着区域内动植物的生存生长,甚至影响着环境中小气候条件等;另一方面,自然水环境的岸线形态、基底条件决定了场地的空间形态与空间结构,因此,菱溪湖水体作为场地中占地面积最大的自然因素是环境评价中的关键因子。

将水深情况分为三个等级,水深0.5~1 m,1.1~1.5 m,1.6~3 m,图中颜色越深处水越深,颜色越浅水越浅。同时对水深情况进行赋值,水最深处为3分,其次为2分,水最浅处为1分。

图2.28 水深分级图

将水质也同样分为三个等级,水质良好、水质一般、水质污染严重,图中颜色越深处水质条件越良好,赋值为3分,颜色越浅则相反,赋值为1分。

图2.29 水质分级图

② 无权重叠合

将水深与水质分析图进行无权重叠合,根据各区域叠合分值组合的不同,将场地划分为19个区域,分别对应图面上的 $A—S$(图2.30)。

图2.30 水文因子无权重叠合图

③ 权重计算及其图示化

根据无权重叠合图以及因子适宜度指数计算公式进行计算：

$$FSI = \sum_{i=1}^{n} W_i C_i$$

**式中**：FSI——因子适宜度指数；$W_i$——第$i$项单因子的权重值；$C_i$——第$i$项因子分值

对计算结果进行整理，分值的高低与二级因子的适宜度指数，即二级因子的分值相对应。计算结果平均分为三等，1~1.6的区域二级因子分值为1；1.7~2.3分区域分值为2；2.3~3分区域分值为3（表2.4）。

表2.4 水文因子适宜度指数计算表

| 项目 数据 | 水深分值 | 水质分值 | 合 计 | 水文因子适宜性指数（分值） |
|---|---|---|---|---|
| 权重 | 0.4 | 0.6 | 1 | |
| 地块A | 1 | 1 | 1 | 1 |
| 地块B | 2 | 1 | 1.4 | 1 |
| 地块C | 3 | 2 | 2.4 | 3 |
| 地块D | 3 | 3 | 3 | 3 |
| 地块E | 3 | 2 | 2.4 | 3 |
| 地块F | 2 | 2 | 2 | 2 |
| 地块G | 2 | 3 | 2.6 | 3 |
| 地块H | 3 | 3 | 3 | 3 |
| 地块I | 2 | 1 | 1.4 | 1 |
| 地块J | 2 | 1 | 1.4 | 1 |
| 地块K | 3 | 1 | 1.8 | 2 |
| 地块L | 2 | 1 | 1.4 | 1 |
| 地块M | 3 | 2 | 2.4 | 3 |
| 地块N | 2 | 3 | 2.6 | 3 |
| 地块O | 2 | 1 | 1.4 | 1 |
| 地块P | 2 | 2 | 2 | 2 |
| 地块Q | 2 | 1 | 1.4 | 1 |
| 地块R | 2 | 2 | 2 | 2 |
| 地块S | 3 | 3 | 3 | 3 |

根据分值计算绘制出水文适应性分区图,分值越高则生态条件越良好,颜色最深;分值越低,则水文条件越差,可以进行人为干扰,颜色最浅(图 2.31)。

图2.31 水文适宜性分区图

水文适宜性分区图包含了水深与水质两个因素的分布情况,并综合了两者对场地影响程度的分级与分区。从图中可以很清楚地看出:场地中,沿岸线部分的水文条件较差,尤其是临近建筑部分,由于人的干扰,污染较为严重。水域中现存的堤岸是水质与水深的分界线,堤南侧的水面离人工环境较远,因而污染较少,水较深,生态环境良好,不适宜进行大面积的开挖与填埋,应尽量保持原状。场地东侧临城市道路,且有涵洞与清流河相通。水面由东南延续至外,此部分相应水环境较差。同时,从图中水域与陆地交接形态还可以发现,原有岸线较为平直、规整,破碎度低,仅南北两侧各有半岛分割边界,形成空间上的变化。

同理,按照以上步骤,对植被因子与土壤因子进行基础因子的调研与图形绘制,并且计算分值,得出二级因子适宜性分区图(图2.32,图2.33)。颜色最深处土壤与植被条件良好,需要进行保护与修复;最浅处土壤与植被条件较差,适宜建设与开发。

图2.32 植被适宜性分区图

图2.33 土壤适宜性分区图

从植被适宜性分区图中可以看出,基地原有水生植物生长状况良好,尤其是南侧沿岸一带。同时,沿纬三路一侧绿化条件优异,对城市道路所产生噪音、粉尘等的污染能够起到一定阻隔作用。西北部沿菱溪路一带植被较稀疏,而该道路为城市干道,交通便利,人流量和车流量大,对场地环境的影响严重。因此,设计中应对此采取相应的处理措施,在采取微地形补种植被遮挡噪音与视线的同时适当考虑在此处进行公园开口的设置。

土壤的条件从直观上表现为植被的生长状况,同时也反映了场地的生境条件。场地中的用地类型主要有住宅与农业用地,其中被建设过的住宅用地土壤受人为扰动较大,条件较差。而北侧大量的农田土壤状况良好,适宜植被生长。

将水文适宜性分级图、植被适宜性分级图和土壤适宜性分级图按照基础因子叠合步骤进行无权重叠加(图2.34)。

图2.34 自然因素无权重叠加

场地中不同区域所叠因素种类的数量不同,部分场地缺少水文因素,仅包括土壤及植被,因此,计算表格分为两个,以便对不同情况加以区分:表2.5为三类因素叠合计算,表2.6为两类因素的综合计算。对计算结果进行整理,分值1~1.6的区域生态条件差,可进行人工构筑物的建设;1.7~2.3分的区域生态环境较稳定,应适当加以修复;2.3~3分的区域生态条件良好,应减少人工干扰,以保护为主。

表2.5 生态适宜性计算表

| 数据\项目 | 植 被 | 土 壤 | 水 文 | 合 计 | 生态适宜性 |
|---|---|---|---|---|---|
| 权重 | 0.15 | 0.2 | 0.65 | 1 | |
| 地块A | 1 | 1 | 2 | 1.65 | 适宜建设区域 |
| 地块B | 2 | 2 | 2 | 2 | 适宜修复区域 |
| 地块C | 1 | 1 | 3 | 2.3 | 适宜保护区域 |
| 地块D | 1 | 1 | 2 | 1.65 | 适宜建设区域 |
| 地块E | 1 | 1 | 1 | 1 | 适宜建设区域 |
| 地块F | 1 | 2 | 1 | 1.2 | 适宜建设区域 |
| 地块G | 3 | 2 | 3 | 2.8 | 适宜保护区域 |
| 地块H | 3 | 2 | 2 | 2.15 | 适宜修复区域 |
| 地块I | 2 | 3 | 2 | 2.2 | 适宜修复区域 |
| 地块J | 1 | 1 | 1 | 1 | 适宜建设区域 |
| 地块K | 3 | 3 | 1 | 1.7 | 适宜修复区域 |
| 地块L | 2 | 3 | 1 | 1.55 | 适宜建设区域 |
| 地块M | 1 | 1 | 1 | 1 | 适宜建设区域 |
| 地块N | 3 | 3 | 1 | 1.7 | 适宜修复区域 |
| 地块O | 3 | 3 | 1 | 1.7 | 适宜修复区域 |
| 地块P | 1 | 1 | 1 | 1 | 适宜建设区域 |
| 地块Q | 1 | 2 | 1 | 1.2 | 适宜建设区域 |
| 地块R | 3 | 3 | 1 | 1.7 | 适宜修复区域 |
| 地块S | 3 | 3 | 2 | 2.35 | 适宜修复区域 |
| 地块T | 3 | 2 | 1 | 1.5 | 适宜建设区域 |
| 地块U | 3 | 2 | 1 | 1.5 | 适宜建设区域 |
| 地块V | 3 | 2 | 3 | 2.8 | 适宜保护区域 |
| 地块W | 1 | 1 | 3 | 2.3 | 适宜保护区域 |
| 地块X | 1 | 2 | 2 | 1.85 | 适宜修复区域 |
| 地块Y | 3 | 3 | 1 | 1.7 | 适宜修复区域 |
| 地块Z | 1 | 1 | 1 | 1 | 适宜建设区域 |
| 地块AA | 2 | 3 | 3 | 2.85 | 适宜保护区域 |

表2.6 生态适宜性计算表

| 数据\项目 | 植 被 | 土 壤 | 合 计 | 生态适宜性 |
|---|---|---|---|---|
| 权重 | 0.4 | 0.6 | 1 | |
| 地块AB | 2 | 2 | 2 | 适宜修复区域 |
| 地块AC | 3 | 3 | 3 | 适宜保护区域 |
| 地块AD | 3 | 3 | 3 | 适宜保护区域 |
| 地块AE | 1 | 2 | 1.6 | 适宜建设区域 |
| 地块AF | 3 | 3 | 3 | 适宜保护区域 |
| 地块AG | 1 | 1 | 1 | 适宜建设区域 |
| 地块AH | 3 | 1 | 1.8 | 适宜修复区域 |
| 地块AI | 3 | 2 | 2.4 | 适宜保护区域 |
| 地块AJ | 3 | 1 | 1.8 | 适宜修复区域 |
| 地块AK | 1 | 1 | 1 | 适宜建设区域 |
| 地块AL | 2 | 2 | 2 | 适宜修复区域 |

自然因素适宜性分区图综合水文、植被以及土壤三类因素以及相关权重，一方面反映了不同的区域受自然因子控制强度的不同，另一方面体现了场地的生态条件的整体情况，即生态梯度。图中颜色最深处，现有生态环境最为良好，生态敏感性高，应以尽量减少扰动为目标制定相应的设计策略；颜色一般的区域则对人为干预不太敏感，可进行适当的修复、调整等；而颜色最浅的区域，生态条件恶劣，或本身已有较大规模的人工开发，外部干扰对其影响小，因此，对该类地区可以进行干预程度较强的活动，如人工建设、地形改造等(图2.35)。

图2.35 生态适宜性分区图

至此,经过多等级生态因子的叠加以及权重分值的计算,场地中自然因素综合适宜性的分区可以在图面中表达出来。在图中,颜色的深浅以及区域的划分完全是基于环境现有的基础资料经计算、绘制而成,具有一定的客观性。同时,图中的网格为 10 m × 10 m,明确了各区域面积,为建设强度与环境容量的计算提供一定的数字及依据,从而使景观设计过程相对客观与科学。

较之于传统叠图法而言,数字化叠图比较好地解决了以下两个问题:

首先,场地中综合因子的分级与分类。大部分场地环境中的因子是相互掺杂的,如水文因子中往往会有植被等因素,而竖向坡度中通常存在建设可行性等因素,有如何将其分解为基础的、直观可调研的单因子是评价中的问题之一。叠图法依据等级理论,基于复杂系统的可再分性,提出因子分级法,根据场地环境以及设计要求的不同,将复合的高级因子分为多个次级因子,将次级因子再次划分,直至成为场地中可调研的单因子,可操作性强。

其次,将场地不同因素采取统一"赋值与分级",并加以图形化,从而简化矛盾,便于计算。不同因素对场地环境的影响力各不相同,将具体评价分值与场地环境因素相联系,采用初始图形→无权重叠加→权重及其图示化的方式,将各因子在场地中的分布情况与影响程度反应在图面上,使数据与图形相对应,真正实现由定性到定量的转化。

数字化叠图法能够解决现有叠图法中所存在的相应缺陷,较好地完成场地适宜性评价分级与分区。但在目前的使用中也存在着一些局限性和不足,对于因子复杂程度高的大区域评价过程较为繁琐,工作量较大,不如GIS方便。

### 2.3.2 基于GIS的景观分析与规划

1) GIS与景观环境评价

(1) 3S技术在景观规划上的运用。

地理信息系统GIS、遥感RS和全球定位系统GPS,三者有机地结合在一起加以应用,称为3S技术。地理信息系统是一项以计算机科学为基础,由计算机科学、地理学、测量学、地图学等多门学科综合的一门技术。它是以地理空间数据库为基础,在计算机软硬件技术支持下,用于对空间数据的获取、存储、管理、传输、检索、分析和显示,以提供对空间对象进行决策和研究的人机系统。GIS有如下优势与作用:

① 定量

GIS的运用可以使用地适宜性的评价从因子的准备、单因子的分析到因子的综合适宜性分析的整个过程中,始终是以定量分析作为其理论模型,其本身以栅格数据作为量化分析工具,这是传统景观规划方法所不具备的。GIS技术的引入为景观规划中因子的量化创造了条件,并对数据处理具有大容量、高速度、运算准确、便于反复调试等特点,因此适用于各种空间问题的量化分析、规划预测和模拟优化。利用计算机辅助设计手段增加了规划的深度,严密了规划思维的逻辑性,充实了规划内容,丰富了景观规划的表现手段。

② 精确

运用GIS的景观规划方法由于采取量化分析,分析结果比传统景观规划方法更加精确。应用GIS的空间分析功能和专题制图功能对用地调查成果进行分析处理,可以较好地完成规划土地利用现状分析,例如通过定量数据统计可以精确分析土地利用的建设潜力。通过掌握全面的、量化的用地基本信息,从系统角度出发,具体分析后再得出理性的规划结论。

③ 时效

由于计算机有完善的内、外存设备,提高了数据存储、检索和处理的能力,因此可存储丰富的数据资料。又由于计算机具有数据输入、查询、检索、修改等功能,且运算速度快,因而可以做到适时修改、补充、更新数据，大大加快研究的速度，扩展研究的广度，提高研究结果的时效性。

④ 综合

GIS的运用方便了多学科研究，对于景观的研究往往是多层次多学科的，借助计算机丰富的数据管理能力、众多的应用模型和完善的软件支持，可以和各部门、各学科专家交流经验，建立评价模式和应用模式并形成专家系统以方便调配和检验模型，并能迅速在短时期内反复检验结果，进行多方案比较，优化研究方案，提高研究质量。

同时也应该认识到，GIS在景观规划中的应用方面还存在诸多问题，主要表现在：

a. 数据来源与数据质量难以保证（数据来源广泛，但数据质量不高）。景观环境调查与评价涉及土壤学、环境学、地理学和社会学等各个学科领域，影响因素复杂，需要数据量大且质量要求高。由于数据来源不一、格式各异、年代不同等原因造成资源与环境数据质量难以保证，特别是数据格式不一，使各地区的数据难以共享，严重影响了GIS在景观规划方面的应用。

b. 应用水平低。目前，地理信息系统在景观规划专业方面的应用，还停留在简单的资源浏览查询、制图及简单的分析水平，而真正意义上以资源环境合理配置、决策支持方面的专业应用系统仍十分缺少。

c. GIS的功能没有得到充分发挥。管理者的认识水平、基础数据、模型方法等方面的欠缺使GIS的各项分析功能在专业方面没有充分发挥效益。

d. 标准规范不统一、数据共享程度低。由于景观规划的专业性原因，在相应GIS建立的过程中技术标准和数据交换标准等方面存在着很大的差别，使不同的信息系统之间难以共享。

e. 集成化程度低。目前GIS在景观规划专业方面的许多功能相对单一，系统结构开发性差，大多数没有实现与全球定位系统、遥感信息的集成应用，难以满足专业方面相对集成化、综合化发展的需求。

要想充分发挥GIS的作用，就需要建立相关基础地理数据库、规划成果数据库、规划项目数据库等，即解决数据源的问题。现阶段，信息空间数据库的缺乏，阻碍了GIS在景观规划中大规模应用。

遥感RS技术获取信息有范围广、速度快、信息广的特点，遥感图像视域宽阔，客观真实地反映出各种地质现象及其相互间的关系，形象地反映出区域地质构造，以及区域构造间的空间关系，为景观规划设计提供了直观的图像。GPS在导航和其他动态定位及数据采集系统的应用中，有重要运用价值，手持GPS可以方便定位，生成轨迹，可用于景观调查中的补充与辅助修测。

以地理信息系统为核心的3S技术的集成，实现了对空间数据的实时采集、更新、处理、分析，同时动态地理过程的分析与决策建立了强大的技术体系。三种技术的结合根据实际需要而定，如对于定位、规划、资源评估等，可采用地理信息系统与全球定位系统的结合，组成"GPS+GIS"系统；而地理信息系统和遥感的结合则可实现对信息及图像的处理。

(2) 基于GIS的景观分析与规划

在现代景观规划设计中，对环境资源的合理保护利用越来越加以重视，客观地对环境进行评价，分析其与设计要求之间的对应性是设计者所寻求的目标。因此，如何合理利用现有土地资源，保护环境敏感区，在对土地进行适宜性分析基础上进行景观规划等等，是科学规划所要解决的问题与努力方向。运用科学技术以及其他系统性的知识，为决策提供优选方案。

传统景观规划方法大多强调规划设计的过程和结果，而在对环境的前期分析和研究方面则依赖于主观判断。地理信息系统(Geographic Information Systems,GIS)在景观规划的适宜性研究方面可以起到重要的辅助作用，同时弥补传统叠加分析数据无权重、无法图形化的缺憾，使分析结果更具理性和明晰，同时使得景观规划方案与环境之间更具对应性和耦合性，尤其是针对大尺度复杂的景观规划，GIS的应用价值更为明显。

国内逐渐将GIS应用于景观环境的前期评价过程中。如森林公园生态环境分析、公路建设的选线、自然保护区的规划等，其对场地环境评价有相当积极的作用。相关应用主要集中在各大专院校对课题的研究中，普通专业设计单位对GIS的关注度较低。

(3) GIS与景观格局分析软件的结合

景观格局反映了场地环境中各不同类型斑块的分布情况、结构组成以及空间配置等特征，对之的分析与评价有助于认知环境的空间结构以及景观动态变化的过程。景观空间格局分析与模拟的软件很多，例如Spatial Scaling、Fragstats、APACK、AI、RULE、SIMMAP、Patch Analyst等，大多是在GIS对场地进行航片判读后所生成的景观格局基础图层和相应的属性数据库的基础上，进行景观格局指数的计算与比较，其中最常用的分析软件是Fragstats。

Fragstats是一个基于分类图像的空间格局分析程序，以计算大量景观指数来定量分析景观结构组成。其与GIS相结合，针对环境中不同景观类型，分析各景观要素的结构及其在复合生态系统中的功能特征。在不同层次上进行指数计算，通过对计算结果的分析与比较来评价研究区域的景观格局及特点，为场地规划提供定量的依据。

Fragstats软件功能强大，可以计算出59个景观指标。这些指标被分为三组级别，分别代表了三种不同的应用尺度：① 景观斑块水平(patch-level)指标，是定量化和特征化各板块空间性质和内容的指标，也是计算其他景观级别指标的基础，适用于微观尺度；② 景观类型水平(class-level)指标，综合了某一既定景观类型上所有斑块的信息；③ 景观级别(landscape-level)指标，综合了所有斑块信息指标，反映景观的整体结构特征。由于许多指标之间具有高度的相关性，只是侧重面有所不同，因而使用者在全面了解每个指标所指征的生态意义及其所反映的景观结构侧重面的前提下，可以依据各自研究的目标和数据的来源与精度来选择合适的指标与尺度。

值得注意的是，Fragstats软件的最大作用在于量化景观中斑块的面积大小和空间分布特征，但其只能分析类型数据(如各种类型图)，其分析要建立在景观合理分类的基础上。因此，使用者必须根据场地范围和设计要求的不同合理地选择所分析的景观斑块的幅度与分析层次，不同的分类方式有可能会造成结果的差异，而不同层次的景观格局指数与不同尺度相对应，反映出的空间结构必然有差异。另一方面，Fragstats的最终分析结果是景观格局指数，而并非像叠图法或GIS那样以图形的方式来反映适宜与否的范围区域。使用者必须对计算后的数据进行评判，而各指数并没有统一标准进行参照，因此，对其的分析是通过对同一项目环境内不同区域的数据比较而来。

2) 以苏州石湖风景区为例

作为一个较大尺度的景区，太湖风景区石湖景区内部环境相对复杂，影响因素众多，各种微观的和宏观的、静态的和动态的、内部的和外部的、时间的和空间的、自然和社会的等等因素构成一个有机的系统，反映在用地选择上要充分考虑其整体性要求。同时，基地是一个受很多因素影响而不断发展变化的动态系统，各因素的多方面的影响和相互的制约，使基地成为一个动态的模型，因而决定用地适宜性的各个方面因素也在不断变化中。

传统的评价方法很难从整体上对动态的环境进行把握，而在这样大尺度的环境中应用叠图法来进行评价操作过于繁琐，同时难以进行全局考虑。由此，采用GIS对其进行前期的评价与规划，其中包括对场地的评价和对环境的评价两个方面。

(1) 石湖风景区现状特征(图2.36)

石湖景区位于苏州西南4 km。苏州古城与太湖之间，是国家级重点风景名胜区——太湖风景名胜区13个景区之一，面积22.35 km$^2$。石湖景区以石湖和横山支脉上方山、吴山为骨架，以吴越遗迹和江南水乡田园风光见长,是市郊最近的风景区,城市生态环境中的重要片区。针对场地优越的自然条件以及深厚的文化积淀,系统科学地对环境进行评价研究,提高景区环境资源与人文资源的质量是景区建设的先决条件。

图2.36　石湖景区现状用地图

根据现状条件以及规划目标,场地适宜性的分析主要分为两个方面:对场地的评价以及对环境的评价。对场地的评价主要包括对各项场地资源进行合理科学的记录,量化其中各个因子,考虑规划利用方式与原有土地利用方式的兼容性,即场地适宜做何种用途,从不同的方面和侧重点对整个场地进行科学、有效的评价。对环境系统的评价主要是针对整个用地环境资源方面而言,其具体内容包括土壤、水、植被、动物、气候等等。其原理同场地评价一样,也是对每项环境资源进行科学的记录和量化,同时可以根据目标的不同确定各个环境因素的权重和权值,从而在整体上和各个不同方面对环境系统进行科学的认知。对两者评价结果加以综合,从而形成最终场地适宜性分区。

(2) 石湖风景区适宜性项目研究

① 研究方法

本研究将借鉴相关学科的研究成果,注重多学科交叉与综合,将传统的定性方法尽可能地结合现代先进的定量研究技术,结合卫星航拍图和CAD地形图进行实地勘察,将数据录入ArcView(GIS软件)进行定性定量分析,以图表和图纸结合的形式表述分析结果,并在此分析结果上进行规划设计(图2.37)。

图 2.37 工作方法图示

② 研究步骤(图 2.38)

本研究通过确定基地利用方式和开发方式的需求,来找到相对应的要素(即因子),把所需求的因子叠加绘制成图,确定合并规则以能表达适宜度的梯度变化,找出开发项目与各因子相互制约的关系,在特定的结合规则下制成能描述土地对多种利用方式的内在适宜度的关系图纸,通过图纸的绘制,描述对各种土地利用方式具高度适宜性的区域的分布。

图 2.38 研究步骤图示

③ 基地资源调研与信息搜集

石湖景区拥有丰富的自然景观和历史文化资源。石湖的自然山水风景具有自然、朴素、柔美、秀丽的特色,凝聚了江南田园山水之美;历史文化方面,作为吴越争霸的主战场之一,石湖地区有不少的历史遗迹。根据石湖风景区现有资源的情况和规划目标,初步确立调研和信息搜集的主要内容有:

    a. 现有历史文化遗存的影响程度与保护状况;
    b. 现有土地资源的使用状况(城镇、村落、墓区、学校等);
    c. 现有水文资源(水源、水域、水质等);
    d. 现有山体状况(高度、断层、观赏性等);
    e. 现有植被绿化(树种、植物生长状况等)。

(3) 基于GIS的适宜性分析

① 现有土地资源使用状况分析

整个石湖景区用地范围内不仅存在着大量风景旅游资源,也存在着一定的人为建设景观,在红线范围内存在着一定数量的墓区、村落和学校,尤其是山体上存在的墓区,影响了整个山地的自然景观,而村落和学校的存在不仅影响整个规划布局,而且也影响着整个景区的建筑风貌,大部分为负面影响。根据其影响程度,赋予其权值,影响越大,权值越高。

依据现场调研,参照国标《旅游资源分类、调查与评价》GB/T 18972—2003中的旅游资源分类表,现有土地资源的分类主要有:保护区、村落、城镇、学校、墓区。根据它们的重要程度和影响程度不同,在ArcView中绘制出这些区域,并制作其对应表2.7。

表2.7 场地土地资源使用类型权值表

| 名 称 | | 重要程度 | 权 值 |
|---|---|---|---|
| 保护区 | 金佛像 | 观赏性强,有一定的历史价值 | 90 |
| | 治平寺 | 有一定的观赏性和历史价值 | 85 |
| | 石佛寺 | 有一定的观赏性和历史价值 | 85 |
| | 石湖书院 | 观赏性强,有一定的历史价值 | 90 |
| | 行春桥 | 有一定的观赏性和历史价值 | 85 |
| | 越城桥 | 有一定的观赏性和历史价值 | 85 |
| | 越城遗北 | 有一定的历史价值 | 80 |
| | 渔庄 | 观赏性强,有一定的历史价值 | 90 |
| | 蠡岛 | 有一定的历史价值 | 75 |
| | 天镜阁 | 有一定的历史价值 | 70 |
| | 顾野王墓 | 有一定的历史价值 | 75 |
| | 申时行坟 | 有一定的观赏性和历史价值 | 80 |
| | 乾元寺 | 有一定的观赏性和历史价值 | 85 |
| | 宝华寺 | 有一定的观赏性 | 80 |
| | 老寺 | 有一定的观赏性 | 80 |
| | 楞枷塔寺院 | 观赏性强,有一定的历史价值 | 90 |
| 村落 | 薛家村 | 有一定影响 | 80 |
| | 行春桥村 | 影响较大 | 95 |
| | 渔家村 | 影响较大 | 95 |
| | 陆家桥 | 有一定影响 | 80 |
| | 华村 | 有一定影响 | 85 |
| | 梅湾村 | 影响一般 | 75 |
| | 站下 | 有一定影响 | 85 |
| | 旺家里 | 有一定影响 | 85 |

续表

| | 名 称 | 重 要 程 度 | 权 值 |
|---|---|---|---|
| 村落 | 北塘 | 有一定影响 | 85 |
| | 王家场 | 有一定影响 | 85 |
| | 南塘 | 有一定影响 | 80 |
| | 后下舟 | 有一定影响 | 80 |
| | 莫舍小村 | 影响一般 | 75 |
| | 桃花里 | 有一定影响 | 80 |
| | 前下舟 | 影响一般 | 75 |
| | 莫舍大村 | 有一定影响 | 85 |
| | 庙桥头 | 有一定影响 | 80 |
| | 西边山 | 影响较大 | 90 |
| | 黄泥墩 | 影响较大 | 90 |
| | 钱家坞 | 影响较大 | 95 |
| | 南家滨 | 影响较大 | 90 |
| | 陆墓山 | 影响较大 | 90 |
| | 董家坟 | 影响一般 | 70 |
| | 南角 | 影响较大 | 90 |
| | 三家村 | 有一定影响 | 85 |
| | 小泥弄 | 影响较大 | 90 |
| | 西山塘 | 影响较大 | 90 |
| | 巷上 | 有一定影响 | 85 |
| | 张家桥 | 影响较大 | 90 |
| | 薛家桥 | 有一定影响 | 80 |
| | 旺山桥 | 影响一般 | 75 |
| | 市号村 | 影响较大 | 90 |
| 城镇 | 新郭镇 | 影响较大 | 90 |
| | 木渎镇 | 影响一般 | 75 |
| | 蠡野镇 | 有一定影响 | 85 |
| | 邵昂村 | 有一定影响 | 80 |
| 学校 | 苏州铁道师范学院 | 有一定影响 | 80 |
| | 江苏省邮电技工学校 | 影响较大 | 85 |
| | 苏州外国语实验学校 | 影响一般 | 75 |
| | 苏州大学文正学院 | 影响较大 | 90 |

续表

| 名　　称 | | 影　响　程　度 | 权　　值 |
|---|---|---|---|
| 墓区 | 公墓 | 影响一般 | 75 |
| | 上方山公墓 | 有一定影响 | 80 |
| | 吴山岭公墓 | 影响较大 | 90 |
| | 清泉公墓 | 影响较大 | 90 |
| | 旺山公墓 | 影响较大 | 90 |
| | 吴山头公墓 | 有一定影响 | 85 |
| | 旺山公墓 | 影响较大 | 90 |
| | 清泉公墓 | 影响较大 | 90 |
| | 横泾公墓 | 影响一般 | 75 |
| | 吴山岭公墓 | 影响较大 | 90 |
| | 弥陀山公墓 | 影响较大 | 90 |

分析图纸如图2.39。

图2.39　场地土地资源使用类型范围图

分析结果：从上图中可以看出环境中存在大量的村落、城镇以及公墓群，对风景区有负面影响存在。尤其是场地东南部不仅集中了大面积的村落与分布零散的墓群，同时还存在着部分具有一定价值的文物保护单位与历史遗迹。其中村落与公墓严重干扰了旅游资源和风景区吸引力。对于其他资源保护情况较好，离景区较近、影响较大（权值较高）的用地区域应予以重点管理和维护，以期与整个景区更好地融合。

② 历史文化区域的开发与保护

整个景区具有独特的自然景观和人文景观，同时存有大量的历史遗迹。其中楞伽寺塔院、越城遗址、顾野王墓、渔庄、行春桥为省、市级文物保护单位，而上方山国家森林公园本身已经具有规模和影响力。利用ArcView对各个风景文化保护景点作缓冲区分析，得到离各个景点不同距离范围内的区域分布图。距离越近，颜色越深。

对于保留较好的自然景观和历史文化资源，在规划设计中应予以保留和保护，这些区域即为规划中的敏感区，不宜进行开发；同时其周边一定的范围内也不适合做大规模的开发，这些区域设为缓冲区。

分析图纸如图2.40。

图2.40 缓冲区分析图

分析结果：图纸中颜色愈深的地方，离保护区越近，越不宜进行开发建设，规划建议根据其文保单位的重要程度划分出一定范围内的保护半径（范围）。历史文化保护区较为集中的地方为巫山—石湖风景区，规划建议此区域为文化风貌区，以恢复、改建历史性街区、景点为主，以彰显当地的吴文化特色。

③ 水文分析

整个风景区自然资源丰富，以石湖的各种大小水域构成的景群，形成了开阔的视野，山水相映，波光水影，构成了绚丽的画境。因此，合理保护和利用现有水资源，实现以水为主题的生态度假区成为规划设计的思路之一。在ArcView中绘制出这些水域，根据水文情况赋值制表，分析如图2.41。

分析结果：图纸中颜色愈深的地方，水文情况愈好，尤其对于面积较广、水质情况较佳的地方要重点保护利用；对于存在污染源的河流、溪流以及对大面积水域存在威胁的区域要加以重点整治管理。巫山—石湖风景区水域面积最大，但结合图2.39可以看到其周围文化保护景点较多，周边还存在一定数量的学校，因此该区域不宜再作大规模的开发建设。反观上金湾地区，水域面积较大，水文情况较好，除部分村落之外其他建筑群基本没有，因此规划建议此区域为以滨水建筑为主题的生态度假区。

图2.41 水文分析图

④ 植被分布

整个石湖风景区的绿化状况较为良好,尤其在山体上,各种地带性植物已基本上覆盖整个区域,如:黑松、枫香、三角枫、毛竹、香樟等,在GIS中将不同的植被种类分类编辑,以不同的颜色显示,首先可以比较清晰地看到基地中植被的分布状况;其次可以通过不同地形条件下各种植被的统计分析来确定最能反映这个区域地域和气候特色的地带性植被类型和植被群落特征,为用地植被优化提供科学的依据。分析如图2.42。

图2.42 植被分析图

分析结果:风景区的植物景观优化是一个长期的过程,因此需要在原有基础上,根据各类植物景观特点,以及风景区各区域的景观功能需要及其发展的要求,有计划、分阶段地进行优化林相、林分的调整,而植被分布图能够为景区的绿化工作提供客观依据。由图中可以很清晰地看出,环境内植被以针阔混交林为主,间以少量的竹林与松林等纯林以及农田。由于针阔混交林较纯林的林分结构更加稳定,同时有更强的自我调节、维持生态平衡的能力,因此整体生态环境较为稳定。整个景区的绿化应以补充和完善地带性植被为主,适当种植观赏性较强的植物,突出景观效果,增加季相变化,以丰富景区的植被景观。

⑤ 山体分析

在整个景区中,山体占有相当的比例,因此合理地利用山体资源,开发其旅游价值成为规划目标之一。在ArcView中通过以下几个角度对山体进行分析:

a. 高程分析

山体的高度对规划布局、道路的走向、线形、建筑的布置、景区的轮廓、形态等都有一定的影响。在ArcView中根据等高线生成山体的高程图,由图中可以清晰地看到山体的高度变化。颜色愈深的地方,山体海拔愈高(图2.43)。

图2.43 高程分析图

在对山体高程分析的基础上可以得到山体上植被、墓区的高程分析图,由图中可以看到各种植被及各个墓区在不同高度上的对应的面积分布(图2.44)。

图2.44 植被分布高程统计图

分析结果：由图中可以看出，景区中的山脉主要呈南北走势，因此构成了大面积的朝东景区，包括石湖景群、吴山景群、上金湾景群、钱家坞景群和上方山景群的大部分以及七子山的峰顶区域，使得几乎全部景群都可以获得良好的日照。该片植被繁茂，景观层次丰富。这些面东南的山体缓坡又为游憩活动的规划打下了良好的基础。

b. 坡度分析

地面的坡度，即高程的变化率。坡度分析图反映了特殊地形结构，其对工程建设具有重要的影响，并能为某一地区不同坡度的土地利用方式提供决策依据。地形坡度的大小对道路的选线、纵坡的确定、地面排水、土石方工程量以及绿化植被选择的影响尤为显著。可以结合实际情况，根据不同的地形坡度采取不同的建筑形式。同时，在ArcView中还可以提取出满足建设要求的坡度范围，如 $15° < \text{SLOPE} < 30°$（图2.45，图2.46）。

分析结果：场地环境中山脉整体坡度较为缓和，平均在5—20°，结合高程图可以发现丘陵与山谷交错出现，整体空间层次丰富，原有空间形态良好。

c. 坡向分析

坡向分为平坦、东、西、南、北或平坦、东、西、南、北、东北、西北、东南、西南等不同的等级。坡向影响到建筑的通风、采光。如在炎热地区，建筑适合建在面对主导风向、背对日照的地方，而寒冷地区则希望背对主导风向，面对日照，这和坡向密切相关。同时在植被绿化中，不同的植物对光的要求并不同，阳性植物只宜种在向阳地带，耐阴植物能种在光线不足和背阴的地带。利用GIS坡向查询分析可为园林植物种类的选择提供依据。当然，也可以分析出既满足某一坡度要求又满足某一坡向要求的综合查询。坡向分析图如图2.47，图2.48。

图2.45　坡度统计图

图2.46　植被分布坡度统计图

2 景观环境调查与评价

图2.47 坡向分析统计图

图2.48 植被分布坡向统计图

d. 地形分析

地形起伏越大或者越显著,迎风坡的风压也就越大,而背风坡形成的涡流也就越强。这些因素会影响大气的温度和湿度,因此对当地的小气候具有重要的影响。在ArcView中通过阴影变化的分析生成地形的起伏变化,由图可以较为直观地观察整个用地的地形地貌。通过现场勘察,发现山体由于开挖存在部分断层,尤其以钱家坞地区居多。结合上文对历史风貌区、生态度假区的规划分析,规划建议将钱家坞地区建设成为充分利用山体的运动休闲区(图2.49)。

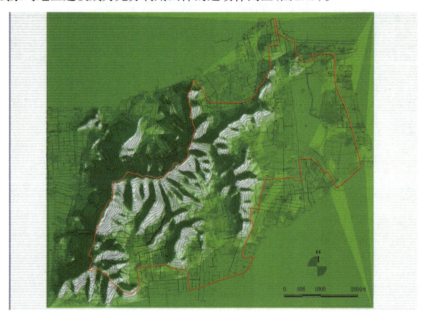

图2.49　地形分析图

⑥ 生态因子分析

石湖风景区自然资源丰富,条件较好,尤以水资源及植被资源为佳。在规划区域中应合理保护

图2.50　生态因子分析图

利用各个资源,在ArcView中绘制出各个区域及其周围缓冲区。图2.50为生态因子分析,图2.51为生态缓冲区分析。

图2.51　生态缓冲区分析图

分析结果:图中颜色愈深的区域生态敏感度愈高,规划建议在生态敏感度较高(颜色较深)的地区不适宜作开发,应以保护利用的原则为主,合理利用其生态资源。

⑦ 综合因子叠加分析

综合上述各个因子,我们在ArcView中根据各个因子影响程度的不同输出综合叠加分析图(图2.52)。

图2.52　综合叠加分析图

分析结果:颜色愈深的地区影响越大,越不适合进行大规模的开发,应以维护和改造的原则为主;颜色愈浅的地区影响越小,可以适当进行一定规模的开发利用。在图中区分出这些区域,为以后的规划提供科学的依据。

⑧ 场地适宜性的分区

对于景观环境中的建设项目而言,科学的选址是建设的基本前提。通常需要能够同时满足以下要求:

a. 选址要在风景区规划布局的指导下进行,根据建设项目自身的功能特点,通过现场踏勘、调查研究,选择最适宜修建的场所;

b. 选址需设置在风景区主要旅游线路的周边,以满足水、电、能源等配套设施的要求;

c. 根据景观生态学的相关理论选择场地,使其与自然相融合;

d. 综合考虑风景区的整体景象特征,使温泉度假村与风景区相协调。

在ArcView中我们对各个因子进行调研、评估,并对某些因子进行了叠加分析。同时在一些特殊地形条件中,可以查询出满足特殊条件要求的场地,以便为进一步的开发建设提供科学合理的依据。在整个石湖风景区中,山体占了相当的比例,因此山体中的哪些区域适合开发成为可行性研究的重点之一。经过研究,坡度在10°~20°之间,东南坡向,山体高度在20 m到100 m之间,距离保护区和墓区大于100 m的区域比较适合建设,在ArcView中利用查询功能得到满足以上条件的区域(图2.53)。

图2.53　适宜性分区图

3) 基于GIS的建筑建设适宜性研究

石湖景区建筑建设应根据具体的环境和位置,做恰当的定位,满足多元化、多层次的风格表达,既不拘泥于传统建筑形式,也不一味追求现代建筑特征,而应当研究环境机理与文脉,找到适当的风格与表达方法,探讨具有时代感的传统风格的表达。在建筑规模上,应以整体环境的氛围塑造为第一原则,避免过大的体量对环境造成伤害。在建筑色彩上,应继承传统苏州灰瓦白墙的特色。在辅助性游艺设施上可以选择一些跳跃的颜色。同时,建筑的建设应与环境紧密结合,既不破坏环境,又合理利用环境资源，在最适宜建筑的场地条件下可进行开发建设。

上金湾景群的各个因子条件都相对平均和优良，可开发建设为以生态度假为主题的风景区。在此规划区内依托自然条件，建造一背山面水的风景建筑不仅可以服务人群，还可以提升旅游吸引力，这种短期的居住行为满足了人们旅游过程中必要的休憩需要，并且构成了旅游度假区构建的主体因由。适宜在山坡上，且宜离水域和现有道路有一定的距离范围内建造一风景建筑——石湖书院，因此建筑的建设条件限定为：

① 现有道路距离保持在100~300 m之间（图2.54(a)）；
② 现有水域距离保持在100 m以内（图2.54(b)）；
③ 选址在山体的15°~30°的坡度（图2.54(c)）；
④ 选址在山体的正东至正南范围（图2.54(d)）。

图2.54　石湖书院建筑选址条件图

在ArcView中利用【Map Calculator】命令分别提取出满足各项条件的区域，这些区域即为石湖书院最适宜建设的区域，如图中红色所示。图2.55为各项条件叠加，图2.56为满足所有条件的区域（红色区域）。

现代景观设计理论与方法

图2.55　各项条件叠加

图2.56　满足所有条件的区域(红色区域)

具体地说,石湖书院建筑风格应当在传统风格的基础上更加自然化,体现石湖风景区山清水秀的特质,展现自然景观与人文景观的和谐统一。以传统建筑风格为主,但不拘泥于传统风格,不一味追求对传统建筑风格的再现,而应当是体现石湖风景区山水相宜的灵气。

此外,尽量少的建设人造景点,降低开发压力,不建高层和大体量建筑。建筑体量控制在4层以下,以1—2层为主。建筑规模宜以小型为主,停车场尽量隐蔽,避免城市化。园林绿化采用自然群落为主。整个基调定位为"宜小不宜大,宜低不宜高,宜疏不宜密,宜淡不宜浓"。

考虑到横山诸多的制高点所形成的鸟瞰视角,建筑的第五立面——屋顶,势将成为一个重要的观赏面。屋顶的风格与形式,既要适应环境的肌理,又要体现地形的灵动,还要不失质朴的传统气息。新建筑在运用新材料基础上与旧建筑在风格上协调一致。在"粉墙黛瓦,清秀简洁"的基调上,新旧建筑风格共存互动,构成了统一中有变化的环境,使传统风格的持续发展更有意义。

目前GIS作为一种普适性的软件正在被广泛的应用。如何在景观规划中体现GIS强大功能、多角度的运用优势以及科学性成为目前的主要课题之一,同时,GIS本身作为一种地理学的软件,与景观学的结合运用也成为一种多学科交叉的必然,在景观规划中运用的普及性也有待提高。通过对ArcView运用,可以发现,ArcView本身作为一种强大的数据库,信息处理功能的优势不言而喻,但前期数据的调研、收集、整理尤为重要,其对后期的适宜性分析的结果有着相当的影响,调研资料不够完整和详细可能会导致评价结果缺乏科学性。与此同时,在充分掌握这些资料的基础上,规划设计人员需要对分析能够产生的结果有一定的判断和估计,只有在明确分析目的的基础上,才能充分利用这些基础资料和ArcView数据处理的优势,这就需要设计人员有相当的专业设计经验和规划设计的预判能力。

随着科技的进步与更新,认识水平的不断提高,无疑将会有更多的操作方式与技术工具能够应用到景观环境评价中,但从目前来看,利用现有的技术手段,叠图法与GIS对于景观师而言易于掌握运用,上手快,效率高,利用现有调研的基础数据,易于综合整理,以相关的权重明确各因子对场地的控制力,从而实现对环境的认知。其中叠图法更适宜处理小尺度环境,其对场地环境数据的要求更具有目的性,所需软件更加普及化,因此操作更为简单易行;而GIS则对大区域、大尺度,环境因子复杂的场地更具有控制力,相应的,其对数据的全面性与精确性有一定的要求,操作的技术性与专业性更强。因此,场地适宜性评价需要结合设计要求以及环境条件,考虑场地尺度范围,选择不同的方式来对环境加以认知。

## 2.4 景观环境场地适宜性与设计策略

在土地资源紧张以及生态环境恶化的双重压力下,突出生态保护优先,对设计场地资源进行优化配置,提高场地利用集约程度,实现环境资源的综合利用与社会效益的最大化。而场地适宜性评价是实现场地资源优化配置的基础,其核心内容是针对生态条件分析的基础上,结合不同建设项目及其对于环境的要求,有针对性地评价,为选择用地范围及分布提供基本依据。设计策略是处理场地适宜性与设计要求之间相互关系的途径与方法:针对场地适宜性的评价分区与分级,以合理利用原初的环境为条件,对地貌、水文以及植被进行适当的整理与改造,明确拟建设项目的定位与规模布局。

场地适宜性包括两个层面的内容:生态适宜性与项目建设适宜性。前者针对场地自然资源进行评价分析,以生态环境的可持续发展为目标,明确场地的生态梯度,参照项目的定位,划分为保护、生态修复以及可建设区域三个等级。通常生态资源良好的场地利用适宜性广、潜力大。用地生态适宜性必须充分关注环境的可持续利用,考虑土地和环境演化的规律与建成后的运营,统筹生态、社会及经济的综合效益。而项目建设适宜性是基于对生态评价的基础上,对可建设的区域进行权衡与选择。针对不同的拟建项目对环境的要求,做有针对性的评价,从外部环境、空间形态、使用要求等多个方面来分析环境中可建设用地与设计要求之间的对应性,作为选择用地范围以及调控建筑体量的依据。项目建设适宜性可以分为适宜、较适宜以及不适宜三个等级。项目建设适宜性评价以实现特定设计要求为目标,具有一定的针对性。要求对项目建设适宜性评价进行多方面的比较,通过对不同开发方式与强度所产生的综合环境效益或景观效果进行对比,实现最大限度的利用既有场地资源,在比较的基础上寻找最佳的针对性设计方案(图2.57)。

图2.57 "生态适宜性"与"项目建设适宜性"的关系

### 2.4.1 生态适宜性评价

景观环境中往往存在两种系统：基地固有的生态系统与为满足使用要求的人为生态系统，景观规划与设计不可避免的是两种系统的叠加。人的任何行为都是对环境进行设计的过程，无论是"加"或是"减"，都会使场地原有生态环境发生转变。对场地生态条件的科学认知，保证景观环境的顺向演替，满足景观环境的持续发展是设计的基本前提。因此，对生态环境的评价是适宜性评价的基础。场地生态适宜性评价需要根据场地固有的环境资源与特征，对景观环境特征加以定位，如山地公园、湿地公园、水景园等，并在此基础上对环境资源进行分类，求得某种特定利用方式的适宜性程度。其作用在于：

① 确定场地最适宜用途，为科学调整用地结构提供依据；
② 确定场地建设用地的分区与用地属性，指导土地利用规划；
③ 明确场地生态承载力与开发强度，在保证生态环境安全的同时实现综合效益的最大化。

生态适宜性评价的主要目标之一是明确场地生态梯度关系，对人为干预程度加以限定；二是依照生态条件的差异划分相应的区域，从而为项目建设适宜性评价划定场地范围。根据生态条件的从优到劣，可以将场地分为保护区域、修复区域以及适宜建设区域：

① 保护区域：自然环境良好，生态系统稳定，应尽量减少人为干预，维持环境自身代谢功能。如自然形成的湿地，原有的生态系统较为稳定，若为了景观效果增加其他水生植物，往往会破坏水文基底，导致原有生态格局的紊乱，所以对于该类型环境，应以生境的保护为主。
② 修复区域：自然条件略差，景观效果一般，可采取修复的方式来对生态环境进行调节。如对人工林相单一的区域进行绿化的补植，来促进环境中植被的自然演替，适当增加花灌木，以满足景观效果。
③ 适宜建设区域：生态条件差，受人为干扰较大，可进行人工构筑物的建设。

苏州南石湖位于太湖风景名胜区 13 个景区之一的石湖景区南端，通过大堤与北石湖隔堤相望。基地东临友新路，西接石堤，南抵吴中大道，北有河道，规划总面积 120 hm²，其中陆地规划面积 50.95 hm²。

太湖风景名胜总体规划(2008—2030)

图2.58　苏州南石湖环境区位

图2.59 苏州南石湖现状

对于风景环境而言,景观规划与设计的理想状态是尊重原有场地环境,对生态环境进行修复的同时满足设计需求。南石湖隶属于整个大的石湖风景区,但由于其地理位置的特殊性,位于整个风景区与城市的交界面,周边环境较复杂:场地北侧为建设中的新农村,东侧为城市高架路,这些都导致了其与城市空间和城市生活紧密相接,因此整个区域不可避免地具有城市公园的属性。根据这一景观特征定位采用数字化叠图法对场地生态适宜性进行评价(图2.60)。

图2.60 苏州南石湖与周边环境的梯度关系

基地原有自然环境简单,且大多为人工干预后所形成的。作为太湖的一个内湾,其水域基本由退田还湖而来,水底基质以及水质情况相对匀质。水面由范公堤分为两部分,西侧与整个石湖景区一堤之隔,东南侧有涵洞与友新路东侧河流连通,且有取土坑位于其南侧,因此水深略有变化。场地内土壤基本为原有耕土,人工植被主要以栽培作物为主,水生植被生长良好。

对场地内自然因素进行分级,分值的高低与场地资源条件的优劣相对应,即分值越低,自然条件越差,越不适宜进行人工修复;分值越高,则资源条件良好,应尽量减少对其的干扰,以保护为主(表2.8)。

表2.8 因子分值标准及图面分区表

| 一级因子 | 二级因子 | 分值 | 分值标准 | 图面颜色分区 | 适宜性分区 |
| --- | --- | --- | --- | --- | --- |
| 水文 | 水深 | 1~3 | 水浅—水深 | 浅—深 | 建设—修复—保护 |
| | 水质 | | 较差—良好 | | |
| 土壤 | — | 1~3 | 较差—良好 | | |
| 植被 | — | 1~3 | 较差—良好 | | |

根据现有场地资料结合现场踏勘的调研结果,采用数字化叠图法对二级因子进行因子分值的图面表达。水文因子较土壤及植被相对复杂,将其分为水深与水质两个低级因子,进行图面表达与赋值(图2.61)。

图2.61 水深分级图及水质分级图

水深与水质均分为三个等级，水越深，水质越良好，区域生态系统稳定，颜色相应越深，分值越高，适宜保护；水越浅，水质越差，生态条件差，颜色越浅，分值越低，适宜建设。将二者进行无权重叠合（图2.62），并根据因子适宜度指数公式计算水文因子分值（表2.9）。

图2.62　水文因子无权重叠合图

表2.9 水文因子适宜度指数计算表

| 项 目 | 水 质 | 水 深 | 合 计 | 水文因子适宜度指数(分值) |
|---|---|---|---|---|
| 权重 | 0.7 | 0.3 | 1 | |
| 地块 A | 2 | 2 | 2 | 2 |
| 地块 B | 2 | 2 | 2 | 2 |
| 地块 C | 3 | 3 | 3 | 3 |
| 地块 D | 2 | 1 | 1.7 | 2 |
| 地块 E | 2 | 2 | 2 | 2 |
| 地块 F | 2 | 1 | 1.7 | 2 |
| 地块 G | 1 | 2 | 1.3 | 1 |
| 地块 H | 1 | 1 | 1 | 1 |
| 地块 I | 1 | 2 | 1.3 | 1 |
| 地块 J | 1 | 2 | 1.3 | 1 |
| 地块 K | 2 | 2 | 2 | 2 |
| 地块 L | 2 | 3 | 2.3 | 2 |
| 地块 M | 2 | 2 | 2 | 2 |
| 地块 N | 2 | 2 | 2 | 2 |
| 地块 O | 3 | 2 | 2.7 | 3 |
| 地块 P | 2 | 2 | 2 | 2 |
| 地块 Q | 2 | 1 | 1.7 | 2 |
| 地块 R | 2 | 2 | 2 | 2 |
| 地块 S | 2 | 1 | 1.7 | 2 |
| 地块 T | 2 | 1 | 1.7 | 2 |

对计算后的数值分级,平均分为三个等级与水文因子分值相对应:数值在1~1.6之间区域水文因子分值为1,数值在1.7~2.3之间区域分值为2,数值在2.4~3之间区域分值为3。在图面中划分分值相同的区域,形成水文分级图(图2.63)。图中颜色最深区域,水文条件良好,分值最高;颜色最浅区域,条件恶劣,分值最低。

图2.63　水文分级图

场地内土壤条件较为匀质,东侧临高架路一带受粉尘等污染严重,条件较差,西侧与石湖交接,水底基质良好。将土壤条件反映在图面中,颜色越深,条件越良好,分值越高,颜色越浅则相反(图2.64)。

图2.64　土壤分级图

场地内水生植物条件良好，主要以芦苇、蒲苇为主，尤其是西侧临石堤一带，具有典型的耕作湿地特征。场地东侧植被一般，东南角由于挖方取土，以及匝道的存在严重地破坏了生态环境。具体情况如图2.65，颜色由深到浅对应植被条件从良好到恶劣，分值由高到低。

3 良好
2 较好
1 较差

图2.65　植被分级图

从因子分级图中可以发现，范公堤西侧与石湖景区相交接部分的水文、土壤（水底基质）及植被条件均良好；东侧沿路则相对较差，场地东南角环境较为复杂。将三类因素进行无权重叠合，计算适宜度指数（图2.66）。

图2.66　生态因子无权重叠合图

地块A—S,三种因子均参与评价(表2.10)。

表2.10 生态适宜性计算表

|  | 水 文 | 土 壤 | 植 被 | 合 计 | 生态适宜性 |
|---|---|---|---|---|---|
| 权重 | 0.5 | 0.2 | 0.3 | 1 |  |
| 地块A | 2 | 2 | 2 | 2 | 修复 |
| 地块B | 3 | 2 | 2 | 2.5 | 保护 |
| 地块C | 3 | 3 | 3 | 3 | 保护 |
| 地块D | 3 | 2 | 3 | 2.8 | 保护 |
| 地块E | 2 | 2 | 3 | 2.3 | 修复 |
| 地块F | 2 | 2 | 3 | 2.3 | 修复 |
| 地块G | 2 | 2 | 3 | 2.3 | 修复 |
| 地块H | 2 | 2 | 3 | 2.3 | 修复 |
| 地块I | 3 | 3 | 2 | 2.7 | 保护 |
| 地块J | 2 | 2 | 2 | 2 | 修复 |
| 地块K | 2 | 2 | 3 | 2.3 | 修复 |
| 地块L | 3 | 2 | 2 | 2.5 | 保护 |
| 地块M | 3 | 2 | 2 | 2.5 | 保护 |
| 地块N | 3 | 2 | 1 | 2.2 | 修复 |
| 地块O | 2 | 1 | 1 | 1.5 | 建设 |
| 地块P | 2 | 2 | 2 | 2 | 修复 |
| 地块Q | 2 | 1 | 2 | 1.8 | 修复 |
| 地块R | 1 | 2 | 2 | 1.5 | 建设 |
| 地块S | 1 | 1 | 2 | 1.3 | 建设 |

地块T—AC中无水文因子,因此不参与评价,土壤与植被因素影响生态环境(表2.11)。

表2.11 生态适宜性计算表

| 项目\数据 | 植 被 | 土 壤 | 合 计 | 生态适宜性 |
|---|---|---|---|---|
| 权重 | 0.4 | 0.6 | 1 |  |
| 地块AB | 2 | 2 | 2 | 适宜修复区域 |
| 地块AC | 3 | 3 | 3 | 适宜保护区域 |
| 地块AD | 3 | 3 | 3 | 适宜保护区域 |
| 地块AE | 1 | 2 | 1.6 | 适宜建设区域 |
| 地块AF | 3 | 3 | 3 | 适宜保护区域 |

续表

| 数据 项目 | 植 被 | 土 壤 | 合 计 | 生态适宜性 |
|---|---|---|---|---|
| 地块AG | 1 | 1 | 1 | 适宜建设区域 |
| 地块AH | 3 | 1 | 1.8 | 适宜修复区域 |
| 地块AI | 3 | 2 | 2.4 | 适宜保护区域 |
| 地块AJ | 3 | 1 | 1.8 | 适宜修复区域 |
| 地块AK | 1 | 1 | 1 | 适宜建设区域 |
| 地块AL | 2 | 2 | 2 | 适宜修复区域 |

图2.67　生态适宜性分区图

对计算后的数值分级，数值在1~1.6之间的，总体生态环境恶劣，可进行人工构筑物的建设；数值在1.7~2.3之间的生态环境较为一般，应以生态修复为主，数值在2.4~3之间的生态环境良好，应减少人工干预，保护现有生态环境。在图面中将分值不同的区域用色调加以区分，颜色最深处，分值最高，为保护区域；颜色最浅处，分值最低，为适宜建设区域（图2.67）。

景观环境规划与设计要遵循生态优先原则，生态适宜性评价通过对生态因子的综合考量，明确场地中生态条件最为良好的区域，对其进行保护，在一定程度上维持生态系统的自我更新与代谢过程。生态适宜性评价是场地开发建设的前提，通过评价划定适宜建设区域，从而限定了开发建设的范围，控制了人为干扰对环境的影响。

2.4.2　项目建设适宜性评价

项目建设适宜性评价是以生态适宜性为前提的，是对"适宜建设区域"的协调与选择。其主要目的是明确不同用地类型在场地中的定位与规模。

依据项目整体定位,综合既往设计及使用经验,可以对场地中拟建项目类型进行预测,如城市公园这类项目中通常需要一定规模的餐饮设施,住区景观环境中应有儿童活动的专门场地,而大型风景区项目中需有配套的住宿用地等。建设项目适宜性评价是根据不同的拟建项目对环境的要求,作出针对性的评价,明确不同用地类型与场地环境的适宜程度,划定用地范围以及建设规模等。项目建设适宜性评价可分为三个等级:适宜、较适宜以及不适宜。评价内容包括场地内部环境以及外部条件两个方面。

场地内部环境:项目适宜性评价范围为生态适宜性分区中的"适宜建设区域",分析内容主要包括场地的竖向变化、坡度坡向以及土地使用情况等方面,这些因素限定了建设的难易程度,同时与不同类型项目对应程度的相异也会影响到项目建设适宜性的评价。

场地外部条件:主要包括外部道路交通情况、人流及车流、噪音以及其他特殊的干扰,如污染、高压走廊等因素。

苏州南石湖风景区作为整个石湖景区与城市之间的缓冲带,与城市和景区的关系都十分密切,周边道路干扰以及原有空间格局对场地影响较大,建设不利因素多。一方面,作为石湖的配套服务设施,场地应满足住宿、娱乐、餐饮以及休闲等使用要求,因此大规模的开发以及大尺度的人工构筑物的建设是不可避免的;另一方面,南石湖景区积淀了丰富的人文景观,在现有景区规划中以风景环境游憩为主,但缺少相应的文化展示场所,场地良好的自然条件与人文景观没有得到很好的体现,因此南石湖片区应在优化环境、满足服务设施配套的同时,需要营建一定规模的文化展览与交流空间以突出文化景观的内涵。

以生态适宜性评价为前提,针对文化展陈空间这一拟建项目进行项目建设适宜性评价。如图2.68,图中红线范围为生态适宜性评价中所划定的适宜建设区域,以此为评价用地。

图2.68　适宜建设区域范围图

风景环境中的展陈建筑都很好地与景观环境结合在一起,这一类建筑基本的功能是满足人们休闲观赏,同时也是各种专门文化载体的展示场所。景观环境中这类用地的主要特点是结合自然与人工环境,注重对景观环境的影响和自身作为景观对象的塑造。其对环境通常有以下要求:

① 相对便利的交通:展陈建筑需要考虑一定的游客流量,包括人流的疏散以及相应的停车等问题;

② 较少的城市干扰:景观环境是该类展陈建筑的背景,应具有安全、宁静的自然环境;

③ 良好的视域范围:景观中展陈建筑一般规模不大,通常会考虑室外展示以及在外部环境中满足游客休憩、餐饮等功能,因此周边应具有疏朗开阔的视野,同时应尽可能地"借"景区中或外部环境中特色景观节点形成视轴线,扩大游览者的视域范围,满足审美需求。同时,其本身也作为景观对象,在选址过程中应考虑到周边环境对其观赏的视线要求。

南石湖风景区中文化展陈类建筑围绕人文背景展开,是游客参观、艺术家寄情山水进行文化创作、展示及交流的场所。根据这一用地类型对场地的要求,从交通、竖向、高架路干扰以及视域范围四个方面进行分析,以求明确其最佳选址位置及规模体量(表2.12)。

表2.12　因子分值标准及图面分区表

| 一级因子 | 分值 | 分值标准 | 图面颜色分区 | 适宜性分区 |
| --- | --- | --- | --- | --- |
| 交通 | 1~3 | 不便利—便利 | 浅—深 | 不适宜—较适宜—适宜 |
| 竖向 | 1~3 | 高差较大—地势平坦 | | |
| 高架路干扰 | 1~3 | 干扰较大—不受干扰 | | |
| 视域 | 1~3 | 郁塞—通畅 | | |

图2.69　原有道路分析图

**原有交通流线分析**

基地东临友新路高架路,东南侧为吴中大道,交通便利。景区西侧与北石湖景区接壤,原有两条小路穿越基地,与城市道路相交接。在基地外围形成了有序便捷的交通体系(图2.69)。

将适宜建设区域中的交通情况分为三个等级：交通便利、较便利、不便利。根据现场探勘，形成道路因子分级图。图中颜色越深处交通条件越好，颜色越浅则相反。文化展陈建筑要求有相对便利的交通来满足游客游览、展品更换需求，据此对其赋值，最便利处为3分，即适宜该类项目的建设，其次为2分，最不便利区域为1分，即不适宜建设（图2.70）。

图2.70　道路因子分级图

**竖向分析**

基地高差变化较小，大部分区域地势平坦。东侧临友新路高架高差大，由东向西逐渐降低。东南角有取土坑，局部地形变化大（图2.71）。

图2.71　景区竖向切片图

适宜建设区域中的竖向条件分为三个等级：高差较大、略有高差、地势平坦。在图面中加以表示并赋值：高差越大的区域越不利用构筑物的营建，分值越低，颜色越浅；地形变化少、地势平坦的区域，适宜建设，分值高，颜色深（图2.72）。

3 地势平坦
2 略有高差
1 高差较大

图2.72 竖向因子分级图

**高架路干扰分析**

场地东侧的高架路严重干扰了景区环境，道路与场地之间高差较大，噪音、车流，加之缺少相应的绿化都对南石湖，乃至整个石湖景区造成很大的影响。展览建筑需要相对较为安静、干扰较少、空间良好的场地环境，以满足人们观赏、创作的需求。图中颜色越深的区域分值越高，相对远离高架路，所受干扰较小，适宜展陈建筑的营建；与之相反，颜色越浅，分值越低，离道路越近，噪音干扰大、粉尘污染严重，条件恶劣，不适宜建设（图2.73）。

3 不受高架路干扰
2 受高架路干扰
1 受高架路干扰严重

图2.73 高架路干扰因子分级图

**景观视域范围分析**

南石湖与西侧石湖景区一堤之隔，景观资源丰富，因此，场地内展陈建筑一方面要求能够有较为良好的视野，以满足人们在室外游憩及观赏的需求；另一方面，应尽可能利用视域范围石湖景区内景观节点，如石堤、楞伽塔院等，形成多层次的视域界面。同时，作为石湖景区的一部分，其也是景观对象，应满足周边"观景"的视线需要。

场地中南侧水面狭长，与范公堤和友新路沿岸形成"一水二带"空间格局。由于城市高架路紧邻用地并且高差较大，因此沿友新路一侧用地视线范围受到限制，而范公堤两侧临水，景观视域良好（图2.74）。

图2.74 视轴分析图

范公堤与西侧上方山景区的楞伽塔寺院和吴越春秋两个大型景点产生空间视轴线，视觉焦点处景观视域良好。根据以上调研，形成场地视域范围的分级图，如图2.75，颜色最深处，视野开阔，视域良好，因此最符合展陈建筑对视线的要求，分值最高；相反，颜色最浅处，不适宜该类用地选址，分值最低。

图2.75 视域范围因子分级图

图2.76 项目建设适宜性因子无权重叠加图

将交通、竖向、高架路干扰以及视域范围四类因素无权重叠加（图2.76），并根据风景环境中展陈建筑的要求，采用专家法确定各因素权重，进行适宜度计算，如表2.13。

表2.13 项目建设适宜度指数计算表

|  | 交通 | 竖向 | 高架路干扰 | 视域 | 合计 | 项目建设适宜度 |
| --- | --- | --- | --- | --- | --- | --- |
| 权重 | 0.15 | 0.1 | 0.3 | 0.45 | 1 |  |
| 地块A | 3 | 3 | 3 | 1 | 2.1 | 较适宜 |
| 地块B | 3 | 2 | 3 | 1 | 2 | 较适宜 |
| 地块C | 3 | 3 | 2 | 2 | 2.25 | 较适宜 |
| 地块D | 2 | 3 | 2 | 3 | 2.55 | 最佳选址 |
| 地块E | 3 | 3 | 1 | 2 | 1.95 | 较适宜 |
| 地块F | 2 | 3 | 1 | 3 | 2.25 | 较适宜 |
| 地块G | 2 | 1 | 1 | 2 | 1.6 | 不适宜 |
| 地块H | 1 | 1 | 3 | 2 | 2.05 | 较适宜 |
| 地块I | 1 | 1 | 1 | 2 | 1.45 | 不适宜 |
| 地块J | 1 | 2 | 2 | 2 | 1.85 | 较适宜 |
| 地块K | 1 | 1 | 1 | 3 | 1.9 | 较适宜 |

续表

| | 交通 | 竖向 | 高架路干扰 | 视域 | 合计 | 项目建设适宜度 |
|---|---|---|---|---|---|---|
| 地块L | 1 | 3 | 1 | 3 | 2.1 | 较适宜 |
| 地块M | 2 | 3 | 1 | 3 | 2.25 | 较适宜 |
| 地块N | 2 | 1 | 1 | 3 | 2.05 | 较适宜 |
| 地块O | 3 | 1 | 1 | 1 | 1.3 | 不适宜 |
| 地块P | 3 | 2 | 2 | 1 | 1.7 | 较适宜 |
| 地块Q | 2 | 2 | 2 | 1 | 1.55 | 不适宜 |
| 地块R | 1 | 1 | 3 | 3 | 2.5 | 最佳选址 |
| 地块S | 2 | 3 | 3 | 3 | 2.85 | 最佳选址 |
| 地块T | 1 | 1 | 3 | 2 | 2.05 | 较适宜 |
| 地块U | 3 | 3 | 2 | 2 | 2.25 | 较适宜 |
| 地块V | 2 | 3 | 3 | 1 | 1.95 | 较适宜 |
| 地块W | 3 | 3 | 2 | 1 | 1.8 | 较适宜 |
| 地块X | 1 | 3 | 1 | 1 | 1.2 | 不适宜 |
| 地块Y | 1 | 1 | 3 | 2 | 2.05 | 较适宜 |

将计算结果进行整理分级，数值在1~1.6之间区域，不能满足该类建筑对场地要求，因此不适宜选址与建设；分值在1.7~2.3，较适宜；分值在2.4~3之间为最佳选址地点。从表中可以看出，S地块的分值最高，与其他地块相比，最能满足对该用地类型对环境的要求，最适宜展陈建筑的选址与建设。将项目建设适宜度分级在图面中反映，如图2.77。

图2.77 项目建设适宜性分区图

图面网格为30 m×30 m,可确定S地块面积约为9000 m²。根据既往经验,展陈建筑需要具有一定规模的室外空间,包括人流集散广场、停车场、室外绿化广场、室外展场、后场等,同时风景环境中的展陈建筑对环境绿化的要求较高,因此特定地块内展陈建筑容积率适宜控制在0.6以内,建筑密度不应大于40%(成玉宁,2009)。由此可以推算,S地块中展陈建筑总建筑面积应该控制在6000 m²以内,建筑高度以2至3层为适宜。

通过以上分析步骤可以明确南石湖风景区中拟建展陈建筑的选址与建设规模,采用这一方法,同样可以对其他用地类型进行项目建设适宜性的评价与分析。根据拟建项目设计要求,比选场地中不同地块条件,从而确定符合项目要求的区域,即最佳选址位置。

### 2.4.3 设计策略的生成

用地适宜性的评价与设计策略的制定是在同一区域范围交互进行的,调查与评价的根本目的在于建立特定的场地与特定设计要求之间的耦合,设计策略是处理两者之间相互关系的手段与方法。总体来说,不同尺度、不同空间格局的环境单元构成了多层次的空间系统,场地的利用目标和所采取的设计手段与环境的空间格局和生态特征密切相关,无论是保护还是恢复与改造,以及开发建设,最终都是通过对场地条件的分析与研究,实现原有环境资源的重组与优化。科学地评价场地条件是实现"适宜性设计的前提"(图2.78)。

图2.78 场地适宜性与设计策略的对应性

设计策略要考虑的是周边环境对基地的影响,如外部交通对场地流线的控制与干扰,环境出入口的选择以及场地的开敞度等。而对于场地内部环境,各影响因素相对宽松,可对其空间形态与空间格局进行适当调整。同时生态环境的保育、空间系统的修补以及功能性空间的建设都是设计策略所要针对的问题。由此可以看出,对不同的场地环境,不同的建设项目有着不同的限制因素来制约其开发与利用方式。这就要求在对场地适宜性进行分析的同时选取相应的设计策略。根据对生态环境、空间形态以及历史人文背景的综合评价,所采取的设计策略也往往是多方向、多目标的,主要由以下四个层面构成:用地生态格局的优化、空间形态的重组、人文景观的保护与利用模式以及场所的定位。

1) 用地生态格局的优化

用地生态格局的优化主要指在适宜性分析的基础上对场地生态环境与规划布局进行协调,优化生态结构的同时,使建设行为更趋合理。

由于自然因素占主导地位,因此景观环境是一个动态的、发展的外部空间。在以自然环境为主体的前提下,强调景观的可变性,把握人对自然干预的动态关系,在满足功能需求的情况下,更多地为自然环境发展、演替留有空间是首要策略。无论是自然环境还是建成环境,对生态条件进行评价与分级都是科学设计的基本前提。依据场地适宜性评价结果与设计要求,以生态安全格局为基础,确定不同景观用地的空间范围与区域,按照条件优劣依次分为核心区、缓冲区、协调区、改善区等。依照分区的不同采取相应的布局及操作方法,如对核心区着力于保护,控制开发强度,尽量避免人工构筑物;在缓冲区与协调区中增加廊道,从而提高斑块间的连通性;在改善区域内开发建设的同时,建立缓冲带,如绿化的栽植以及水面的应用,从而保护核心区不受干扰。

以苏州南石湖景区为例,依据前期对场地的分析,而形成的生态圈层图(图2.79)。可以看到,由

图2.79 南石湖生态环境圈层图

西向东,从自然环境过渡到城市人工环境,生态条件呈梯度递减。根据对该梯度的综合分析有助于确定建设强度与范围。

基于生态格局与周边环境的分析提出"隔离与融合"设计策略(图2.80)。基地东部沿友新路城市高架一侧,噪音、车流等对景区影响大,同时道路与场地之间存在较大高差,属干扰类因素,设计中采取"隔离"的方式将外部环境对南石湖,乃至整个石湖景区的影响降至最低。基地西侧与石湖景区接壤,可充分利用现有景观资源,采取"融合"的手法,充分融合周边绿化、水体、人文景观。

设计针对友新高架的干扰采取"隔离"的方式(图2.81),主要分为两个方面:东侧,紧邻道路,影响因素最大,设计利用基地高差采用建筑与植被密植的方式对外部环境进行"阻挡"、降低噪音、车流以及视线等不利因素的影响。中部范公堤一带,所

图2.80 设计策略"隔离与融合"

受干扰较小，采取微地形加之植被的合理配置，使高架路对石湖景区的影响降至最低。

图2.81　设计策略"隔离"

作为石湖景区与城市之间的缓冲带，在隔离道路干扰的同时，将周边绿化环境资源互借互用，把自然风景带入到城市中来。同时以多层次人工构筑物作为东侧界面，为景区创造围合而又贯通的空间形态（图2.82）。

图2.82　设计策略"融合"

2）空间形态的重组

用地的结构与形态左右着场地的基本形式,凯文·林奇认为,一个地方的空间结构会对人们形成对该场地记忆的心理产生影响,对场地原有空间形态的利用与改造是景观规划设计最根本的行为,也会给使用者带来最直观的印象。对其所采取的策略通常分为三个方面:① 整理场地与外部环境的关系,对交通流线以及开敞界面进行处理,如整理原有道路流线,明确场地出入口具体位置,着力处理与外部环境接壤区域,以期形成良好的对外景观风貌;② 就人工构筑物本体而言,对其体量进行控制,如考虑建筑高度与周边环境的关系、建筑形体与场地空间的接驳等;③ 对场地中景观视点与空间视线进行设计,对视觉轴线、视觉焦点加以控制,保证景观节点有良好的视觉通达性,使观赏者能够通过视觉感知场所中的空间。

（1）苏州南石湖场地流线与空间界面的处理方式

基地原有道路流线封闭,且空间形态过于均质,在对外围道路与内部环境进行分析后,明确场地交通体系,在优先建设区域进行开口,在考虑建设的同时满足人流、车流疏散问题。同时通过堤岸形态走势分析,在适度建设区域形成良好的景观界面,满足使用者对环境的需求(图2.83)。

（2）建筑体量控制

场地东侧自然条件较差,以间断的建筑形成围合界面隔离城市交通干扰,控制建筑单体之间的开口位置,降低临街建筑高度,将南石湖乃至整个石湖景区的景观环境有选择地渗透到城市中来,满足城市对自然界面的要求。高架的干扰以及道路与场地之间的高差也是环境中所面临的不利因素,由此产生对于建筑体量消减以及高度控制的设计策略。图2.84为建筑体量控制,图2.85为建筑高度控制。

图2.83　空间界面与流线图

图2.84　建筑体量控制

图2.85　建筑高度控制

（3）视点与空间视线设计

绘制场地不同区域整体视域范围图，反映身处景区的观赏者通过视觉所感受到的景观空间。选取适宜建设区域的不同位置，取垂直视角18°，水平视角36°绘制最佳视角及范围分析图，明确各区域的良好及不良视域范围（图2.86，图2.87）。

图2.86 整体视域范围图

图2.87 最佳观察视角及范围分析图

3）人文景观的保护与利用

与其他因素不同，场地中的人文属性在区域中没有明确的限定，国家与各省市各级文物保护单位作为文化景观通常存在于少数场地环境中，有相应的法规来限定其保护范围与建设控制地带，并且规划中紫线划定了其空间范围，因此，对其设计策略通常依照相应规范予以保护或修缮。存在于大量景观环境中的是那些没有定性的历史遗存与非物质文化，没有明确的区域限定，但通常反映了不同时期历史特殊的人文意义，体现着场所环境中人类活动与生产生活过程，延续了地域特征与风俗习性。因此，对文化景观的设计策略主要针对非文保单位的遗址与人文活动，以求对场所有特殊意义的人文景观加以展示与利用。

在充分考虑现状条件以及可操作性的同时,制定相应的设计策略:保护、重组和更新(表2.14)。

表2.14 文化景观资源分类表

| E 遗址遗迹 | EA 史前人类活动场所 | EAA 人类活动遗址;EAB 文化层;EAC 文物散落地;EAD 原始聚落 |
| --- | --- | --- |
| | EB 社会经济文化活动遗址、遗迹 | EBA 历史事件发生地,EBB 军事遗址与古战场,EBC 废弃寺庙,EBD 废弃生产地,EBE 交通遗迹,EBF 废城与聚落遗迹,EBG 长城遗迹,EBH 烽燧 |
| H 人文活动 | HC 民间习惯 | HCA 地方风俗与民间礼仪,HCB 民间节庆,HCC 民间演艺,HCD 民间健身活动与赛事,HCE 宗教活动,HCF 庙会与民间集会,HCG 饮食习俗,HGH 特色服饰 |

资料来源:《旅游资源分类、调查与评价》GB/T 18972—2003

（1）保护

对文物点以及非历史文化遗产、具有一定历史价值的遗存,维护其原状,以求如实反映历史信息,可对个别构件进行修缮,维持其完整性。

德国柏林著名的"蛀牙"教堂,即威廉大帝纪念教堂(Kaiser Wilhelm Gedachtniskirche)。这幢塔顶已倾毁、墙面斑驳的建筑矗立于周边现代化的环境中十分引人注目。建造于1891—1895年间的这座新罗马风格大教堂,原是为表彰"第二帝国"创立者、普鲁士王威廉一世所建;第二次世界大战时,作为纳粹德国指挥中枢的柏林曾遭联军大肆空袭,包括此教堂在内的诸多大建筑均难逃炮火侵袭,但是战后其他建筑均一一复原,只有此教堂保留被破坏的模样,以提醒德国人战争所带来的灾难。同时,对其的维护原则也值得一提:对建筑遗存不修缮,不恢复,任其发展。这一措施维护了场地的原真性,无须进行附加或颠覆性的改变,一个多世纪以来人类对其的使用是最好的设计。其特殊的建筑形式与材料肌理都反映了教堂的历史与时代的背景,使其不仅作为城市中肌理独特的地标性景观节点,同时也容纳并继续积累着时代的烙印。图2.88为蛀牙教堂原状与现状对比图。

A 原初

B 1945年被毁后

C 现状——历史遗存的保护

图2.88 蛀牙教堂原状与现状对比

（2）重组

对文物点保护范围附近，环境质量较好、景观风貌一般的区域维持现状；对场地环境中具有典型性地域特征、能够反映时代信息的标识物、标志性人工构筑物重组到新的景观环境中。

上海徐家汇公园，原初场地内有大中华橡胶厂、中国唱片厂等历史遗存。其中大中华橡胶厂是中国早期最大的橡胶工业企业，最早制造轮胎和出口轮胎的工厂，是近代民族工业的缩影。长期以来，橡胶厂污染物造成了徐家汇地区的环境恶化，在现代上海人记忆里是"'三废'企业"的代名词。因此，大中华橡胶厂作为工业遗存具有典型性与特异性。设计师保留了原来在人们心目中深恶痛绝而又具有橡胶厂典型特征的烟囱，变废为宝，将其作为徐家汇公园的起点标识物，形成了具有特殊历史意义的入口空间，实现了园林景观与地域历史文脉的对话。

图2.89 上海徐家汇公园大中华橡胶厂现状

（3）更新

维持原有空间形态以及场地肌理，对反映场地历史文脉，具有典型性地域特征，能为现代审美所接受的环境因素进行改造与利用。对景观环境中延续至今，能够反映场地环境中人类生产生活，并具有一定影响力的民俗礼仪、宗教活动等加以提炼，形成场地中独具特色的空间环境。

江苏大丰市二卯酉河景观设计中对场地及周边城市环境的历史背景进行解读与提炼，在此基础上整合当今的用地形态与空间构成，两个层面共同构成景观的生成

图2.90 二卯酉周边水系分析图

决定因素。二卯酉河作为一条人工开挖形成的河道,其历史不过百余年,但对于仅有50年建城历史的大丰而言却又是城市发展历史的见证,二卯酉河及其他人工河道不仅仅在历史上发挥过重要作用,也影响着现在乃至未来大丰的城市发展,业已成为该城市景观特征的重要组成部分。保护好城市既有的纵横正交水网景观特色,使之融入新城市空间,并且成为城市景观体系的基本框架,对于大丰城市景观形态构成具有重要意义。

4) 场所的定位

场所的定位是综合了场地客观条件以及外部环境资源,针对使用功能、选址布局、游憩类型等方面要求生成的设计策略。场所的定位要对场地内外资源综合考虑,针对场地本身以不超越现有环境承载力为基础,对游憩项目进行限定;同时,综合考虑周边大区域的现状及发展态势,实现对场地功能的预测及布局定位。场所定位主要包括三个方面内容:场地功能与游憩方式的预测、人工设施的选址布局、构筑物的规模与体量的限定。

(1) 场地功能与游憩方式的预测

场地功能的预测以不超越场地生态承载力为前提,对周边人群结构及用地类型加以综合考虑。景观设计追求以人为本,功能的定位必然要符合周边人群的使用要求,与人们的行为习惯相协调。如场地与居住区毗邻,即应适当考虑老人及儿童活动的区域,以满足该类人群健身以及游憩的需求。

(2) 选址布局

选址布局一方面需要考虑场地周边道路及流线,另一方面要对使用者的行为模式加以预测。使用人群行为的规律性,直接影响了景观环境中的功能分区。如城市公园中应将健身场设置在入口附近,由于公园健身场的使用者往往是行动不便的老人与儿童,入口处便利的交通有利于其更好地参与场地活动。外部环境及流线结合场地内景观节点的布局能够对场地内流线及开口方向加以限定。如根据周边交通可以明确场地出入口,沿景观节点分布设置场地内主干道与支路的走向。

(3) 构筑物的规模与体量

构筑物的规模与体量应控制在场地生态容量的范围之内,以不影响环境自我修复与更新为前提。一方面,针对已有的功能定位及既往设计经验,预估服务范围内使用人群的数量以及使用频率,从而确定游憩空间、建筑空间以及道路面积;另一方面,根据整体项目定位,预估适宜建设用地容积率,同时建筑高度及风貌应与周边环境相协调。

设计策略是协调场地客观环境与使用功能之间相互关系的方法,是针对场地现有缺憾以及优化措施。中国传统造园历来强调因地制宜、因景制宜,即结合环境特征采用合理的方式与手法来达到设计的目的。因此,立足于设计,审视调研与评价过程,在对场地科学认知的基础上,分析两者之间的接口,采取恰当的方式协调两者关系,从而实现设计与评价的有机结合。

# 3 可持续景观设计方法

随着景观生态学原理、生态美学以及可持续发展的观念引入到景观规划设计中,景观设计不再是单纯地营造满足人的活动、建构赏心悦目的户外空间,而是在于协调人与环境的持续和谐相处。因此,景观规划设计的核心在于对土地和景观空间生态系统的干预与调整,借此实现人与环境的和谐。自然生态规律是现代景观设计的基本依据之一。从更深层的意义上说,现代景观设计是人类生态系统的设计,是一种基于自然生态系统自我更新能力的"再生设计",是一种最大限度的借助于自然再生能力的"最少设计",同时也是对于景观环境的"最优化设计"。可持续景观规划设计的重点在于对既有资源的永续化利用。可持续景观规划设计并不是意味着投入最小,而是要求追求合理的投入以及产出效应的最大化,真正实现景观环境从"量"的积累转化为"质"的提升。

集约化的设计理念意在最大限度地发挥生态效益与环境效益、满足人们合理的物质与精神需求、最大限度地节约自然资源与各种能源、提高资源与能源利用率、以最合理的投入获得最适宜的综合效益。通过集约化设计理念,引导景观规划设计走向科学,避免过度设计。景观环境中的各种生境要素、可再生材料是可持续景观设计的物质载体,景观工程措施是实现景观环境可持续发展的重要技术保障。

## 3.1 可持续景观设计策略与方法

景观环境中依据设计对象的不同可以分为风景环境与建成环境两大类。前者在保护生物多样性的基础上有选择地利用自然资源,后者致力于建成环境内景观资源的整合利用与景观格局结构的优化。

风景环境由于人为扰动较少,其过程大多为纯粹的自然进程,风景环境保护区等大量原生态区域均属此类,对于此类景观环境应尽可能减少人为干预,减少人工设施,保持自然过程,不破坏自然系统的自我再生能力,无为而治更合乎可持续精神。另外,风景环境中还存在着一些人为干扰过的环境。由于使用目的的不同,此类环境均不同程度的改变了原有的自然存在状态。关于这一类风景环境,应区分对象所处区位、使用要求的不同而分别采取相应的措施,或以修复生境,恢复其原生状态为目标;或辅以人工改造,优化景观格局,使人为过程有机融入风景环境中。

在建成环境中,人为因素占据主导地位,湖泊、河流、山体等自然环境更多地以片段的形式存在于"人工设施"之中,生态廊道被城市道路、建筑物等"切断",从而形成了一个个颇为独立的景观斑块,各个片段彼此较为孤立,缺少联系和沟通。因此,在城市环境建设中,应当充分利用自然条件,强调构筑自然斑块之间的联系。同时,对景观环境不理想的区段加以梳理和优化以满足人们物质和精神生活的需求(图3.1)。

**限制**(Containment)
控制资源核心区或土地使用
改变区域的变大或扩张
**实例** 都市绿带或管理再造
林的范围

 **指状嵌入**(Interdigitation)
以资源本身分布形式所发展的
空间整合系统
**实例** 山脊与山谷

 **分隔**(Segregation)
从集中或减小所选定土地使
用冲击的策略性概念
**实例** 构架概念、分区

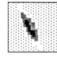 **控制扩张**(Controlled Expansion)
引导土地使用往偏好的方向改变
或扩张,如沿着廊道
**实例** 都市中的高速公路廊道

 **受保护核心区**(Protected Core)
在一个受威胁或不被支持环境中,
维护资源核心区的防卫性策略
**实例** 绿核、栖息镶嵌体

 **线性网络**(Linear Network)
连结分离元素的简单系统,可形成
一个整合系统,可为阶层状
**实例** 道路网、绿篱、河道

 **树枝状阶层网络**(Dendritic Hierarchical Network)
最有效供应能流或移动的方法
所形成的连结系统
**实例** 排水网路

 **节点与廊道网络**(Node and Corridor Network)
具有连结效益而可组合各大型
核心区利益的核心区系统
**实例** 生态跳岛、网路绿地与
绿带之串联

**图 3.1 景观组成要素之生态功能**(资料来源:郭琼莹.水与绿网路规划——理论与实务.台北:詹氏书局,2003)

长期以来,景观环境的营造意味着以人为过程为主导,以服务于人为主要目标,往往是在所谓的"尊重自然、利用自然"的前提下造成了环境的恶化,诸如水土流失、土壤理化、水体富营养化、地带性植被消失、物种单一等生态隐患。景观环境的营造并未能真正从生态过程角度实现资源环境的可持续利用。因此,可持续景观设计不应仅仅关注景观表象,关注外在形式,更应研究风景环境与建成环境内在的机制与过程。针对不同场地生态条件的特性展开研究,分析环境本身的优劣势,充分利用有利条件,弥补现实不足,使环境整体朝着优化的方向发展(图3.2)。

**图 3.2 应用于景观规划的空间发展概念**(资料来源:郭琼莹.水与绿网路规划——理论与实务.台北:詹氏书局,2003)

### 3.1.1 风景环境规划设计

**1) 风景环境的保护**

生态环境的保护和生态基础设施的维护是风景环境规划建设的初始和前提。可持续景观环境规划设计的目的是维护自然风景环境生态系统的平衡,保护物种的多样性,保证资源的永续利用。

景观环境规划设计应该遵循生态优先原则,以生态保护作为风景环境规划设计的第一要务。风景环境为人类提供了生态系统的天然"本底"。有效的风景环境保护可以保存完整的生态系统和丰富的生物物种及其赖以生存的环境条件,同时还有助于保护和改善生态环境,维护地区生态平衡。

根据对象的不同,风景环境的保护可以分为两种类型:第一类是保护相对稳定的生态群落和空间形态;第二类是针对演替类型,尊重和维护自然的演替进程。

(1) 保护相对稳定的生态群落和空间形态

生态群落是不同物种共存的联合体。生态群落的稳定性,可分为群落的局部稳定性、全局稳定性、相对稳定性和结构稳定性四种类型。稳定的生态群落,对外界环境条件的改变有一定的抵御能力和调节能力。生态群落的结构复杂性决定了物种多样性的复杂性,也由此构成了相应的空间形态。风景环境保护区保护了生物群落的完整,维护了生物群落结构和功能的稳定,同时还能够有效地对特定的风景环境空间形态加以保护。

要切实保护生态群落及其空间形态须做到以下两点:

一方面,要警惕生态环境的破碎化。尊重场地原有生态格局和功能,保持周围生态系统的多样性和稳定性。对区域的生态因子和物种生态关系进行科学的研究分析,通过合理的景观规划设计,严格限制建设活动,最大限度地减少对原有自然环境的破坏,保护基地内的自然生态环境及其内部的生境结构组成,协调基地生态系统以保护良好的生态群落,使其更加健康地发展。

另一方面,要防止生物入侵对生态群落的危害。生物入侵是指某种生物从原来的分布地区扩散到一个新的地区,在新的区域内,其后代可以繁殖、维持并扩散下去。生物入侵会造成当地带性物种灭绝,使得生物多样性丧失,从而导致原有空间形态遭到破坏。在自然界,生物入侵概率极小;绝大多数生物入侵是由于人类活动直接影响或间接影响造成的。

(2) 尊重和维护自然的演替进程

群落演替是指当群落由量变的积累到产生质变,即产生一个新的群落类型。群落的演替总是由先锋群落向顶极群落转化。沿着顺序阶段向顶极群落的演替为顺向演替。在顺向演替过程中,群落结构逐渐变得复杂。反之,由顶极群落向先锋群落的退化演变成为逆向演替。逆向演替的结果是生态系统的退化,群落结构趋于简单。

保护自然的进程,是指在风景环境中对于那些特殊的、有特色的演替类型加以维护的措施。这类演替形式往往具有一定的研究和观赏价值。尊重自然群落的演替规律,减少人为影响,不应过度改变自然恢复的演替序列,保持自然特性。

景观环境中大量的人工林场,在减少或排除人为干预后,同样具备了自然的属性,亚热带、暖温带大量的人工纯林逐渐演替成地带性的针阔混交林是最具说服力的案例(图3.3)。以南京的紫金山

(a)                          (b)

图3.3 紫金山混交林

为例,在经历太平天国、抗日战争等战火后,至民国初年山体植被毁损大半。于是,人们开始有选择地恢复人工纯林,以马尾松等强阳性树种为主作为先锋树种。随后近百年的时间里,自然演替的力量与过程逐渐加速,继之是大面积地恢复壳斗科的阔叶树,尤以落叶树为主。近30年来,紫楠等常绿阔叶树随着生境条件的变化,在适宜的温度、湿度、光照的条件下迅速恢复。南京北极阁的次生植被,在建设过程中遭到破坏,但随着自然演替的进行,次生群落得以慢慢恢复。由此可见,人与自然的关系往往呈现出一种"此消彼长"的二元对立局面(图3.4)。

改造后　　　　　　　　　　　　　　　改造前

图3.4　南京北极阁次生植被

作为一种生态退化类型,采石宕口是一类特殊而且极端的生境。宕口坡面高而陡峭,植物生长环境极度恶劣。由于缺乏对采石宕口生态系统的了解,目前一些宕口复绿工程往往带有一定的盲目性和随意性,一味的人为修复急于求成,未必合适。在采石宕口的修复设计中,应该充分了解这类严重受损生态系统自然演替早期阶段的土壤环境、水环境和植被特征,尊重自然演替过程,以自然恢复为主、人为过程为辅(图3.5)。

图3.5　采石宕口绿化照片

（3）科学划分保护等级

① 保护等级划分

保护原生植物和动物，首先应该确定那些重点保护的栖息地斑块以及有利于物种迁移和基因交换的栖息地廊道。通过对动物栖息地斑块和廊道的研究与设置，尽可能将人类活动对动植物的影响降到最低点，以保护原有的动植物资源。

为了加强生态环境保护的可操作性和景区建设的管理，将生物多样性保护与生物资源持续利用有效结合，可以将景区划分为四个保护等级（图3.6）：

**a 生态核心区**　指生态保护中的生态廊道和景观特色关键且具有标志性作用的区域。主要包括重点林区以及动物栖息的斑块和廊道。该区域严格控制人为建设与活动，尽可能保持生态系统的自然演替，维护基因和物种多样性。对于生态核心区的确立，往往要遵循以下原则：

- 典型性原则：在自然风景环境中，应该对具有典型地带特色的生态环境实施保护；
- 稀缺性原则：对风景区环境中的特色斑块、稀有物种存在区域应该予以保留、保护；
- 多样性原则：生物多样性是衡量生境系统稳定性的一个重要指标，生态保护应该有效维护其多样性；
- 脆弱性原则：对生境条件较为薄弱的地带实施保护，能够有效提升该地区的生态环境。

**b 生态过渡区**　指生态保护和景观特色有重要作用的区域，包括一部分原生性的生态系统类型和由演替系列所占据的受过干扰的地段，包括人工林、山地边缘、大部分农业种植区和水域等。该区域应控制建设规模与项目，保护与完善生态系统。

**c 生态修复区**　指生态资源和景观特色需要恢复保护的区域。该区域针对基地现状生态系统特征，有计划地加以恢复自然生态系统。

**d 生态边缘区**　指受外界影响较大，生态因子欠敏感地带，主要分布在基地外围及道路边缘地区。该区域可以结合功能要求，适当建设相应的旅游活动区域与服务设施，满足游人的使用要求，完善景观环境。

图3.6　功能圈层图

图3.7　生境基质—斑块—廊道模式图

② 风景区生境网络与廊道建设

景观破碎度是衡量景观环境破碎化的指标，亦是风景环境规划设计先期分析与后期设计的重要因子。在景观规划设计中应注重景观破碎度的把握，建立一个大保护区比具有相同总面积的几个小保护区具有更高的生态效益。不同景观破碎度的生境条件会带来差异化的景观特质（图3.7）。

单个的保护区只是强调种群和物种的个体行为，并不强调它们相互作用的生态系统；单个保护区不能有效地处理保护区连续的生物变化，它只重视在单个保护区内的内容而忽略了整个景观环境的背景；针对某些特殊生境和生物种群实施保护，最好设立若干个保护区，且相互间距离愈近愈好。为了避免生境系统出现"半岛效应"(peninsula effect),自然保护区的形态以近圆形为最佳(图3.8)。当保护区局部边缘破坏时,对圆形保护区中实际的影响很小,因为保护区都是边缘;而矩形保护区中,局部边缘生境的丢失将影响保护区核心内部,减少保护区的面积(张恒庆,2005)。在各个自然景区之间建立廊道系统,满足景观生态系统中物质、能量、信息的渗透和扩散,从而有效提高物种的迁入率(图3.9)。

图3.8 保护区形态示意图(资料来源:张恒庆.保护生物学.北京:科学出版社,2005)

图3.9 保护区间廊道示意图(资料来源:张恒庆.保护生物学.北京:科学出版社,2005)

2)风景环境的规划设计策略

(1)融入风景环境

在风景环境中,自然因素占据主导作用,自然界在其漫长的演化过程中,已形成了一套自我调节系统以维持生态平衡。其中土壤、水环境、植被、小气候等在这个系统中起着决定性作用。风景环境规划设计通过与自然的对话,在满足其内部生物及环境需求的基础上,融入人为过程,以满足人们的需求,使整个生态系统良性循环。自然生态形式都有其自身的合理性,是适应自然发生发展规律的结果。

一切景观建设活动都应该从建立正确的人与自然的关系出发,尊重自然,保护生态环境,尽可能少对环境产生负面影响。人为因素应该秉承最小干预原则,通过最少的外界干预手段达到最佳的环境营造效果,将人为过程转变成自然可以接纳的一部分,以求得与自然环境有机融合。实现可持续景观环境规划的关键之一就是将人类对这一生态平衡系统的负面影响控制在最小限度,将人为因子视为生态系统中的一个生物因素,从而将人的建设活动纳入到生态系统中加以考察。生态观念与中国传统文化有类似之处。生态学在思想上表现为尊重自然,在方法上表现为整体性和关联性的特点。中国传统文化中的"天、地、人"三才合一的观念,便是人从环境的整体观念中去研究和解决问题。

设计作为一种人为过程,不可避免地会对风景环境产生不同程度的干扰。可持续景观设计就是努力通过恰当的设计手段促进自然系统的物质利用和能量循环,维护和优化场地的自然过程与原有生态格局,增加生物多样性。实现以生态为目标的景观开发活动不应该与风景环境特质展开竞争或超越其特色,也不应干预自然进程,如野生动物的季节性迁移。确保人为干扰在自然系统可承受的范围内,不致使生态系统自我演替、自我修复功能的退化。因此,人为设施的建设与营运是否合理是风景环境可持续的重要决定因素,从项目类型、能源利用,乃至后期管理都是景观设计师需要认真思考的内容。

① 生态区内建设项目规划

自然过程的保护和人为的开发从某种角度来讲是对立的,人为因素越多干预到自然中,对于原有的自然平衡破坏可能就越大。对于自然保护要求较高的地区,应该尽可能选择对场地及周围环境破坏小、没有设施扩张要求而且交通流量小的活动项目。场地设计应该使场地所受到的破坏程度最小,并充分保护原有的自然排水通道和其他重要的自然资源,以及对气候条件做出反应。同时,应使景观材料中所蕴含能量最小化,即尽可能使用当地原产、天然的材料。种植设计对策应该使植物对水、肥料和维护需求最小化,并适度增加景观中的生物量。

风景环境中的建设项目要考虑到该项目的循环周期成本,即一个系统、设施或其他产品的总体成本要在其规划、设计和建设时就予以考虑。在一个项目的整个可用寿命或其他特定时间段内,要使用经济分析法计算总体成本,应该尽可能在循环周期成本中考虑材料、设施的废物因素,避免项目建设的"循环周期"污染。

以南京珍珠泉旅游度假区大门广场改造为例,景观与建筑设计建立在优化现有场地条件的基础上,尽量减少对自然山体的扰动,修复破损山体。考虑到景区旺季人流量较大,同时,为了消减周边大体量酒店的影响和视觉干扰,广场设计成口袋型。广场和修复的山体上种植南京地带性树种。曲线形建筑与溢水池及山体等高线走向契合,充分融入自然环境。

在滁州丰乐亭景区的规划设计中,项目建设以修复生境为基础。在维护原有地块内的生态环境的基础上,改善和优化区域内的景观环境,重塑自然和谐的生态景观主题。同时突出以欧阳修为代表的地方历史文化景观特色,以生态优先为原则,结合各个地块的特色,对区域内的地块进行合理的开发和利用。

② 生态区内的能源

可持续景观采用的主要能源为可再生的能源,以不造成生态破坏的速度进行再生。任何开发项目,无论是新建筑,还是现有设施的修缮或适应性的重新使用,都应该包括改善能源效益和减少建筑物范围内以及支撑该设施的机械系统所排放的"温室气体"。

为了减少架设电路系统时对环境造成的破坏,生态区内尽可能多的采用太阳能、风能等清洁能源。一方面可以减少运营的后期开销,同时也可以减轻对城市能源供应的压力。以沼气为例,沼气作为一种高效的洁净能源已经在很多地区广泛使用,在生态区内利用沼气作为能源既可以减少污染,也能使大量有机垃圾得到再次利用。

罗斯特·道格步行道位于美国亚利桑那州斯科茨戴尔市麦克道尔索诺兰(McDoweu Sonaran)保护区南部,设计充分尊重区域原有景观,具有较好的地域适用性。设计师充分利用了本土植物,并且克服原有景观的限制使设计适于当地环境,该项目提升了干旱地区规划设计、维护和建造的水平,景观设计就地取材,采用了清洁能源、生态厕所、雨水收集等措施,充分体现了其兼顾保护区游客需要与保护沙漠中脆弱的生态环境的科学理念(图3.10)。

③ 废弃物的处理和再利用

图3.10 罗斯特·道格步行道相关图片

在自然系统中,物质和能量流动是一个由"源—消费中心—汇"构成的、头尾相接的闭合循环流,因此,大自然没有废物。但在建成环境中,这一流动是单向不闭合的。在人们消费和生产的同时,产生了大量的废弃物,造成了对水、大气和土壤的污染。可持续的景观可以定义为具有再生能力的景观,作为一个生态系统它应该是持续进化的,并能为人类提供持续的生态服务。

风景环境建设中,应该最大限度实现资源、养分和副产品的回收,控制废弃物的排放。当人为活动存在时,废弃物的产生也无法避免。对于可回收或再次利用的废弃物,我们应尽最大可能使能源、营养物质和水在景观环境中再生得到多次利用,使其功效最大化,同时也使资源的浪费最小化。通过开发安全的全新腐殖化堆肥和污水处理技术,从而努力利用景观中的绿色垃圾和生活污水资源。对于不可回收的一次性垃圾,一方面加强集中处理,防止对自然过程的破坏;另一方面,通过限制游客的数量,减少对生态环境的压力。

（2）优化景观格局

风景环境的景观格局是景观异质性在空间上的综合表现,是自然过程、人类活动干扰促动下的结果。同时,景观格局反映了一定社会形态下的人类活动和经济发展的状况。为了有效维持可持续的风景环境资源和区域生态安全,需要对场地进行土地利用方式调整和景观格局的优化。

优化景观格局的目的是对生态格局中不理想的地段和区域进行秩序重组,如林相调整改造等,使其结构趋于完善。风景环境的景观格局优化是对自然景观结构、功能和过程综合理解的基础上,通过建立优化目标和标准,对各种景观类型在空间和数量上进行优化设计,使其产生最大景观生态效益和实现生态安全。

风景环境的景观格局具有其自身的特点,因此,对其进行优化时需要掌握风景环境的生态特质和自然过程,把自然环境的生态安全格局保护、建设作为景观结构优化的重要过程。自然环境与人工环境均经历了长期的演变,是诸多环境要素综合作用的结果。环境要素之间往往相互影响、相互制约。景观规划设计应以统筹与系统化的方式处理、重组环境因子,促使其整体优化,突出环境因子间及其与不同环境间的自然过程为主导,减少对人为过程的依赖。

① 基于景观异质性的风景环境格局优化

景观格局优化过程中,人为过程不能破坏自然生态系统的再生能力;通过人为干扰,促进被破坏的自然系统的再生能力得以恢复。景观异质性有利于风景环境中物种的生存、演替以及整体生态系统的稳定。景观异质性导致景观复杂性与多样性,从而使景观环境生机勃勃,充满活力,趋于稳定。因此,保护和有意识地增加景观的异质性有时是必要的。干扰是增加景观异质性的有效途径,它对于生态群落的形成和动态发展具有意义。在风景环境中,各种干扰会产生林隙,林隙形成的频率、面积和强度影响物种多样性。当干扰之间的间隔增加时,由于有更多的时间让物种迁入,生物多样性会增加;当干扰的频率降低时,多样性则会降低。生物多样性在干扰面积大小和强度为中等时最高,而当干扰处于两者的极端状态时则多样性较低。在风景环境的景观格局优化过程中,最高的多样性只有在中度干扰时才能保持。生态群落的林隙、新的演替、斑块的镶嵌是维持和促进生物多样性的必要手段。

增加异质性的人为措施包括控制性的火烧或水淹、采伐等。控制性的火烧是一种森林、农业和草原恢复的传统技术,这种方式可以改善野生动物栖息地、控制植被竞争等。

② 基于边缘效应和生物多样性的风景环境格局优化

边缘效应是指在两个或两个以上不同性质的生态系统交互作用处,由于某些生态因子或系统属性的差异或协和作用而引起系统某些组成部分及行为的较大变化。

边缘地带的生态环境往往具备以下特征:

· 边缘地带群落结构复杂,某些物种特别活跃,其生产力相对较高;

· 边缘效应以强烈竞争开始,以和谐共生结束,相互作用,从而形成一个多层次、高效率的物质、能量共生网络;

· 边缘地带为生物提供更多的栖息场所和食物来源,有利于异质种群的生存,这种特定的生境中生物多样性较高。

因具有较高生态价值或因特殊的地貌、地质属性而不适于建设用途的非建设用地,它们在客观上构成了界定建设用地单元的边缘环境区,与建设单元之间蕴藏源于生态关联的"边缘效应"。在风景环境格局优化中,重组和优化边缘景观格局对于维护生境条件、提高生物多样性具有重要意义。边界形式的复杂程度直接影响边缘效应。因此,通过增加边缘长度、宽度和复杂度以提高丰富度(图3.11)。

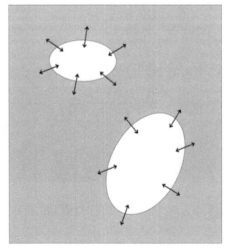

图3.11 边缘效应模式图——边界的变化

(3) 修复生境系统

生境破碎是指由于某种原因而使一块大的、连续的生境不但面积减少,最终被分割成两个或者更多片段的过程。当生境被破坏后,留下了若干大小不等的片段,这些片段彼此被隔离。生境的片段化往往会限制物种的扩散。一般来说,生态系统具有很强的自我恢复能力和逆向演替机制,但是,今天的风景环境除了受到自然因素的影响之外,还受到剧烈的人为因素的干扰。人类的建设行为改变了自然景观格局,引起栖息地片段化和生境的严重破坏。栖息地的消失和破碎是生物多样性消失的最主要原因之一。栖息地的消失直接导致物种的迅速消亡,而栖息地的破碎化则导致栖息地内部环境条件的改变,使物种缺乏足够大的栖息和运动空间,并导致外来物种的侵入。适应在大的整体景观中生存的物种一般扩散能力都很弱,所以最易受到破碎化的影响。风景环境中的某些区域由于受到人为的扰动和破坏而导致其生境质量下降,从而使得生物多样性降低。

生境系统修复的目的是尽可能多地使被破坏的景观环境恢复其自然的再生能力。关于生境修复,日本著名生态学家山寺喜成等认为应当通过人工辅助的方法,使自然本身具有的恢复力得到充分发挥,必须从"尊重自然、保护自然、恢复自然"的角度来进行生境恢复设计。

因此,生态恢复过程最重要的理念是通过人工调控,促使退化的生态系统进入自然的演替过程。自然生境的丧失,会引起生物群落结构功能的变化。人工种植生境的群落结构与自然恢复生境的群落结构相比具有较大的差异性。因此,应以自然修复为主、人工恢复为辅。自然生长可有效恢复生境,但是需要较长的时间。在自然生境演替的不同阶段适当引入适宜性树种,可以加快生境的恢复过程。

南京大石湖景区规划建设在维护原有地块内的生态环境特色的基础上,改善与优化区内的景观环境,重塑自然和谐的生态景观。景观规划设计结合各地块的特色,以生态优先为原则对区内的地块进行合理的开发和利用。从整体上考虑,以修复生态环境为宗旨,因地制宜,展现当代生态农业、生态林业以及生态养殖业的成就为依托,为城市居民提供生态化、多样化的休闲方式,营造可持续发展的风景环境。南京大石湖景区作为城市近郊的自然生态旅游度假区,除了在景观包括场地尺度的规划和设计上为人们提供休憩场所,更重要的是考虑到自然过程的保护与修复。区域内原有特色和规划中所要坚持的生态理念决定了对于其自然景观和生态环境的处理上坚持"以自然资源、环境生态保护利用为核心,重在自然生态的保育,实现可持续发展"的方针(图3.12)。

(a)

(b)

图3.12 大石湖生境修复相关图片

### 3.1.2 建成环境景观设计

1996年6月的土耳其联合国人居环境大会专门制定了人居环境议程,提出城市可持续发展的目标为:"将社会经济发展和环境保护相融合,从生态系统承载能力出发改变生产和消费方式、发展政策和生态格局,减少环境压力,促进有效的和持续的自然资源利用。为所有居民,特别是贫困和弱小群组提供健康、安全、殷实的生活环境,减少人居环境的生态痕迹,使其与自然和文化遗产相和谐,同时对国家的可持续发展目标做出贡献。"(图3.13)

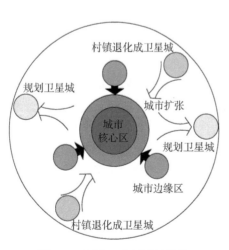

图3.13 城市—卫星城的发展

建成环境有别于风景环境,在这里人为因素为主导,自然要素往往屈居次席。随着经济社会的不断发展,有限的土地须承受城市迅速扩张的影响,土地承载量超负荷，工程建设造成环境污染导致城市河流、绿带等自然流通网络受阻，迫使城市中的自然状态的土地必须改变形态。同时，大面积的自然山体、河流开发促使自然绿地消失以及人工设施的无限扩展，即便是增加人工绿地也无法弥补自然绿地的消减损失。自然因子以斑块的形式散落在城市之中，形成孤立的生境岛，缺乏联系，物质流、能量流无法在斑块之间流动和交换，导致斑块的生境结构单一，生态系统颇为脆弱（图3.14—图3.16）。

可持续景观设计理念要求景观设计师对环境资源理性分析和运用，营造出符合长远效益的景观环境。针对建成环境的生态特征，可以通过三种方法来应对

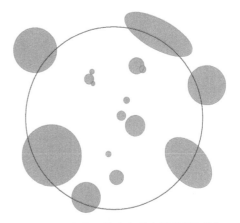

图3.14 建成环境中自然斑块的"散落"

不同的环境问题。

① 整合化的设计：统筹环境资源，恢复城市景观格局的整体性和连贯性；

② 典型生境的恢复：修复典型气候带生态环境以满足生物生长需求；

③ 景观设计的生态化途径：从利用自然、恢复生境、优化生境三个方面入手，有针对性地解决不同特点的景观环境问题。

图3.15 15年间深圳市景观变化

图3.16 自然斑块在城市中的散落示意图（南京为例）

1）整合化的设计

景观环境作为一个特定的景观生态系统，包含多种单一生态系统与各种景观要素。为此，应对其进行优化。首先，加强绿色基质，形成具有较高密度的绿色廊道网络体系；其次，强调景观的自然过程与特征，设计将景观环境融入整个城市生态系统，强调绿地景观的自然特性，控制人工建设对绿色斑块的破坏，力求达到自然与城市人文的平衡（图3.17）。

散状式　　　　　　　　　　绿廊式　　　　　　　　　　发散式

**图3.17** "绿色廊道"模式图（资料来源：郭琼莹.水与绿网路规划——理论与实务.台北：詹氏书局，2003）

**图3.18** 美国最早的地区性绿道网（资料来源：郭琼莹.水与绿网路规划——理论与实务.台北：詹氏书局，2003）

整合化的景观规划设计强调维持与恢复景观生态过程与格局的连续性和完整性，即维护、建立城市中残存的自然斑块之间的空间联系。通过人工廊道的建立在各个孤立斑块之间建立起沟通纽带，从而形成较为完善的城市生态结构。建立景观廊道线状联系，可以将孤立的生境斑块连接起来，提供物种、群落和生态过程的连续性。建立由郊区深入市中心的楔形绿色廊道，把分散的绿色斑块连接起来。连接度越大，生态系统越平衡。生态廊道的建立还起到了通风引道的作用，将城郊绿地系统形成的新鲜空气输入城市，改善市区环境质量，特别是与盛行风向平行的廊道，其作用更加突出。以水系廊道为例，水环境除了作为文化与休闲娱乐载体外，更重要的是它作为景观生态廊道，将环境中的各个绿色斑块联系起来。滨水地带是物种较为丰富的地带，也是多种动物的迁移通道。水系廊道的规划设计首先应设立一定的保护范围来连接水际生态；其次，贯通各支水系，使以水流为主体的自然能量流、生态流能够畅通连续，从而在景观结构上形成以水系为主体骨架的绿色廊道网络（图3.18）。

作为整合化的设计策略，从更高层面上来讲，是对城市资源环境的统筹协调，它涵盖了构筑物、园林等为主的人工景观和各类自然生态景观构成的城市自然生态系统。设计的重点在于处理城市公园、城市广场的景观设计以及其他类型绿地设计，融生态环境、城市文化、历史传统与现代理念及现代生活要求于一体，能够提高生态效益、景观效应和共享性。而各类自然生态景观的设计重点在于完善生态基础设施，提高生态效能，构筑安全的生态格局。

在进行城市景观规划的过程中，我们不能就城市论城市，应避免不当的土地使用，有规律地保护自然生态系统,尽量避免产生冲击。我们应当在区域范围内进行景观规划,把城市融入更大面积的郊野基质中,使城市景观规划具有更好的连续性和整体性。同时,充分结合边缘区的自然景观特色,营造具有地方特色的城市景观,建立系统的城市景观体系。

建成环境的整合化设计策略须做到以下两点:一方面,维护城市中的自然生境、绿色斑块,使之成为自然水生、湿生以及旱生生物的栖息地,使垂直的和水平的生态过程得以延续;另一方面,敞开空间环境,使人们充分体验自然过程。因此,在对以人工生态主体的景观斑块单元性质的城市公园设计的过程中,以多元化、多样性,追求景观环境的整体效应,追求植物物种多样性,并根据环境条件之不同处理为廊道或斑块,与周围绿地有机融合。

建成环境的整合化生态规划设计反映了人类的一个新的梦想,它伴随着工业化的进程和后工业时代的到来而日益清晰,从社会主义运动先驱欧文(Owen)的新和谐工业村,到霍华德(Howard)的田园城市再到20世纪七八十年代兴起的生态城市以及可持续城市。这个梦想就是自然与人工、美的形式与生态功能真正全面的融合,它要让景观环境不再是孤立的城市中的特定用地,而是让其消融,进入千家万户;它要让自然参与设计,让自然过程进入每一个人的日常生活;让人们重新感知、体验和关怀自然过程和自然的设计。应注重城市绿地系统化、整体化,绿地的布局、规模应重视对城市景观结构脆弱和薄弱环节的弥补,考虑功能区、人口密度、绿地服务半径、生态环境状况和防灾等需求进行布局,按需建绿,将人工要素和自然要素有机编织成绿色生态网络。

19世纪末,景观建筑师欧姆斯特德和艾略特意识到在城市环境建设中维系自然资源的重大意义。河流、港湾、海岸线、邻里公园和环抱的小山都是为波士顿注入特色和活力的元素,这些丰富的天然景观要素造就了今天的波士顿式典范。欧姆斯特德的代表作品——"绿宝石项链"就是通过把城市中一系列绿地与自然地连接起来的而形成的杰作。波士顿"蓝宝石项链"计划是继承欧姆斯特德的"绿宝石项链"精神,由一串公园和开放空间组成一条70 km长的延续的步行系统(图3.19~图3.21)。

**图3.19 波士顿绿宝石项链**(资料来源:郭琼莹.水与绿网路规划——理论与实务.台北:詹氏书局,2003)

图3.20　南京市都市发展区2010年规划图

图3.21　苏州绿地系统规划

走向可持续城市景观,须建立全局意识,从观念到行动面对当前严峻的生态环境状况以及景观规划设计中普遍存在的局部化、片面化倾向,走向可持续景观已经成为人类改善自身生存环境的必然选择。在设计取向上,不再把可持续景观设计仅仅视为可供选择的设计方式之一,而应使整合化设计成为统领全局的主导理念,作为设计必须遵循的根本原则;在评价取向上,应转变单纯以美学原则作为景观设计的评判标准,使可持续景观价值观成为最基本的评价准则。同时,可持续景观须尊重周围生态环境,它所展现的最质朴、原生态的独特形态与人们固有的审美价值在本质上是一致的。

在可持续发展思潮的推动下,美国城市生态学者认识到城市发展必须注重城市生态的变化,城市发展应该成为一种与"人"共生的自然体系。城市发展必须回归到特定的生态环境结构之上,并逐步发展成为一种与自然有机融合的城市空间结构。城市发展以景观生态学与城市生态学为理论基础,从而质变成更为具体、更具空间组织的生态城市。生态城市结构能够有效弥补城市规划在空间与自然生态系统之间的隔阂。将生态城市理念融入城市发展计划中,强化城市生态与城市绿地系统共生共营的规划理念。

生态城市(Ecological City)建设是基于可持续景观生态规划设计的建设模式。"生态城市"作为对传统的以工业文明为核心的城市化运动的反思、扬弃,体现了工业化、城市化与现代文明的交融与协调,是人类自觉克服"城市病"、从灰色文明走向绿色文明的伟大创新。生态城市建设是一种渐进、有序的系统发育和功能完善过程。促进城乡及区域生态环境向绿化、净化、美化、活化的可持续的生态系统演变,为社会经济发展建造良好的生态基础(图3.22)。德国的埃尔兰根(Erlangen)、澳大利亚哈利法克斯生态城(Halifax Ecocity)、巴西库里蒂巴生态都市(Curitiba Ecocity)、丹麦哥本哈根(Copenhagen)等都在规划建设架构、环境保护与建设方面表现突出,已经成为生态城市建设的典范。

埃尔兰根位于德国南部,是著名的大学城、"西门子城"和生态城市,也是现代科学研究和工业的中心。城市面积77km²,总人口约10万。在埃尔兰根城的总体规划中,其基础部分是景观规划(图3.23)。

埃尔兰根生态城市建设的主要策略:

(1) 生态保护:扩大城市的自然边界,保护森林、河谷和其他重要的生态城区,这些区域占据总面积的40%。

**图3.22 生态城市结构图**(资料来源:郭琼莹.水与绿网路规划——理论与实务.台北:詹氏书局,2003)

(2) 绿廊规划:城市中拥有更多贯穿和环绕城市的绿色地带。城市中心区和城市周边的绿地被绿色廊道连接起来,不管是步行还是骑车,从城市中任何一个住处前往绿地只需5~7 min。在分区规划中,这些生态方面的限制得到了充分考虑。

(3) 交通模式的改变:在交通规划中则改变多年来其他城市普遍实施的以车为主的方针,减少和限制在市区、居住区的汽车使用,鼓励以环保方式为主的城市活动,如步行、骑车和公共交通。

澳大利亚的哈利法克斯生态城位于澳大利亚阿德雷德市内城哈利法克斯街的原工业区,占地24 hm²,是与现有的城市生活和设施联系起来的有350~400户居民的混合型社区,其中以住宅为主,同时配有商业和社

**图3.23 埃尔兰根生态城**

区服务设施。

哈利法克斯生态城建设的主要策略：

（1）生境修复：部分场地因曾被用作工业用地，如服务站、沥青工厂、仓库等而留下一些废弃物和污染物。改良生态环境通过各种生态恢复措施，如人工湿地、植被种植、废水回用、垃圾堆肥等，在中长期内治理这些曾被污染的土壤。

（2）节能环保和清洁能源的利用：哈利法克斯综合开发了各种节水、节能、节物的生态建筑技术，包括太阳能供热水、制冷、取暖、自然采光、中水及雨水利用技术，选用对人体无毒、无过敏、节能、低温室气体排放的建筑材料等。太阳能成为生态建筑规划设计的能源保障。

哈利法克斯生态建设的十二条原则：

① 退化生态系统的恢复；
② 适应当地生态类；
③ 在环境容量限度内开发；
④ 防止城镇摊大饼式外延；
⑤ 优化能源结构和效率；
⑥ 创造和促进新的经济增长点；
⑦ 提供卫生、安全的人居环境；
⑧ 社区共生；
⑨ 基础设施及社区服务共享；
⑩ 历史文化的延续性；
⑪ 突出多样性的文化景观；
⑫ 修复和支持生态基础设施。

库里蒂巴是联合国命名的"生态城市"，是世界上绿化最好的城市之一，人均绿地面积581 $m^2$，是联合国推荐数的四倍。库里蒂巴市的居民和历届政府都极其重视保护环境，这已成为本地沿袭百年的优秀传统（图3.24）。

库里蒂巴生态城市建设的主要策略：

（1）绿地系统规划：全市大小公园有200多个，全部免费开放。此外，库里蒂巴还有9个森林区。绿量大，自然与城市设施有机融合。

（2）植物配置：库里蒂巴的绿化注重地带性树种的选择，多样化的树种配置，既考虑到城市美化

图3.24　库里蒂巴生态城

的视觉效果,也考虑到野生动物的栖息与取食。

（3）工业遗存改造和生境恢复：工业遗存改造成城市公共绿地。今日的库里蒂巴在市区和近郊已经没有工矿企业,原有的工厂都已迁至几十千米以外。城近郊原来有一处矿山,因为破坏生态环境被停业。人们对破损的生态环境进行结构梳理和修复。在矿山原址,库里蒂巴人把采矿炸开的山沟开辟成公共休闲地。

2）典型生境恢复

所谓物种的生境,是指生物的个体、种群或群落生活地域的环境,包括必需的生存条件和其他对生物起作用的生态因素,也就是指生物存在的变化系列与变化方式。生境代表着物种的分布区,如地理的分布区、高度、深度等。不同的生境意味着生物可以栖息的场所的自然空间的质的区别。生境是具有相同的地形或地理区位的单位空间。

现代城市是脆弱的人工生态系统,它在生态过程上是耗竭性的;城市生态系统是不完全的和开放式的,它需要其他生态系统的支持。随着人工设施不断增加,环境恶化,不可再生资源的迅猛减少,加剧了人与自然关系的对立,景观设计作为缓解环境压力的有效途径,注重对于生态目标的追求,合理的城市景观环境规划设计应与可持续理念相辅相成。

典型生境的恢复是针对建成环境中的地带性生境破损而进行修复的过程。生境的恢复包括土壤环境、水环境等基础因子的恢复,以及由此带来地域性植被、动物等生物的恢复。景观环境的规划设计应当充分了解基地环境,典型生境的恢复应从场地所处的气候带特征入手。一个适合场地的景观环境规划设计,必须先考虑当地整体环境所给予的启示,因地制宜地结合当地生物气候、地形地貌等条件进行规划设计,充分使用地方材料和植物材料,尽可能保护和利用地方性物种,保证场地和谐的环境特征与生物多样性。

美国FO(Field Operations)景观事务所设计的弗莱士河公园(Fresh Kills),设计师在900 hm²的区域内,恢复了当地典型生境,保护生物多样性,创造出富有生命力的人文景观,从而赋予未来使用者热情和想象力(图3.25)。

图3.25　美国弗莱士河公园

3）景观设计的生态化途径

工业化的后果往往是城市人口的剧增和污染的加剧,所带来的后果正冲击着中国城市的生态环境,生态与发展是相互制约的矛盾体。能否吸收西方工业化发展的经验,在发展与生态间找到某种平衡,已成为中国目前和未来面临的重大课题。联合国发展署第一执行主任、里约热内卢全球"环发会议"组织者斯琼先生(M.F.Strong)提出了"生态发展"的观念,对正统的发展力量和实践提出挑战。此观点对解决我们所面临的问题具有一定的现实意义,值得深思。

建成环境景观设计强调人与自然界相互关联、相互作用,保护和维护人类与自然界之间的和谐关系。生态化设计主要目的在于利用自然生态过程与循环再生规律,达到人与自然和谐共处,最终实现经济社会的可持续发展。

景观环境的生态化途径从利用、营造、优化三个层面出发,针对设计对象中现有环境要素的不同形成差异化的设计方法。景观设计的生态化途径是通过把握和运用以往城市设计所忽视的自然生态的特点和规律,贯彻整体优先和生态优先原则,力图创造一个人工环境与自然环境和谐共存的、面向可持续发展的理想城镇景观环境。景观生态设计首先应有强烈的生态保护意识。在城市发展过程中,不可能保护所有的自然生态系统,但是在其演进更新的同时,根据城市生态法则,保护好一批典型而有特色的自然生态系统,对保护城市生物多样性和生态多样性以及调节城市生态环境具有重要的意义。

4) 利用、发掘自然的潜力

可持续景观建设必须充分利用自然生态基础。所谓充分利用,一是保护,二是提升。充分利用的基础首先在于保护。原生态的环境是任何人工生态都不可比拟的,必须采取有效措施,最大限度地保护自然生态环境。其次是提升。提升是在保护基础上的提高和完善,通过工程技术措施维持和提高其生态效益以及共享性。充分利用自然生态基础建设生态城市,是生态学原理在城市建设中的具体实践。从实践经验看,只有充分利用自然生态基础,才能建成真正意义上的生态城市。

不论是建设新城还是旧城改造,城市环境中的自然因素是最具地方性的、也是城市特色所在。全球文化趋同与地域性特征的缺失,使得"千园一面"的现象较为突出。如何发掘地域特色,解读地景,有效利用场地特质成为城市景观环境建设的关键点。

可持续城市景观环境设计首先应做好自然的文章,发掘资源的潜力。自然生境是城市中的镶嵌斑块,是城市绿地系统的重要组成部分。但是由于人工设施的建设造成斑块之间联系甚少,自然斑块的"集聚效应"未能发挥应有的作用。能否有效权衡生态与城市发展的关系是可持续城市景观环境建设的关键所在。

生态观念强调利用环境绝不是单纯地保护,如同对待文物一般,而是要积极地、妥当地开发并加以利用。从宏观层面来讲,沟通各个散落在城市中和城市边缘的自然斑块,通过绿廊规划以线串面,使城市处于绿色"基质"之上;从微观层面来讲,保持自然环境原有的多样性,包括地形、地貌、动植物资源,使之向有助于健全城市生态环境系统的方向发展。

南京帝豪花园紧邻钟山风景区,古树婆娑、碧水荡漾,原有景观环境很好,建筑充分理解自然条件,与环境有机融合(图3.26)。国外许多城市在建设过程中,都注重利用、发掘自然环境。法国塞纳滨河景观带在很多地段均采用自然式驳岸、缓坡草坪,凸显怡人风景,将自然通过河道绿化渗透到城市中,构成"城市绿楔"(图3.27)。维也纳、卢森堡等国家更是注重保护城市中的自然绿地,形成"城市绿肺"、"城市绿环",绿化覆盖率都很高(图3.28,图3.29)。

图3.26 南京帝豪花园照片

图3.27 法国塞纳河畔照片

图3.28　卢森堡绿地

图3.29　维也纳绿地

(1) 模拟自然生境

在经济社会快速发展的今天,城市的扩张对自然环境造成了一定的破坏,景观设计的目的在于弥补这一现实缺憾,提升城市环境品质。"师法自然"是传统造园文化的精髓。自然生境能够较好为植物材料提供立地条件和生长环境,模拟自然生境是将自然环境中的生境特征引入到城市景观环境建设中来,通过人为的配置,营造土壤环境、水环境等适合植物生长的生境条件。

生态学带来了人们对于景观审美态度的转变,20世纪60年代到70年代,英国兴起了环境运动,在城市环境设计中主张以纯生态的观点加以实施,英国在新城市和居住区景观建设中,提出"生活要接近自然环境",但最终以失败告终。这种现象迫使设计者重新审视自己的举措,其结果是重新恢复到传统的住区景象,所谓纯生态方法的环境设计不过是昙花一现。生态学的发展并非是要求我们在自然面前裹足不前、无所适从,而是要求在建设过程中找到某种平衡,纯粹自然在城市环境建设中是行不通的,生态问题也不仅仅是要多种树。人们在实践中不断修正思路,景观师更多地在探索"生态化"与传统审美认知之间的结合点与平衡点。

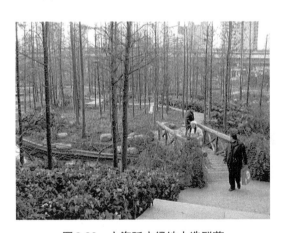

图3.30　上海延中绿地人造群落

上海延中绿地占地面积23 hm²,基地以前是上海的旧房危房密度最高的地区之一,也是上海热岛效应最严重的地区。通过拆旧建绿,消减中心城区的热岛效应,提升城市品质。上海延中绿地人工群落将乔、灌、草复合配置作为植物群落景观的主要构建途径,模拟自然生境,群落绿量普遍较高(图3.30)。

国内首家利用工业废料建设的山体公园——紫云公园2002年在天津塘沽区新港建成,由此,该地区多年的碱渣山变成了今天拥有公园、学校和居民住宅的新型社区。紫云公园占地面积33万 m²,公园融湖泊、高山、林木于一体,昔日的碱渣山如今变成了美丽的公园,成为人们休闲观光的好去处,是世界最大工业废料环保型公园。利用设计注重人与自然的交流体现园林生态、绿色空间的主题,充分利用碱渣山的特殊景观效果,在被破坏的环境中创作出最具生态内容的绿色天地,它体现出城市边缘地带的保护与再生,在城市与市郊建立起人与自然共存的良性循环空间,保护和修复区域性生态系统,通过模拟自然生境,建立合理的复合型的人工植物群落,保护生物多样性,建立人类、动物、植物和谐共生的城市生态环境。紫云公园不但成为以环保为主题的公园题材,更在城市边缘废弃地区形成大面积的绿化区域,恢复了该区域的绿色环境,为城市发展所追求的大生态环境提供了新的保障(图3.31)。

图3.31　天津塘沽紫云公园

(2) 生境的重组与优化

针对建成环境中某些不具备完整性、系统性的生境进行结构优化、提升生境品质。生境的重组与优化目的明确,即为解决生境因子中的某些特定问题而采取的措施。

① 土壤环境

土壤环境是生境的基础,是生物多样性的"工厂",是动植物生存的载体。微生物在土壤环境中觅食、挖掘、透气、蜕变,它们制造腐殖土。在这个肥沃的土层上所有生命相互紧扣。但在城市环境中,土壤环境往往由于污染而变得贫瘠,不利于植物生长。

· 土壤改良

土壤改良技术主要包括土壤结构改良、盐碱地改良、酸化土壤改良、土壤科学耕作和治理土壤污染。土壤结构改良是通过施用天然土壤改良剂和人工土壤改良剂来促进土壤团粒的形成,改良土壤结构,提高肥力和固定表土,保护土壤耕层,防止水土流失。盐碱地改良,主要是通过脱盐剂技术盐碱土区旱田的井灌技术、生物改良技术进行土壤改良。酸化土壤改良是控制废气二氧化碳的排放,制止酸雨发展或对已经酸化的土壤添加碳酸钠、硝石灰等土壤改良剂来改善土壤肥力、增加土壤的透水性和透气性。采用免耕技术、深松技术来解决由于耕作方法不当造成的土壤板结和退化问题。土壤重金属污染主要是采取生物措施和改良措施将土壤中的重金属萃取出来,富集并搬运到植物的可收割部分或向受污染的土壤投放改良剂,使重金属发生氧化、还原、沉淀、吸附、抑制和拮抗作用。

· 表土的利用

表土层泛指所有土壤剖面的上层。其生物积累作用一般较强,含有较多的腐殖质,肥力较高。在实际建设过程中,人们往往忽视了表土的重要性。在挖填土方时,将之遗弃。典型生境的恢复需要良好的土壤环境,表土的利用是恢复和增加土壤肥力的重要环节,生境恢复尽量避免客土。

② 水环境恢复

水是生命之源,是各种生物赖以生存的物质载体。水环境的恢复意在针对某些存在水污染或存在其他不适生长因子的地段加以修复、改良。因此,适宜的水环境营造对于典型生境的建构显得尤为重要。根据建成环境中各类不同典型生境的要求,有针对性地构筑水环境。

常熟沙家浜芦苇荡湿地充分利用基地内原有场地元素和本底条件,注重生物多样性的创造,形成一处自然野趣的水乡湿地。景区的设计是在对现状基地大量分析的基础上进行的,无论从路线的组织还是项目活动的安排都是在对基质特性把握的基础上作出的。通过竖向设计,调整原场地种植滩面宽度,形成多层台地,以满足浮水、挺水、沉水等各类湿地植物的生长需求(图3.32)。

图3.32 沙家浜湿地生境改造图

荷兰轻轨与城市道路相邻且处于同一水平面上,通过生境优化,交通区域内覆盖了地带性植被,绿化有效地消减了铁轨的僵硬感,使城市交通设施融入城市环境,显得亲切自然(图3.33)。

图3.33 荷兰轻轨沿线景观照片

图3.34 西雅图奥林匹克雕塑公园

西雅图奥林匹克雕塑公园(Olympic Sculpture Park)由韦斯与曼弗雷迪建筑事务所(Weiss/Manfredi Architects)完成。随着越来越多被废弃的城市滨水地区的恢复和再生,生境条件不断恶化。西雅图市中心北边临着艾略特海湾(Elliott Bay)的地块以前是加州联合石油公司用来储存石油的地方,土壤被严重污染。公园在筹划之初,就设立了两个主要的目标,其一当然是艺术,其二则是生态修复。设计使这些曾被污染的土地具有新的用途,既能服务广大的城市居民,又能把城市纳入一个绿色的生态系统中(图3.34)。

鲁尔(Ruhr)是德国的工业重镇,20世纪80年代后,鲁尔区工业衰退,留下的是大面积被工业设施污染的环境,生态条件很差。设计师把一些主要河流进行优化,恢复地带性生境,景观环境逐步改善。在鲁尔区工业遗存景观与自然景观和谐并存,成为莱茵河畔特殊的风景。彼得·拉兹设计的德国萨尔布吕肯市(Saarbrücken)港口岛公园保留了原码头上所有的重要遗迹,收集工业废墟、战争中留下的碎石瓦砾,经过处理后使之与各种自然再生植物相交融;园中的地表水被统一收集,通过一系列净化处理后得到循环利用。公园景观实现了过去与现在、精细与粗糙、人工与自然和谐交融,充分体现了可再生景观理念。

### 3.1.3 集约化景观设计方法

**1) 集约化景观设计**

景观环境规划设计要遵循资源节约型、环境友好型的发展道路,就必须以最少的用地、最少的用水、适当的资金投入、选择对生态环境最少干扰的景观设计营建模式,以因地制宜为基本准则,使园林绿化与周围的建成环境相得益彰,为城市居民提供最高效的生态保障系统。建设节约型景观环境是落实科学发展观的必然要求,是构建资源节约型、环境友好型社会的重要载体,是城市可持续发展的生态基础。集约型景观不是建设简陋型、粗糙型城市环境,而是控制投入与产出比,通过因地制宜、物尽其用,营建彰显个性、特色鲜明的景观环境,引导城市景观环境发展模式的转变,实现城市景观生态基础设施量增长方式的可持续发展。建设集约化景观,就是在景观规划设计中充分落实和体现"3R"原则——即对资源的减量利用、再利用和循环利用,这也是走向绿色城市景观的必由之路。

(1) 最大限度地发挥生态效益与环境效益

在景观环境建设中,通过集约化设计整合既有资源,充分发挥"集聚"效应和"联动"效应,使生态效益和环境效益充分发挥。

(2) 满足人们合理的物质需求与精神需求

景观环境建设的目的之一是满足人们生活、游憩等需求。

(3) 最大限度地节约自然资源与各种能源

随着经济社会的不断发展,资源消耗日益严重,自然资源面临着巨大的破坏和使用,不断退化,资源基础持续减弱。保护生态环境,节约自然资源和合理利用能源,保证经济、资源、环境的协调发展是可持续发展的重点。

(4) 提高资源与能源利用率

倡导清洁能源的利用,对于构筑可持续景观环境实为有效。集约化景观设计要求提高资源利用效率。

(5) 以最合理的投入获得最适宜的综合效益

集约化景观设计追求投入与产出比的最大化,即综合效益的最适宜。集约设计不是意味着减少投入和粗制滥造,而是能效比最优化的设计。

**2) 集约化景观设计体系**

推动集约化景观规划设计理论与方法的创新,关键要针对长久以来研究过程中普遍存在的主观性、模糊性、随机性的缺憾,以及随之产生的工程造价及养管费用居高不下、环境效应不高等问题。集约化景观设计体系以当代先进的量化技术为平台,依托数字化叠图技术、GIS技术等数字化设计辅助手段,由环境分析、设计、营造到维护、养管,建立全程可控、交互反馈的集约化景观规划设计方法体系,以准确、严谨的指数分析,评测、监控景观规划设计的全程,科学、严肃的界定集约化景观的基本范畴,集约化景观规划设计如何操作,进行集约化景观规划设计要依据怎样的量化技术平台是集约化设计的核心问题之一,进而为集约化景观规划设计提供明确、翔实的科学依据,推动其实现思想观念、关键技术、设计方法的整合创新,向"数字化"的景观规划设计体系迈出重要的一步(图3.35,图3.36)。

图3.35　集约化风景园林设计基本框架图

图3.36　集约化风景园林设计基本流程图

集约化景观环境设计方法研究以创建集约、环保、科学的景观规划设计方法为目标,以具有中国特色的集约理念所引发的景观环境设计观念重构为契机,探讨集约化景观规划设计的实施路径、适宜策略,及其技术手段,以实现当代景观规划设计的观念创新、机制创新、技术创新,进而开创可量化、可比较、可操作的集约化景观数字化设计途径为目的。

3)绿色建筑评估体系(LEED)

自20世纪70年代的能源危机以来,以节约能源与资源、减少污染为核心内容的可持续发展的设计理念逐渐成为景观建筑师们努力的方向。在生态科学与技术的支撑下,重新审视景观设计,突破传统的唯美意识的局限。LEED(Leadership in Energy & Environmental Design)认证作为美国民间的一个绿色建筑认证奖项,由于其成功的商业运作和市场定位,得到了世界范围内的认可和追随,虽然其中不乏质疑者缕缕不绝的批判的声音,比如美国价值观的全球化对地方主义的影响,美国标准本身的粗犷和不严谨等等,但这些并没有阻碍LEED作为主流的绿色建筑评级体系得到世界上不同气候带的很多国家的认可,这些国家主要集中在北美和亚洲,其中也包含中国。LEED侧重于在设计中有效地减少环境和住户的负面影响。内容广泛地涉及五个方面:可持续的场地规划;保护和节约水资源;高效的能源利用和可更新能源的利用;材料和资源问题;室内环境质量。

LEED体系使过程和最终目的能够更好的结合,正是由于LEED认证体系的这种量化过程,使得建筑的设计和建造过程更趋于可控化、可实践性。在旧城的更新改造和再生中,"转变"(Transformation)、"再生"(Revitalization)、"插入"(Infill)、"适应性再利用"(Adaptive Reuse)成为近几十年欧美等发达国家城市建设的主体,正如旧有城市产业用地、废弃用地、旧城历史特色街区的更新与改造,城市改造进入了一个功能提升和环境内涵品质全面完善的历史新阶段。其中对城市旧有功能与城市新的发展目标和环境现实的适应性再利用,特别是将一些未充分利用和已废弃的城市土地改造为各类景观用地,则是城市发展阶段面临的一个全新要求。通过对城市中这些有缺陷空间的积极改造,从而赋予其新的生机和活力,促进该地区的整体协调发展。

将LEED应用于景观环境建设中,不仅能够对景观进行合理评判,同时对于服务研究规划以及指导构建能耗最少、环境负荷最小、资源利用最佳、环境效能最大的城市景观设计有显著指导意义。

## 3.2 可持续景观设计技术

实现生态可持续景观是景观设计的基本目标之一。可持续的生态系统要求人类的活动合乎自然环境规律,即对自然环境产生的负面影响最小,同时具有能源和成本高效利用的特点。生态的理性规划方法这种基于生态法则和自然过程的理性方法揭示了针对不同的用地情况和人类活动,需要营造出最佳化或最协调的环境,同时还要维持固有生态系统的运行。随着生态学等自然学科的发展,越来越强调景观环境设计系统整合与可持续性,其核心在于全面协调与景观环境中各项生境要素,如小气候、日照、土壤、雨水、植被等自然因素,当然也包括人工的建筑、铺装等硬质景观等。统筹研究景观环境中的诸要素,进一步实现景观资源的综合效益的最大化以及可持续化。

### 3.2.1 可持续景观生境设计

1) 土壤环境的优化

(1) 原有地形的利用

景观环境规划设计应该充分利用原有的自然山形地貌与水体资源,尽可能减少对生态环境的扰动,尽量做到土方就地平衡,节约建设投入。尊重现场地形条件,顺应地势组织环境景观,将人工的营造与既有的环境条件有机融合是可持续景观设计的重要原则(图3.37)。首先,充分利用原有地形地貌体现和贯彻生态优先的理念。应注重建设环境的原有生态修复和优化,尽可能地发挥原有生境的作用,切实维护生态平衡。其次,场地现有的地形地貌是自然力或人类长期作用的结果,是自然和历史的延续与写照。其空间存在具有一定的合理性及较高的自然景观和历史文化价值,表现出很强的地方性特征和功能性的作用。再次,充分利用原有地形地貌有利于节约工程建设投资,具有很好的经济性。原有地形形态利用包括地形等高线、坡度、走向的利用,地形现状水体借景和利用,以及现状植被的综合利用等。

青枫公园位于常州城西新兴发展板块中,总面积约45 hm²。设计师采用"森林涵养水,水成就森林"的森林生态能量交换与循环运动的思想,以"生态、科普、活力"为目标,充分利用场地内原有地形和植被条件。通过园林化改造,将青枫公园营造成一个真正有生命意义的场地,实现可持续发展的

图3.37 土壤特征

（资料来源：Pete Melby, Tom Cathcart.可持续性景观设计技术——景观设计实际运用.张颖,李勇,译.北京:机械工业出版社,2005）

城市森林生态公园。在公园建设过程中,尽量保留了场地中的原有地形,依山就势,自然与城市和谐对话。既达到了围合空间的目的,又减少了土方挖填量,有效节约了建设投入(图3.38)。

图3.38 常州青枫公园照片

常州荷园占地面积12.77 hm²,其中水域在65%以上,其前身为废弃的水产养殖场,地势低洼。景观设计结合原有地形、肌理和自然郊野的生境条件,使设计融入自然,减少人工构筑对环境的影响,营造出静谧的氛围(图3.39)。

图3.39 常州荷园照片

### (2) 基地表土的保存与恢复

通常建设施工首先是清理场地，"三通一平"，接着便是开挖基槽，由此而产生大量的土方，一般说来，这些表土被运出基地，倒往它处。这种做法首先改变了土壤固有的结构，其次是将富含腐殖质的表土去除，而下层土壤并不适宜栽植。科学的做法应该是将所开挖的表土保留起来，待工程竣工后，将表土回填至栽植区域，这样有助于迅速恢复植被，提高植栽的成活率，起到事半功倍的效果（图3.40）。

图3.40 表土利用示意图

在进行景观环境的基地处理时，注意要发挥表层土壤资源的作用。表土是经过漫长的地球生物化学过程形成的适于生命生存的表层土，它对于保护并维持生态环境扮演了一个相当重要的角色。表土中有机质和养分含量最为丰富，通气、渗水性好，不仅为植物生长提供所需养分和微生物的生存环境，而且对于水分的涵养、污染的减轻、微气候的缓和都有着相当大的贡献。在自然状态下，经历100至400年的植被覆盖才得以1 cm厚的表土层，可见其难得与重要性。千万年形成的肥沃的表土是不可再生的资源，一旦破坏，是无法弥补的损失，因此基地表土的保护和再利用非常重要。另外，一定地段的表土与下面的心土保持着稳定的自然发生层序列，建设中保证表土的回填将有助于保持植被稳定的地下营养空间，利于植物的生长。

在城市景观环境设计中，应尽量减少土壤的平整工作量，在不能避免平整土地的地方应将填挖区和建筑铺装的表土剥离、储存，用于需要改换土质或塑造地形的绿地中。在景观环境建成后，应清除建筑垃圾，回填同地段优质表土，以利于地段绿化。台湾中贝池村庄在环境改造过程中，积极保护和有效利用表土资源，植被恢复迅速。日本横滨若叶台居住区在平整土地时，将原有的表层熟土先收集起来，然后再铺在改造后的地表上作为绿化基质，整个居住区共保存了这类表土约6万 m³（图3.41）。

图3.41 台湾中贝池村庄保护土壤资源的开发过程

### (3) 人工优化土壤环境

为了满足景观环境的生境营造，体现多样化的空间体验，需要人为添加种植介质，这就是所谓的人工土壤环境。这种人工土壤环境的营造并不是单一的"土壤"本身，为了形成不同的生境条件，通常需要多种材料的共同构筑。

作为旧金山首个可持续性建筑项目之一，新的加州科学馆拥有10 117 m²的绿色屋顶，它强调了生境的品质和连贯性。伦佐·皮亚诺(Renzo Piano)建筑工作室邀请了SWA和园艺顾问鲍尔·凯法特(Paul Kephart)共同设计"绿色屋顶"。项目的设计将周边的自然景观分三层设置,使之错落有致,跃然建筑屋顶之上,充满生机与活力。覆盖植被的屋顶轮廓与下面的设施、办公室和展厅相得益彰。由于部分山体坡度达60°,不利于植被种植,因此设计师在种植屋顶植被前进行了大量的测试,设计了等比模型,利用这些模型来测试锚固系统和构建植被生长基础的多层土壤排水系统。底部纵横交错的石笼网不仅可以充当屋顶的排水渠道,同时又支撑由压缩椰壳做成的种植槽。植被首先在场地外被植入种植槽内,成活之后再运往现场,然后人工放置在石笼网内的防水绝缘材料上。这些种植槽作为支撑结构,随着植物的生长最终降解融于土壤之中。屋顶灌溉主要依靠自然灌溉,而非机械灌溉,除了采用节水的种植方式外,从屋顶手机的以及流失的雨水都被回收到地下水中(图3.42)。

**图3.42 加州科学馆屋顶花园**

(图片来源:April Kilcrease .绿色的屋顶.王玲,译.景观设计,2009(03))

欧林事务所(Laurie D. Olin)设计纽约的布赖恩公园(Bryant Park),在这个最新的项目里,117358 m²的花园,全部建在建筑物之上。大型喷泉和长满植被的屋顶及墙面的荷载成为项目中主要考虑的因素。从早期的项目中,设计师认识到如果有足够的深度供根球生长,并且土壤固定树根的能力很高,那么培植器所需的连续土层的深度就会小得多。这要求在大面积的种植区域中填入很多蓬松的聚苯乙烯,在某些铺好的地面之下也是如此。在需要土层最薄的地方,首先要在屋顶上铺装101170 m²的草垫,然后加入最薄的排水垫和新开发的聚乙烯储水池,这样在提供空气和屋顶排水的同时,又为这里干燥大风的环境保证了湿度。欧林事务所在建筑物上修建景观项目,还具有另一种功能,即创造和维持表面的风景,以掩饰人工设备,令它们看起来较为自然。在地面铺装、喷泉、花园和草坪下是复杂的灌溉系统、高分子聚合砖、塑料排水垫、弹性防水布和惰性的疏松"土壤"。(Sue Weiler.材料、技术和创新.房丽敏,译.世界建筑,2003/03)

西林公园选址处是常州一个已经废弃的垃圾堆场。当地政府将对原先只采取简单环保措施的垃圾堆场进行全量搬迁,并对原堆放场地进行清理;然后就近在西林公园内新建卫生填埋场,对原来的垃圾进行卫生填埋,并实施垂直防渗、水平防渗等规范封场措施后,再覆土实施生态恢复工程。这一改造方案,不仅可有效防止原垃圾堆场的二次污染,还可彻底改善周边环境。通过土壤改良,公园在生境修复的基础上营造了景观环境。

## 2）水环境的优化

景观环境中大量使用硬质不透水材料为铺装面,如传统沥青混凝土、水泥混凝土、湿贴石材等块状铺装材料等,这些铺装均会造成地表水流失。沟渠化的河流完全丧失滨河绿带的生态功能。一方面加剧了人工景观环境中的水的缺失,导致了土壤环境的恶化;另一方面,则需要大量的人工灌溉来弥补景观环境中水的不足,从而造成不必要的浪费。

改善水环境,首先是利用地表水、雨水、地下水,这是一种低成本的方式,其次是对中水的利用,然而中水利用成本较高,且存在着二次污染的隐患,生活污水中有害物质均对环境有害,而除去这些有害成分的成本高昂。根据研究,总面积在5万 $m^2$ 以上的居住区,应用中水技术具有经济上的可行性。如在南京某住区设计之初,期望将中水回用作为景观环境用水,结果由于中水回用设备运营费用过高,被迫停用。因此,在相关技术未有大幅改进的前提下宜慎用中水。

(1) 地表水、雨水的收集(雨水平衡系统)

在所有关于物质和能量的可持续利用中,水资源的节约是景观设计当前所必须关注的关键问题之一,也是景观设计师需着力解决的方面。城市区域的雨水通常会为河流与径流带来负面的影响。受到污染的雨水落在诸如屋顶、街道、停车场、人行道的城市硬质铺装上,每一次降水,都会将污染物冲刷到附近的水道中;而且硬质铺装的表面使得雨水流动更快,量也更大,原本这些雨水都应该渗透到自然景观区域的土壤当中。城市中无处不在的硬质铺装地面加速了雨水流入河流,因此洪水泛滥的可能性也更大。

因为缺少相应的管理,城市发展的污染依然非常严重,世界上许多城市都面临着这个尚未解决的问题。美国环境保护局(EPA)已经开始关注城市雨水成为水体污染的重要来源这个问题。面对中国城市普遍存在水资源短缺、洪涝灾害频繁、水污染严重、水生栖息地遭到严重破坏的现实,景观设计师可以通过对景观的设计,从减量、再用和再生三方面来缓解中国的水危机。具体内容包括通过大量使用乡土和耐旱植被,减少灌溉用水;通过将景观设计与雨洪管理相结合,来实现雨水的收集和再用,减少旱涝灾通过利用生物和土壤的自净能力,减轻水体污染,恢复水生栖息地,恢复水系统的再生能力等。可持续的景观环境应该努力寻求雨水的平衡的方式,雨水平衡也应该成为所有可持续景观环境设计的设计目标。地表水、雨水的处理方法突出将"排放"转为"滞留",使其能够"生态循环"和"再利用"。在自然景观中,雨水落在基地上,经过一段时间与土地自身形成平衡。雨水只有渗入到地下,并使土壤中的水分饱和后才能成为雨水径流。一块基地的地表面材料决定了成为径流的雨水量。开发建设会造成可渗水表面减少,使得雨水径流量增加。不透水材料建造的停车场阻碍了雨水渗透,从而打破了基地雨水平衡。不谨慎的建设行为会使场地的雨水偏离平衡。不透水的表面会使得雨水无法渗透到土壤中,进而影响到蓄水层和与之相连的河流,从而产生污染。综合的可持续性场地设计技术能够帮助实现和恢复项目的雨水平衡,它强调雨水收集、贮存、使用的无动力性。最具有代表性的是荷兰政府1997年强调实施可持续的水管理策略,其重要内容是"还河流以空间"。以默兹河(Mosa)为例,具体包括疏浚河道、挖低与扩大漫滩、退堤,以及拆除现有挡水堰等,其实质是一个大型的自然恢复工程。

美国钢铁厂基地——南工厂位于芝加哥历史悠久的南部地区,是用于城市重新开发的最大的空地。基地占地超过2428114 $m^2$,拥有长达2414 m的密歇根湖岸线,为建造一个富有创意的可持续性新社区提供了罕见的机会。这个新社区结构紧密,与交通枢纽紧密相连,便于行人活动,在一个世纪以来首次将人们与湖滨联系起来,为芝加哥南部正在进行的恢复与重建做出了贡献。城市设计过程中,将区域水环境做出了详尽的规划设计,形成了一套完善的雨洪管理系统(图3.43)。(参见:芝加哥南工厂湖畔开发.Dennis Pieprz Mitch Glass Robyn Reed.李攀瑜,译.景观设计,2009(32))

## 3 可持续景观设计方法

改善基底,提高渗透性主要指通过建设绿地、透水性铺地、渗透管、渗透井、渗透侧沟等,令地面雨水直接渗入地下,涵养地下水源,同时也可缓解住区土壤的板结、密实,有利于植物的生长。日本早在80年代初就开始推广雨水渗透计划。有资料表明,利用渗透设施对涵养地下水、抑制暴雨径流十分明显:东京附近面积达22万 m²、平均日降雨量69.5 mm的降雨区,由于实施雨水渗透技术,平均流出量由原来的37.59 mm降到5.48 mm,储水效率大为改观,也未发现对地下水造成污染。

无论是单体建筑还是大型城市,应该严格实行雨洪分流制,针对不同地域的降水量、土壤渗透性及保水能力分别对待。首先,尽可能截留雨水、就地下渗;其次,通过管、沟将多余的水资源集中贮存,缓释到土壤中;再次,在暴雨期超过土壤吸纳能力的雨水可以排到建成区域外。

① 雨水收集面主要包括:屋面、硬质铺装面、绿地三个方面(图3.44)。

**图3.43 芝加哥南工厂湖畔相关图片**

(资料来源:芝加哥南工厂湖畔开发. Dennis Pieprz Mitch Glass Robyn Reed.李攀瑜,译.景观设计,2009(32))

图3.44 雨水利用系统图

② 屋面雨水收集系统类型与方式

a 外收集系统：檐沟、雨水管。

b 内收集系统：由屋面雨水斗和建筑内部的连接管、悬吊管、立管、横管等雨水管道组成屋面雨水收集过程中，可以采用截污滤网、初期雨水弃流装置等控制水质。去除颗粒物、污染物。

③ 硬质铺装面(道路、广场、停车场)雨水收集系统类型与方式

a 雨水管、暗渠蓄水：采用重力流的方式收集雨水。

b 明沟截流蓄水：通过明沟砂石截流和周边植被带种植不仅可以起到减缓雨水流速，承接雨水流量的作用，同时，借助生物滞留技术和过滤设施，还能够有效防止受污染的径流和下水道溢出的污染物流入附近的河流。在这些景观区通过竖向设计调整高程，以便收集雨水，并使雨水经过滤后渗入地下。明沟截流可以降低流速、增加汇集时间、改善透水性并有助于地下水回灌。同时，这些明沟可以增加动物栖息地，提高生物多样性(图3.45)。

3 可持续景观设计方法

**图3.45 道路两侧明沟截流蓄水**（资料来源：郭琼莹.水与绿网路规划——理论与实务.台北：詹氏书局，2003）

**图3.46 麻省理工学院斯塔塔中心集水庭院构造图**（资料来源：Olin Partnership.麻省理工学院斯塔塔中心.国际新景观，2008（8））

169

劳瑞·欧林(Laurie D. Olin)景观事务所与尼区(Nitsch)工程公司合作在麻省理工学院斯塔塔中心的基地上设计了一个创新型雨水处理系统,可以保持场地内100%的降水量。同时作为花园和机器设备的雨水处理系统场地下是斜坡式的蓄水池。这个蓄水池就是中心的花园,上面种植这些本土湿地物种,大约可以保持1.82 m深的水量。通过植物、沙砾和土壤渗透的雨水都被储存到了地下的蓄水池,每天使用太阳能水泵循环两次。循环雨水可以作为灌溉和中心盥洗室使用。设计利用91 m长的本土石头、沙砾、大石头组成的区域分别将这个水池放置在湿地植物与干地植物之下。降雨时期的排水口则是一个金属石笼。这个措施不仅减少了90%的地表径流,而且每年可节约上千加仑的水(图3.46)。(参见:Olin Partnership.麻省理工学院斯塔塔中心.国际新景观,2008(8))

c 台地蓄水:通过地形塑造形成多级台地,降低雨水流速,最终汇入附近水域中。利用池塘和湿地系统来处理地表径流。湿地植物还能够消除雨水冲刷带来的污染物(图3.47)。

图3.47 台地蓄水构造图(资料来源:[以色列]里埃特·玛格丽丝,[美]亚历山大·罗宾逊著.生命的系统——景观设计材料与技术创新.朱强,刘博琴,涂先明,译.大连:大连理工大学出版社,2009)

2.25 hm²的水之园是美国俄勒冈公园内一块成熟的湿地和水生植物展示园区,也是湿地处理和城市废水再利用的典范。同时,水之园也进一步向人们展示了野生动植物栖息地和水的再利用处理也可以是如此美丽的一个植物园。对于游客的教育意义在于它传达的可持续环境的含义。水之园的设计有机地将公园的科普、示范、生境及湿地水景营造结合起来。整个地势从高到低,水之园被规划成了三个区域,土方基本实现挖填平衡。最高区域平台的水池拥有很多原生植物,园内原有的石头和干木为野生动植物构架栖息地。这里只有一部分对游客开放。污水从高一层的水池流入一个0.45 m深的黏土池,即污水处理池。中间地带有多个水池,还有一个观景台和游步道。这片区域主要可以提供有关湿地和野生动物方面教育和研究的信息和机会。最低的区域包括供参观的水生植物展示池,位于入口一级园路旁(参见:Mayer/Reed.议会街601号屋顶花园.国际新景观,2008(8))。

c 街道雨洪设施：绿色基础设施是场地雨水管理和治理的一种新方法。在雨水管理和提升水质方面都比传统管道排放的方式有效。建设的一些生态洼地和池塘都是典型的绿色基础设施，可以为城市带来多方面的好处。通过道路路牙形成企口收集、过滤雨水，将大量雨水流限制在种植池中，通过雨水分流策略，减轻下水道荷载压力。避免将雨水径流集中在几个"点"，要将雨水分布到基地各处的场地中。同时考虑到人们集中活动和车辆的油泄漏等污染问题，应避免建筑物、构筑物、停车场上的雨水直接进入管道，而是要让雨水在地面上先流过较浅的通道，通过截污措施后进入雨水井。这样沿路的植被可以过滤掉水中的污染物，也可以增加地表渗透量。线性的生态洼地是由一系列种有耐水植物的沟渠组成，通常出现在停车场或是道路沿线。还有一些通过植物和土壤中的天然细菌吸收污染物来提升水质的系统。洼地和池塘都可以在解除洪水威胁之前储存雨水。这些系统当中一些可以用于补给地下水，一些则在停车场上方，要保持不能渗透。绿色基础设施也可以与周围的环境一起构成宜人的景观，同时提升公众对于雨水管理系统和增强水质的意识。

NE Siskiyou 绿色街道被认为是波特兰市最好的绿色街道雨洪改造工程实例之一。首先这种形式在所有地方用雨洪收集管道代替典型的住宅街道停车区，以便于收集流失的雨水。2003年秋天建成的 NE Siskiyou 绿色街道，例证了可持续的雨洪管理原理，并充分体现了简单、节约成本以及创新的设计解决方案的价值（图3.48）。

d 充气水坝（Inflatable Dam）：通过弹性的充气基础，可以起到控制洪水分流的作用，迅速将巨大水流调节变小，化整为零（图3.49）。

图3.48 俄勒冈波特兰——绿色街道

图3.49　充气基础系统(资料来源:[以色列]里埃特·玛格丽丝,[美]亚历山大·罗宾逊著.生命的景观设计材料与技术创新.朱强.刘博琴,涂先明,译.大连:大连理工大学出版社,2009)

e 透水铺装:改善景观环境中铺装的透气、透水性,通过透水材料的运用,迅速分解地表径流,渗入土壤,汇入集水设施。

f 三种铺装材料(图3.50):

图3.50　三种透水铺装构造图

① 多孔的铺装面:现浇的透水性铺装面层使用多孔透水性沥青混凝土、多孔性柏油等材料。多孔性铺装的目的是从生态学角度处理车辆的汽油,从排水中除去污染物质,把雨水循环成地下水,分散太阳的热能,让树根呼吸,也是在恢复城市自然环境的循环机能基础上确立的。但是多孔性柏油的半液体黏合剂堵塞透气孔,会使植物根系造成呼吸不良,影响植物的生长。而多孔性混凝土因为其多孔结构会降低骨料之间的黏结强度进而降低路面的强度及耐久性等性能指标,因此必须注意通过添加特殊添加剂改善和提高现浇透水性面层黏结材料的黏结强度。多孔的铺装面能够增加渗透性,形成一个稳定的、有保护作用的面层。

② 散装的骨料:如碎石路面、停车场等。在南京大石湖景区中,运用碎石作为路面铺装,有效提高了场地的透水性,减少了硬质材料对自然环境地表水流动的阻隔(图3.51)。

图3.51　南京大石湖景区透水路面及停车场

③ 块状材料："干铺"的方式使用块状材料，如道板细石混凝土、石板等整体性块状材料。透水性块材面层的透水性通过两种途径实现，一种是透水性的块材本身就有透水性，另一种透水方式是完全依靠接缝或块材之间预留孔隙来实现透水目的。这两种方式中所使用的面层块材本身不透水或透水能力很有限，如：草坪格、草坪砖等（图3.52）。

1. 碎石层 Gravel
2. 沙层 Sand
3. 植草层 Plastic Ring Grid
4. 种植土 Topsoil
5. 草坡 Grass/Turfing

图3.52　草坪格、草坪砖的运用——南京新世界花园

上述三种常用的方法均可达到透气、透水的目的，其基本原理是通过面层、垫层、基层的孔洞、空隙实现水的渗透，从而达到透水的目的。在技术层面上应该注意区别道路铺装面的荷载状况而分别采用不同的垫层及基层措施。上述三种方法各有利弊，如透水混凝土整体性最强，其表面色彩、质地变化多，但随着时间的推移，由于灰尘等细小颗粒的填充，透水混凝土的透水率会逐渐降低，最终失去透水的意义。比较而言，散状骨料的适应面最宽，只要妥善处理面层、垫层及基层级配，此种铺装面几乎可以适用于任何一种景观环境，具有造价低、构造简单、施工便捷、易维护等多种优点。块状材料透水铺装面主要用于步行场合，不适宜重荷载碾压，否则会由于压力不均而致路面塌陷变形。

北京北海团城是利用水资源的典范，体现着先人们的环境意识及驾驭工程技术的智慧。团城地砖呈倒梯形。把这些倒梯形的砖排列起来，砖与砖之间形成了一个三角形的通道，这个通道既便于透气，又便于渗水。不仅如此，砖与砖之间的缝隙也没有抹灰浆，这样做显然是为了让雨水更好地下渗。砖下面的垫层材料比较松软。在环绕团城的270多米长城墙上，没有一个泄水口。在团城全部5900多平方米的地面上，除建筑物占地外，其余的地面都铺有地砖。铺砌样式分为两大类型：一小部分为甬道，由方砖铺成，它们质地致密，不渗水，专供人行走；地面绝大部分铺的是倒梯形方砖，供渗

水集雨之用。团城地势北高南低，雨水从北往南流，铺在城北和城南的倒梯形砖在尺寸和质地上也不相同。城北的砖较厚，上表面还有一层两三厘米厚的致密层；城南的砖稍薄，没有致密层，砖体还遍布气孔，其吸水性比前者要强。此外，城南的砖体表面积也小于城北的砖，这样做可以使城南地面的缝隙更多更密，更利于雨水下渗。团城共有9个入水井口，呈椭圆环走向排列，每个井口均与地下涵洞相通。地面上雨水口所处位置均是涵洞走向的转折点，按逆时针方向经8号、7号、6号等井口，最后到达1号井口，整个涵洞走向呈"C"字形。每当大雨或暴雨来临时，雨水就顺着井口流入涵洞储存起来，形成一条暗河，使植物在多雨时不致积水烂根，在天旱时不致缺水干枯(图3.53)。

图 3.53 北京团城透水砖和集雨涵洞

（2）中水处理

中水回用景观设计是当今城市住区环境规划中体现生态与景观相结合的一项有着多重意义的课题，对于应对全球性水资源危机，改善城市环境有着非常重要的价值。将生活污水作为水源，经过适当处理后作杂用水，其水质指标介于上水和下水之间，称为中水，相应的技术称为中水处理技术。经处理后的中水可用作厕所冲洗、园林灌溉、道路保洁、城市喷泉等。对于淡水资源缺乏、城市供水严重不足的缺水地区，采用中水技术既能节约水源，又能使污水无害化，是防治水污染的重要途径，也是我国目前及将来长时间内重点推广的新技术、新工艺(图3.54)。

图 3.54 中水处理及景观分布流程图

中水处理技术类型：

① 物理技术：包括沉淀法、过滤法、气浮法等技术措施。沉淀法利用重力作用使污染水中重于水的固定物质沉淀；过滤法是将水通过滤料或多孔介质，通过吸附作用和物理筛滤截流水中悬浮物；气浮法利用细小气泡和细微颗粒之间的吸附作用使污染物形成实际密度小于水的漂浮物，从而起到与污水隔离的作用。

② 生物处理技术：包括好氧生物处理法和厌氧生物处理法。根据微生物的呼吸特性，采用一定的人工措施营造有利于微生物生长繁殖的环境，使微生物大量繁殖，以提高微生物氧化分解有机物的能力，达到净水目的。

③ 净水生境系统：将污染物迁移转化后外移，通过植物的吸收、吸附、截留、过滤作用，降解、转化水体中的有机污染物。湿地结构模式快速的水循环和对富营养物高效的新陈代谢，对污水的处理特别有效。高渗透性的矿物材料确保基质的多孔性和孔隙度，有利于植物的生长。净化生境系统在降解微粒和分解有机物方面十分有效。有氧水生微生物和一些植物的根系形成共生关系，这些微生物能够促进碳的化合物的分解。同时，也应该看到，在某些污染严重的水体中由于生境破坏严重导致植物生长困难。另外，考虑到植物生长周期、生长速度，应避免因其过度生长或组织沉淀而造成水体的二次污染（图3.55）。

**图3.55 湿地结构模式图**（资料来源：[以色列]里埃特·玛格丽丝，[美]亚历山大·罗宾逊著.生命的系统——景观设计材料与技术创新.朱强，刘博琴，涂先明，译.大连：大连理工大学出版社，2009）

### 3.2.2 可持续景观种植设计

近年来，景观环境建设过程中，过分追求"立竿见影"、"一次成型"的视觉效果，将栽大树曲解为移植老树，从而忽略了植被的生态功能，大量绿地存在了功能单一、稳定性差、易退化、维护费用高等问题。可持续景观种植设计注重植物群落的生态效益和环境效益的有机结合。通过模拟自然植物群落、恢复地带性植被、多用耐旱植物种等方式实现可持续绿色景观的有效途径。建构起结构稳定、生态保护功能强、养护成本低、具有良好自我更新能力的植物群落。

1）地带性植被的运用

自然界植物的分布具有明显的地带性，不同的区域自然生长的植物种类及其群落类型是不同的。景观环境中应用的地带性植被，对光照、土壤、水分适应能力强，植株外形美观、枝叶密集，具有较强扩展能力，能迅速达到绿化效果且抗污染能力强、易于粗放管理，种植后不需经常更换的植物。地带性植物栽植成活率高，造价低廉，常规养护管理费用较低，往往无需太多管理就能长势良好。地带性植物群落还具有抗逆性强的特点，自成群落，生态保护效果好，在城市中道路、居住区等生态条件相对较差的绿地也能适应生长，从而大大丰富了景观环境的植物配置内容。地带性树种根系深而庞大，能疏松土壤、调节地温、增加土壤腐殖质含量，对土壤的熟化具有促进作用。

在立地条件适宜地段恢复地带性植物时，应该大量种植演替成熟阶段的物种，首选乡土树种，组成乔、灌、草复合结构，在一定条件下可以抚育野生植被。城市生物多样性包括景观多样性，是城市人们生存与发展的需要，是维持城市生态系统平衡的基础。城市景观环境的设计以其园林景观类型的多样化，以及物种的多样性等来维持和丰富城市生物多样性。因此，物种配置以本土和天然为主，这种地带性植物多样性和异质性的设计，将带来动物的多样性，能吸引更多的昆虫、鸟类和小动物来栖息。南京地铁一号线高架站广场景观环境设计中，大量使用地带性落叶树种，如榉树、朴树、黄连木、马褂木等，形成四季分明的植物景象（图3.56）。

图3.56　南京地铁一号线地带性树种选用

北京塞纳维拉居住区运用杨树来营造一种"白杨乡土景观"。在一个高档社区中使用了最便宜却具有地域特征的树木，不仅提升了住区的品质，而且在改善景观环境质量的同时，节约造价，合理科学的设计实现了景观的可持续。塞纳维拉居住区以北方常见的新疆杨为主要的景观元素，简单地规则种植，力图以其高大挺拔的风姿将建筑掩映其间，它们统一了场地并构成了最显著的地域特征和地域标识。与此同时，杨树林下以草坪和地被植物作基底，这些地被植物用来保持水土、界定道路。局部配置早园竹丛，点缀季节特征显著的花灌木，作为低空屏障既可挡风又可增添视觉趣味，从而有助于形成简洁而有力度的种植，他们共同构成极具地带性特色的景观(图3.57)。

图3.57　北京塞纳维拉居住区

强调地带性植物的意义，并非绝对排斥外来植物种类。譬如广泛分布于长江流域的悬铃木、雪松等。但是，目前很多城市景观是由非本地或未经驯化培育的植物组成。这些植物在生长期往往需大量的人工辅助措施，并且长势及景观效果欠佳。以南京鼓楼北极阁广场上的银海枣为例，保护它们正常越冬是每年必不可少的工作，大大增加了养管费用。同时，这些新引进的树种，由于对气候的不适应，往往生长状况差，根本达不到原产地的效果。外来树种引种需有一个适应环境的过程，其周期较长，因此引种须慎重(图3.58)。

图3.58　北极阁广场种植的银海枣

2) 群落化栽植——"拟自然景观"

自然界树木的搭配是有序的，乔、灌、草级分布，树种间的组合也具有一定的规律性。它们的组合一方面与生境条件相关，另一方面又与树种的生态习性有关。对于景观师而言，通过模拟地带性自然植物群落以营造景观是相对有效的办法，一方面可以强化地域特色，另一方面也可以避免不当的树种搭配。模拟自然景观的目的在于将自然环境的生境特征引入到城市景观环境建设中来。模拟自然植物群落、恢复地带性植被的运用，可以构建出结构稳定、生态保护功能强、养护成本低、具有良好自我更新能力的植物群落。不仅能创造清新、自然的绿化景观，而且能产生保护生物多样性和促进城市生态平衡。

植物群落所营造的是拟自然、原生态的景象。种植设计中,要注意栽植密度的控制,过密的种植会不利于植物生长,从而影响景观环境的整体效果。在技术上,应尽量模拟自然界的内在规律进行植物配置和辅助工程设计,避免违背植物生理学、生态学的规律进行强制绿化。植物栽植须在生态系统允许的范围内,使植物群落乡土化,进入自然演替过程。如果强制绿化,就会长期受到自然的制约,从而可能导致灾害,如物种入侵、土地退化、生物多样性降低等的发生。

拟自然植物群落的基本方法:生物多样性不是简单的物种集合,植物栽植应尽可能提高生物多样性水平。植物配置时,既要注重观赏特性对应互补,又要使物种生态习性相适应;尊重地带性植物群落的种类组成、演替规律和结构特点,以植物群落作为绿化的基本单元,再现地带性群落特征。顺应自然规律,利用生物修复技术,构建层次丰富、功能多样的植物群落,提高自我维持、更新和发展能力,增强绿地的稳定性和抗逆性,减少人工管理力度,最终实现景观资源的可持续维持与发展(图3.59)。

**图3.59　杭州太子湾公园人工群落**

3) 不同生境的栽植方法

进行植物配置时,要因地制宜,因时制宜,使植物正常生长,充分发挥其观赏特性,避免为了达到所谓的景观效果而采取违背自然规律的做法。譬如大面积的人工草坪不仅仅建设与养管成本高,而且由于需要施肥,当大面积草坪与水面相临时,就难免使水富营养化,从而带来水环境的恶化。

生态位是指物种在系统中的功能作用以及在时间、空间中的地位。景观规划设计要充分考虑植物物种的生态位特征,合理选择、配置植物群落。在有限的土地上,根据物种的生态位原理实行乔、灌、藤、草、地被植被及水面相互配置,并且选择各种生活型以及不同高度、颜色、季相变化的植物,充分利用空间资源,建立多层次、多结构、多功能科学的植物群落,构成一个稳定的长期共存的复层混交立体植物群落。

树种的选择主要受生态因子的影响,就景观栽植而言,一方面是依据基地条件而选择相适宜的树种,另一方面是着眼于景观与功能,改善环境条件而栽植某些植物种。树木与环境间是一种"互适"的关系。以"适地适树"为根本原则,在确保植物成活率的同时,降低造价及日常的养护管理费用。

合理控制栽植密度,植物配置的最小间距为 $D = \dfrac{A+B}{2}$。其中$A$、$B$为相邻两株树木的冠幅,$D$为两株树木的间距。复层结构绿化比例,即乔、灌、草配植比例是直接影响场地绿量、植被、生态效应和景观效应的绿化配置指标。据调查研究,理想的景观环境为100%绿化覆盖率,复层植物群落占绿地总面积的40%~50%,群落结构一般三层以上,包括乔木、灌木、地被。

荷兰库肯霍夫(Keukenhof)国家公园是在1840年由著名的景观园艺家左贺特(Zochter)父子所设

计,公园整体的景观设计以英国都铎式风格为主,园内树木参天,绿荫浓密,搭配着蜿蜒的林径、幽静的喷泉水池,经历了160余年的演替,库肯霍夫已宛如自然一般(图3.60)。

(1) 建筑物附近的栽植

景观环境中,通过种植设计形成良好的空间界面,与建筑物达成一定的对话关系。建筑周边立地条件复杂,通常地下部分管线、沟池等占据了地下空间,自然生长的植物、材料具有两极性,即植物的地下部分与地上部分具有相似性(图3.61)。树木的地上地下部分都在生长,因此,地上地下都必须留出足够的营养空间。所以,在种植设计过程中,不仅要考虑到植物、材料地上部分的形态特征,同时也要预测

图3.60 荷兰库肯霍夫国家公园

到植物生长过程中其根系的扩大变化,以避免与建筑基础管线产生矛盾。靠近建筑物附近的树木往往根系延伸至建筑室内地下,一方面会破坏建筑物的基础,另一方面由于树木的根系吸收水分,可引起土壤收缩,从而使室内地面出现裂纹。尤其是重黏土,龟裂现象更为明显。其中榆树、杨树、柳树、白蜡等树种容易造成此类现象,因此在种植设计时必须保持足够的距离。通常至少保持与树高同等的距离,至少保持树高 2/3 的距离。

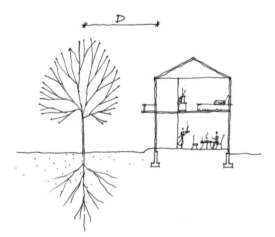

图3.61 树木生长的相似性与建筑基础的关系图

(2) 湿地环境植物栽植

水生植物常年生活在水中,根据生态习性的不同,可以划分为五种类型,其分别适宜生长在不同水深条件中。挺水植物常分布于0~1.5 m的浅水处,其中有的种类生长于潮湿的岸边,如芦、蒲草、荷

图3.62 湿地环境植物栽植图

花等;浮水植物适宜水深为0.1~0.6 m,如浮萍、水浮莲和凤眼莲等;沉水植物的植物体全部位于水层下面,营固着生活的大形水生植物,如苦草、金鱼藻、黑藻等;沼生植物仅植株的根系及近于基部地方浸没水中的植物,一般生长于沼泽浅水中或地下水位较高的地表,如水稻、菰等;水缘性植物生长在水池边,从水深0.2 m处到水池边的泥里都可以生长(图3.62)。

不同水生植物除了对栽植深度有所不同外,对土壤基质也有相应的要求,景观栽植中应注意不同水生植物的生态习性,创造相应的立地条件。

(3)坡面栽植

土石的填挖会形成边坡土石的裸露,造成水土流失,影响植被生长。坡面栽植可美化环境,涵养水源,防止水土流失和滑坡,净化空气,具有较好的环保意义。

坡面栽植效果如何在很大程度上取决于植物材料的选用。发达根系固土植物在水土保持方面有很好的效果,国内外对此研究也较多。采用发达根系植物进行护坡固土,既可以达到固土保沙,防止水土流失,又可以满足生态环境的需要,还可进行景观造景,在城市河道护坡方面可借鉴。固土植物可以选择的主要有沙棘林、刺槐林、黄檀、胡枝子、池杉、龙须草、金银花、紫穗槐、油松、黄花、常青藤、蔓草等等,在长江中下游地区还可以选择芦苇、野菱白等,具体根据该地区的气候选择适宜的植物品种。

按栽种植物方法不同分为:栽植法和播种法。播种法主要用于草本植物的绿化,其他植物绿化适用栽种法。播种法按使用机械与否,又可分为机械播种法和人工播种法;按播种方式不同还可分为点播、条播、撒播。

三类坡面栽植技术:

① 陡坡栽植(坡度大于25°的坡面):注意坡面防护,植物可选用灌木、草本类植物,可在边坡上打桩,设置栅栏、浆砌石框格以利于边坡稳定和植物生长。但这些措施并不能保证边坡长久的稳定,后期还要维护和管理。对于重要边坡,可选用植生混凝土绿化。

② 高硬度土质边坡栽植:当土壤抗压强度大于15 kg/cm$^2$时,植物根系生长受阻,植物生长发育不良。在这种情况下,可采用钻孔、开沟、客土改良土壤硬度,也可以用植生混凝土绿化。

③ 岩石坡面栽植:岩石坡面属高陡边坡,立地条件差、栽植技术复杂、成本高、养管难度大,非特殊地段及需要不应该过度人为绿化。对于稳定性良好的岩坡,可考虑藤本植物绿化。在坡面附近或坡底置土,其上栽种藤本植物,藤本植物生长、攀缘、覆盖坡面。对于稳定性较差的岩坡,应充分考虑坡面防护。先在岩坡上挂网,采用特定配方的含有草种的植生混凝土,用喷锚机械设备及工艺喷射到岩坡上,植生混凝土凝结在岩坡上后,草种从中长出,覆盖坡面。

植生混凝土主要由多孔混凝土、保水材料、难溶性肥料和表层土构成。多孔混凝土是植被型生态混凝土的骨架。表层土铺设于多孔混凝土表面,形成植被发芽的空间并减少混凝土中水分蒸发,同时提供植被发芽初期的养分。采用喷洒植生混凝土的护坡绿化技术,能够在坡度超过20%的岩石上拉网喷射一层植被混凝土。但由于植生混凝土成本过高,推广应用尚比较困难。国内开始研究适合岩石边坡喷射施工的水泥生态种植基。水泥生态种植基是由固体、液体和气体三相物质组成的具有一定强度的多孔人工材料。固体物质包括粗细不同的土壤矿物质颗粒、胶结材料、肥料和有机质及其他混合物。在种植基固体物质之间是形状和大小均不相同的空隙,空隙由成孔材料产生,成孔材料采用稻草秸秆,空隙中充满水分和空气。

生态笼砖边坡复绿技术是采用工厂生产配制的栽培基质加黏合剂压制成砖状土坯,在砖坯上播种草花灌等植物种子,经养护后,砖坯内长满絮状草根的绿化草砖,将草砖装入过塑网笼砖内,形成绿化笼砖,将笼砖固定在岩质坡面上,达到即时绿化效果,解决了75°以上的石壁边坡绿化难题。但由于工程造价较高,推广受到限制。

生态植被袋:生物防护技术是将选定的植物种子通过两层浆纸附着在可降解的生态植被袋的内侧,在施工时在植被袋内装入营养土,封口按照坡面防护要求码放,经过浇水养护,能够实现施工现场的生态修复。生态植被袋既可以用于土石坡面,也可以用于岩石坡面,但坡度较陡时坡面不宜太长。生态植被袋是用高分子聚乙烯及其他材料制成,耐腐蚀性强,对植物友善。生态植被袋有过滤功能,在允许水通过时,可以防止颗粒渗透,透水不透土,具有水土保持的关键特性。

灌木护坡技术有利于土方加固和大体积稳定。在边坡上开挖种植企口,形成种植台地,栽植灌木(图3.63)。

图3.63 "灌木护坡技术"模式图

(4)屋顶栽植

屋顶栽植作为一种不占用地面土地的绿化形式,其应用越来越广泛。屋顶栽植的价值不仅在于能为城市增添绿色,而且能减少建筑材料屋顶的辐射热,降低城市的热岛效应、改善建筑的小气候环境、提高建筑物的热工效能,形成城市的空中绿化系统,对城市环境有一定的改善作用。

屋顶栽植的技术问题是一个核心问题。对于屋顶绿化来讲,首先要解决的是建筑的防水问题。不同的屋顶形式需选择不同的构造设施。倘若屋顶的种植植物还是按照地面的栽植方式则不适合。考虑到屋顶栽植存在置换不便的现实问题,因此植物选择上要注意生命周期,尽量选取寿命长、置换便利的植物材料,置换期一般须达到10年以上。同时,屋顶基质与植物的构成是否合理也是需慎重考虑的一个方面。在一个大坡度的屋顶覆土深度近0.5 m,如果仅种植草本植物,从设计及绿化方式的选择上是不适当的。

屋顶栽植结构层一般分为:屋面结构层、保温隔热层、防水层、排水层、过滤层、

图3.64 屋顶绿化构造图

土壤层、植物层等(图3.64)。

① 保温隔热层：可采用聚苯乙烯泡沫板，铺设时要注意上下找平密接。

② 防水层：屋顶绿化后应绝对避免出现渗漏现象，最好设计成复合防水层。

③ 排水层：设在防水层上面，可与屋顶雨水管道相结合，将过多水分排出，以减轻防水层的负担。排水层多用砾石、陶粒等材料。

④ 种植层：一般多采用无土基质，以蛭石、珍珠岩、泥炭等与腐殖质、草炭土、沙土配制而成。

种植屋面的防水层兼有防水和阻止植物根穿透的功能。种植屋面常用的防水卷材主要包括改性沥青、PVC和EPDM三种。由于种植屋面荷载重、要求使用寿命长、不易维修等因素，国外采用叠层改性沥青防水层较多，但沥青基防水卷材阻根性较差，需要采取阻根剂、铝箔、铜蒸气等手段解决这一问题。PVC和EPDM防水卷材只要具有较大的厚度也可用于种植屋面单层铺设，或者铺在有沥青卷材作为下层防水的上面，组成多层防水。因此，可大力发展阻根叠层改性沥青防水层，以适应细作型重型种植屋面之需，同时适当发展和采用PVC及EPDM防水卷材，逐渐形成多元化防水材料体系。

① 含有复合铜胎基的SBS改性沥青防水层；

② PVC防水层；

③ EPDM防水层(三元乙丙橡胶防水层)。

新建成的美国国会图书馆帕卡德园区视听资料保存中心(简称NAVCC)占地16万 $m^2$，坐落于弗吉尼亚州乡间(图3.65)。重要的场地设计理念包括：对原有建筑的适应性再利用；保留原有树木；使用乡土植物；雨洪管理；高度隔离性；利用窗前的拱廊遮挡夏日的阳光。屋顶有一定的坡度分级，有的地方厚度达122 cm，有的地方厚度只有22 cm。最薄的地方由80%的stylite(专用于屋顶绿化的轻质、多孔的烘干沙土)和20%的混合肥料组成。设计师首先绿化平坦的区域，然后在斜坡处采用湿法喷播植草，使建筑与原地形巧妙地融合在一起。斜坡的厚度只有15 cm，种植了景天属植物和侧穗格兰马草。就色彩而言，与周围的乡土色彩和谐一致(参见：John Loomis. 地下建筑与绿色屋顶——美国国会图书馆帕卡德园区视听资料保存中心. 申为军，译. 景观设计，2009(32))。

图3.65　美国国会图书馆帕卡德园区视听资料保存中心

议会街601号是美国一家公司美国总部的办公楼，佐佐木事务所(Sasaki Association, Inc)设计的绿色屋顶花园具有可持续发展的性质(图3.66)。屋顶花园面积约1020 $m^2$。采用的植被大部分为耐干旱的装饰草类和景天类植物。排水、蓄水、通风系统铺在一层挤压成形的聚苯乙烯隔热层上面。排水系统由100%回收的轻型聚乙烯板组成，这些聚乙烯板被造成蓄水杯和排水渠的形状，通过毛细管和蒸发作用为土壤、植被层供水。过滤织物把排水系统和种植土层分隔开。屋顶花园虽然面积不大，但是为扩大了周围城市环境中有限的绿色空间，同时也为一些鸟类、蝴蝶和昆虫提供了栖息场所(参见：议会街601号屋顶花园. Alistair McIntosh, David Clough, Lori Ellis, 胡斌，译. 国际新景观，2008(08))。

图3.66 议会街601号屋顶花园

Vue公司绿色屋顶位于一座8层车库的顶部,也是这栋围合式建筑的中心位置。屋顶花园总体方案的目标是具有时代感的形式,以形成空间的焦点元素(图3.67)。同时为了方便各类使用者的出入,把露台分成若干开放式公共空间和相对私密的区域。整个设计过程中,减少雨水径流,限制灌溉用水量、使用本地或再生材料等都是优先考虑的因素。不仅在设计上有着较强的表现力,同时将舒适性、便捷性和可持续性巧妙地结合在一起。(参见:Richard Jones. 实用性与环境可持续性相平衡——The Vue绿色屋顶撰写.申为军,译.景观设计2009(32))

图3.67 Vue公司绿色屋顶

### 3.2.3 可持续景观材料及能源

莱尔(Lyle)指出,"生物与非生物最明显区别在于前者能够通过自身的不断更新而持续生存。"他认为,由人设计建造的现代化景观应当具有在当地能量流和物质流范围内持续发展的能力,而只有可再生的景观才可以持续发展。正如树叶凋零,来年又能长出新叶一样,景观的可再生性取决于其自我更新的能力。城市景观环境规划设计过程中,不可避免地要处理这类问题。因此,景观设计应当采用可再生设计,即实现景观中物质与能量循环流动的设计方式。绿色生态景观环境设计提倡最大化利用资源和最小化排废弃物,提倡重复使用,永续利用。

景观材料和技术措施的选择对于实现设计目标有重要影响。景观环境中的可再生、可降解材料的运用、废弃物回收利用以及清洁能源的运用等是营造可持续景观环境的重要措施,从上述诸措施着手,统筹景观环境因素间的关系,是构建可持续景观环境的重要保证。

1) 生态厕所

作为景观环境的配套环卫基础设施,生态公厕是指具有不对或较少对环境造成污染,并且能够充分利用各种资源,强调污染物自净和资源循环利用概念和功能的一类厕所。根据不同的进化措施,目前社会上已经出现了生物自净、物理净化、水循环利用、粪污打包等不同类型的生态厕所。

生态厕所主要特点有以下几个方面:

(1) 粪污无害化:将厕所所收集的粪污进行就地处理或异地处理,使粪污无害化后再回归于环境。在进行粪污处理时,可以将回收粪污中的有用成分用于制肥或回收水资源,使得粪污从无害化走向资源化。

(2) 节能、节水:生态厕所应具备粪便处理回收水的功能,也有一些厕所不使用或少用水冲方式而达到洁净目的。这些厕所在使用上具有独立性,特别是对水资源的需求较少,具备节水特点。还有一些厕所利用太阳能作为取暖能源。

(3) 应用范围广:由于生态厕所减少了对外界资源的依赖性,因此,生态厕所可以广泛地应用于环境和条件受限制的地域。在立地条件不是很理想的景观环境中,生态公厕的安装使用较普通厕所更为便利。

目前,太阳能生态公厕已经研制成功。太阳能公厕的原理是对建筑外墙进行保温,并把向阳面做成集热墙。集热墙上下部分别设可调式通风口,利用物理原理使吸热体内热空气与室内的冷空气之间形成自动循环,将太阳能转换成电能,达到冬季提高公厕内室温、防止厕内水管冻裂的目的。与有供暖的公厕相比,太阳能厕所节约了能源,节省了运行费。生态厕所采用微生物技术处理污物,污物经过除臭、分解、酵化等三个步骤,并将产生的污浊气体转换成二氧化碳排放到空气中,对周围环境基本没有影响。经测试,这种环保型厕所不但具有清洁、安全、节能的功能,而且解决了过去普通厕所存在的污水再污染等问题。这种环保型厕所的投入使用,不但可以节约大量的水资源,还大大减少了城市污水的排放量。

为了治理生活污水污染,改变普通国标化粪池给城乡自然水体带来的严重污染,目前已经开发出了安装简便、易于工厂化生产的高效一体化生物化粪池。这种产品介于化粪池和无动力污水处理设备之间,既可作为老式化粪池的更新换代,又有较好的污水净化效果,已充分体现出了它的实用性、先进性,在景观环境中使用较为便捷(图3.68)。

**图3.68 生态化粪池工作流程图**(资料来源:东南大学10T/d化粪池污水处理工程.江苏省新源环保有限公司,2009)

高效一体化生物化粪池特点：

① 设计新颖，结构紧凑，无能耗；玻璃钢(FRP)制造，使用寿命长。

② 具备格栅、隔油、沉淀、发酵和过滤的综合功能。

③ 安装使用方便，粪渣清理简便，清掏周期长；长期使用无堵塞现象。

④ 处理效果好，出水高于常规生物化粪池出水水质。

⑤ 具有抗脉动水流冲击、防气体爆炸功能(图3.69)。

2) 可再生材料的使用

可持续景观材料和工程技术：从构成景观的基本元素、材料、工程

图3.69　生态化粪池工作原理(资料来源：东南大学10T/d化粪池污水处理工程. 江苏省新源环保有限公司，2009)

技术等方面来实现景观的可持续，包括材料和能源的减量、再利用和再生。景观建造和管理过程中的所有材料最终都源自地球上的自然资源，这些资源分为可再生资源(如水、森林、动物等)和不可再生资源(如石油、煤等)。要实现人类生存环境的可持续，必须对不可再生资源加以保护和节约使用。但即使是可再生资源，其再生能力也是有限的，因此，在景观环境中对可再生材料的使用也必须体现集约化原则。

景观环境中一直鼓励使用自然材料，其中的植物材料、土壤和水毋庸置疑，但对于木材、石材为主的天然材料的使用则应慎重。众所周知，石材是不可再生的材料，大量使用天然石材意味着对于自然山地的开采与破坏，以损失自然景观换取人工景观环境显然不足取；而木材虽可再生，其生长周期长，尤其是常用的硬杂木，均非速生树种，从一定程度上看运用这类材料也是对环境的破坏。不仅如此，景观环境中使用过的石材与木材均难以通过工业化的方法加以再生、利用，一旦重新改建，大量的石材与木材又会沦为建筑"垃圾"造成二次污染环境。因此，应注重探索可再生资源作为景观环境材料，金属材料是可再生性极强的一种材料。此类材料均有自重轻、易加工成型、易安装、施工周期短等优点，因此，应当鼓励钢结构等金属材料使用于景观环境。除此之外，基于景观环境特殊性、全天候、大流量的使用，因此除可再生性能外，还应注意材料的耐久性，可以长期无需要更换与养护的材料同样是符合可持续原则的。

基于可持续观念的材料研究将会成为继"钢"和"混凝土"之后的又一次材料革命。"钢"和"混凝土"曾经彻底解放了建筑的结构，也使得现代主义建筑运动得以成功，并加速了从手工业时代到工业时代的转变。而从后工业时代到可持续时代的过渡，则意味着对材料的新一轮的定义。因为所有的能源、资源和生态问题都因物质和材料而起。这种新的材料革命强调了充分利用材料的自然特性以及再生概念，并合理利用有限的自然资源。对景观建设而言，依据物质材料的再生概念，根据材料再生方面的不同特性，还有其加工所消耗的能源数量的不同对其加以选择和划分。选择可再生、可降解、可重复种植、重复生产的材料和可以再利用的材料，或者直接从再生、再利用的材料中获取景观材料。同时要求所有组成材料都能够被清晰地解读，而不会被完全纳入到其他部分之中。这样失去功效的材料能够被简单地分离、拆除，而不影响其他尚能发挥功效的材料的继续使用(孔祥伟. 建筑与文化. 稻田校园———一次简单置换带来的观念重建，2007(1))

景观环境中运用的可再生材料主要包括:金属材料、玻璃材料、木制品、塑料和膜材料等几种类型。正如金属材料一样,许多新材料的运用不是从景观设计中开始,所以关注材料行业的发展,关注其他领域材料的应用,有利于我们发现景观中的新材料,或传统景观材料的新用法。

(1) 金属材料

景观环境建设中,金属材料应用广泛。与石材等其他材料相比,它具有可再生性、耐候性、易加工性、易施工和维护等特点。在景观环境中,常用的金属材料有钢材、不锈钢、铝合金等。不锈钢不易产生腐蚀、点蚀、锈蚀或磨损,能使结构部件永久地保持工程设计的完整性。含铬不锈钢还集机械强度和高延伸性于一身,易于部件的加工制造,可满足景观建筑师的设计需要。耐候钢的生产原理是在钢材中加入微量元素,使钢材表面形成致密和附着性很强的保护膜,阻碍锈蚀往里扩散和发展,保护锈层下面的基体,以减缓腐蚀速度,延长了材料的使用寿命。耐候钢以其独特的色彩和质感融于景观设计中,体现出别出心裁的艺术魅力。镀锌钢板是指表面电镀一层约1 mm的金属锌的钢板,具有防腐蚀的作用,在景观建筑行业中应用比较广泛。通过压缩变形的镀锌钢板给景观环境设计带来了质感美和丰富的细部。铝合金具有适当的延伸率、良好的抗腐蚀性能。

① 可再生性:金属材料属可循环利用材料,可回收再加工,不会损害后续产品的质量,环保性强。回收利用是金属的一大优势,因为熔化金属耗费的能源很少。通常金属废料的再利用率可以达到90%,其中钢材料100%。

② 耐候性、耐久性:许多金属材料具有良好的耐候性、耐久性。金属表面还可做涂层处理,以保护金属材料、提高耐久性。不同涂漆的性能主要表现在耐候性上。常用的涂漆方法有电泳涂漆、静电粉状喷涂、氟碳喷涂等。氟碳喷涂是目前广为使用的、耐候性最佳的涂料材料。

现代艺术中心公园位于北京"CBD都市绿廊"的核心部分。通过锈蚀钢板与石材的结合,构成了具有现代气息的城市景观小品,两种材料的颜色、质地对比增加了景观肌理和细部(图3.70)。

图3.70　北京CBD现代艺术中心公园锈蚀钢板的运用

韩国LG Kangnam广场位于韩国首尔江南区,设计的目的在于以一种对应的国际化广场和绿化形式整合周边现代风格的建筑群。这个广场可以分为四个区域:到达广场、竹园、水园、艺术会堂花园。设计利用不锈钢材料将通风管道包装,满足功能需要的同时,螺旋状的通风井成为广场上的景观焦点(图3.71)。

在宿迁河滨公园景观小品的设计上采用简洁明快的现代风格,以钢和玻璃为主。在休息亭中,钢管柱外饰铁灰色氟碳漆,增强了钢材料的耐腐蚀性(图3.72)。

图 3.71 韩国 LG Kangnam 广场不锈钢板的运用（资料来源：国际新景观. 全球顶尖 10×100 景观. 武汉：华中科技大学出版社，2008）

图 3.72 宿迁河滨公园休息亭

③ 易加工性：金属材料延展性好、韧性强，易于工厂化规模加工，机械化加工精密，可以降低人工成本、缩短工期。在景观环境中其较强的可塑性可以满足设计的多样化需求。由于处理的方法不同，金属材料可呈现出不同的视觉以及触觉效果。平滑的铝板、不锈钢板能体现现代技术以及工艺美；铜板材料表现出现代感与历史感的结合；波纹板则给设计带来丰富的细部；自然未处理的钢板容易留下自然和时间的印记。

传统的景观材料如石材、木材等大部分为天然材料，金属这一人工材料与其他天然材料的搭配使景观的变化更为丰富，能够展现出人工美与自然美的对比与交融。金属材料形式众多、色彩丰富、能够表现出各种复杂的立体造型、纹理及质感的效果，可针对景观环境特征有选择地使用各类金属材料。

西班牙达尔哥诺·玛公园（Diagonal Mar Park）坐落于西班牙巴塞罗那海洋森林街、吕尔街和何塞普·普拉街之间，由 EMBT 事务所设计，于 1997—2002 年期间建造。设计运用不锈钢管的扭转构成轻盈且具有动势的景观构筑物，活化了场地空间，同时原来的基地环境（废弃的工业地块）在某种程度上得以体现。在这个公园中，不锈钢管可塑性强的特性使设计师的构思落到实处（图 3.73）。

图 3.73 西班牙达尔哥诺·玛公园不锈钢管的运用

图3.74　Patent Garden锈蚀钢板的运用

专利花园(Patent Garden)由汤姆·奥斯隆德(Tom Oslund)、泰迪·科莱恩(Tadd Kreun)合作完成。这个小庭院花园使用强烈的形式感和抽象的符号,以实现一种平静且具有禅宗意境的花园。庭院场地为正方形,碎石铺地,中间由耐候钢板围合圆形草坪。螺旋状钢板墙体充分发挥了材料良好的延展性和可塑性(图3.74)。

国会大厦广场(Capitol Plaza)是2005年美国风景园林师协会(ASLA)的获奖项目,由托马斯·贝斯利(Thomas Balsley)设计完成。各种不同的坐椅的设置使这个横穿街区的口袋公园备受欢迎。在这个广场设计中,27 m长的橙色镀锌钢板墙形成一个愉悦的背景。波浪纹的钢板上开凿了大小不一的椭圆孔洞,增加了景观环境的细部和趣味性(图3.75)。

图3.75　国会大厦广场镀锌钢板的运用

大丰二卯酉河景观带中,建筑小品以钢结构为基本结构形式,维护部分以玻璃为主,实现通透、轻巧,局部穿插使用毛石墙体,以丰富建筑立面和形体造型(图3.76)。

图3.76　大丰二卯酉河景观带景观小品

④ 易施工性：金属材料质量较轻，可以减少荷载，现场施工装配较为便利。

荷兰蒂尔堡克罗姆特（Kromhout）公园和中关村科技园区G1地块中，钢格栅板的使用增添了场地的科技感，同时，格栅板规格化制作使现场安装十分方便（图3.77）。

图3.77　钢格栅板的运用

⑤ 易维护性：多数金属材料具有易维护的特点，材料管理便利，有效降低人工成本。

（2）玻璃材料

玻璃属于一种原料态资源，因为玻璃的主要成分是二氧化硅，一般玻璃制品不会污染环境。随着技术的发展，玻璃材料在景观环境中运用不仅仅限于围护构件，亦可以作为承重构件，从而增添了景观的可变性和趣味性。不同的玻璃材料具有不同的内在属性，在景观环境中发挥了特殊的功能作用。

① 透光性：玻璃制品最大的特性在于其透光性。不同的玻璃材料具有不同的透光度。超白玻璃是一种低含铁量的浮法玻璃，具有高透光率；玻璃砖和毛玻璃均具有透光不透影的特点。玻璃砖的运用给景观环境带来朦胧感，在夜景亮化中起到奇特的作用。

② 耐候性：玻璃制品一般不受自然气候的腐蚀，理论耐久年限可以超过100年。

③ 一定的机械性能：

· 钢化玻璃是一种预应力玻璃，为提高玻璃的强度，通常使用化学或物理的方法，在玻璃表面形成压应力，玻璃承受外力时首先抵消表层应力，从而提高承载能力，增强玻璃自身抗风压性、寒暑性、冲击性等（图3.78）。

· 夹胶玻璃强度高且破碎后玻璃碴粘连在一起，不易伤人，安全性高。在景观环境中，夹胶玻璃通常用于易受人体冲击的部位（图3.79、图3.80）。

· 镀膜玻璃具有良好的遮光性能和隔热性能，镀膜反射率可以达到20%—40%。

· 中空玻璃由于其特殊的中空构造，大幅度提高了保温隔热性能和隔声性能，具有极好的防结露特性，适用于景观建筑、小品。

美国大峡谷"空中漫步"（Skywalk）建成

图3.78　美国大峡谷Skywalk钢化玻璃的运用

图3.79 "戴维·波维林之星"玻璃建筑与双面镜
(资料来源:[英]盖伊·库珀,戈登·泰勒.未来庭院.安晓露,译.贵阳:贵州科技出版社,2002)

于2007年。这个U形玻璃平台,从大峡谷的老鹰岩(Great Eagle Point)延伸出来,长七十多尺,其所处高度比目前世界上最高的建筑物还要高出一倍多。玻璃走廊匠心独运的悬臂式设计,能抵御世界上所有天桥步道都不能承受的恶劣天气。玻璃材料的使用增添景观环境的刺激程度。

图3.80 国会荣誉勋章纪念圆弧形玻璃构筑物(资料来源:[美]Michael Spens.Modern Landscape.New York: Phaidon Press,2003)

④ 易加工性:玻璃材料易于工厂化规模加工,可根据设计要求定制各种类型、形状;机械化加工精密,玻璃制品平整度较高。

(3)木制品

木材和木制品的运用在国内相当丰富。木材往往具有

图3.81 姜堰溱湖湿地公园木构筑物

图3.82 瑞典铁锚公园木制品(资料来源:王向荣,林箐,蒙小英.北欧国家的现代景观.北京:中国建筑工业出版社,2007)

以下材料特性：

① 热性能：木材的多孔性使其具有较低的传热性以及良好的蓄热能力。

② 机械弹性：木材是轻质的高强度材料，具有很好的机械弹性性能，根据木材的各向异性，在平行于纹理的方向上显示出良好的结构属性。

③ 易加工性：景观环境中的木制小品，可以根据需要加工定制（图3.81，图3.82）。

由于木材取材于自然森林，虽然属于可再生材料，但是由于成材周期长，大量使用原木并不是很经济，在一定程度上也影响了原产地的生态环境。木材等天然耐腐蚀性较差、养管比较复杂，人为添加化学防腐材料往往具有二次污染。

除了原木可以作为造景材料外，植物的"废料"，如剥落的皮、叶、枝条等也可以直接或间接作为景观材料使用。南京大石湖景区中利用棕皮覆盖树池，生态美观、独具特色，经济实用，凸显郊野风情（图3.83，图3.84）。

图3.83　南京大石湖棕皮树池

图3.84　上海街头公园树皮覆盖种植池

（4）塑料和膜材料

随着工业技术的不断发展，塑料制品的性能逐渐改良，一些新型的塑料和膜材料逐渐成为景观环境的构成元素，它们往往具有以下特性：

① 质轻高强、绝缘性能高、减震性能好：有机玻璃是一种使用广泛的热塑性塑料，抗冲击强度约为等厚度玻璃的5倍，它具有极佳的透光性；PC板单位质量轻，但具有极佳的强度，它是热塑性塑料中抗冲击性最好的一种。如今广泛使用的膜材料能够很好地满足防火需求（图3.85）。

图3.85　德国慕尼黑奥林匹克运动会体育场

② 化学性能稳定：一些热塑性塑料具有良好的抗化学腐蚀性，如PC板、ETFE薄膜，后者由于耐候性较好，寿命可以长达25~30年。

③ 自洁性较好：膜材料表面采用特殊防护涂层，自洁性能好，可以大幅度减少维护费用。

④ 易于加工成型：塑料和膜材料可塑性较强，如ETFE可以加工成任何尺寸和形状，尤其适于景观环境中大跨度构筑物。膜结构的形体可以更为自由，形式众多的刚性和柔性支撑结构以及色彩丰富的柔性膜材使造型更加多样化，可以在景观空间中创造出各种自由的、更富有想象力的形体。

在大丰银杏湖公园的露天剧场上，设计了一组张拉膜结构，喇叭花状的造型极具现代感（图3.86）。

图3.86　大丰银杏湖公园膜结构舞台

种植网格是通过热焊接的高密度聚乙烯条制成，它具有较好的聚合量。它结合了防收缩与排水设施，为坡面提供控制腐蚀、固定地面以及挡土墙的设施。设计师在高层建筑间的一段不宜种植的狭长地带营造出尺度宜人的实用景观，以艺术的手段解决了高层建筑所带来的压迫感。半球形绿化的形成依托于种植网格的运用。这种半球形结构使树木的根球能够保持在地坪以上（图3.87）。

图3.87　One North Wacker Drive半球形绿化剖面图

⑤ 易施工：塑料和膜材料及支撑结构现场安装较为方便，施工周期短。

3）可降解材料的使用

近年来，可生物降解材料是人们关注的一个热点课题。生物可降解性与从可再生资源制备是两种不同的概念。天然生成的聚合物，如纤维素或是天然橡胶是可生物降解的，但是生物可降解性是与物质的化学结构有关，而不论此结构是由可再生资源或矿物资源制备的。

（1）纳米塑木复合景观材料

通过在PE/PP塑料颗粒原料中添加一定比例的含有木质纤维填料和加工助剂，经由高混机混合后，利用专用加工设备和模具生产出具有天然木材特性的纳米PE/PP塑木复合景观及建筑材料制品（图3.88）。

性能特点：

① 天然质感、强度高：保留了天然木纤维纹理、木质感，与自然环境相融合；摒弃了自然木材易龟裂、易翘曲变形等缺陷；这种材料的强度是木材的七倍以上。

② 可塑性强：尺寸、形状、厚度可根据设计定制；通过加入着色剂、覆膜等后期加工处理技术可制成色彩绚丽、质感逼真的各种塑木制品；加工简单，可应用木工加工方法，灵活加工，任何木加工机械都可胜任装配；可钉、可钻、可刨、可粘、可锯、可削、可磨等二次加工。

图3.88　纳米塑木复合景观材料

③ 良好的机械性能：阻燃性好、吸水性小、尺寸稳定性好；具有抗腐蚀、抗摩擦、耐潮湿、耐老化、耐寒、抗紫外线、耐酸碱、无毒害、无污染等优良性能；耐候性较好，尤其适于室外近水景观场所。

④ 易维护、寿命长：平均比木材使用时间长五倍以上，无需定期维护，降低了后期加工和维护的成本费用，使用成本是木材的1/3—1/4，经济实用。

⑤ 质坚量轻、绿色环保：材料质坚、量轻、保温；100%可回收循环利用，可生物降解；不含甲醛等有害物质，与环境友好、绿色环保。

（2）可生物降解固土装置

弗瑞希尔公司设计的固土装置是一种为垂直及水平种植而提出的过渡性可由生物降解的生长系统。固土装置由聚乙烯乳酸和生物聚合物制成，"口袋"型的种植钵会慢慢降解。纤维的多孔性便于雨水灌溉、空气流通和排水。聚乙烯乳酸的吸水性使其能够达到储水的作用，有利于植物的生长（图3.89）。

图3.89　固土装置（资料来源：[以色列]里埃特·玛格丽丝，[美]亚历山大·罗宾逊著.生命的系统——景观设计材料与技术创新.朱强，刘博琴，涂先明，译.大连：大连理工大学出版社，2009）

### 4）废旧材料的回收利用

大量旧有的生活设施和生活资料随着人们生活方式的更新而被丢弃；旧有的工业设施也逐渐被替代或者荒废，由此产生了大量废弃的生活资料、旧房拆迁的建筑废料以及工业化的过程中所产生的废弃生产资料。

从可持续景观环境建设的角度来看，废旧材料作为营造环境的元素会产生一定的经济效益和环境效益。运用废旧材料塑造景观环境，使废料循环使用，从而减少对新材料的需求。通过对原材料的分解与重组，赋予其新的功能。这种方式不仅对废旧材料进行了有效的处理，同时节约了购置新材料的费用，赋"旧"予"新"，物尽其用，符合可持续景观环境建设的要求；旧材料与新材料的结合往往会产生新奇的效果。废旧材料能够就地运用到景观环境中，可以减少运输费用、降低建设成本。另据研究，废旧材料可以转化成能源，从而减少能源开支。

在美国费城都市供应商海军总部庭院中，将表面的沥青层除去后，把混凝土切分为0.6~1.2 m的不等小块（图3.90）。在废弃的混凝土块间加植槐树，并填充细碎石于缝隙中（图3.91）。混凝土块与碎石大小、肌理、色彩的对比在绿树的映衬下显得颇为质朴、和谐。同时，这种做法能够有效提升场地的透水性。

图3.90  都市供应商海军总部庭院

淮安楚州淮扬美食中心前广场改造过程中，将废弃的混凝土路面切割成块，作为河道驳岸浆砌块石之用。一方面，避免了废旧材料的堆放；另一方面，废弃物有效再利用，经济性较好（图3.92）。

图3.91  丹麦Glostrup市政厅公园的树下用石碎片覆盖（资料来源：王向荣，林箐，蒙小英.北欧国家的现代景观.北京：中国建筑工业出版社，2007）

图3.92  淮安废弃路面作驳岸块石

则武株式会社公园(Noritake Garden)作为一个新的商业空间,意在通过绿色开放空间的营造为居民提供娱乐消遣的场地,带来文化的交流,促进城市以一种新的形式重生。在公园的创造过程中,最大限度地利用原有历史建筑物,转换场地功能。原有厂房中的许多产品和建筑材料成为景观环境设计的构成要素。例如,建筑废旧材料——砖通过重组在设计中得以充分运用(图3.93)。

废旧轮胎草皮护坡是利用轮胎中的圆孔及排列空隙的土壤来种植连接水体的植物,以增加抗冲能力。轮胎与河道堤身处进行透水垫层技术处理,利用植物根系与坡面土壤的结合,改善

图3.93 Noritake Garden原厂房砖的利用(资料来源:国际新景观,全球顶尖10×100景观.武汉:华中科技大学出版社,2009)

土壤结构,提高迎水坡面的抗蚀性、抗冲刷性,利用轮胎压盖来抑制暴雨径流和风浪对边坡的侵蚀,增加土体的抗剪强度,大幅度提高护坡的稳定性和抗冲刷能力,同时具有生态效益和绿色景观效益,造价较低。

5)清洁能源的利用

太阳能、风能、水能和生物质能等可再生能源将成为我国的主要能源。可再生的清洁能源资源对建立可持续的能源系统,促进国民经济发展和环境保护具有重大意义。在景观环境设计中,引入清洁能源作为景观设施的能源供给系统,一方面可以有效地减少市政能源供给,提高景观环境的能源自给能力;另一方面,清洁能源的利用更是建设可持续、节约型景观环境的时代需求。同时,在一些老的载体上加装清洁能源工程措施比较方便,避免了挖凿埋线的麻烦。互补能源的开发运用、清洁能源与低能耗终端设施的配合使用,可以更有效地发挥自然功效。

(1)太阳能

太阳能是各种可再生能源中最重要的基本能源,通过转换装置把太阳辐射能转换成电能利用的属于太阳能光电技术,光电转换装置通常是利用半导体器件的光伏效应原理进行光电转换,因此又称为太阳能光伏技术。20世纪70年代以来,鉴于常规能源供给的有限性和环保压力的增加,世界上许多国家掀起了开发利用太阳能和可再生能源的热潮。1973年,美国制定了政府级的阳光发电计划,1980年又正式将光伏发电列入公共电力规划,累计投入达8亿多美元。日本在70年代制定了"阳光计划",1993年将"月光计划"、"环境计划"、"阳光计划"合并成"新阳光计划"。德国等欧共体国家及一些发展中国家也纷纷制定了相应的发展计划。90年代以来联合国召开了一系列有各国领导人参加的高峰会议,讨论和制定世界太阳能战略规划、国际太阳能公约,设立国际太阳能基金等,推动全球太阳能和可再生能源的开发利用。开发利用太阳能和可再生能源成为国际社会的一大主题和共同行动,成为各国制定可持续发展战略的重要内容。(中华人民共和国国家发展计划委员会基础产业发展司.中国新能源与可再生能源1999白皮书.北京:中国计划出版社出版,2000)

太阳能光伏电池路灯和太阳能LED灯目前在景观环境中得到一定程度的推广。它们既符合节约能源的经济目标,又是彰显环保文化的绿色照明。在建设原则上力求灯光效果艺术化、灯光环境和谐化、灯光设备安全化、灯光管理自动化。太阳能环境照明充分体现具有不耗电有利于节约运行成本、低压安全有利于旅游开放、冷光源有利于植物生境需求、环保理念有利于植物园形象等诸多优点。

武汉植物园在园路建设中,尝试采用太阳能庭院灯进行照明,共计安装了百余盏路灯,分别有7套太阳能集群系统进行控制。通过对太阳能产品的使用及设计施工安装,从中获取了很多重要参数

并积累了丰富的经验,例如将原有的12 V供电改为24 V供电,有效地解决了直流供电长距离线损和照度问题,掌握了太阳能供电功率和照明工作时间是如何正确有效地配置比例关系;还采用集群高杆供电方式,从而有效地解决了植物园树林茂密的特殊环境情况下电池板采光不足的问题等。在实验初步获得成功的基础上进行较大面积的应用,例如在园中园、水生植物展示区等景区逐步推广采用了太阳能环境景观照明,并依据环境特征和景观表达要求采用了太阳能LED灯为主要景观亮化光源。通过各种不同环境景观类型配套的太阳能照明应用,有效地节约了能源。

(2) 风能

风能作为一种清洁的可再生能源,越来越受到世界各国的重视。风力发电在可再生能源开发利用中技术最成熟,最具商业化和规模化发展前景。在无锡落成的中国太湖生态博览园是国内首个湖泊"风能湿地"。所谓"风能湿地",就是通过安装在湿地的多个风能处理装置,将湿地处理污水的过程展示在人们面前,直观地感受到整个湿地在环境治理中的"呼吸过滤"作用。

(3) 水能

水能是一种可再生能源,是指水体的动能、势能和压力能等能量资源。水能资源包括河流水能、潮汐水能、波浪能、海流能等能量资源。地表水的流动是重要的一环,在落差大、流量大的地区,水能资源丰富。因此,在景观环境中,尤其是风景环境中如果能够将河流、潮汐、涌浪等水运动构成封闭系统用来发电,对环境的可持续发展将具有积极影响。

(4) 生物质能

生物质能是蕴藏在生物质中的能量,是绿色植物通过叶绿素将太阳能转化为化学能而储存在生物质内部的能量。生物质能是可再生能源,通常包括木材及森林工业废弃物、农业废弃物、水生植物、油料植物、城市和工业有机废弃物、动物粪便等几个方面。生物质能的优点是燃烧容易,污染少。立足于景观环境的生物质资源,研究新型转换技术,开发新型装备既是景观环境发展的需要,又是减少排放、保护环境、实施可持续发展战略的需要。

(5) 互补能源

风光互补发电就是利用风力发电机和太阳能电池将风能和太阳能转化为电能的装置。风光互补逆变控制器是集太阳能、风能控制和逆变于一体的智能电源,它可控制风力发电机和太阳能电池对蓄电池进行智能充电,同时,将蓄电池的直流电能逆变成220 V的正弦交流电,供用户使用。太阳能和风能在地域上和时间上的互补性使风光互补发电系统在资源上具有最佳匹配性,并且在资源上弥补了风电和光电独立系统在资源上的缺陷。在一定的景观环境中采用这种风光互补装置,可以有效降低景观环境的用电量。

目前,风光互补供电路灯在景观环境中已经得到一定程度的运用,如南京绿博园、常州蔷薇园等诸多公园中均采用这种路灯设施(图3.94)。

图3.94 风光互补供电路灯

# 4  人性化景观环境设计

景观设计与人们的生活密切关联。它的最终目的在于满足人们的使用要求与心理需求,创造更为美好的生活环境。景观设计师通过对景观空间形态的营造来表达对于使用人群的关怀与使用行为的理解,而纯粹将景观设计形式化、神秘化其实是对设计的误解。因此,景观设计师应当摒除"唯我思想",强化"为他意识"。景观设计师鲍尔·弗雷德伯格(Paul Friedberg)谈到他设计纽约城市公园时,曾煞费苦心为老人提供一个"他们自己的场所,这个场所特意避开那些曾与他们共同混杂在一个大广场的闹闹嚷嚷的人群",但不久鲍尔便发现老人们却躲开那个为他们准备的地方。老人们并不祈求幽静,他们更愿意回到人行道上([美] 阿尔伯特 J.拉特利奇 Albert J. Rutledge。大众行为与公园设计,1990,P31),导致这种情况发生的原因正是老年人特有的行为心理:老年人群害怕孤独寂寞,他们渴望与人交流,更愿意呆在人多的环境中。因此对于景观环境中人的行为研究应侧重于考察、分析、理解人们日常活动的行为规律,例如空间分布、使用方式及其影响因素如心理特征、环境特征等,这是设计人性化景观环境的前提条件。

景观设计往往"形式"大于"内容",忽略人的行为与心理需求,过分追求形式与个性的表现。简洁的形式往往是以牺牲场所的多样性与复杂性为代价的,在这些场所中,游人稀少,丰富多样的"生活"消失了,花重金营造的市民广场、公共景观,对市民的吸引力却常常不及街边的一块小绿地。原因是多方面的,其中对人的行为考虑不足是主要的方面。景观设计师应更多的考虑大众的行为需求,创造一个充满人性的生活、娱乐、休憩的户外场所(图4.1)。

**图4.1  户外供人休憩的景观环境**

人性化景观环境设计包括对人的生理及心理两个层面的关怀,不仅仅是满足人的使用,更重要的是从人的尺度、情感、行为出发,充分考虑日照、遮阳、通风等环境因素,尽可能地满足使用群体的需求,使人们都可以享受丰富多彩的户外休闲活动的乐趣。

景观环境设计是以多学科交叉的方法来研究人与环境、行为及场所之间的互动关系。全面、系统的进行环境行为与环境设计理论的基础研究及其应用具有非常现实的意义。

行为理论认为,人的心理活动是内在的,人的行为是外显的。内在的心理活动可以称为内部行为,外显的行为称为外部行为,内部行为与外部行为是相互联系、相互转化的。外部行为转化为内部行为称为行为的内化(internalization),内部行为转化为外部行为被称为行为的外化(externalization)。内化提供了一种手段,使人们在没有外部活动的情况下与现实世界进行潜在的交互作用(如思考、想象、考虑计划等等);当内部行为需要实现或调整时,就发生了行为的外化过程。外在的行为受内在的心理活动所支配,内在的心理活动通过外在的行为才能起作用和得到表现。心理和行为均按一定的活动规律进行。

此外,行为(activity)还受动机支配,由一系列活动(action)组成。每个活动都受目标(goal)控制。活动是有意识的,并且不同的活动可能会达到相同的目标。活动是通过具体操作(operation)来完成的。操作本身并没有自己的目标,它只是被用来调整活动以适应环境,操作受环境条件的限制。

传播学的先驱者之一,德国心理学家库尔德·勒温(Kurt Lewin)"在格式塔思想路线下","根据物理学中出现的部分决定于整体的场现象,提出了'场理论',用以研究心理现象……"。根据场理论,行为必须用个体的心理场来解释。勒温的"场理论"为我们探求大众心理提供了一种全新的思路。

勒温在场理论中提出了一个重要的概念叫"生活空间"(Life Space)。所谓"生活空间"是指人的行为,也就是人和环境的交互作用。其公式如下:

$$（行为）B=f(生活空间LS)=f(人P·环境E)$$

由于"生活空间"和"心理生活空间"内涵相同,所以这个公式也可理解为:

$$（行为）B=f(心理生活空间MLS)=f(人P·环境E)$$

在这个公式里,B表示行为,f表示函数,P表示个体,E表示环境。该公式表明:人的行为(或心理生活空间)是个体P与环境E的函数,即行为(或心理生活空间)随着个体和环境这两个因素的变化而变化。这个公式同样可以解释大众的行为或心理生活空间。([美]库尔德·勒温.拓扑心理学. 竺培梁,译.杭州:浙江教育出版社,1997)

运用勒温的场理论分析大众的心理或行为(前者是内隐的,后者是外显的)可以看出,这种研究思路带有多维性(不仅研究大众,同时也重视环境)、动态性(大众的内在因素与媒介环境因素之间是相互作用的)、主动性(大众不仅接受环境媒介刺激的影响,同时还可以反作用于环境媒介)。显然,这种研究方法比刺激反应模式更能真实地反映出大众心理的复杂性、变化性和主观能动性。

对于外部空间环境而言,人的行为与空间环境密切联系、相互制约,人们一切的外部行为都是在一定的空间环境中展开的,因而会受到环境诸多因素的影响,例如光照、颜色、气味与声音。同时一定的空间形态还会诱发特定的环境行为,人的诸多心理特征也会影响行为的发生,例如人的领域感、依托感与趋光心理,同时不同年龄、不同性别也会对人的行为产生影响,甚至人们的受教育程度也会在一定程度上改变人的行为。人的外部行为是这些因素交织在一起,综合作用的产物。因此,人性化的景观环境设计,必须综合考量这些要素,从人的体验出发,以服务多数大众为目的,真正实现以人为本的景观环境设计。

## 4.1 景观环境与行为特征

就空间形态而言,景观空间的存在形式分为面域空间与线性空间两类。不同形态的空间有"动态"与"静态"之分。动态空间给人一种可穿越和流动性的心理感受,往往是一种线性的空间形态;静态空间给人一种逗留、活动与交往的心理感受,包括广场、绿地、院落等类型,具有一定的向心性和围合性。

从空间的使用要求及特性上看,美国学者奥斯卡·纽曼(Oscar Newman)提出人的各种活动都要求相适应的领域范围,他把居住环境区分为公共性空间、半公共性空间、半私密性空间和私密性空间四个层次组成的空间体系。对于属于公共空间的景观环境而言,可以划分为公众行为空间与个体行为空间两大类。

(1) 公众行为空间

公众行为空间对应于群体行为,是给群体市民使用的场所,包括街头绿地、公园、广场和花园等,也包括更小范围的公共空间,包括宅前道路、空地、公共庭院以及小型活动场地、绿地、花园等。行为类型包括群体健身、舞蹈、集会、表演等活动。其特征为空间开阔、彼此通视、场地平坦或有微坡、有围合感,场地具有集聚效应,中心往往存在一个核心空间可以开展各类活动,围绕核心空间常常散布

图 4.2 公众行为空间特征

小型的次空间供人们休憩、驻足观看(图 4.2,图 4.3)。公众行为空间设计的关键在于有效地提高场地利用率,并满足多种活动需求,因而恰当的空间尺度、围合感,有效的功能组织,适宜的环境设施是公众行为空间设计应着重研究的方面。

理想的公众行为空间会成为市民进行户外活动和交往的主要场所,而不恰当的环境设计则会造成景观环境中无人问津的空白地带(图 4.4)。人性化的景观设计应努力为市民创造适宜人们活动休憩的户外公众行为空间。

（2）个体行为空间

个体行为空间是指相对于群体空间而言,供个体活动所使用的空间环境,包括聊天、运动、休憩等活动类型,同时也包括一些特殊行为和一些特殊使用方式等。此类空间特征为尺度较小,围合领域感较强。这类空间设计关键在于充分考虑到个体行为对于空间的需求,特别是对环境细节的考虑,例如宜人的气候、温度、芳香的花草灌木、细腻的铺装材质、人性化的景观设施等(图 4.5),同时应该考虑到空间使用的模糊性和通用性,即在同一种环境满足多种行为需求的可能性。

图 4.3 公众行为空间模式图

图 4.4 某绿地的平面构成——缺少人的参与

图 4.5 个体行为空间特征:适宜的尺度、气候、芳香的花草灌木与人性化的环境设施

### 4.1.1 行为与环境

景观环境设计的目的在于通过创造人性化的空间环境,满足不同人群的行为需求。人在景观环境中的行为是景观环境和人交互作用的结果。这个过程中包括人对环境的感受、认知、反应这一连续过程。环境与人的行为之间存在着一定的客观联系:一方面,人的行为影响着环境,丰富多彩的户外活动不仅是景观环境的组成部分,甚至改变着景观环境的本来面貌;另一方面,环境也改变着人的生活方式乃至观念。良好的公共空间促进人们的交往,丰富人们的户外生活,并且特定的空间形式、场所也会吸引特定的活动人群,诱发特定的行为和活动。行为与环境的相互影响是客观存在的一种互动关系,所以设计者应充分研究人的行为规律以及心理特征,找出环境设计中的共性与规律,这对于营造良好的景观环境是十分必要的。

人不能脱离环境而存在,环境对人起着潜移默化的影响。人的任何行为或心理变化均取决于人的内在需要和周围环境的相互作用。行为会随人与环境这两个因素的变化而变化,不同的人对同一环境可产生不同的行为,同一个人对不同的环境亦可产生不同的行为,因此人的行为既受"场力"的作用,又同时产生反力作用于场所。人们在场所中的感受称为"场所感",戈登·库伦(Gordon Cullen)将"场所感"描述为"一种特殊的视觉表现能够让人体会到一种场所感,以吸引人们进入空间之中"。

此外,在景观设计中,设计师对环境使用者的充分理解是很必要的。景观师西蒙兹认为,在景观设计中,人首先保留着自然的本能并受其驱使。所以要实现合理的景观设计,就必须了解并研究这些本能;同时,人们渴望美和秩序,在依赖于自然的同时,还可以认识自然的规律,改造自然。所以,理解人类自身,了解并把握人们在景观环境中的行为与心理特征,是景观设计的基础。

环境中人的行为是可以被认知的。基于此,设计师可以"规划设计"人的体验。如果人们在景观环境中所得到的体验正是他们所需要的,那这就是一个成功的设计,或是一个"以人为本"的设计。反之,则会事与愿违。景观环境设计应注重人在环境中活动的环境心理和行为特征研究,营造出不同特色、不同功能、不同规模的景观空间,以满足不同年龄、阶层、职业的市民的多样化需求。例如夏日广场上"树阴"决定了人群的分布:炎炎夏日里,人们都趋向选择有遮阴的地方休憩,而暴露在阳光下的场地则无人问津。户外公共空间中,特别是在夏热冬冷的亚热带季风气候带,休憩坐椅上空要求夏日遮阴、冬季日照充足,因此落叶乔木是理想的选择(图4.6);同样,不同的坐凳材质也影响着人们的使用,坐椅材料的选择应尽量选择导热系数低的材料如木材、塑料,而不是导热系数很高的金属或者石材(表4.1)。再如,人们对景观环境长期使用过程中,由于人和环境之间的相互作用,在某些方面会逐渐适应环境,形成具有一定规律性、普遍性的行为特征,在环境中表现出很多共性甚至是习惯性行为。譬如走路取捷径、从众性和趋光性、个体性、尽端倾向以及依托性等,这些行为和心理特征都是人性化景观环境设计的重要依据与研究内容。

图4.6 夏日的南京鼓楼广场树荫左右人的分布

表4.1 常见环境材料导热系数

| | 导热系数(单位 W/(m·K)) |
|---|---|
| 木材 | 普通松木 0.08~0.11,白桦木 0.15,胶合板 0.125 |
| 塑料 | 聚苯乙烯 0.08,硫化橡胶 0.22~0.29 |
| 石材 | 花岗石 2.68~3.35 |
| 玻璃 | 单层玻璃 6.2,双层中空玻璃 厚度(5+9+5),3.26 |
| 金属 | 铁 80,铝 237,不锈钢 10~30 |

注：热传导系数的定义为：每单位长度、每K,可以传送多少W的能量,单位为W/(m·K)。其中"W"指热功率单位,"m"代表长度单位米,而"K"为绝对温度单位。该数值越大说明导热性能越好。

环境心理学认为,人在景观环境中的行为可归为四个层次的需求：生理需求、安全需求、交往需求、实现自我价值的需求。景观环境设计就是要尽可能满足上述不同层次的需求。市民在广场上的行为活动具有个体性与公共性的双重性,带有自我防卫的心理,力求自我隐蔽。因此在景观环境中可以发现,人们往往避免在注视下穿越夹道,也不愿意停留在广场的中心,暴露在众目睽睽之下,或者是坐在四周空旷、毫无依托的坐椅上,相反人们更愿意选择那些有依靠或者有边界的地方停留或者休憩,因为这样能给他们带来安全感(图4.7)。

图4.7 户外环境中常见人的行为

1) 领域性与人际活动距离

领域性原是动物在环境中为取得食物、繁衍生息而采取的一种适应生存的本能方式。人与动物虽然在语言表达、理性思考、意志决策与社会性等方面有本质的区别,但人在景观环境中的活动也总是力求不被他人干扰或妨碍,表现出一定领域性的特征。如图4.8,亭中四人,左侧两人彼此陌生,因而保持一定距离,同时两人方向相反,以避免尴尬；右侧两人关系亲近,因而彼此靠近,相向而对(图4.8)。

图4.8 亭中"众相生"——人与人之间因人际关系不同表现出不同的人际距离与身体朝向

个人在空间中占据的领域大小根据不同的接触对象和不同的场合,在距离上各有差异。它既可以指具体的空间,也可指感知到的大致或象征性的空间范围。一般而言,个人在空间中占据的具体空间根据活动范围大小,从1.5~9 $m^2$不等,而人所能感知的象征性的空间范围则可以达到几十平方米。美国心理学家爱德华·霍尔(E. T. Hall)以动物环境和人的行为研究经验为基础,提出了人际距离的概念。根据人际关系的密切程度、行为特征确定人际距离,即分为:亲密距离、个人距离、社交距离和公共距离(表4.2)。每类距离中,根据不同的行为性质再分为接近距离与远距离。例如在亲密距离中,对方有可嗅觉和辐射热感觉为近距离;而可与对方接触握手为远距离。当然对于不同民族、宗教信仰、性别、职业和文化程度等因素,人际距离也会有所不同。

表4.2 霍尔分类的人际距离

| 名　称 | 范　围/cm | 主　要　活　动 |
| --- | --- | --- |
| 亲密距离 | 0~45 | 安慰、保护、抚爱、角斗和耳语等 |
| 个人距离 | 45~120 | 在公开场合普遍使用的距离,个人距离可以使人们的交往保持在一个合理的亲近范围之内 |
| 社交距离 | 120~360 | 通常用于商业和社交接触 |
| 公共距离 | 360 cm以上 | 人们较少使用,通常出现在较正式的场合 |

心理学家索默(R. Sommer)认为每个人的身体周围都存在着一个既不可见又不可分的空间范围,它是心理上个人所需要的最小空间,就像是围绕着身体的"气泡"。这个"气泡"随身体而移动,当自己的"气泡"与他人的"气泡"相遇重叠时,就会尽量避免由于这种重叠所产生的不适,这个"气泡"就是个人空间。个人空间随场所的不同及个体状态如年龄与性别、文化与种族、社会地位与个性等

等的不同而变化。比如两个阿拉伯人交谈,距离能够近到彼此能闻到对方的气息;而欧洲人如果对方如此靠近他,就会感到他的个人空间被侵犯了。个人空间不仅与民族、宗教有关,而且与年龄大小也密切相关。根据研究发现,年龄与人际距离的关系呈曲线形变化:儿童之间的距离保持的较小,老年人的人际距离也很小,中青年人则最大。儿童与老年人喜欢靠近其他人,喜欢热闹甚至嘈杂的场合。景观环境中常常可看到陌生的老人在儿童玩耍的区域停留。因此,景观环境设计老年人的活动场地可以与儿童的活动场地适当相邻。

领域性不仅体现在人际距离,一块场地上人群的总体分布也能体现人的领域性,这是人际距离在宏观层面上的反映。例如通过观察巴黎埃菲尔铁塔下的草坪上人群的分布可见(图4.9),每个人群之间都保持着相近似的距离,每个人群的周围也存在着一个不可见的空间"气泡",它是心理上人群所需要的最小空间范围,各气泡之间既保持一定距离避免重叠,又彼此相互联系,保持一种内在的张力。而每个人群内部的人则都保持着很亲近的个体距离,人数都保持在两到三人;与之相对应,水池中每条鱼之间都保持着近似的距离(图4.10),但鱼类之间的距离是建立在生物本能需求上的,是动物保卫领地与食源的自然本性,体现了动物的自然均布性特征。

总体而言,可以观察到景观环境中的人群分布特征主要分为聚集为与散布两大类,偶尔也可以见到规则分布的人群(表4.3)。

图4.9 巴黎埃菲尔铁塔下的草坪上人群分布与分析示意图

图4.10 水池中的金鱼分布

表4.3 人的群体分布特征分类

| 分布特征 | 典型图例 | 行为特征 |
|---|---|---|
| 聚集 |  | 聚会、表演、儿童游玩 |
| 散布 |  | 散步、闲聊、休憩 |
| 规则分布 |  | 排队、群体健身 |

（1）聚集：人们来到景观环境中的目的就是为了休憩或交流，而交流就需要与他人交谈或协作。景观环境中的活动也会诱发人们的聚集，因此，人们在公共空间中就不可避免的以一个个聚集的小群形式存在，每个小群少则2~3人，多则以一个小群为中心，周围聚集多组人群。

（2）散布：人群在公共空间中的分布是有规律的，呈散布状，各个单个人或群体之间都保持着近乎相等的距离，这是个体领域感在景观环境中的体现。根据观察，单个人之间的距离一般维持在3 m以上，群体之间距离较远，一般需要达到7 m以上。

领域的划分不需要明显的隔断或边界，一个遮挡风雨的顶棚、地面铺装材质的区别、几片围合的墙体都能帮助人在心理上形成领域感，分开各类不同的人群。例如，廊架形成的领域空间，使得廊架内的休憩者与廊架外的过客心理上截然分开，虽然视觉空间上是连通的，但是心理感受却截然不同（图4.11a）；又如底界面铺装材质的特殊处理、地面的升起与降低、空间的围合也能营造出领域感，例如某街头三面围合的高起的场地，形成了领域感强烈的室外酒吧区，与前面的人行道相区别（图4.11b）；同样，顶界面也能形成强烈的领域感，街头的玻璃廊架与抬高的地面共同营造出了休憩的空间（图4.12）。

图4.11a 街头廊架形成的领域感

4 人性化景观环境设计

图4.11b 街头三面围合高起的场地形成的户外酒吧区

图4.12 街头绿地廊架顶界面、底界面共同形成的空间领域感

2）个体性与尽端倾向

个体性是指在景观环境中，行为个体常常需要维持一定的个体空间，以避免他人的干扰。因为人们都需要一个受到保护的空间（protective space），无论是暂时的，还是长期的；无论是一个人的独处，还是多人的聚集交流。在景观环境中，陌生的人与人、组团与组团之间会自发的保持距离，以保证个人和组团的个体性和领域性。人们既需要个体性也需要相互间接触交流，过度的交流和完全没有交流，都会阻碍个体的发展。景观环境设计中的一个基本目的就在于积极创造条件以求得个体性与公共性的动态平衡。在尺度相对较大的公共空间中，人们更喜欢选择在半公共、半个人的空间范围中停留和交流。这样人们既可以参与本组群的公共活动，也可以观察其他组群的活动，具有相对

图4.13 某广场上的坐凳布置

主动的选择权;另一个方面,人们在环境中都希望能占有与掌控空间,当人们处在场地中心时,往往失去了对场地的控制力与安全感。只有当人们处在边缘与尽端时,才能感受到这是一个可以自由掌控的空间领域。所以那些有实体构筑物作为依靠的角落或者那些凹入的小空间最受游人青睐。例如在公园中,最受欢迎的座位是凹入的有灌木保护的座位而不是临街的坐椅。同样,在餐馆中,有靠背或者靠墙的座位总是被首先占用,无论是散客还是团体客人,都不会首先选择餐厅中间的座位。因此,无论广场或者街道环境,人们的活动总是从空间范围的边缘开始,逐渐扩展开的。所以,如果环境中边缘空间设计得合理得当,整个景观环境就会很有生气,反之则会了无生机。例如某广场坐椅都布置在道路十字路口四角上,游客只能相视而坐,个人活动毫无保留的暴露在对方视野之内,结果导致游人不愿意坐下,坐椅入座率很低(图4.13)。反观德国法兰克福的滨河绿地,虽然场地不大,却因为宜人的尺度、良好的风景朝向与适宜的人际距离聚集了很多游人(图4.14)。这说明无论是一个广场还是小块街头绿地,只要尺度适宜,并充分满足人们的心理需求,都能成为受人欢迎的户外休闲场所。

图4.14 德国法兰克福的滨河绿地

图4.15 缺少依托的坐凳——无人使用

3) 依托的安全感

景观环境中的人们,从心理感受来说,并不是希望场地越开阔、越宽广越好,人们通常在空间中更愿意有所"依托"。这可以理解为个人或群体为满足安全感的需要而占有或控制一个特定的空间范围及其中物体的习惯。安全感是人类最基本的心理需求之一。因此,人们都趋向于坐在场地边缘的坐椅上,依靠于大树、灌木或景墙,而场地中心则由于缺乏心理安全感常常无人问津(图4.15~图4.17)。

图4.16 依托的安全感所产生的"边缘效应"——人们都趋向于在场地边缘停留

图4.17 卢森堡河谷公园中布置于场地中部的坐凳少有人使用,多数人停留在周边

南京新街口乐福来前广场的一圈树池周围聚集了众多小憩的市民,市民依托以大梧桐树为中心的树池,有的看报,有的闲聊,树池具有良好的依托感、适宜的人际距离与宜人的遮阴环境,虽然充作坐凳的花坛矮了一些,但仍不失为广场中最具人气的地段(图4.18);再如罗浮宫新馆中缺少坐憩的地方,疲惫的人们选择"金字塔"作为倚靠的对象(图4.19)。在火车站和地铁车站的候车厅或站台上,人们并不较多地停留在最容易上车的地方,而是相对散落地汇集在厅内、站台上的柱子附近,适

图4.18　南京新街口乐福来前广场　　　　　图4.19　罗浮宫中"金字塔"——躺椅?

当地与人流通道保持距离,因为在柱边人们感到有了"依托",更具安全感(图4.20)。因此,景观环境设计中,应充分考虑到人们对于依托安全感的心理需求,尽量多的创造多样化的空间边界,特别是在设置休憩、驻留等静态活动区域时,与空间边界相结合,创造宜人的空间环境。

图4.20　车站台上候车的人群分布

4) 人聚效应、趋光效应与坡地效应

"人看人"是人的天性,人们闲暇时间中的一部分是在"人看人"。这是一种无约束的广泛交流,交流的对象没有任何限制,可以是熟人,也可以是陌生人。这也是一种个人自尊心外化的表现,通过在别人面前的"表演"获得对自我价值的认可,无论看者或是被看者,都会获得各自心理上的满足。在人性化景观空间的设计中,应恰当地创造这种人看人的环境,也就是设计适当的"舞台"和"观众席","舞台"指相对开放、活动的部分,可以是交通空间也可以是公共活动空间;"观众席"则是相对安

静的部分,可供人静坐或散步,并使处于该部分的人有朝向"舞台"的视线,如此设计才能诱发"人看人"现象的发生。

从一些公共场所内发生的事故中观察到,紧急情况时人们往往会盲目跟从多数人群的去向。当火警或烟雾开始弥漫时,人们无心注视标志及文字的内容,甚至对此缺乏信赖,往往是更为直觉地跟着领头的几个人跑动,以致形成整个人群的流向。这是因为外部空间中人与人之间也有着潜在的相互"吸引力",人们会自觉不自觉中表现出群聚倾向,表现为一种集体的无意识行为,即从众心理或人聚效应。例如上海徐家汇公园内一处并不起眼的水边休息亭,并无特殊的活动在此发生,却聚集了很多人群,市民在此闲聊、交谈,观看别人的行为,休息亭中聚集的人群越多愈加吸引更多的游人(图4.21)。人聚效应与人看人的心理特征是景观环境中的一大特色。

图4.21(a)　上海徐家汇公园聚集于亭中的人们

图4.21(b)　并无特殊活动的亭子却吸引着众多的人群——人聚效应

空间中的人群密度直接影响到人的心理与行为，相同空间环境中不同的人数会造成人的心理感受的显著差异。单位面积空间中人的数量可以用人的密度 $d$ 来表示，一般而言，人对空间中人群密度的反应呈正弦曲线状，存在一个最佳的密度区间，密度过高与过低都会使人的消极情绪增加、满意度下降（图4.22）：空间中人数过低时，人们会感到空旷、孤独，甚至感到不安、恐惧；空间中人数过多时，人们会感到拥挤、堵塞，甚至会感到烦躁、混乱。

图4.22　人的满意度与空间人群密度的关系图
（$d=n/a$，$d$=空间人群密度，$n$=人的数量，$a$=场地面积）

此外，景观环境中人们还表现出"趋光心理"，即环境中的人们都趋向于选择光线充足的场地作为休憩场所。根据一般人的体验，充足的光线能让人产生轻松、愉快的心情，阳光也能带给人们健康，有阳光的地方让人心情开朗、舒畅。除非到了炎炎夏日，人们不得不借助于广场建筑物或绿化遮阴，在一般的春秋季节人们更愿意在阳光下休闲活动。例如夏日的巴黎蓬皮杜文化中心广场上活动的人群更多的选择在有阳光的树荫下休憩活动，而更大面积的阴影处却少有人问津，明媚的阳光激发了人们活动的欲望，而阴暗的地方则会削弱人们的活动意愿（图4.23）。

光线对于人的行为与心理影响长期为人们所关注。环境心理学认为光照能使人感到心情愉悦、充满安全感，更利于人们之间的交往与活动的开展。实验证明，在阳光明媚的条件下，向路人征集志愿者，报名的人数相对于阴天要高很多。

图4.23　巴黎蓬皮杜文化中心广场——人们更愿意聚集在光线明亮的树荫下

从生理学角度来说,光线对于振奋人的精神也有显著影响:

(1) 人类是昼行动物,光照能够减少瞌睡和抑郁感。特别是到了秋冬季,日照时间缩短,人们常会感到瞌睡、疲劳、情绪不高等,这种症状称为"光饥饿",研究表明,女性对于光照的需求高于男性。

(2) 对人进行光照补偿,可以有效地缓解"光饥饿"症状。景观环境中必须要有足够的照明设施,以满足人们对于光线的生理需求。

综合以上研究成果,景观环境中最佳的光环境应该包含以下因素:

(1) 景观环境中白天应该充分利用自然光源,减少阴影空间与郁闭感,使人们能够充分享受阳光;夜晚应利用人工光源延续人群活动的时间,扩大人群活动的空间,同时保障人们活动的安全。

(2) 场地内的主要活动场地应该有充足的自然光照,不应被其他物体所遮挡,同时考虑到夏季的日光,坐椅与休憩设施应该在保证有充足的光照情况下又有所遮阴。

(3) 运用现代技术制造不同色光(冷、暖、中性)的人工光源时,应优先考虑全光谱日光灯对自然光的模拟,提高光环境的适应性。

(4) 景观环境中的光环境设计不应只局限于满足照度标准这一个方面。光环境设计还应充分考虑到舒适度、艺术表现力等方面。特别夜晚人工光环境设计,要注意色彩对人心理的影响,绿色、蓝色的草坪灯与庭院灯都会造成阴森恐怖的感觉,因此夜晚光环境设计应多采用暖色光源,为人营造温暖、舒适与亲切的感受。

在景观环境中,缓坡与台阶往往是最集聚人气的地方,如果有良好的风景朝向,则会成为人们休憩停留的最好去处。这是因为,一方面缓坡、台阶的空间形态符合人们休憩的生理特征,适应人的坐憩行为要求,同时原来平地上的人际距离因为缓坡、台阶能够得到缩短;另一方面,人群间彼此的不遮挡与通视也可满足人们保持良好视野的需要,而坡面的单向性,也可避免陌生人之间对视的尴尬(图4.24)。

图4.24 坡地效应示意图

景观环境中能见到大量的坡地效应的实例,如德国慕尼黑奥林匹克公园草坡在秋日的傍晚聚集了大量休憩的人群,人们在此闲聊、休憩、观赏美景,成为公园内最聚人气的场所;欧洲许多公共建筑前宽大的台阶也成为人们休息、聊天和观景的理想场所,如巴黎歌剧院门前的台阶成为游客们休憩驻足的集散地,再例如巴黎德方斯"门"前的大台阶聚集了大量的游客成为该地块最为宜人的休息场地,而世界著名的罗马西班牙大台阶上总是坐满了游客,良好的视野与人聚效应使得这里的游客成为一道奇特有趣的风景线(图4.25~图4.29)。

图4.25 德国慕尼黑奥林匹克公园草坡——休憩的游人

图4.26 巴黎德方斯"门"前的台阶——几乎是该地块唯一且最为宜人的休息场所

图4.27 波恩大学校园草坪缓坡——理想的讨论场所

图4.28 巴黎歌剧院前的台阶——休息的人

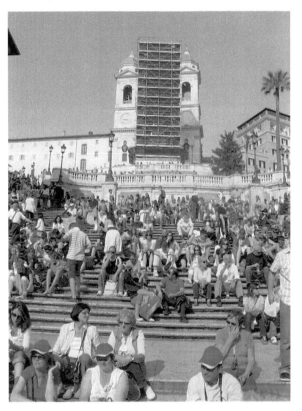

5）空间形态对人的影响

人们对环境的感知首先是空间形态,然后才是以特定的语汇去分析与评价环境。不同的空间环境给人的感受往往大相径庭。例如植被繁茂、花团锦簇给人以轻松愉快、生机盎然的感觉;苍老的树木、古朴的石雕可以引发人们的历史沧桑感;杂草丛生、鼠兔出没、断壁残垣之地则给人以萧条衰败之感。环境空间中的一切

图4.29 罗马西班牙的大台阶——坐满了人

要素,包括植物、小品、场地共同构成了人们对于环境的整体感知。

景观环境的一切因素都在影响着人们的心理与行为,通过人们的行为外显出来。因此,研究人性化的景观环境设计,需要对空间形态与环境中的各种因素进行研究,包括空间密度、光照、颜色等等。通过大量的案例研究、心理学分析,把握这些环境因素和人们行为心理之间的内在关联,从而为环境设计提供合理的依据。

人们对环境的感受还直接来源于环境的外在形态,明暗、光照、色彩等这些环境要素影响到景观环境中人的心理与行为。例如环境中丰富的色彩最能引起人们的情感联想,绿色的植物给人的欣欣向荣的感受,色彩鲜艳的景观设施给人以动感(图4.30,图4.31),木本色的坐椅则给人以亲切温馨的

图4.30 色彩鲜艳的环境设施给人以动感

图4.31 色彩鲜艳的环境设施给人以动感

感受。

空间形状特征常会使置身于其中的人们产生特定的心理感受。贝聿铭先生曾对他的华盛顿艺术馆新馆有很好的论述，他认为三角形、多灭点的斜向空间常给人以动态和富有变化的感觉。同样，景观环境中特定的空间形态与空间属性也会给人以特定的心理感受从而诱发人们不同的环境行为。这是因为在与环境的接触中人可以依据环境特征的暗示，自觉地调整自己的行为以适应所处的环境，即环境诱导行为。例如某公园的路缘石因为其宽阔的

图4.32 某公园路缘侧石——坐凳

图4.33 香港九龙文化中心雕塑——坐椅

图4.34 某公园中游人走出的道路

表面与适宜的高度，而附近又缺少休息设施从而成为游人们路边小憩的坐凳。正是路缘石表面的形状与游人们休息的需求诱发了人们停留休憩的行为（图4.32）；再如香港九龙文化中心的雕塑，形状酷似靠背，加上适宜的宽度、高度成为人们休憩的"坐椅"（图4.33）。

由于设计者对于人行为与心理的研究的缺失，往往诱发有违设计意愿的行为。例如不合理的游览线路

图4.35 某小游园坐凳过于宽阔而成为人们酣睡的床

往往不为游人所接受,人们会依据自己的穿行需求另辟蹊径,因此环境中常常出现了游人自己走出的"道路"(图4.34)。不当的道路空间设计诱发了人们的穿越行为;再如户外经常看到一些坐椅因为过于宽阔与平坦而成为人们躺下酣睡的木床,宽阔而光滑的水池壁也会成为人们理想的平躺休息的"矮床"(图4.35,图4.36),正是这些设施特定的形状诱发了人们在户外的躺卧行为。

景观环境中常见设计者在坐椅上装上了木条防止人们躺卧,这实属无奈之举,设计者不从对人的行为模式与心理特征研究本身出发而是通过干涉人的行为,强迫人们按照设计师的意图去使用环境设施,是非人性化的设计(图4.37)。

图4.36 巴黎罗浮宫水池——宽而光的池壁

(a)

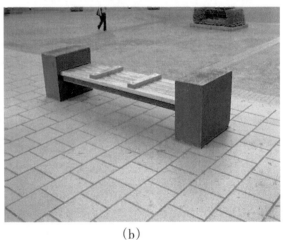

(b)

图4.37 街头绿地中的桌凳——防止躺卧的木条

6) 色彩、气味、声音与行为

现代生理学研究颜色是视觉系统接受光刺激后产生的,是个体对可见光谱上不同波长光线刺激的主观印象。颜色有三个特征分别与光的物理特征相对应,即色调、饱和度与明度。按人们的主观感觉,色彩可以分为暖色与冷色,暖色指刺激性强引起皮层兴奋的红、橙、黄色等相近色;而冷色则是指刺激性弱,引起皮层抑制的绿、蓝、紫色等相近色。

行为心理学中,颜色与行为心理密切相关,色彩能够直接影响人们的情感,例如蓝色和绿色是大自然中最常见的颜色,它们可使人体表温度下降、脉搏减少、降低血压和减轻心脏负担。蓝色的水面使人宁静;粉色给人温柔舒适的感觉,具有息怒、放松、镇定的功效;亮米黄色与白色能够使人延长人们运动与停留的时间,因此广场、花园的地面常常采用这些颜色;红色则常常给人以灼烧感与不宜接近感。因而最理想的色彩莫过于大自然环境中的红橙黄绿色的变化。它们是大脑皮层最适宜的刺激物,能使疲劳的大脑得到调整,并使紧张的神经得到缓解。

从心理学的意义上讲,颜色中会有一些"基本色",如红、黄、蓝三原色,它们是和谐稳定的。

在景观环境的各要素中,色彩无疑是对视觉感受影响最大最直接的因素。景观环境的色彩不是独立存在的,它依附于形式,作用于人的心理活动。色彩对人心理方面的影响,包括色彩知觉、色彩联想等。色彩知觉是指色彩对人们心理产生的冷暖感、进退感、膨胀感、收缩感等。例如景观环境中地面常用淡黄色、灰白色等浅色,使人感到场地开阔、延伸;而深色如红色、墨绿色则使人感到空间狭小,有封闭感。色彩联想是指人们根据色彩联想以往的经验、文化中的习惯或已具备的知识,可以分为具体联想与抽象联想。明亮的红色能使人们具体联想到火焰,进而抽象联想到热情、温暖,同时因为民族文化的关系,也可以联想到婚礼和吉祥时刻。

在景观环境中,色彩的种种特性能够使景观更好地向周围的人群传达信息,引起人的心理反应与各种行为。例如,在公共运动健身区域多采用暖色调的色彩可以提高市民运动的活跃度与兴奋感,诱发人们运动行为的发生;而在人们休憩、聊天的场地,则适宜采用冷色调的色彩,创造安静、清新的休憩环境;景观环境中运用警戒色如红黑对比色、黄黑对比色,可以有效地预防事故的发生,保障游人的安全。此外,由于人们所处的地域、民族、情绪的不同,也会有不同的色彩喜好,这也会在不同程度上影响人们的心理活动。

景观环境中历来注重视觉对行为的影响和视觉环境的设计,而近年来,随着景观规划理论的发展,环境中各类声音、气味与人们行为关联性的研究越来越得到人们的关注。

景观环境中气味与声音在很大程度上也影响到人的心理与行为。实际上,人们从很早就开始注意到不同的气味与声音对于空间氛围的影响。例如,古代举行重要仪式时,会焚香祷告,营造特定的环境氛围,这些习惯多数保留到了现在;又如寺庙中的焚烧檀香供奉神祇(气味刺激),再辅以诵经(声音刺激),便能营造出庙宇庄严肃穆的气氛。

现代生物化学研究发现引起嗅觉的气味刺激主要是具有挥发性、可溶性的有机物质,可以分为六类基本气味,依次为花香、果香、香料香、松脂香、焦臭与恶臭。通过大量实验发现气味会影响到人的生理特征。实验人员使用扫描仪观察到香气能引起血流的变化:在薄荷香和茉莉花香影响下,人的血管会达到最大的收缩扩张,从而起到放松的效果;玫瑰香气能够抑制心率的减慢,而柠檬香气却能增强心率的减慢;天竺花香味有镇定安神,消除疲劳,加速睡眠的作用;白菊花、艾叶和银花香气具有降低血压的作用;桂花的香气可缓解抑郁,还对某些躁狂型的精神病患者有一定疗效。

景观环境设计中,应当充分发挥花木芬芳对于环境中游人的作用。例如在游人大量停留休憩的空间内,可以适当栽植一些可赏可闻的花木,延长人们停留观赏的时间,吸引人流的聚集;而在那些可能产生异味的地方,如厕所、垃圾箱周围则应予以遮蔽,尽量减少人的停留。

不同的人对一种气味会有不同的感受,甚至同一个人在不同的环境、不同的情绪时对一种气味也有不同的评价。因而景观环境中的嗅觉环境必须与景观空间本身相结合。例如,休憩与停留的场所对嗅觉环境要求较高,适宜营造鸟语花香的环境;而健身运动场所则对嗅觉环境要求较少,淡淡的花香味即可,过浓的香味反而会影响人们的健身活动。

就人对声音的感受效果而言,声音可以分为乐音和噪音。景观环境中能够引起人们愉悦心情的声音,如鸟鸣、潺潺流水声、风声等自然声音或人工的音乐声都可以称为乐音;噪音是由不同频率和不同强度的声音,无规律的组合在一起。等强度的所有频率声音组合而成的声音叫做白噪音。如果从心理学的角度来给噪音下定义,可以说,人们评价为不想听的声音都是噪音。噪音音量越大,越有可能干扰人们的言语交流,同时会引起个体生理的反应,如抵触、烦躁、注意力分散等;而乐音则有助于人们舒缓情绪、放松心情,促进人们各类户外游憩活动的开展。

20世纪60年代末,加拿大作曲家莫瑞·萨弗尔(R. Murray Schafer)首次提出了"声景观"(soundscape)的概念。"soundscape"是"sound"(声音)和词根"-scape"(景观)组成的复合词,是相对于"视觉的景观"(landscape)而言的。(The Soundscape, R. Murray Schafer, 1977)声景观意为"用双耳捕捉的景观","听觉的风景"。他相对于传统的声学理论而言,根据声音特色,把户外的声音分为三类:

第一类为背景声,即景观环境中人们的活动声、嘈杂声与自然声。根据背景声可以把握整个场地的总体特征,例如在交通性的户外公共空间中,车水马龙的鸣笛声就是背景声;而在风景优美的自然环境中,潺潺水流声和鸟鸣虫叫声则是背景声。不同的背景声对应于不同场地中的人的行为,例如在车水马龙的声环境中自然诱发人们匆匆过路的行为,抑制了人们停留休憩的欲望。例如在高达70 dB的街头设置小游园并非"适人"的场所,嘈杂的环境无法使人们坐下休憩(图4.38);而在鸟鸣山更幽的自然声环境中,人们很自然地会静下来心来,集中注意力细细倾听天籁之声与观赏自然美景。

图4.38 某街道口嘈杂的环境中设置的小游园,游人寥寥无几

第二类为信号声,又称为情报声,是指景观环境中具有提示作用的声音,比如警报声、广播声、铃声等。这类声音有些是必要的,比如在发生事故和紧急情况时,对于引导人的行为、保障人的安全是十分必要的。但是也应该看到,现在户外的这类信号声有噪声化的倾向,往往使游人感到不悦,反而影响到了这类声音应起的效果。因此,在景观环境中播放此类声音时,必须对声音的音质、音量和播放频率和时间进行研究,确定适宜的信号声。

第三类为演出声或标志声,是指具有独特场所特征的人工声音或者自然声音,包括人们在景观环境中的音乐声、歌声、钟声等人工声音,也包括喷泉、瀑布等自然声音。场地上的人工声音往往成为整个场地中最有代表性的声音,引导着人们的行为,例如场地舞台中的人们会不自觉的跟随着音乐声、歌声互动起来,同时一块场地上发生的演出声、歌声也会吸引更多的人参与进来;喷泉、瀑布等自然声音一方面能够吸引人流聚集,另一方面还起到了屏蔽噪音的作用。

景观环境中不同的区域由于不同的行为类型与使用人群,对于声环境的要求也是截然不同的:

(1) 户外休憩区:景观环境中的休憩区以静态活动为主,个体活动较多,而群体活动较少,因而此区域内的声音特征要求为宁静、自然、放松的。对应的声环境设计应以自然声音为主,人工声音为辅,例如虫鸣鸟叫、树叶沙沙声、轻风流水声。

(2) 健身运动区:景观环境中的健身运动区以动态活动为主,群体活动较多,老年人与儿童是这个区域的主要使用者。声音特征要求为热闹、开放、充满活力的,声环境设计应注重人工音的营造,运用广播、录音等设施提供音乐声、歌声等,满足场地内人们的使用需求。

(3) 交通嘈杂区:户外环境中有很多区域处在交通喧闹的地段,例如十字路口的绿地,此区域内车水马龙,声环境质量较差,应当增加绿化栽植密度予以隔离,减少人工停留的区域与设施;此外还可以适当增加水流、喷泉声等自然声予以隔离,以减少噪声,同时避免增加过多人工声。

### 4.1.2 景观环境中的行为方式

通过研究景观环境中人的行为方式入手,对不同年龄、性别、文化层次、爱好等因素进行调查分析,从而得出人在景观环境中活动的一般规律和特点。根据年龄差异,把人群划分为三大类:少年儿童、中青年人和老年人。老年人群活动规律一般为早晨和傍晚跑步、散步、打拳、跳舞等,反映出群体性特点;青年人群活动规律一般在休息天或晚上,呈现出独立性和休闲性等特点;少年儿童活动一般在星期天或放学后,呈现出流动性、活泼性、趣味性等特点。

景观环境中不同人群的行为方式迥异,对景观环境使用情况是不同的(表4.4),由表可见老年人是室外环境的主要使用人群;中青年人次之;少年儿童使用最少,一般也由成人看护。同时,也可以看出不同类型景观环境使用群体也不尽相同,交通型空间和商业空间中中青年人群数量最多,而社区休闲型与综合型空间中老年人群数量最多。

三类人群行为方式本身也存在很大差异(图4.39),由图可以看出,老年人多喜欢三四人聚集在一起活动,分布更为集中;中青年人则更偏好独自或两三人组团活动,分布更为零散;从时间上看,老年人是全天候的环境使用者,中青年人则常常于傍晚和晚上出现在景观环境中。

表4.4 不同年龄人群的行为方式差异

| 场地名 | 少年儿童 | 中青年人 | 老年人 | 类型 |
| --- | --- | --- | --- | --- |
| 鼓楼广场 |  | ★ | ▲ | 交通型 |
| 火车站广场 |  | ★ |  | 交通型 |
| 水木秦淮 | ▲ | ★ |  | 商业型 |
| 浮桥数码广场 |  | ▲ | ★ | 商业型 |
| 正洪街广场 |  | ★ |  | 商业型 |
| 珍珠河绿地 | ▲ |  | ★ | 休闲型 |
| 和平公园 |  | ▲ | ★ | 休闲型 |
| 建邺路小游园 |  |  | ★ | 休闲型 |
| 汉中门广场 | ▲ |  | ★ | 综合型 |
| 北极阁广场 |  |  | ★ | 综合型 |
| 朝天宫广场 |  | ▲ | ★ | 综合型 |
| 山西路广场 | ▲ | ★ |  | 综合型 |
| 大行宫广场 |  | ★ | ▲ | 综合型 |
| ★所占比例 | 0% | 45% | 54% |  |

注:★表示主要使用人群;▲表示较多使用人群

图4.39 南京鼓楼广场不同年龄人群的行为地图

△ 6:50—7:10 广场上的年轻人　○ 14:50—15:10 广场上的年轻人
▲ 6:50—7:10 广场上的老年人　● 14:50—15:10 广场上的老年人

1）老年人群

随着人口老龄化的速度加快，老年人在人口中所占比例日益增大，大量研究表明，户外活动与老年人的身心健康密切相关，户外活动可以缓解老人容易产生的孤独感、寂寞感，以及社会遗弃的危机感，避免随之而来的自卑、意志消沉等抑郁心理，同时，老年人对户外公共空间的利用有着得天独厚的条件：老年人每天平均有8—10小时的闲暇时间，在一些大、中等城市，很多老年人已养成了早晨在公园中早练，白天在公园中活动，晚上和家人、朋友在公园散步、聊天的习惯（图4.40，图4.41）。因此，在老龄社会里，老年人成了景观环境中的主要使用群体，户外环境中的老年人活动区使用率是最高的。综上所述，对老年人群的行为研究是不可忽视的问题。

图4.40 南京某绿地老年人室外活动时间规律

图4.41 某绿地老年人室外活动内容分布图

老年人群的心理特征较复杂，一方面老年人希望处在安静的环境中，不希望受到交通喧哗的影响；另一方面老年人也正是因为渴望与人交流害怕寂寞才来到公共环境中，因此需要为老人提供尽可能丰富多样的活动类型和社会交往的机会。

作为景观环境主要使用者的老年人群，年龄集中在55~75岁之间，这个年龄段老人的活动特点是能够独自展开活动,活动类型不受限制,可以分为动态活动与静态活动两类,无论哪类活动都需要较为宽敞的活动场地与适宜的气候条件。

动态活动主要是指老年人的户外健身运动,主要包括交际舞、扇子舞、跳操等,这类活动特点为人数多,场地要求大,需要相对较有围合感,面积较大的场地,因此对周围环境影响较大;此外还包括太极拳、太极剑类,这类活动占地面积小于舞蹈类活动,较为安静,与其他活动相容性较高。

值得注意的是环境中很大一批老人是独自开展活动的,有的是独自在场地上运动,不借助其他器材设备,如打拳、舞剑、做操;有些活动需要一定的器材设备,如悬吊、压腿。如果场地中没有提供的话,老年人常常会借助环境中的树木、栏杆作为替代品,既容易对设施造成一定的破坏,也会对老人造成伤害。因此户外景观环境中需要为老人提供足够坚固耐用的健身器材(图4.42~图4.44)。

图4.42　老年人借助广告栏进行健身

图4.43　环境中借助栏杆健身的老人

图4.44　环境中借助树木健身的老人

静态活动主要指老年人打牌、下棋和遛鸟等户外休闲活动,这类活动以群体娱乐为主,常常三五成群,驻留时间较长,需要大量的公共桌椅,并有所遮蔽(图4.45,图4.46)。

总体而言,老年人景观环境设计应有以下要求:

图4.45 亭中老人在"合唱"

图4.46 亭中打牌的老人

（1）安全性：考虑到老年人身体特征与活动特点，景观环境应为老年人提供一个安全舒适的室外活动空间。例如在老人活动区域提供更高的照明标准，以提高环境辨别度，特别是在景观环境中的重点区域，如建筑物的出入口、停车场以及台阶、斜坡等地势变化的危险地段，注意无障碍设计；另外由于老人视力及记忆力减退，方向判断力差，步行通道的趋向及位置要明显区分，在道路转折和终点处应安排具有明显标示，增强环境的可识别性。

（2）交往性：户外环境应为老人提供尽可能丰富多样的活动内容和社会交往的机会。例如在环境中设置亭廊以及数量足够的桌椅以诱发老人的交流活动，同时老年人活动场地应避免其他活动的干扰，特别是穿越交通。

（3）个体空间领域：由于老年人的心理特点，对环境中的个体空间有特殊的要求，他们往往在静坐或聊天时不喜欢被他人打扰，偏好于停留在视野开阔而本身又不引人注目，并有所依托的场所。因此老年人的休憩活动区域应与其他区域适当保持距离，同时又彼此相连。

（4）便捷性：户外老年人活动环境应满足便捷性的要求，即活动场地具有便捷的可达性，尽可能靠近老年人住区，一般以满足10分钟内的步行路程为宜；同时环境中的设施也要方便老年人使用，为老年人提供简单、易用的环境设施。

当前城市的许多公共绿地、休闲广场在规划设计中对老年人行为考虑不周，存在活动场地狭小、互相干扰、缺少活动设施，服务半径不合理等不足之处，因此在景观环境设计中应当对老年人活动场地予以足够的重视，根据老年人独有的心理特点和行为特征进行规划设计，多为老年人创造舒适、优美、耐用的户外休闲空间。

2）中青年人群

中青年人群是景观环境中的重要使用者，由于其年龄特点，他们对环境质量要求较高，对环境设施、个体性空间、适宜的气候、温度条件更为关注。其行为可以分为两类：

（1）行人与等车的临时性的人群，他们的行为特征是在公共空间中停留时间比较少，并常常在公共空间边缘活动，而不深入内部。他们对空间的标示性、可达性要求较高，而对环境中绿化、铺装等细节较少关注。因此应在环境中为其提供具有明确导识性的环境设施与休憩坐椅。特别是对行人应充分保障通道的便捷性，减少阻碍，避免高差。

（2）场地上进行休憩与娱乐健身活动的人群，他们的活动分为静态活动与动态活动两类。此类人群对环境质量要求较高，要求场地有围合感、有适宜的景观朝向与充分满足领域感的个体空间。

静态活动以交谈、观察、演讲等为主要形式，人数一般在两三人以上，要求场地有所围合，有适宜的自然环境与环境设施如亭廊、坐椅,占地面积一般不大;动态活动以球类、轮滑、街舞等为主要形式,参与人数较多,常在四五人以上,要求场地开阔,地面平坦,以羽毛球为例,场地大约在 5 m × 10 m 以上。

中青年人群由于性别的不同,其行为特征表现出明显的差异:

在景观环境中,男性表现出更多的主动性(公开、社交、参与),趋向于外向型的活动,如运动、表演、乐于与人社交,参与公共活动,在位置选择上趋向于选择开放的空间或空间的中心位置,更喜欢占据城市广场前端显眼的位置,男性独自行为的比例较高。

女性在景观空间中表现出更多的后退性(安全、舒适、放松),趋向于内向型的活动,喜欢选择比较封闭或空间的边缘,更喜欢呆在靠后安静的自然环境中;女性多成群或结伴前往公共空间。同时女性对于空间环境细节要求更高,对环境因素更为敏感,如噪声、尘土、污染等。

3) 少年儿童群体

少年儿童是景观环境中常见的使用人群,其行为方式与成年人差异显著。景观环境中的少年儿童活动空间是他们除了幼儿园、学校之外的一个重要学习与成长空间。研究少年儿童群体的行为方式有助于更好地营造景观环境中少年儿童的活动空间,促进其身心健康成长。

少年儿童心理特征较为特殊,对于环境的反应比成人更加直接与活跃,越是人多嘈杂的环境儿童越发兴奋,越愿意表现自己。适当将儿童活动场地与其他人群混杂,有利于激发其活动欲望,集聚场地人气。影响儿童行为的主要因素有:

图4.47 南京模范马路边的健身活动区——儿童是主角

(1) 场地的选择:少年儿童活动常常三五成群,多选择场地的中心地段活动,以便获得更大的活动范围。场地要求较为开阔,铺装形式宜多样化,既可以是一块硬质铺装,也可以是一片草地或沙坑。同时应适当远离交通地段,以免带来危险,场地环境应尽量亲切温和,有所遮挡,避免强风(图4.47,图4.48)。

(2) 多样的游憩设施:少年儿童好奇心强,对环境敏感度高,一块怪异的石头、一个鲜艳的雕塑或是一个斜坡,都能引起孩子们的极大兴趣,应此我们在公共

图4.48 南京某小区草坪上的儿童游戏场

空间中应该为他们多设计些能诱发他们想象力的游憩设施(图4.49,图4.50)。但要注意游憩设施的复杂程度,国外的许多研究表明,尽管孩子们能够自己发现多种接触自然环境的游戏方式,但所设计的游戏设施的复杂是有一定限度的,也就是说游戏娱乐设施的使用要是太复杂,反而得不到少年儿童的关注。过于复杂的设施偏离了对儿童心理、生理机能培养的初衷和目的;同时游憩设施应多样化,除了秋千、跷跷板等设施,还要提供适合儿童身体发育及运动方式的器具,诸如:跑、跳、攀爬。特别注意的是儿童对于水的喜爱,为孩子提供浅水、喷泉等游乐设施。

(3) 安全性的把握:少年儿童的活动空间设计应从少年儿童的视角与尺度出发,充分考虑少年儿童的身体特点和心理需求。游憩设施不宜过高过陡,以免儿童摔伤,尽量采用软质材料如塑料、人造革等,避免尖锐棱角、挤压、磕碰、滑倒、夹伤、撞头、翻倒等危险结构和不良使用方式的存在。

**图4.49** 南京朝天宫外的踏步垂带成了儿童的滑梯

**图4.50** 某广场的坡道成了儿童的游乐场

(4) 环境的细节设计:少年儿童使用环境中应考虑到一些辅助性的细节设计,例如孩子们的活动常常是在家长们的陪伴下进行的,包括他们的父母与爷爷奶奶,他们常常站在场地的一边,边看着他们的孩子玩耍边互相攀谈,因此在为儿童设计游戏场地时也需要考虑成人的休憩设施;此外,儿童景观环境中设置厕所也是必不可少的。

日本景观师仙田满本在从1973—1982年对游憩设施、儿童公园及游戏场所等的调查中发现若干能够促使儿童进行游戏的空间结构特征。他称其为"环游结构",即适宜玩耍的游戏设施,其游戏流线是循环的。利用游戏设施的各种活动,大多数情况下都是所谓的"追赶捉迷藏"类型的活动,其流线需要拥有一条封闭的曲线;另一方面,调查发现在城市中,能够成为孩子们进行游戏的场所一般都是能够环绕一周的街区,而且有可以抄绕的近道,也可以称其为短路,同时这些街区都紧邻孩子们经常聚集的小广场。循环流线和近道,这两个共通的游戏结构形成了环游结构的基本形式。在环游结构游戏中,"晕"是不可缺少的体验元素。环游结构周边应具有标志性的空间标示,表面材质也应是柔软的材料,并提供有若干选择,同时开有孔洞可以随时脱离出去,环游结构的特征归纳为以下7点:

① 拥有循环的功能。
② 循环(道路)安全并且富于变化。
③ 在其中有标志性空间、场所。
④ 在其循环(道路)上有体验晕眩的部分。
⑤ 有近道。

⑥ 循环(道路)上有广场接壤。
⑦ 整体由多孔质空间构成。

景观环境中的青少年群体,作为少年儿童群体中的一部分,常常为设计者所忽视。青少年群体有着特殊的心理特征:一方面他们试图模仿成年人的生活方式和行为,并对父母及其他外界的干涉抱有排斥心理;另一方面其心智尚未成熟,仍对父母与成人有所依赖。其行为方式有以下特征:

(1) 自主性强:青少年群体自主性较强,常常集体活动,三五成群独自寻找游憩环境与设施,热衷于带有冒险、刺激的游憩活动,场地比儿童活动空间更宽广,活动类型更丰富。

(2) 对知识的探索:青少年对于未知世界有着强烈的探索欲望,利用这个心理特点,可以将书本中的许多物理知识、原理诸如杠杆、滑轮、离心力、回声等运用到他们的游憩设施中去,在娱乐的同时了解和掌握知识。

(3) 个体空间:青少年随着年龄的增加,心智逐渐成熟,对环境质量要求逐渐提高,对领域性要求逐渐增强,因此在环境中应为青少年提供适当的个体活动空间,但不宜封闭、闭塞,以免成为不良少年的聚集地,危害社会安全。

## 4.2 景观环境设计的行为预见性与适应性

不同的行为对环境的要求不尽相同,环境与行为之间往往存在一种潜在的对应关联。环境诱发行为,行为反过来又会作用于环境。研究这种关系有助于把握环境设计中对于潜在行为的有效预见以及提高环境对于人们行为的有效适应,从而更好地满足人们的行为需求,实现人性化的景观环境设计。

### 4.2.1 环境行为调查方法

实现设计的预见性与适应性,必须要对景观环境中人的行为模式与特征进行调查。环境行为调查的方法,包括定性研究方法和定量研究方法。定性研究方法主要以行为观察法为基础,以调查问卷法为补充,运用观察、描述的方式对环境行为进行调查研究;而定量研究方法主要是指采用行为地图法,同时在此基础上运用统计分析进行归纳总结从而得出结论的方法(表4.5)。

表4.5 环境行为调查方法分类

|  | 研究类型 | 基础方法 | 辅助方法 |
| --- | --- | --- | --- |
| 环境行为调查方法 | 定性研究 | 行为观察法 | 问卷调查法等 |
|  | 定量研究 | 行为地图法 | 统计分析法等 |

1) 行为观察法

行为观察法,就是根据研究对象的需要,研究者有目的、有计划地运用自己的视觉、听觉器官或借助其他科学观察工具,包括摄像机、录音机等工具,直接观测研究景观环境中的对象,从而做出分析与结论。其特点是观察者置身于客观的环境空间中,通过观察、记录和分析被观测者。行为观察法具有直接性与直观性的特点。

2）问卷调查法

问卷调查是景观空间调研中应用最广泛的方法之一，是行为观察法的重要补充。问卷调查的影响因素是问卷结构设计是否合理以及被调查对象的合作程度。问卷调查法在行为观察法的基础上，结合访谈的结果，使问卷调查的结果尽可能接近客观。问卷调查的特点具有直接性的特点，但由于受到问卷设计合理性和问卷对象个体差异，因而又具有一定的片面性（图4.51）。

一般而言，调查问卷的设计有四个重要原则：

（1）自愿性原则：充分考虑被调查者是否愿意回答，尽量避免涉及个人隐私。

（2）必要性原则：紧紧围绕研究课题选择那些环境设计和居民使用中最可能遇到的问题展开问卷设计。

（3）可能性原则：设计问题应充分考虑被调查者的知识水平和回答能力。

（4）简洁性原则：问卷内容不宜过长，问题最好为选择性质的，大部分问题应只需勾选答案即可。

图4.51 某公司调查问卷

1. 年龄
    ① 0~10    ② 11~20    ③ 21~30    ④ 31~40    ⑤ 41~50    ⑥ 51~60    ⑦ 61~70    ⑧ 71以上
2. 性别
    ① 男    ② 女
3. 学历
    ① 小学    ② 初中    ③ 高中    ④ 大学    ⑤ 硕士    ⑥ 博士    ⑦ 博士后
4. 游客来源
    ① 本地    ② 外地
5. 职业
    ① 工人    ② 干部    ③ 学生    ④ 教师    ⑤ 科技人员
    ⑥ 商业    ⑦ 离退休者    ⑧ 服务生    ⑨ 军警    ⑩ 金融    ⑪ 其他
6. 个人月收入
    ① 1500元以下    ② 1500~4500元    ③ 4500~8000元    ④ 8000元以上
7. 你经常来这里吗？
    ① 仅重要节日    ② 每周2~3次    ③ 周末    ④ 偶尔，不定期    ⑤ 每天
8. 你到这里的时段一般为？
    ① 早晨    ② 上午    ③ 下午    ④ 晚上    ⑤ 不定时    ⑥ 全天
9. 你到这里的交通方式？
    ① 公交车    ② 出租车    ③ 自行车    ④ 步行    ⑤ 自驾车
10. 从你住所到这里一般需多久时间？
    ① 20分钟以下    ② 20~40分钟    ③ 40~60分钟    ④ 一个小时以上
11. 你来这里是因为？
    ① 风景好    ② 特地来玩的    ③ 家住附近    ④ 正好路过
12. 你在这里休息或活动时是否受干扰？
    ① 不受干扰    ② 有些干扰，但影响不大    ③ 有干扰，受到影响    ④ 干扰太大了
13. 你认为应该再增加哪些设施？
    ① 坐椅    ② 种植花木    ③ 公厕    ④ 草坪    ⑤ 凉亭    ⑥ 电话亭    ⑦ 小卖店    ⑧ 其他

14. 如果有机会你愿意再来这里吗?
    ① 非常愿意　② 愿意　③ 不确定　④ 不愿意　⑤ 非常不愿意
15. 如果有机会你愿意推荐亲友来这里吗?
    ① 非常愿意　② 愿意　③ 不确定　④ 不愿意　⑤ 非常不愿意
16. 马路上的噪音对这里有无影响?
    ① 没有影响　② 有影响,但还好　③ 比较好　④ 马路上的噪音太烦人了
17. 如果想留影,你会选择哪里?


18. 你对这里有哪些不满意的地方?




3) 行为地图法

行为地图法是一种研究人员将特定时间段特定地点发生的行为标记在一张按比例绘制的地图上的方法,常把不同行为或不同人群用符号标记在图上。行为地图可以由多张特定时间段的地图进行叠加,从而可以得出更大时间区段内的特定场地的人们的行为特征。行为地图法的特点是平面标记直接明了,与设计最容易相结合(图4.52)。

图4.52　行为地图法举例　(南京和平公园 许皞调研绘制)

行为地图法是由1970年环境心理学家伊特尔森(Ittelson)等人发展起来的,最初用以记录发生在所设计的空间中的行为,力图把设计特点与行为在时间、空间上联结起来。他认为行为地图有五个优点:

(1) 有被观察地点的平面图;
(2) 对有明确定义的人的行为有观察、有数据、有描述,在位置上有明确的标定;
(3) 有日程表,表示观察与记录持续了多久;
(4) 观察与记录均由科学的程序指导;
(5) 有符号编码及统计、数据系统,以最少的时间和人力获得所需的观察记录成果。

4) 统计分析法

统计分析法是行为地图法的重要补充,它在行为地图法的基础上充分利用调查搜集来的大量数据,再运用统计学原理来分析空间环境与人的行为模式以及心理特征之间的关系,对于景观空间的定量化研究分析来说是十分重要的手段和方法。统计分析法的特点是能在错综复杂的空间环境与极其丰富的环境因素中做出定量分析研究,从而得出各个要素之间的内在联系与总体规律,因此科学性是统计分析法的一个重要特征。它把对景观空间定性化的描述上升为定量化的科学分析的层面(图4.53)。

图4.53 对于南京北极阁广场不同地段与时间段使用人群统计表

### 4.2.2 景观环境中人的行为模式

扬·盖尔将人们的一切户外活动总结为三种:强制性的必要性活动、个人的自发性活动、依赖他人参与的社会性活动,并且这三种活动形式对环境因素有着不同程度的依赖性:必要性活动是指各种条件下都会发生的行为,例如日常上班、上学等;自发性活动是指只有在适宜的户外条件下才会发生的行为,例如观赏景色、休憩、个体健身等;社会性活动指有赖于他人参与的各种群体活动,例如集体健身、儿童游戏、交谈聊天等。

为了更好地研究景观环境中的各种行为特征与空间环境的对应性,在扬·盖尔分类的基础上,根据环境中行为的发生频率进一步把环境中发生的行为分为必然性行为、高频行为、偶然性行为。根据发生频率研究环境中常见的行为模式有助于更好地把握不同的行为模式和特定的空间形态与环

图4.54 山西路广场空间行为分析

境之间的关联。

1) 必要性行为

必要性行为指在所有的景观环境中每天都会出现的行为方式,主要分为交通穿越、休憩与驻留三类(图4.54):

(1) 交通穿越

交通穿越是景观环境中的常见行为,如上学、上班或赶公交、地铁等,行为具有取捷径的要求。穿越行为要求景观空间简洁、通畅、便捷、平坦无高差变化,距离交通节点有最短的直线路径。地面铺装及灯具布置需具有指向性,材料没有强烈变化,步行区域开放无阻碍。同时环境中或周边需要必要的标示设施,为穿过的行人提供明确的导向。

对于这种行为模式而言,减少穿越时间,缩短行程是最为重要的,影响因素有:

① 便捷性:从A点到B点穿越场地,人们更喜欢选择直线以缩短路程,因此,在设计场地的穿行通道时,应该考虑到人们的这种行为模式,不应当在其中设置障碍与高差。

② 识别性:在场地的交通结点,必须给行人明确的交通标识与方位,以方便行人迅速到达目的地。

③ 通道宽度:人行通道的宽度首先应该符合人体尺度,根据观察,单人行走的宽度一般应大于600 mm,如果两人并行则增加到1200 mm以上,两人相向行走时则需要更大的宽度,一般需要1500 mm以上(图4.55);同时人行道宽度还应考虑街道预计通过人流量,根据观察,街道可通行的密度为每米街宽每分钟通行10~15人,如果密度增加则人群会变成2股逆向的人流,因此,在地铁与车站等交通枢纽周边的景观环境设计穿行通道时,必须根据相应的人流量来确定通道宽度。

④ 地面铺装:大量的人流需要坚固耐用的地面材料,同时也有雨雪天的防滑和排水要求。

(2) 休憩

休憩是公共环境中的人们主要的行为方式之一,主要表现为人们坐在坐椅上交谈、下棋、观望与缓解疲劳等。

休憩行为发生的基本条件是要能够接受到阳光或人工光照环境,有合适的坐椅或者供人休憩的

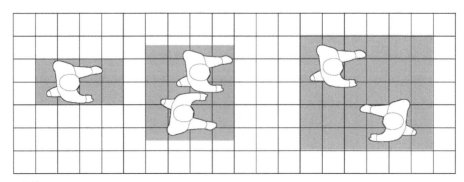

1方格=300 mm × 300 mm

图4.55 人并行行走宽度示意图

设施如台阶、缓坡等,要求具有宜人的尺度,以围合、半围合等具有个人领域感的空间形式为最佳;在视觉上要求视域的多层次性与良好的风景朝向,并能够看到其他人;休憩行为常要求有宜人的小环境,露天咖啡座等便利设施、水景边、绿化植物旁多为休息的好去处。景观环境周边如果有公共建筑,将公共建筑本身的功能转化到外部环境中也会诱发休憩行为。影响休憩行为的主要因素有:

① 依托

人们在休憩时都趋向于有所依托,或站或坐,片墙、灌木丛甚至一棵树都给人以依托感,吸引人们聚集。

② 干扰

人们在选择休憩场地时,趋向于选择那些不容易受到干扰有所遮挡的场地,例如远离主要运动场地和车道,即使人们不得已选择了一个靠近道路的坐椅,也常常背过他们的身体,避免直接面对道路(图4.56)。

③ 光线

充足的阳光也是吸引人们聚集的一个重要因素,特别是冬日午后的阳光,这是由于人们具有普遍的趋光心理,同一块场地在一天阳光的变化中,也往往呈现不同的景象:例如某街道的一块东南角被建筑包围的绿地中,早晨由于建筑物的遮挡缺少阳光,场地上冷冷清清;而傍晚场地上有了西晒的日光,这里便聚集了许多休憩的人群。

图4.56　人们面河而坐,背对道路

④ 场地围合

场地的围合感能给休憩的人群以安全感,根据观察,三面围合的场地最吸引人气,领域感最为强烈。此外,场地宽度w与建筑高度H的比例也影响场地围合感的产生,根据观察,比例在1~2时,围合感最为强烈;比例小于1时,场地感觉过于压抑,采光也受影响;比例大于2时,感觉场地过于空旷,缺乏凝聚力。

⑤ 景观

良好的景观朝向是人们选择休憩地点的一个重要因素,因为这里可以看到更丰富的风景或街景,例如南京火车站站前广场临玄武湖的亲水平台上总是坐满了游人,丰富的湖景与良好的亲水性使得这里成为旅客休憩的最好去处(图4.57)。

图4.57　南京火车站临玄武湖的亲水平台上总是坐满了游人

(3) 驻留

在景观环境中我们常常可以看到人们驻留在某块场地上,或是偶遇邂逅,或是约会等待,或是被什么所吸引久久不愿离去。根据观察,以下几种因素常诱发人们的驻留行为:

① 标识性:人们常常选择那些具有强烈标识性的场地作为约会的地点,例如南京莱迪地下商业步行街巨大的张拉膜顶棚就成为年青人聚集的地点,其夸张的形式强烈吸引游人的视

线成为整个空间的视觉焦点。

② 事件的发生：场所上发生的事件活动，无论是表演还是一般的健身活动，都能吸引人们驻足观望，这是因为人聚效应与"人看人"心理，外界发生的各种事件都会诱发人们的思考与猜测。

③ 边缘：景观环境中边缘地带是各种空间边界的交界处，具有复杂性与丰富性，各种活动多发于此，是驻留行为的多发地带。

④ 良好的视野：景观环境中驻留的人群多数是在等候、聊天或独处，因此要求视域开阔，有良好的景观朝向，同时能够满足夏季遮阴而冬季不挡光的要求。

值得注意的是，在同一户外开放空间中，不应将两种或两种以上的必要性行为组织在同一空间之中，以避免不同行为之间互相干扰。例如某公园中围绕水面展开的长廊，由于环境幽静，景观优美，适宜游人坐憩观赏风景，但它又是作为连接两个场地之间的必要交通空间。由于廊的宽度有限，从而穿越与坐憩的人们都会感到尴尬：坐在坐椅上的人群会感到他们的个体空间受到穿越人群的干扰，同时也挡住了他们的景观视线（图4.58）。

图4.58 某公园长廊内两种行为之间的相互干扰

2）高频行为

高频行为指在景观环境中一定条件下多发的行为方式，包括体育健身与娱乐休闲活动两大类：

（1）体育健身

随着市民健康意识的提高与人口不断老龄化，体育健身越来越成为公共空间的主要活动类型之一（表4.6）。总体而言，景观环境中的健身活动都需要一定的环境条件：一定规模开阔平坦的场地，良好的空间围合与充足的光线；场地应避免其他活动与人流的干扰，特别是避免行人的穿越。在现实中，往往一块人气旺盛的活动场地的路边总是停满了电动车、自行车，甚至堵塞人行道，因此设计健身场地时应该配置必要的停车场地以满足人们的停车需求。

表4.6 南京市户外常见健身活动

| 分 类 | 参与人数 | 空间大小（m²） | 活动类型 |
| --- | --- | --- | --- |
| 个体健身运动 | 1~3人 | 3~10 | 跑步、做操、太极拳等 |
| 小型健身运动 | 10人以内 | 20~40 | 打拳、扇子舞、唱歌、轮滑等 |
| 大型健身运动 | 10~20人或以上 | 40~50或以上 | 交际舞、大型舞蹈、跳操等 |

户外常见的体育健身可以分为个体健身与群体健身两种：

① 个体健身运动

主要指人们独自开展的1~3人的户外健身运动，包括跑步、做操、打拳、轮滑等项目，全天均会出现，主体为青年人与中老年人。个体健身对环境要求较高：需要有足够的阳光照射，场所有所围合，地面铺装材质及道路形式也有所要求，例如足底按摩需要有鹅卵石铺地，跑步要求流线形道路或环形道路，途径之处需要有优美的景色，并应设有休息坐椅和各类健身设施、厕所等。值得注意的是，人们常常会利用环境中的一些要素来开展运动，例如滑板运动者利用场地的斜坡来开展运动；再如人们利用树木、栏杆来压腿和悬吊。这些行为常常会对环境场地造成一定程度的破坏，因此在景观环境中应充分考虑到人们的行为需求，为人们提供足够坚固耐用的健身设施（图4.59~图4.61）。

图4.59 借助栏杆压腿的老人

图4.60 游步道上跑步的人群

图4.61 可以足底按摩的鹅卵石路面

② 群体性健身运动

主要指多人参与的有组织的群体健身运动，通常发生在早晨与傍晚，参与者多为老年人，人数多在4~6人以上。对环境要求为：需要有阳光照射的大面积开阔平坦的场地，场地周边应配有休息设施及相应的配套健身设施、满足一定规模人群需求的厕所及垃圾桶。同时场地要求视域开阔，能够集聚人气，引发"人看人"的行为。

群体健身活动类型如舞蹈、太极拳、集体操等，对场地要求不一：交际舞参与人数较多，要求场地较大，一般参与人群数量为4~5对（10人）以上，活动面积至少需要50 m²以上；扇子舞一般在6~8人以上，人均占地2~3 m²，场地要求至少需要20~30 m²以上。舞蹈类活动对周围环境影响较大，经常吸引许多人围观或参与；太极拳、太极剑也是群体性健身活动类型之一，这类活动要求场地较舞蹈类小很多，一般人均面积2~3 m²，总人数4~6人以上，活动较为安静，与其他活动相容性较高（图4.62~图4.64）。

1方格=300 mm×300 mm

图4.62　群体健身活动空间示意图

图4.63　广场上的扇子舞人群

图4.64　南京北极阁绿地中的打太极的人群

图4.65　珍珠河绿地中遛鸟的老人

（2）娱乐休闲

娱乐休闲是人们在公共空间中主要的活动方式之一，常见的户外娱乐休闲活动包括棋牌、儿童游乐、唱歌、遛狗遛鸟等其他一些娱乐活动。

棋牌：以老年人为主，人数在4~6人以上，常常发生在下午，人均占地面积1.5~2 m²。棋牌活动常常以群组的形式存在于景观环境中。一个场地内常常有多个棋牌活动小组，每个小组周围总是聚集着很多围观的人群。此类活动要求有安静及有围合领域感的景观环境，同时要求冬天能够接受到阳光，夏天有相应的绿化遮阴（图4.65）。对于棋牌活动而言，四人座的桌椅形式最适宜开展棋牌活动,一般一个棋牌小组占地面积为4~6 m²。此外,由于棋牌活动持续时间较长,使用率较高,桌椅应选用坚固耐用的材料(图4.66)。

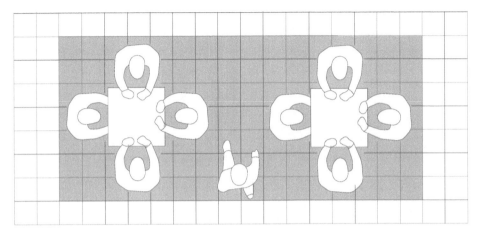

1方格=300 mm×300 mm

图4.66 棋牌活动空间示意图

游戏:参与者主要为儿童,人数可多可少,大多发生在下午与傍晚。儿童游憩需要视野开阔的场地,能够被场地外的人们看到,以保障孩子行为的安全,场地周围应提供孩子父母及游人休憩的小品设施。儿童游戏对环境有一定要求:水景、喷泉、游乐设施、颜色丰富的灯光以及多样的植物色彩及香味能诱发儿童的游戏行为。

遛狗及遛鸟:现代城市中,越来越多的家庭开始饲养鸟类、猫狗等宠物。遛狗与遛鸟是环境中常见的行为,主体为老年人群。遛鸟与遛狗行为两者有着明显的差别:遛鸟多发生在早晨及黄昏,需要有一定的个体领域性的空间及相互交流的场所,例如几组坐椅或廊架、亭子;遛狗全天都可见,对场地与休憩设施要求不多。要注意的是,城市中狗类伤人的事时有发生,特别是对儿童。因此必须将遛狗的活动区域与其他活动区相分隔,特别是远离儿童活动区(图4.67)。

图4.67 绿地中打牌的人群

3) 偶然性行为

偶然性行为指在景观环境在一定条件下偶发性的行为,比如临时性的露天演出、展览、演讲等。这类活动规模大小不定,各具特点。这类行为要求景观环境能够提供面积足够大的永久或临时性舞台,同时应避免人流的穿越成为交通障碍。演出、展览和演讲都需要有明显的标示性以方便人们的到达,环境周边还需要有相应的坐椅休憩等配套设施。

图4.68 某商业街头的露天演出

广场、绿地中的各类偶发性活动不仅会令空间充满生机与活力,而且能促进人们之间的交流,激活场地的商业潜力(图4.68)。

### 4.2.3 设计预见性与适应性

景观环境设计的预见性是指对景观环境内潜在的不同人群的行为需求进行有效的预见;设计的适应性则是指景观环境能够多大程度上满足人们的行为与心理需求。设计的预见性与适应性既相互区别又相互联系。预见性是从景观设计者角度出发的,而设计的适应性则是从景观环境本身出发,两者的目的都指向满足人们的行为与心理需求。同一个项目而言,两者是彼此覆盖的,因而评价一个景观环境设计优劣可以从多大程度上实现设计的预见性与适应性的相互重合来加以判断:设计的预见性与适应性相互重合程度越高则说明场地设计与人的行为与心理需求契合度越高,越受使用者的欢迎;设计的预见性与适应性重合程度越低则说明原初的环境设计背离了人们的使用需求,这样的设计往往是缺乏人气的,不受欢迎的,甚至在一些情况下,人们会改变原初的设计,按照自己的方式使用景观环境,造成所谓的"二次设计"(图4.69)。

图4.69 设计的预见性与适应性的叠合图

1) 设计的预见性

景观空间中人的行为可以通过调研分析与环境设计实现"预见与诱导"。所谓预见性设计就是指根据大量的对于类似场地环境和使用人群的研究分析,预测待建场地上使用人群的活动方式与行为特点。恰当的设计可以诱发特定的行为方式,从而实现有针对性、有目的性的设计。

景观环境不像建筑那样具有明确而单一的功能属性,在使用方面有较大的主观性,但通过对于建成景观环境中人群使用情况的调查,可以发现不同类型的行为对于环境的要求有所差别,而同一或相近似行为对于景观环境的要求却具有共性特征。景观环境设计需要对场地内可能发生的行为进行调查与研究,从而实现满足不同行为方式的预见性设计。

一个集聚人气的景观环境一定是满足了场地中不同人群的心理与行为的需求。如何准确预知人在景观环境中的行为是一个复杂的过程,某些行为看起来目的性明确,例如交通行为、舞蹈、健身等具有明显的特征;而另外一些行为则没有确定的意图和规律,例如散步、驻留、观察等。此外,不同地域、不同文化、不同气候条件下生活的人们日常行为往往存在着较大的差异。综合看来,景观环境中人的行为模式还是存在一般性的规律,通过观察环境中人们的各种外部行为及对应的空间形态,分类归纳,形成不同的模式与类型,可以得出景观环境中人们一般性的行为规律(图4.70)。

图4.70 行为研究步骤图:行为模式—类型—规律

不同的行为方式对应的类型、动静状态、行为特征与空间形态都是不同的,但是几种不同的行为方式却有可能有着相同的动静状态或者行为特征、空间形态,例如休息、棋牌与驻留行为都是静态行为,而休息与驻留都是点状的空间形态;再如健身、游戏与演出都是动态行为,而健身、游戏活动范围都是有限的,空间形态也都是面域状的。从而有可能同时考虑几种相似的行为要求,实现动静与功能区域的划分,为满足不同人群的使用需求创造了可能(表4.7)。

表4.7 景观环境中各种行为方式的特点

| 行为方式 | 行为类型 | 行为状态 | 行为特征 | 对应空间形态 |
| --- | --- | --- | --- | --- |
| 游览型穿越 | 自发性行为 | 动态 | 线性运动 | 线性 |
| 取捷径型穿越 | 必要性行为 | 动态 | 距离最短 | 直线型 |
| 健身项目 | 自发性行为 | 动态 | 有限范围 | 面域 |
| 棋牌 | 自发性行为 | 静态 | 有限范围 | 面域 |
| 游戏 | 自发性行为 | 动态 | 有限范围 | 面域 |
| 演出 | 社会性行为 | 动态 | 大范围 | 面域 |
| 休息 | 必要性行为 | 静态 | 个体范围 | 点状 |
| 驻留 | 必要性行为 | 静态 | 个体范围 | 点状 |

预见性是人性化设计的基础,在设计景观环境时,必须对场地内的功能性区域进行确定。通过对场地内潜在人群行为方式与活动类型的研究,根据不同人群的活动特点针对性地设计不同的区域,满足不同活动的使用要求。以滁州菱溪湖公园为例,公园景区划分与场地内潜在人群与活动方式密切相关:公园基地周边环境复杂,西侧为城市主干道菱溪路,为公园游览人流主要方向,场地适宜作为公园主入口,引导游客进入公园;基地南侧为居住用地,未来将有大量住区居民,因此场地南侧适宜安排居民健身休闲场所,例如运动健身、休闲与餐饮等活动,以满足居民潜在的活动需求(图4.71)。

图4.71 滁州菱溪湖公园潜在人流与场地对应性分析

再以宿迁河滨公园改造设计为例,原宿迁河滨公园内三条人流线彼此近乎平行,南北向滨河步道与沿街游步道之间缺少联系,不利于市民游憩亲水活动的开展,同时遮蔽了滨水景观;在改造过程中,设计者顺应游人们亲水的行为心理,有意识的引入多条东西向穿插的流线,把游人引向水边,同时改造二级驳岸为草坪缓坡,沟通东西向联系,并在公园面对河流处打开了透视线,大大增强了公园的游憩性,丰富了沿街的景观界面(图4.72~图4.75)。

图4.72 宿迁河滨公园原场地内流线分析

图4.73 宿迁公园改造后场地内流线分析

图4.74 宿迁河滨公园驳岸改造示意

图4.75 宿迁河滨公园改造增加的斜向道

2) 设计的适应性

景观环境设计通过对行为与心理的研究突出对于人的适应性设计。"适应性设计"概念(adaptation)是系统与环境相协调的行为(引自《中国大百科全书》)。景观环境作为一个复杂的人工系统,具有系统的各种特征。景观环境适应性设计即是从整体观出发,通过不断调整景观自身构成要素以适应潜在的行为。适应性设计以一定的目的、方式达到与环境特点、人的行为需求相适应,创造出符合人们所需要的景观环境。景观环境设计的目的之一在于满足不同活动类型的行为需求。而实现环境设计的适应性的关键就在于弄清各种人群与活动对于景观环境的不同要求,根据不同的活动方式与使用人群确定各种不同的环境要素与环境设施。

在大量案例调研的基础上,归纳出不同的行为方式对于环境要素、环境设施的不同需求(表4.8):例如棋牌活动对阳光、公共设施高度、坐椅的材料及形式有所要求;而演出则要求坐椅朝向单一性,或者形成围合空间,此外室外灯光照明也有要求;再如群体游憩活动对光线、坐椅、道路铺装有要求,而个体游憩活动则更偏好于有水景或者喷泉的地方。因此,景观环境设计的适应性表现为环境与行为的对应性,不同的行为方式对应不同的环境要求。良好的环境设计的基本条件就是要充分实现环境与行为的对应性,而环境与行为对应性的缺失往往使得场地无人问津或者诱发人们不当的使用。值得注意的是,这种环境与行为的对应并不是单向、一一对应的:从表中可以看出,几种不同的行为对环境要求可以相近似,例如游戏与体育健身相近,游览与休息、驻留相近似,因而,景观环境中的行为与环境要求的对应是多向的,几种不同的行为方式可以安排在同一环境中,或者说同一环境可以满足多种行为需求,即景观空间环境往往具有多义性(图4.76)。

表4.8 景观环境中不同行为方式与环境要求表

| 行为方式 | 基本条件 | | 基础设施 | | | | | | | | | | | | | | | | 空间 | | | |
|---|---|---|---|---|---|---|---|---|---|---|---|---|---|---|---|---|---|---|---|---|---|---|
| | | | 绿化 | | | 水景 | | 休息设施 | | | | 道路设施 | | | 灯光照明 | | | | | | 尺度 | 围合 | 视域范围 | 高差变化 |
| | | | | | | | | 坐椅 | | | 其他休息设施 | | | | | | 便利设施 | 维护设施 | 活动节目 | 活动场地 | | | | |
| | 风 | 阳光 | 高度 | 色彩与芳香 | 品种 | 声音 | 位置 | 材料 | 形式 | 朝向 | | 色彩 | 材质 | 方向 | 功能性 | 装饰性 | | | | | | | | |
| 游览型穿越 | ● | ● | ● | ● | ● | ● | ● | | | | | ● | ● | ● | ● | ● | ● | ● | ● | ● | | | ● | |
| 取捷径型穿越 | | | | | | | | | | | | | | ● | ● | | | | | | | | ● | ● |
| 健身活动 群体 | ● | ● | | | | | | | | | | ● | ● | | ● | ● | | | | ● | | | | ● |
| 健身活动 个体 | | ● | | | | | | | | | | ● | ● | | ● | ● | ● | ● | ● | ● | | | | ● |
| 棋牌 | | ● | | | | | | ● | ● | ● | ● | | | | | | ● | | ● | ● | | | ● | |
| 游戏 | ● | ● | | | | ● | | | | | | ● | ● | | | | ● | ● | ● | ● | | | ● | |
| 演出 | ● | ● | | | | | | ● | ● | ● | | | | | ● | ● | ● | ● | ● | ● | | | | |
| 休息 | ● | ● | ● | ● | ● | ● | ● | ● | ● | ● | | | | | | | | | | | | ● | ● | |
| 驻留 | ● | ● | ● | ● | ● | | | | | | | | | ● | ● | | | | | | | | ● | |

人性化景观设计就是充分实现景观环境设计的预见性与适应性,以满足人的行为与心理需求为目的(图4.77)。景观环境作为景观设计的空间形态,既承载景观设计者的思路与想法,也承载着人们的使用需求,只有这两者充分一致,景观环境才能得到充分利用,反之两者相背离,无论是维形式的景观设计还是缺乏设计的环境都将失去应有的人气。

图4.76 行为方式与环境需求的对应性

图4.77 设计的预见性与适应性的关系图

## 4.3 设计人性化的景观环境

人性化景观环境就是依据人的尺度与行为来设计人的户外空间环境。人类对户外空间的需求不断地变化,景观环境的意义也随之不断地丰富。

研究表明,影响人性化设计的因素主要有三方面:环境本身、人在景观环境中的行为特点和人在使用空间时的心理需求。环境、心理、行为三者之间相互影响(图4.78)。人性化的景观环境设计,主要是基于景观空间中人群行为活动的特征及其生理、心理需求,创造最为宜人的户外环境。

图4.78 环境设计与人的行为、心理关系示意图

景观设计的目的在于营造空间,建构满足人们行为要求的空间"载体"。景观设计同生活密切联系,景观师需要通过一个"理解—沟通—认知"过程,加深对使用者的了解。人的任何活动都必须在空间中展开,其中人的立足点是活动存在和进行的场所。人在外部空间中的不同行为对环境的要求不尽相同,所对应的环境特征各异,究其原因是对于场所与行为的对应性选择,而人性化设计的根本也就在于为人的不同行为创造与之相应的适合场所。人性化设计的更高层次要

图4.79 德国街头的"靠背"

求还在于对于人精神层面的关怀,在满足人们的生理需求、心理需求之后,还有对景观空间的艺术气息、人文气息等更高层次的追求,以及对文脉和地域特征的传承和体现。

任何一处景观空间,若无人的活动参与,只是一种物质的存在,而一旦加入了人的行为、人的活动,便成了有活力的场所。景观环境设计的最终目的是满足人的需求,场所中的一切,离开人的活动就失去了意义。景观环境的各种细节都应当体现人性关怀,例如德国街头的金属靠背,从人的需求出发,为人们提供一处可以倚靠着交谈聊天的场所,受到人们的欢迎(图4.79);纽约佩雷小游园(Parlay Park)是一个非常小的街头绿地,只有12 m宽,30 m长,它的三面都由建筑物的墙面包围,只有一面临街,两侧的墙面是攀缘植物,正面墙上是水幕,隔离了街头车流的噪音。广场内配置了圆桌和靠椅,园内种植的乔木,形成小游园的绿色天蓬,形成了闹市区的一处"净土",十分亲切、宜人,受到了市民的喜爱(图4.80,图4.81)。

图4.80　纽约佩雷小游园

图4.81　纽约佩雷小游园平面

人性化的景观环境设计应遵循的基本原则有:
(1)环境设施应在使用者易于接近并能看到的位置,方便市民使用。
(2)环境设计要考虑日照、遮阴、风力等环境因素及人的生理特点。
(3)满足不同人群的使用,不仅是老人、儿童,同时也应满足残障人士的使用,同时一个群体活动不应干扰另一个群体;应提供不同年龄段人群的交往、共处空间。
(4)提倡民众参与,让使用者参与景观环境的设计、建造及维护的过程。
(5)景观设施日常维护应简单、经济,景观设施材料应人性化、使人感到亲切。
(6)营造具有安全感、领域感的空间环境。
(7)景观环境是在不断变化发展中的,大众应成为景观环境的主人,应在环境中融入人们可控制或改变的因素。

4.3.1　创造交往空间

社会心理学认为,交往是人类社会存在的基础。人们通过交往来组织生产、实现人与人的沟通,在交往中获取信息、在交往中得到启示,交往在人们的社会生活中无处不在。前苏联社会心理学家A.N.列昂节夫(Leontiev Aleksei Nikolaevich)谈到:"在一般情况下,人同他周围的物质世界的关系总是通过同他人的关系和同社会的关系间接地表现出来的。"因此,交往是人类社会性的反映,同时也是个人心理状态的重要决定因素。当今社会,人们重视交往、渴望交往,甚至利用科技的发展将交往拓展到网络虚拟生活中。人与人之间的交往是城市赖以存在的基本要素,而景观环境是人们交往的重要载体。景观环境中创造人与人之间的交往空间,能够满足人们的心理需求,增强人们的自我认同感、缓解现代都市生活的孤独感,丰富人们的休闲生活,是创造和谐稳定的社会环境的基本条件。

1) 研究景观环境中潜在的交往行为

不同的景观环境中可能发生的潜在交往行为是不同的,这是由不同环境的特征决定的。例如社区景观环境中常见的行为如聊天、棋牌、健身等;商业景观空间中常见售卖、休息、表演等行为;而在文化性景观空间中则常见各种文化表演活动,例如巴黎蓬皮杜文化中心广场上自发的聚集了很多人在街头为人画像,更多的人在驻足观看与交谈(图4.82)。因此,必须对设计场地中可能存在的交往行为进行研究,为这些活动提供必要的环境设施,以满足其活动需求,诱发各类交往行为。

图4.82 巴黎蓬皮杜文化中心广场——画像

图4.83 南京珍珠小游园中亭子——提供老人打牌场所

2) 完善户外环境中的景观设施

户外环境中的景观设施包括坐凳、桌椅、休憩亭廊、信息指示牌等,对于促进环境中的人际交往起着重要作用。这类设施能够吸引人们前来休憩,诱发人们之间询问、聊天、棋牌等交往行为。例如,南京珍珠小游园中聚集了大量前来休憩的人群,环境中的亭、桌椅等景观设施诱发了人们棋牌、交谈等交往行为(图4.83)。

3）营造合理的流线系统，创造交往空间

景观环境中的流线系统设计对于交往空间的营造影响显著。一方面合理的交通流线保证了市民户外交往活动的安全，住区环境中采取人车分流的方式与集中停车的方式保障了居民安全的户外活动空间，减少了车辆对于人们交往的干扰；另一方面，合理流畅的流线设计还能够增加市民户外交往活动的空间，通过增加游步道、延长游览线路增加市民户外活动停留的时间，引导人们休憩、游玩、健身等户外交往活动的开展。南京新世界花园住宅小区通过调整路网，增加了大量的宅间绿地与活动场地，为小区内的居民开展各项户外交往活动创造了条件（图4.84~图4.86）。

图4.84　新世界花园原平面图

图4.85　新世界花园通过调整路网——增加交往空间

图4.86　南京新世界花园调整后平面

图4.87　武夷绿洲小区通过增加宅间绿地增加交往空间

图4.88　武夷绿洲总平面图

南京武夷绿洲住宅小区观竹苑及品茗苑建筑密度较高，可供居民活动的开敞空间较少，通过挖掘两山墙之间空间潜力，增加绿地面积，为小区居民提供丰富多样的户外休闲环境（图4.87~图4.90）。

图4.89　宅间绿地

图4.90　宅间活动场地

### 4.3.2　人性化尺度

人性化尺度蕴含丰富的含义，景观环境中的人性化尺度是指空间尺度、环境设施的尺寸适宜人的活动与使用。符合人性化尺度的环境使人产生舒适、安全、亲切的心理感受。人性化尺度还够激发起市民的归属感与自我认同感，拉近人们彼此之间的心理距离，淡化现代城市中的人与人之间的陌生感，促进人们相互之间的相互沟通与交流。

景观环境中的人性化尺度没有定值，不同的人群对空间的感受不同。例如儿童感受的空间尺度比成人小很多，男性的空间尺度一般要比女性大。但总体而言，空间比例关系与空间的围合性、人的感受之间存在对应关系，空间过大或过小都会导致人们亲切感与安全感的下降与丧失，从而使人产生紧张、恐惧、迷茫的心理感受。根据研究，景观空间间距 $D$ 与两边建筑高度 $H$ 比值在1~2之间时，空间的围合性较好，人的感受是舒适、宜人的；小于1的时候，人们会有压迫感、紧张感；大于2的时候，人们会感到空旷、孤独，甚至感到不安、恐惧。同时，根据研究发现，人均占地12~50 m²时，人们彼此之间活动不会受到干扰，较为适宜开展外部空间活动（表4.9，表4.10）。

表4.9　中外得到公众认可的市民广场面积　　　　　　　　　　　　　　　　　　(ha)

| 意大利<br>圣马可广场 | 美国<br>威廉斯广场 | 南京<br>鼓楼广场 | 日本<br>琦玉县广场 | 深圳<br>南国花园广场 |
|---|---|---|---|---|
| 1.28 | 0.56 | 1.86 | 1.8 | 1.5 |

（资料来源：王珂，夏建.城市广场设计.南京：东南大学出版社，1999）

表4.10　广场上不同人流速度、占地大小与人的环境感受

| 环 境 感 受 | 人均占地大小(m²) | 人流[人/(分钟·米)] |
|---|---|---|
| 阻滞 | 0.2~1.0 | 60~82 |
| 混乱 | 1.0~1.5 | 46~60 |
| 拥挤 | 1.5~2.2 | 33~46 |
| 约束 | 2.2~3.7 | 20~33 |
| 干扰 | 3.7~12 | 6.5~20 |
| 不干扰 | 12~50 | 1.6~6.5 |

（资料来源：夏祖华等.城市空间设计.南京：东南大学出版社，2001）

除了景观环境宏观尺度要注重人性化的控制之外,景观环境中的各种设施与小品设计也要考虑到人的尺度与行为,否则就会出现尺度失当,影响到人们的使用。例如环境中亭廊高度一般控制在 3~4 m,宽度在 3.0~6.0 m 之间,这样的尺度是比较适宜人们开展休憩活动的(图4.91)。反之,如某绿地中亭子尺度过大,远远超出了一般亭子的尺寸范围,更像是一栋大型的建筑,游客们更倾向在

1方格　600 mm × 600 mm

图4.91　尺度适宜的亭子示意图

亭中开展集体健身而非一般亭中常见的停留、休憩行为(图4.92)。再如环境中的坐椅、垃圾桶、灯具等环境小品,其长度与高度都应该根据人体尺度确定,过高、过低或过大、过小都会造成人们使用的不便(图4.93)。

图4.92　某绿地中尺度"失当"的"亭子"——更适合集体运动

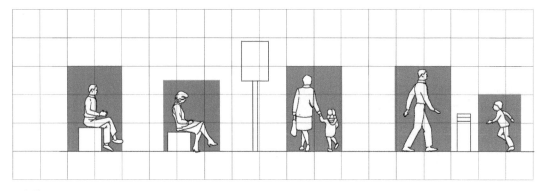

1方格=600 mm × 600 mm

图4.93　环境中各种景观小品的尺度控制

243

### 4.3.3 边界的处理

扬·盖尔在《交往与空间》中指出,人们喜欢停留在有依靠、有背景的边缘地带。场所的边缘为人们休憩、观看、运动与交谈提供了安全可靠的背景。环境心理学认为,人群之所以主动选择了场地的边缘,是因为人在边界的停留过程中感受到了支持与保护,当人的背后受到保护时,他人只能从前面走过,因此观察和反应便容易得多。所以,人们会很自然地会选择有所依靠的地方。爱德华·霍尔(Edward T. Hall)在《隐匿的尺度》中指出处于边缘或背靠建筑物的立面有助于个人、团体与他人保持距离,是人们安全心理的需求所致。例如从南京和平公园内4个不同时间点绘制的人群行为叠加图可以看出人群最乐衷于集结与停留的是一些空间的边界(图中灰色区域),例如花坛树池周边、塔周边、廊子(图4.94)。C·亚历山大(Christopher Alexander)在《建筑模式语言》中总结了有关公共空间

**图4.94　4个不同时间点绘制的人群行为叠加图(地点:南京和平公园)(时间段:6:30 10:00 12:00 15:00)**

**图4.95　南京珠江路口花坛坐凳形成的边界**

中边界效应和边界区域的经验。他认为如果边界不复存在,那么空间就不会有生气。对于一个良好的景观空间来说,应当特别重视边界效应的应用,利用空间边界线的凸出或凹进造成对人的吸引与滞留,为人创造出适宜逗留的亚空间。心理学家德克·德·琼治(Derk de Jonge)也提出过边界效应理论,他指出森林、海滩、树丛、林中空地等的边缘都是人们喜爱逗留的区域,而开敞的旷野或滩涂则无人光顾,这都是因为边界能提供给人一种安全的感觉。

景观空间的边界形态是多样化的,可

# 4 人性化景观环境设计

以是人工营造的地形、挡墙、台阶,也可以是长椅、亭廊、花架,同时应当考虑多种人群的使用,既可被青少年使用又可被老年人或其他人群使用(图4.95)。景观环境是开放的空间,与周围空间能否渗透是吸引人群的一个重要因素。成功的边界设计应是通透而丰富,曲折而富于变化,并在适当位置设计休息和观光的空间。往往景观环境的边界越丰富,边界上逗留的人也就越多。例如下图中,左侧的长椅适合单个或者两人的使用,中部突出的边界既可以供人坐下,同时能够增加边界变化,丰富边界效果,右侧的C形坐椅,适合三人以上的人群使用——丰富的边界形态提供了多种活动的可能(图4.96)。

图4.96 空间边界越丰富,停留的游人越多

### 4.3.4 坐椅设计与设置

休憩行为是户外景观空间中最为常见的行为方式之一,因而适宜的坐椅设计与设置是人性化景观环境设计中的重要环节。良好的坐椅设计不仅能为市民提供良好的休憩场所,还能满足人们的心理需求,促进人们的户外交往,诱发景观环境中各类活动的发生。

坐椅的设计首先是满足人们坐的需求,因而适宜的高度和良好的界面材料是最基本的要求,从人体工程学角度而言,最适宜的坐椅应使入座者的脚能够自然的放在地上,并且不会感到压迫到腿,但由于人的身材体型不一,适宜的坐椅高度因人而异。总体而言,景观环境中坐椅的高度在45 cm左右是适宜大多数人群的。如果太高,则会让人感到不适或无法入座;如果座面太低,则会使

图4.97 某广场上坐椅面太高

人脚关节感到压迫。例如某广场上坐椅设置太高,市民不得不把腿悬在半空,影响了人们的使用(图4.97)。坐椅表面的材料选择也是环境设计的重点,一般而言,木材是户外环境中最常采用的,金属与石材次之(表4.11,表4.12)。因为金属与石材导热性都较强,都存在冬冷夏热的缺点,不适合人们长期使用。例如,某小游园中供人棋牌活动的桌椅坐凳均为石材,冬冷夏热,冬季老人们不得不自己加上坐垫以御寒(图4.98)。

图4.98 某小游园中桌椅坐凳均为石材,老人们不得不加上坐垫以御寒

表4.11　景观环境常用界面材料

| 界面材料 | 优　点 | 缺　点 |
| --- | --- | --- |
| 木材 | 触感较好,加工性强,亲近自然,比较收到市民欢迎 | 耐久性差 |
| 石材 | 颜色与纹理都比较多,坚固耐用 | 冬天冷夏天热,形状较难塑造 |
| 铁质(包括不锈钢) | 坚固耐用,可以塑造成各种形状 | 冰冷感,也存在冬冷夏热的缺点,铁质器材还容易生锈 |

表4.12　某公园内坐椅使用情况统计

图4.99　南京新街口正洪街(步行街)路中的使用率极高坐凳——与紧邻坐凳的垃圾桶

景观环境中坐椅设置除了应该符合人体工程学的基本要求以外,应更加注重满足人的心理需求:包括人的领域感、个体性与依托感,并在此基础上促进人际之间的交流,增加户外交往空间,实现景观环境的社会功能。

人在空间中的领域感影响坐椅长度的设置与密度。美国城市学家威廉·H.怀特(Williams H. Whyte)曾经对纽约广场做过深入的调研。他发现广场最拥挤的时候,每100英尺可坐空间容纳了33~38人,人均密度为80~92 cm/人。在实际中,如果座位的使用密度超过了或者是接近于这个上限,人们就会离开,转移到别的空间寻找位置。这其中包含着一个自发的调节机制:如果人数小于上限,就会有人将这个数目补齐,实际是人们自动调节了一个地方可以做多少人。因此,在景观环境中,坐椅的长度应当至少大于160~180 cm,以满足至少两人的容纳空间。当然在极端情况下,人们对于坐椅空间要求会降到最低,例如南京新街口正洪街路上的坐凳上挤满了游客,人们甚至能忍受与垃圾桶相邻(图4.99)。

除了满足领域感,坐椅设置还应满足人们的个体空间要求,例如坐椅面对面放置,或太靠近容易产生压迫感、局促感,同时对视也会使人们感到尴尬与不适;同时坐椅还应有所倚靠,使人们可以观察到场地内他人的活动,满足人们安全感的需要。对多个广场的调研发现人们趋向于在广场或绿地边缘的坐椅休憩,例如太平北路与珠江路交界的街头广场,人们要么快速穿越,要么寻找坐椅加入其中,没有人愿意在广场中央被人注视着活动,人们乐于当"观众"观察别人而非

图4.100 太平北路与珠江路交界的街头广场

"演员"被别人看(图4.100)。

根据边界效应,坐椅布置的方向应当朝向开阔地带,或者人流量大的方向。例如一个在建筑与开阔水面之间的坐椅,坐椅的方向应该朝向开阔的水面,例如香港科技中心广场上的坐椅虽然布置成向里侧开口的半弧形坐椅,但是人们多半选择坐在圆弧外侧面向开阔的海湾(图4.101);再如某绿地一处休息亭内的坐椅设置呈环形向心布置,但人们仍背向亭中,面向开

图4.101 香港科技中心广场上的坐椅布置

图4.102 某绿地休息亭内的坐凳布置(使用者背向亭中)

图4.103 内弧形的坐椅更适合彼此熟悉的群体,陌生的人不得已侧转身体,避免尴尬

阔明亮的亭外环境(图4.102)。

坐椅本身的形状对于人们的使用影响也很大,下图是两种形状相反的坐椅形式。左边是内弧形的坐椅,其空间形态是向心的,使用者的视线是内聚的,这种形状的坐椅更适宜彼此熟悉的团体人群的使用;而右侧外弧形的坐椅,空间形态是发散的,能够为人们提供开阔的视野,因而更适合彼此陌生的人群使用(图4.103,图4.104)。

图4.104　内弧形坐椅产生视线会聚,外弧形坐椅使视线分散

### 4.3.5　路径设计

景观环境中路径设计的作用即在于使人在场所内或场所之间便捷的通行。路径不仅仅是交通的通道,还是活动的空间。比如在城市环境中,街道不仅仅是交通空间,还是社会交往与人们休闲活动的场所;风景环境中,游览线路不仅引导人们到达景点,同时还是人们移步换景,欣赏美景的重要载体。良好的路径设计能够创造一个人性化的交通系统,引导人们经过潜在的交往与景观区域,诱发人们交往、驻足与观赏行为的发生(图4.105,图4.106)。在景观空间中,作为景观结构的重要组成部分,路径设计扮演着关键的角色。

图4.105　道路穿过活动场地,保留道路形式

图4.106　道路融入活动场地

路径设计既包含车流设计也包含人流设计,景观环境中不同的使用者和交通模式直接影响着路径设计。景观设计师需要综合考虑不同的游览方式、不同的使用者的特点与行为模式,减少它们之间的冲突。在许多景观环境中,设计者首先要考虑的就是化解机动车与行人之间的冲突。

景观环境中的人流路径类型根据目的类型可以分为四大类(表4.13):交通与穿越行为是景观环

表4.13 人的路径类型分类

| 路径类型 | 图 示 | 常见行为 | 平均步行速度(m/min) |
|---|---|---|---|
| 目的性较强 | | 交通、穿越、跑步 | 80~150 |
| 目的性较弱 | | 游览、购物 | 40~80 |
| 无明确目的 | | 散步、休憩 | 50~70 |
| 停滞状态 | | 等候、观赏 | 0 |

境中目的性最强的人流类型,便捷快速的路径是这类人群最需要的。巴黎雪铁龙公园设计首先考虑到人们的交通穿越行为,整个公园被一条横穿大草坪的对角线一分为二,为从雅维尔(Javel)地铁站到巴拉尔(Balard)地铁站的人们提供了最快捷的通道(图4.107);再如南京地铁小行站环境设计,突出交通流线,为进出地铁站的人群提供最便捷的通道(图4.108);目的性较弱的游览或者购物路径则对便捷性要求降低,路径可以有所曲折,而对周边风景或环境质量提出了要求;无明确目的的散步与休憩路径则可以蜿蜒迂回,对便捷性要求最低,而对周边风景、道路形式及环境细节要求最高。

人们使用路径的方式、强度和频率决定了路径的宽度、形式和材料。流线形的路径设计能够吸引人们来回散步与慢跑,铺满鹅卵石的路面常常吸引人们边散步边进行足底按摩。同时人们的心理特点也影响人们对路径的选择,例如人们

图4.107 巴黎雪铁龙公园平面

图4.108　南京地铁小行站广场——突出交通流线

相对于踏步更愿意走稍陡的坡道；在景观环境中，人们趋向于选择曲折弯曲的小路而非直来直往的棱角生硬的大路；环境相似的路径中长时间地行走会使人疲倦，丰富的路径形式、多样的空间边界的合理组合能够创造丰富活泼的景观效果。

### 4.3.6　空间的模糊性与领域感

景观环境中的模糊性空间根源于人们对空间感受的模糊与人们思维的复杂性。行为心理学认为人们对环境的感知是模糊不确定的，一方面户外景观环境承载了大量复杂的信息，例如交通、人流、声音等，同时认知主体人是一个复杂变化的有机体，具有大量模糊性思维与复杂的心理需求，正是由于户外景观环境自身的复杂性与人个体感知的模糊性，导致了人们对于景观空间的感受是复杂、模糊、多义的。

景观环境中空间的模糊性体现在两个层面，一是景观空间边界的不确定性；二是景观空间使用目的的复合性。景观空间边界的不确定性是指景观空间中边界是模糊的，景观环境中由于使用的公共性很少会有很封闭的空间，空间竖向边界多由景墙、景观柱或树池、花坛所组成，其边界是不连续、不完形的，而顶界面在室外环境中是很少存在的，多由廊架、花架、亭子及大树所组成。因而，景观空间边界对于空间的限定很弱，空间之间彼此渗透；景观空间使用目的的复合性一方面是景观空间内发生的行为是模糊混杂的，同一块场地上可以有多种用途，比如一块空旷的场地既可以成为老人们晨练的场所也可以成为孩子们轮滑嬉戏的游乐场，同时发生在同一块场地上的行为也是相互混杂的，比如有的人观看、有的人闲聊、有的人锻炼，这些不同的行为能够共存于同一空间之内，因而景观环境中的模糊空间体现了最大限度的包容性与普适性。

领域感的营造与模糊性空间在景观环境设计中的运用很多：

（1）亭廊空间：亭廊是户外景观环境中常见的游憩设施，亭廊除了能给人们提供停留休憩，遮风避雨的基本功能之外，还能有效地促进人们的户外交往和活动的开展。亭廊这种景观形式能够有效地实现空间的领域感,给予廊下的人们以依托与安全感,同时它的界面是通透不连续的,因而又为人们提供了良好的视野。亭廊空间既是交通停留空间也是交往空间,人们可以在亭廊下开展丰富的活动,如聊天、下棋、休息等。

(2)庭院空间:景观环境中的庭院空间是指由景墙、绿化等所组成的围合或半围合的公共空间,具有较强的归属感与领域感。庭院空间范围界定较明确、但不封闭,因而空间是渗透流动的。庭院空间具有多义性与混杂性的特点,即同一块庭院中既可以给老人聊天下棋,也可以供儿童游憩嬉戏。景观环境中的庭院空间由于其强烈的领域感与依托感,常常成为人们的集聚的场所,成为场地中的视觉焦点。例如香港某住区内部一庭院由于良好的围合感与安全感,成为孩子们的游戏场(图4.109)

景观环境中空间的界定方式很多,除了亭廊和庭院空间这两种比较常见的空间限定方式之外,一块下沉广场、一块不同的铺装或一个舞台,甚至几

图4.109 香港某住区庭院——儿童游戏场

图4.110 临时的舞台——界定了一定的区域

根石柱都能界定出一片空间领域,这种空间领域边界是模糊、开放的,与周边环境相互渗透,吸引人群的聚集。例如某场地内搭建的一个临时的舞台从而在其周边界定了一定的观赏区域,成为场地的焦点,吸引周围的人前来观看(图4.110)。

4.3.7 公众意识和民众参与

在景观环境的人性化建造过程中,应根据大众日常生活的实际需求和变化,进行实时的调整与完善,使使用者真正成为景观环境的主人,促进环境的健康发展。景观环境的人性化建设有赖于公众的积极参与和长期配合,不论是建设前期还是建成以后,积极倡导市民参与空间环境设计都

具有十分重要的意义。使用者将需求反映给设计者,尽可能弥补设计者主观臆测的一面,这将有助于景观师更有效地工作,同时能加强市民对景观环境的归属感和认同感。调研、决策、使用后评价这几个过程都应当让民众充分参与进来,应积极地发挥景观设计中的"互动"与"交互"关系。具体方法有:大众对于环境设计方案进行评价、选择,对于建成环境使用人群进行使用反馈调查分析。环境设计模型和表现图是沟通过程中使用最多的方法,因为它可以最直观地表明设计者的意图和构想,也最利于民众理解与提出意见。

倘若忽视对于公共行为的预测,则可能导致与使用者行为相左。如钱塘江畔的踏步,过分注重形式,没有考虑到游人的行为特征,不加选择的放置一些块石,横置在踏步中央,成为游人的"绊脚

图4.111　某江畔踏步——绊脚石？　　　　　　图4.112　下沉广场台阶上的花池

石"(图4.111)；再例如某下沉广场的台阶中设置的绿化带，没有考虑到人们的行走需求，成为人们上下台阶的阻碍(图4.112)。

充满人性与人文关怀是现代景观环境设计的追求目标。例如奥地利维也纳街头水池，本身充满雕塑感与形式感，但更为重要的，人们能够与喷泉雕塑互动游戏，炎热夏日的人们可以在水池中嬉戏，这样的街头小品完全是开放的和可参与的，充满生气与活力，是人们日常生活中的一部分，雕塑小品与人们一起成为街头一道美丽的风景线(图4.113)。南京山西路广场的旱喷泉广场也是一处极

图4.113　奥地利维也纳街头水池——可参与性喷泉

具人气的地方，成为孩子们与成人们聚集的地方，中心的旱喷泉处成为儿童嬉戏玩耍纳凉的好去处，而环绕旱喷泉因为地面花岗岩表面很光滑则成为了孩子们轮滑、溜冰的最好地段。而广场周围的层层看台则成为青年人与老年人休憩、聊天、观看风景的看台，丰富的可参与性与满足多种人群需求的

人性化设计,使得山西路广场成为南京山西路地段极具人气的市民公共休闲的重要场所(图4.114)。

公众意识特别体现在现代城市环境设计中,现代生活日益丰富多彩,人的活动范围亦日益扩大,新的生活方式不断引领人们对户外活动的新需求。因而景观环境应是一个开放、公开、注重于人对话的户外空间形态。它以服务于人、方便于人的使用为目的。

### 4.4 无障碍设计与通用设计

图4.114 南京山西路广场的旱喷泉——旱冰场

20世纪50年代,人们开始逐渐注意到环境中的残障人士问题,提出了无障碍设计(Barrier-free Design)的概念,即为身体残障者去除存在于环境中的种种障碍。20世纪70年代,欧洲及美国开始采用"广泛设计"(Accessible Design)这一概念,力图满足身体残障者在生活环境中的需求。美国建筑师麦可·贝奈(Michael Bednar)提出:"去除环境中的障碍后,每个人的官能都可获得提升。"他认为建立一个比广泛设计更全面的新观念是必要的,"广泛设计"一词无法完整说明他们的理念。1987年,美国设计师朗·麦斯(Ron Mace)开始大量使用"通用设计"(Universal Design)一词,并设法定义它与"广泛设计"的关系。他认为"通用设计"需要的是对需求及市场的认知,以及清楚易懂的方法,设计及生产的每件物品都能在最大限度上被每个人使用,更准确地说是一种"全民设计"的设计方向。通用设计的最初定义为与性别、年龄、能力等差异无关,是适合所有生活者的设计。1998年这个定义修正为:"在最大限度的可能范围内,不分性别、年龄与能力,适合所有人使用方便的环境或产品之设计"。

#### 4.4.1 无障碍设计

1) 景观环境中的无障碍设计

无障碍设计出现于20世纪,出于人道主义的呼唤,当时建筑学界产生了一种新的建筑设计方法——无障碍设计。它的出现,旨在运用现代技术,为广大老年人、残疾人、妇女、儿童提供行动方便、安全的空间和一个平等参与的环境。居住区景观环境中无障碍设施是必不可少的,身体障碍者与常人一样需要享受户外运动的乐趣和舒适使用的环境空间。其对人的关怀应体现到细部的处理上,比如说在台阶和坡道侧设置扶手,高的为高龄者和身体障碍者使用,矮的为坐轮椅者和儿童使用;台阶每隔1.2 m设置休息平台,防止疲劳;为了显示道路和高差的不同灵活采用路面材料,高差变化前给轮椅以足够的回转空间;还包括遮阳、避雨的设计,防滑设计,照明设计,公厕的设置,电话亭设计等。无障碍设计既是为残障人士准备的,也是为明天的我们准备的,我们善待残障人群、老年人群,也就是善待我

图4.115 国外某广场内无障碍设计

们自己。景观设计师应有为残障人士在内的各类人群服务的责任感(图4.115)。

无障碍设计的服务人群为残疾人、老年人、儿童等弱势群体,这些弱势群体的特殊需要在景观环境设计中很容易被忽视,常常导致他们在景观空间中的活动受到限制。无障碍设计作为景观设计的重要组成部分,为这些特殊人群在室外活动提供了一定的便捷和安全。同时无障碍设计体现了人本主义关怀,是人性化景观环境设计的重要保障。

景观环境中无障碍设计已开始普及,但无障碍设施使用率普遍很低。主要有以下几个原因:首先,无障碍设施没有得到全社会人群的重视,环境中常见盲人通道上总是停满了自行车或堆满了杂物;其次,作为设计部门,无障碍设施没有合理的规划和设计,如一片新建的景观环境内无障碍设施往往考虑得比较仔细、规范,但一走出这片区域,盲道常常消失在车水马龙的道路上,这将给残障人士带来极大的危险。无障碍设施的不连贯性是无障碍设施使用率低的重要原因;再者就是缺乏统一规范化的无障碍指示语言。

2) 无障碍设计在景观环境设计中的缺憾与局限性

(1) 以《城市道路和建筑物无障碍设计规范》和《公园设计规范》作为景观环境设计的标准,两者均存在某些不足。现有的无障碍设计相关规范尚未针对景观环境特征形成系统性的要求。

(2) 无障碍设计与景观设计存在脱节,两者没有进行系统化的统筹考虑,在一定程度上有重复建设之嫌,导致了工程造价的升高。

(3) 无障碍设计指向性明显,通常为专属服务设施,适用人群的协同性一般较低,服务人群有限(表4.14)。

表4.14 无残障设施与使用人群协调情况

| 无障碍设施 | | 盲人 | 残疾人士 | 老人 | 儿童 | 其他行动不便人士 | 健全人 |
|---|---|---|---|---|---|---|---|
| 专用设施 | 盲道 | √ | × | × | × | × | × |
| | 无障碍电梯 | × | √ | × | × | √ | × |
| | 无障碍厕所 | × | √ | × | × | √ | × |
| | 专设锻炼设施 | × | × | √ | √ | × | × |
| 通用设施 | 地标处理坡道 | √ | √ | √ | √ | √ | √ |
| | 地面防滑材料 | √ | √ | √ | √ | √ | √ |
| | 导视标识 | √ | √ | √ | √ | √ | √ |
| | 多尺度的服务设施 | √ | √ | √ | √ | √ | √ |

注:协同性高√、协同性低×

### 4.4.2 通用设计

景观环境中的通用设计是指"在最大的可能范围内,不分性别、年龄与能力,适合所有人方便使用的环境设计。"(荣马克,路斯·卢森,Ronmac,Ruth Lushen,1998)

通用设计不同于"无障碍设计"。无障碍设计的含义是"产品、设施和服务对于有残疾的人可及并有用"。这个含义本身就把普通人和残疾人截然区分开来。而通用设计的含义则是"产品、设施和服务,对于任何人(包括残疾人和老年人在内)而言都可及并且有用"。因为人的能力和残疾只是一个相对的概念,是处在一个动态的、复杂的、变化的过程中的,随着时间和环境的改变,人们的能力和需求也在不断发生变化。

简而言之,通用设计与无障碍设计两者最大的区别在于无障碍设计是为"障碍者"去除障碍,是"减法设计";通用设计则是在设计的最初阶段,在设计过程中综合考虑所有人群的使用需求,是"加法设计"。无障碍设计是针对特殊人群采取的特殊设计,通用设计则是针对所有人群采取的整体设计。通用设计在一定程度上解决了无障碍设计未能顾及的问题,进一步丰富了无障碍设计的广普性。

通用设计的优点在于不仅满足了以往无障碍环境的主要服务对象——残疾人、老年人等弱势群体,还扩大受益者范围,方便所有人群的使用;其次,通用设计使设施易于被特殊人群使用,在心理上也乐于被接受,避免了由于差异化的景观设施导致的区别对待乃至隐形歧视;第三,通用设计为设计者提供了更加完善的理念与更高的追求目标,使人性化的内容更加充实。

1)通用设计的目标与方法

景观环境中通用设计的目标为包括弱势群体在内的所有人提供优美、适宜的景观环境,尽可能满足不同人群的游憩需求,增进与自然的接触和社会交往。

景观环境应该满足所有人的使用需求,设计师应充分了解各类人群包括残疾人、老年人、妇女儿童等弱势群体在内的生理、心理需求。景观设施的使用并不是静止的,而是处在动态的变化过程中的。因此,应当重视与使用者的互动交流,既包括从他们那获取信息,也包括向他们传递信息的互动过程,其形式包括问卷调查、访谈、会议讨论等,并应贯穿于景观设计、工程建设、后期管理的全过程。值得注意的是,通用设计有别于以前的专用设施设计和无障碍设计,因此在设计思路和方法上与前者有质的不同(图4.116)。

图4.116 专用设施设计、无障碍设计、通用设计关系图

2)景观环境通用设计策略

景观环境作为城市开放空间的一部分,是人们接触自然、社会交往的户外场所。当前的景观设计将人们分类对待,无助于人们在活动空间的交流和互动。因此,应以现有技术规范为基础,紧扣人的心理特征、行为模式和景观环境的特点,以先进的科学技术为支撑,借鉴国内外先进实例,建立一套操作性强、灵活与具有建设性意义的景观环境设计导则。

景观环境的通用设计强调景观环境具有最大范围的适应性和可用性,从而满足不同人群多样化的需求。从社会层面而言,这包含了一种民主的思想,由于"通用",它赋予不同使用者对景观环境同

等的使用权力和使用机会,为他们提供同等的功能。

（1）最大程度的满足可达性要求

可达性是景观环境通用设计的基本原则之一。在环境设计过程中,要运用视觉、听觉、触觉等多种手段对使用人群给予引导、提示。可达性也是一个空间的概念,反映了空间实体之间克服障碍进行交流的难易程度与空间实体之间的疏密关系。可达性是公平使用的基础和前提,目的是使人安全、便捷的在景观空间内活动。景观环境中的可达性主要涉及路径交通与信息标识两类:

① 路径是环境设计的主要组成部分,场地之间、场地本身是否可达体现了景观环境的空间品质和人性化程度。路径的模糊通常会造成可达性的障碍。在场地条件允许的情况下以坡道代替踏步,可以改善路径的通达性和便利性。

以人的行为研究作为路径设计的依据,对场地环境进行合理分析,通过反馈机制有效地指导设计过程,根据景观环境尺度、特征的不同,为所有人群提供安全、便捷、优美的路径设计。要特别注重路径细节处理,如环境中不同高差间平稳的衔接、场地与场地之间边界是否明晰,夜晚照明是否提供足够照度等。

② 信息导识系统:场地信息标识能否合理的表达,最大限度的对景观环境使用者进行提示和引导也是通用设计努力解决的问题。准确明晰的导识系统不仅给予普通人群很好的定位和方向引导,亦可对身体残障人士以提醒信息,增加了景观环境信息的透明性与安全性。对于盲人的引导除了地面感知外,还应增加竖向引导,方便盲人到达环境的各个区域。

例如英国泰晤士河畔的景观设计综合考虑了各类人群的使用,体现了通用设计的包容性与空间的可达性特征:沿河岸修筑了木平台游步道、自行车道与水上游览线路,方便各类人群前来游憩;同时,各类环境设施完善,设置了观景平台、休闲坐椅,还开辟了一条潮间带,为水生动植物创造生境条件;泰晤士河畔信息标识系统也较为完善,不仅有清晰的路标,还设有各类具有科普意义的指示牌,为所有人群提供了全方位的信息引导(图4.117)。

图4.117 英国泰晤士河畔园景观设计考虑通用性

（2）提高景观环境的包容性,激发活动的多样性

人们在室外的活动可以分为两类:自发式活动和激发式活动。前者的活动一般约定俗成,具有一定的可预见性,而后者则是使用者在休憩、观赏、活动的过程中激发形成的,具有一定的偶然性。活动的偶然性要求空间具有包容性和"不定性"。

传统景观环境设计过程中,设计师习惯于把场地划分为诸如儿童活动区、老年人活动区等不同功能区域。但现实的情况往往并非如此,老年人不愿孤寂地坐在树林下休息,他们更愿意靠近熙熙攘攘的人群,享受群体活动的氛围。这种将场地简单切分为功能单一的独立区域场地设计方法、缺乏满足人多样化活动的必要设施。景观环境的营造要充分考虑不同使用者的人体尺度和行为特质,吸纳各个年龄层的人群。打破年龄界限,形成老少皆宜的环境氛围。参与者的多样性可能会激发出这片场地活动的丰富度,有效提高场地的使用效率。

在景观环境设计中引入通用设计原则,会大大提高场地使用效率,激活"参与者",使活动呈现多样化,使景观空间的内在含义得到丰富和不断变化。景观环境的通用设计可以保证包括残疾人、老年人、儿童等特殊人群在内的所有人对场地平等地使用。其目的是使尽可能多的人用尽量少的额外

付出,甚至不用额外付出就能享受到各种景观设施的便利。通用设计兼顾不同人群活动的尺度要求,对场地尺度进行统筹考量、安排。这种设计手法是提高场地包容性的一种有效手段。

（3）集约化使用景观资源,营造"复合性"的景观环境

通用设计强调的是一种"整合",不仅是景观设计方法的统筹综合,更是一种对环境资源及使用要求的统筹兼顾。通用设计必须以集约化使用环境资源为手段,才能实现最大限度的满足人们使用需求、服务于全社会的目标。

景观设计的复合性是指景观环境能够满足人们的多样化的使用需求。传统的环境设计,固定了环境设施的使用方式,变化有限,并不能为使用人群提供足够的选择性和适应性。通用设计通过"变化"来实现设计人们的"个性化、多样化"的使用需求。具体方法就是在系统内针对不同使用者的不同需求进行"复合性"的环境设计。考虑环境设施多种使用方式的可能,在景观环境引入"可变化调节"的机制,从而满足所有人使用的需要。

日本富士山五和目广场上散落的石块体现了通用设计多义性的概念:一方面石块作为车挡,阻挡了车辆进入了广场,另一方面这些石块因为其合适的高度与座面成为游人休憩的坐凳,同时石块本身粗犷的形态与规律的排布也充满了形式感。广场上的石块包含了车挡、坐凳、环境小品三重使用属性,体现了通用设计多义性的原则(图4.118)。

图4.118　日本富士山五和目广场上散落的石块——坐凳

# 5 现代景观空间建构

　　景观空间是理想生活的物质载体，景观环境的有机性在于自然景物与人工环境的和谐统一。然而景观设计不等于设计师以理想的范本改造既有的环境空间，而是在尊重场所及其精神的前提下，研究场地固有的空间构成规律，在融入设计目的的同时建构起新的景观空间。这既是科学的景观设计观，也是创造个性化、特色化景观的基本途径。

　　景观不等同于平面设计，确切地说景观是从空间设计开始的，景观师在创造连续的空间效果，以实现预期的设计目标。景观空间和谐统一，刚柔相济，形成美好的生活境域，让人们生活在其中感到舒适、愉快，有益健康，并有着丰富的物质生活和精神生活内涵。日本学者芦原义信在《外部空间设计》一书中将空间分为正空间、负空间和中性空间。认为"空间基本上是由一个物体和感觉它的人之间产生的相互关系中发生的，这一相互关系主要是根据视觉确定的，但作为建筑空间考虑时，则嗅觉、听觉、触觉也都是有关系的。"视觉感知对于建筑设计、景观设计都具有重要影响。老子《道德经》中所说："埏埴以为器，当其无，有器之用。凿户牖以为室，当其无，有室之用。故有之以为利，无之以为用。"实际上，"器"的本质在产生了"无"的空间。景观空间是介乎自然空间与建筑空间之间的一种特殊的空间形态。从本质上看景观空间也属于人工营造的空间，具有人工营造空间的基本属性，比较建筑空间而言，景观空间具有更多的自然属性。对此，芦原义信曾这样解释外部空间：外部空间是从在自然当中限定自然开始的，是从自然当中框定的空间，与无限伸展的自然是不同的，外部空间是由人创造的有功能的外部环境，是比自然更有意义的空间。他从构成建筑空间的三要素出发，认为外部空间"可以说是'没有屋顶的建筑'空间"。也就是说外部空间是由地面和墙面这两个要素所限定。([日]芦原义信. 外部空间设计.尹培桐，译.北京：中国建筑工业出版社，1985)

　　景观环境的形式取决于它与所在地段的相互关系，而这种关联性是景观空间的核心，具有一定的因果缘由。每项景观工程均展示了场所内在的规律。人们正是通过创造与感知在社会中进行自我判定的。对观者而言，景观是一种可解读的空间。景观空间往往也是信息共享空间（物理空间（PC）+虚拟空间（VC）=信息共享空间（IC）），同一空间存在多种信息，从而景观空间具有多义性。空间是景观的载体，功能在其中展开、意境由其中生成，作为人化自然，景观环境更是自然的一部分，其中的客观的生命过程更是景观存在的基本前提。同时由于景观空间不同于建筑空间，也不同于纯自然空间，而是介于人工和自然之间，由于其自身的生命特质而不断变化，具有不确定性，因而景观空间又具有复合性的特征。

　　G·尼奇凯（G.Nitsche）提出："这个空间有个中心，就是知觉它的人，因此在这个空间里具有随人体活动而变化的方向体系，这个空间，绝不是中性的，而是具有界限的。换句话说，它是有限、非均质、被主观知觉决定的……"这是知觉空间。(Kenneth Frampton. 现代建筑：一部批判的历史.张钦楠，译.北京：中国建筑工业出版社，1988：32)景观空间向内有其自身的构成关系，向外则要求与环境找寻关联，两者共同作用确定了景观空间的结构关系。内在构成关系包括满足各种功能要求的道路、广场、建筑、水体等，均是构成景观空间的内在依据。景观环境离不开自然与人工两大环境体系，因此景观环境具有两类空间的基本属性。景观设计需要研究人工环境、自然环境、场地以及建造的材料、结构和建造技术等；同时也要研究景观自然的构成规律，即景观空间和构成空间的要素之间的关联，各组成部分的组织规律；形式和技术之间的关系；体量、空间和界面之间的关系等，作为景观设计研究的主要内容。

从空间建构的角度看,景观设计的本质在于从既有的空间环境之中,依据一定的目的对环境要素加以增删、切割、打碎与重组,依据一定功能及审美需求,重新建立适宜的尺度体系,通过将各种元素如铺地、雕塑、喷泉、植物重组,从而创造出具有一定形式与意义的空间。景观设计必须加强与既有空间格局和形态的联系,而不仅仅关注二维平面,沉溺于平面构成和图案堆砌,从而淡化对于项目周边的围合界面和外围空间系统的研究。不仅要把景观项目放在大环境中进行二维研究,而且要把握项目三维、四维的空间特性。景观空间构成具有理性与感性双重属性,抽象的图示思维与自然形态模仿并存,这是景观设计区别于建筑及其他相关造型艺术的一大特点。

## 5.1 景观空间构成

景观设计不等同于"平面设计",景观空间的划分与组织也不应迁就平面构图,以免导致空间的不完整。的确景观设计中相当部分的工作在于研究平面,其中既有对于交通流线、功能的研究,也有对于景观空间划分的思考。景观设计从平面入手,解决空间问题,这其中难免有平面与三维的转换问题。以二维平面表达三维空间感受是平面艺术的基本形式,而景观则是将空间的形态、尺度、围合等以平面的方式加以表达,其实质仍然是从三维出发,又以三维空间为目的。因此景观平面与空间之间不是简单的对应关系,而是存在着内在联系的逻辑关系,它的空间关系建构有着特殊的方法和技巧。平面设计艺术的视觉空间建构与写实的、再现的自由绘画艺术有所不同,主要不是依靠透视、比例、光影的物理逻辑空间来塑造,由于设计中各种形态元素及文字元素的综合使用且这些元素多呈现出脱离物理时空关系的状态,因此在画面经营上需要抽离与利用事物空间属性的视觉组织方式形成具有特定生理与心理意义的意象空间。我们所面对的任何平面作品,实际上都存在一个充满空间意味的有生命力的"场"。对于景观平面的组织必须以空间的形态为基本依据,而不应单纯地就平面论平面,使之转变为纯粹的平面构图。严格意义上说,景观设计中的"平面"与平面艺术设计的"平面"是有质的区别的,前者是研究现实的空间,而后者则是通过平面虚拟空间。

景观空间同样不同于建筑空间,它没有完整、固定的"外表皮",缺乏明确的界定。景观空间往往随着观赏者路径的变化而变化,即"步移景异",空间界面也是变化的、非连续的,而生成的景观空间则是"多孔的"。因此,景观师置身于景观空间之中探讨空间的问题,更多的时候是在研究空间的"内表皮"而非"外表皮"。

景观空间与建筑空间相似,所不同的是景观空间类似于拓扑学中的莫比乌斯环,由于空间界定的不确定性,更加关注与强调内外空间的贯穿和交互(图5.1)。同时,景观空间不再是单纯的、静态的三维空间,而是多维动态空间,是加入了时间维度的四维空间。

图5.1 莫比乌斯环

### 5.1.1 景观空间界面

对于空间的探讨不仅限于空间本身,还要包括围合建构空间的实体要素与结构,它们是构成景观空间的不可分割的组成部分。人们往往经由构成空间的要素入手研究空间的构成。雕塑家亨利·摩尔认为"形体和空间是不可分割的连续体,它们在一起反映了空间是一个可塑的物质元素"。景观空间的限定主要依靠界面来形成,界面及其构成方式也就成为景观空间的研究重点。景观空间的存在及其特性来自形成空间的构成形式,空间在某种程度上会带有围合界面的特征。单元空间秩序的建立基本上是取决于围合空间的界面。

图5.2　界面与空间

界面,是相对于空间而言的,是指限定某一空间或领域的面状要素。作为实体与空间的交接面,界面是一种特殊的形态构成要素:一方面,界面是实体要素的一个必不可少的组成部分;另一方面,界面又与空间密不可分,界面与空间相伴相生,不同的物质界面相互组合,会形成不同的空间效果,反映出不同的场所精神与特色,激发出人们的各种感受(图5.2)。

"界面"作为空间形成的载体,它完成了对景观空间的塑造。空间的界面由底界面、竖界面和顶面三个部分共同构成。在不同类型的空间中,界面的组成或许不完全相同,但这不会影响整体空间的形成。在建筑空间中这三个要素是基本完整的,而景观空间中的三个界面却具有不确定性。

1) 底界面

底界面是景观空间中人们接触最密切的一种界面,它有承载人们活动、划分空间领域和强化景观视觉效果等作用。构成材料的质地、平整度、色调、图案等为人们提供了大量的空间信息。参与构成空间底界面的要素按其表面特征可分为软质底界面、硬质底界面和一种特殊底界面——水面(图5.3)。

图5.3　从"柔性"到"刚性"的底界面

(1) 软质底界面

软质底界面主要由土壤、植物所构成,如大面积的草坪、地被物等,软质底界面多半是有生命的,具有可变性(图5.4)。号称纽约"后花园"的中央公园,面积广达 843 英亩,是一块完全人造的自然景观。1857年纽约市的决策者即为这座城市预留了公众使用的绿地,为忙碌紧张的生活提供一个悠闲的场所,公园四季皆美,春天嫣红嫩绿,夏天阳光璀璨,秋天枫红似火,冬天银白萧索(图5.5)。

图5.4　东南大学中大院前的大草坪

图5.5　纽约中央公园

（2）硬质底界面

硬质底界面由各种硬质的整体材料或块料所组成。依材料之不同,可有砂石、砖、面砖、条石、混凝土、沥青以及在某些特殊场合中使用的木材(图5.6)。底界面有"第二立面"之说,其构成图案、质感、色彩等影响着空间的特征,具有极强的表现力。硬质的铺装既是以功能使用为目的,同时也可以兼具观赏的目的。

**图5.6 各种材料**

在底界面上由于所使用图案的不同,也可以划分出不同的空间区域。地面图案是一种能影响人的心理和行为的要素,它可以对行人产生流动和停止的暗示,地面图案分有向性、无向性和向心性三种。线性、长方形图案具有向性,多用于交叉口或行进方向转折的地段,以对人的活动产生指示作

图5.7 各种图案及其"意味"

用,若将图案方向和人流方向垂直,则可弱化空间的狭长感,并创造出一定的地面节奏感;方形和六边形图案不具有明确的方向性,稳定而安宁;而圆形、曲线形和放射形图案具有向心性和趣味性,易引起人们的注意,因此常用于群体聚集、停息、活动场所等重要位置(图5.7)。

在底界面设计中,常由于地形或使用的需要,采用地面上升或下沉的处理,或利用底界面的起伏变化,以增加景观空间的美学效果。如南京大屠杀纪念馆老馆部分的入口处理通过台阶的布置,引导人的视线由平视

图5.8 南京大屠杀纪念馆老馆部分的入口

转为仰视,产生期待感,很好地起到了欲扬先抑的效果(图5.8)。而泽恩和布林事务所设计的美国俄亥俄州辛辛那提滨河公园,公园位于25英尺高的防洪堤的上面,设计师巧妙地将防洪堤和露天剧场式的曲线台阶结合在一起,不仅能抵挡每年4~5次的洪水,而且还为城市中的居民提供了观赏对岸风景和俄亥俄河中来往船只的看台,同时也是城市的一个集会和演出的场所(图5.9)。

图5.9 美国俄亥俄州辛辛那提滨河公园

（3）水面

水是景观环境中极富表现力的一种"底界面"。水不仅可以衬托建筑物，同时由于水的流动性而使得建筑环境显得生机勃勃。另外，水的虚幻、倒影等特征也极富表现力。英国古斯塔夫森·波特（Gustafson Porter）事务所设计的位于伦敦的瑞士别墅花园，水面为该中心外部空间的基面（图5.10）。南京大屠杀纪念馆尾声部分的开阔水面倒映着远处的"和平"雕塑和一侧的"胜利之墙"，微波粼粼，意境悠远（图5.11）。

图5.10　瑞士别墅花园

图5.11　南京大屠杀纪念馆尾声部分

水具有可塑性。其形状是由"容器"所决定的，除去上面说到的以"面"存在的水外，水也可以"线"的方式出现。哈格里夫斯联合事务所（Haagreaves Associates）设计的澳大利亚奥林匹克公园的无花果树林，无花果树林景点是奥林匹克广场南端最高点的标志物，其重要性通过一组壮观的喷泉凸现出来。喷泉水柱高达3 m，喷泉池边有几条小径伸进奥林匹克广场的人行道中，而喷泉喷出的弧形水柱则交织在小径上方，弧线形的水柱搭成了长长的水体隧道，吸引着人们的视线和参与的欲望（图5.12）。

(a)

(b)

图5.12　无花果树林

（[澳]伊丽莎白·莫索普.当代澳大利亚景观设计.蒙小英，袁小环，译.乌鲁木齐：新疆科学技术出版社，2006）

2）竖界面

外部空间的竖界面构成十分丰富，边界的建筑物外墙、树木、景墙、水幕、水帘等均可构成外部空间的竖界面。竖界面也是人们的主要观赏面,包括建筑(图5.13)、构筑物、设施、植物等,其高度、比例、尺度及围合程度的不同会形成不同的空间形态。景观外部空间的竖界面似乎不如建筑物的竖面明确,然而竖界面仍然是外部空间划分空间的重要手段之一。景观空间中的竖界面具有"多孔"、不确定与非连续性等特征。树木、灯柱等都可以构成景观环境中的竖界面(图5.14~图5.16)。

图5.13　德国慕尼黑瑞士保险公司斯威斯雷办公大楼外的垂直绿化

图5.14　东南大学中大院前的梧桐树列

图5.15　南京大学林荫道

图5.16　查尔斯顿水滨公园树木和灯柱共同构筑的竖界面

水不仅可组成基面,而且可构成竖界面。如英国诺丁汉老市场广场,由于诺丁汉为山坡地势,所以在16世纪必须使用抽水系统来补充西北的水库,再利用这些水道将淡水送到城镇居民的家中。为了体现这一历史,特设计水从广场西面斜坡流下,构成三个独特的水景平台(图5.17)。

**图5.17 西班牙巴塞罗那街头绿地中的水幕**(国际新景观.全球顶尖10×100景观.武汉：华中科技大学出版社，2008)

3）顶界面

与前两类界面形式相比较，在开放式的景观环境中，顶界面在景观环境中所占的份额最小，具有不确定性。顶界面的构成有两种形式(图5.18)：第一种是严格意义上的顶界面：植物的树冠是景观环境中重要的顶界面，树木的枝条伸向空中，与叶片共同组成室外"天花"(图5.19，图5.20)；由构筑物形成，这是最为明确的一种顶界面类型(图5.21，图5.22)。第二种是虚拟顶界面，是由建筑物围合而产生的"场"效应(图5.23)。

**图5.18 顶界面的构成**

图5.19　室外"天花"

图5.20　堪培拉植物园栽植的桉树林

（[澳]伊丽莎白·莫索普.当代澳大利亚景观设计.蒙小英,袁小环,译.乌鲁木齐:新疆科学技术出版社,2006）

图5.21　大丰银杏湖公园的张拉膜

图5.22　上海梦清园的葡萄广场

(a)

(b)

图5.23　意大利威尼斯圣马可广场

5.1.2 景观空间尺度

景观空间因其特殊性而有相应的尺度体系,应充分把握景观空间尺度的舒适性,做到景观空间尺度与建筑等周边围合界面尺度相适应,以及各景观组团之间、景观元素之间尺度的适应。

1)空间尺度的层级

尺度通过尺寸、比例并借助于人的视、听、行等各方面的生理感觉,表达人与物、物与物相互之间的相对量比关系。空间尺度侧重于空间与空间构成要素的尺度匹配关系,以及与人的观赏等行为活动的生理适应关系。人们生活的外部环境可以划分为3个空间尺度层次:① 宏观尺度:从城市规划角度指居住在城市里的人对城市总体空间大小的感受(图5.24)。② 中观尺度:指城市中的行人通过视觉在舒适的步行范围内对城市公共空间大小的感受。主要类型包括广场、商业步行街、公园、居住区公共活动中心、滨河休闲步道等(图5.25)。③ 微观尺度:指人们在休闲活动时对个人领域以及交往空间大小的感受。具体范围从人的触觉感受范围到普通人辨别人脸部表情的最远距离(25 m),包括人与人、人与物的接触交流、人与人的视觉交流、对话交流等(图5.26)。符合人的基本生理和心理需求是微观尺度研究的基本问题。中观及微观的空间尺度是最需要景观设计师把握的,也是空间组合最为丰富的领域,尤其在园林空间中,隔则深、敞则浅。单一的大尺度给人们的只是有限的空间,视觉流程是短暂的,而运用地形、水体、山石、植物、建筑及其他构筑物划分出不同尺度的空间进行穿插、叠加、对比,人们的游览空间和时间可以得到延长,所获得的视觉信息大大增加,从而在有限空间中获得无限的感受。

图5.24 宏观尺度——城市总体鸟瞰

图5.25 中观尺度——传统的城市广场

图5.26 微观尺度

2)空间尺度的对比

空间大小是相对的,在方寸之地的江南园林中,通过尺度对比也仍然可以有"小中见大"的空间感受。不同尺度的空间互为参照、相互烘托,暗示出其主从关系,自然起到导向作用,并随着视线的收放、光线明暗的变换,获得"小中见大"的空间效果。如留园窄小狭长的入口空间中人的视野被极度的压缩,而进入主空间一刹那的豁然开朗,让人们体验到空间尺度变化的视觉趣味(图5.27)。另外,人们在表达纪念、象征等意义时往往会运用超人的夸张尺度,在与人自身尺度的强烈对比中,将神圣或崇高的空间氛围渲染开来,如拉什莫尔国家纪念碑(Roshmone Mountain),美国著名画家和雕塑家格桑·博格勒姆(Gutzon Borghum,1867—1941)在拉什莫尔山的花岗岩上雕刻美国开国元勋的雕像,分别是乔治·华盛顿、托马斯·杰弗逊、西奥多·罗斯福和亚伯拉罕·林肯,作为弘扬美国精神的永恒象征,并以此来吸引游客游览美丽的布莱克山区。头像的雕刻采用了高浮雕写实的手法,突嵌在

(a)　　　　　　　　　　　　　　　　(b)

图5.27　留园入口空间

图5.28　拉什莫尔国家纪念碑

高大的山峰上。每尊头像的高度约为18 m,其中鼻子长度约7 m,嘴的宽度为2.6 m,眼睛宽1.5 m。他们目光前视,仪态庄重,代表着美国业绩的四大象征:创建国家、政治哲学、捍卫独立以及扩张与保守(图5.28)。

3)空间尺度的决定因素

一个空间的尺度大小取决于多方面的因素:设计地段的面积及周边环境等客观条件因素;空间的使用功能因素;不同的民族、宗教等文化因素;社会级别因素;"人"的生理、心理需求因素等,需要设计师的综合分析。但可以肯定的是"人"的生理特性是必须要考虑的最基本的因素。视觉是人类在认识世界、获得信息的各种感知方式中最重要的一种方式。

### 5.1.3　景观空间围合度

外部空间的围合界面,可以分为虚、实两种界面。实界面就是指连续的物体所形成的围合界面。虚界面是指在空间中某些有一定间隔且存在着相互关联的因素,由于其相互之间存在的视觉上的张力作用,从而在人心理上产生一种虚拟界"面"存在的感觉,也可以称之为心理界面。不同的景观外部空间中,围合界面的虚、实比例是不同的,因而使空间显现出不同程度的围合感。总的来说,实体界面越多,其封闭感就越强。但是,如果一个外部空间的界面过"实",有时就会显得缺少流动性和层次性,这时,就需要利用"虚"的心理界面来使空间变得生动。景观外部空间的界面既不是完全由"实"的建筑界面构成,也不是完全由"虚"的心理界面构成,而是一种虚实相间的状态。

具有一定开放性的空间,在其围合界面或立体结构的延展方向上或者其开口位置,对外围空间有一定的扩张作用,与磁场的辐射作用类似。这是物体的内部空间向外部空间延展和扩张的结果。

欧洲尤其是在意大利的古典广场围合度较高,广场的周边大多为以建筑为主的连续界面,如罗马卡比托利欧广场,梯形广场铺砌地面呈稍稍隆起的椭圆形,其中两侧与两座古老的建筑相邻,分别是位于东南侧的元老院和西南侧的保守宫,新修建的"新宫"最终确定了三面围合的空间(图5.29)。又如巴黎旺多姆广场,有着拉长的八边形几何结构和轴向布局,被认为是典型的法国巴洛克式城市

图5.29 罗马卡比托利欧广场

广场,并集中代表了封闭式广场(图5.30)。这种空间围合的程度取决于视线距离与建筑高度之比。传统广场空间,$D$与$H$的比值都大体在1∶3之间,尤其是西方传统城市,情况更是如此,由此引出空间围合度的概念。当视角为45°时,空间围合度较高,注意力比较集中,视线距离与围合界面高度为1∶1,这时观察者容易注意到周边景物的细部。当视角为30°时,这是全封闭的界限。这种情况下观察者可以看到景物立面的细部,此时围合界面高度与视线距离比为1∶2。当视角为18°时,为部分封闭,这是视觉开始涣散的界限,这种距离会使观察者去注意周围物体的关系。当视角为14°时,围合界面高度与视线距离比为1∶3,此时空间不封闭,观察者倾向于将景物看成突出于整体背景中的轮廓线(图5.31,表5.1)。

图5.30 巴黎旺多姆广场

图5.31 $D/H$的变化规律

表5.1 视距、视角与观察对象之间的变化规律

| D/H | 垂直仰角 | 观察范围 | 水平视角 | 观察范围 | 围合感 | 人的感受 |
|---|---|---|---|---|---|---|
| <1 | | 观察对象容易产生透视变形 | | | | 压迫感,建筑间相互影响较强 |
| =1 | 45° | 观察者能看清实体的细部 | 90° | 水平视角偏大,要在动态中观察 | 空间围合感极强 | 空间比例较匀称、平衡 |
| =2 | 27° | 观察者能看清实体的整体 | 54° | 在注视中心60°内,观察景观主体较理想 | 空间围合感适中 | 空间感觉很紧凑 |
| =3 | 18° | 观察者能看清实体与周围背景 | 36° | 观察建筑总体 | 空间围合感最小 | 空旷感 |
| =4 | 14° | 观察者能看清建筑轮廓 | 28° | 在注视中心30°内,清晰度较高 | 空间围合感的特性趋于消失,得到开敞的空间感 | 广场的封闭性开始减弱 |
| =5 | 11°20′ | 观察者可以看到建筑与环境的关系 | 20°40 | 水平视角偏小,视觉较分散 | | 建筑间相互影响很弱 |
| >5 | | 视野范围内目标分散,干扰因素多,只能研究景物大体形态 | | | | |

景观空间围合度的变化包括平面和立体空间两个方面:在平面上,使空间具有围合感的关键在于空间边角的封闭。一般来说,只要将空间的边角封闭起来就易于形成围合空间。边角封闭的程度越高,空间的围合度也就越高;反之,空间的围合度就弱。较强的围合构成的景观空间具有自聚性和内向性,空间相对比较封闭,相对而言受外界的干扰少,内聚力和安全感强;反之,较弱的围合构成的空间比较自由、开敞,视线和围合感从敞开的边角溢出,与相邻的空间渗透性加强。在空间上,其围合的空间比例相应可分为全封闭围合、半封闭围合、临界围合、无围合四类。较强的围合和全封闭围合可用于相对独立住区的空间单元,而景观环境中大量的空间以弱围合和较封闭的围合空间存在。平面上较弱的围合和立体上半封闭围合的空间经常出现在建筑群体中的院落、小块集中的绿地;而相对较大的绿地、小广场等空间领域在立体空间上是临界围合,在平面上是弱围合。空间围合度可以分为立面与平面两个方面加以计算,根据空间围合程度的不同可以分为开敞空间、半开敞空间、封闭空间(图5.32)。

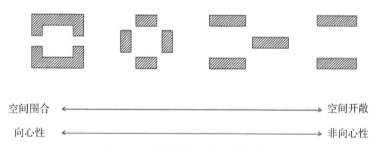

空间围合 ←——————————————→ 空间开敞
向心性 ←——————————————→ 非向心性

图5.32 不同围合度空间及其特征

1)开敞空间

开敞空间是指空间的围合程度很低、视线通透的空间环境。如英国诺丁汉老市民广场,广场作为一个市场已经有800多年的历史,为英国最古老的公共广场之一,广场以三个水景平台为中心形成完全开敞的空间。游客们可以在水景环绕的休闲长凳上休憩,也可以在树影下观赏广场上举行的活动(图5.33)。又如大丰市二卯酉河景观带中的游憩休闲区,该区以新建的茶餐厅为中心,结合大面

图5.33 英国诺丁汉老市民广场

图5.34 大丰市二卯酉河景观带——榉树阵

积绿地、树阵、硬质铺装、游步道、滨水平台、小型公厕等景观构成要素,形成大丰新区重要的市民休闲场所,为市民工作之余的娱乐休闲提供良好的开敞空间(图5.34)。

2)半开敞空间

半开敞空间是指空间具有一定的围合,但又不是完全封闭的一种空间环境。如MESA景观事务所在美国得克萨斯州设计的贝克公园(Henry C. Beck, Jr. Park),公园是为纪念贝克建筑工程事务所的奠基人Henry C. Beck而建。公园的设计结合了贝克先生工作生涯中所使用过的建筑材料和方法,以表达对他的纪念之情,更为城市提供一个幽雅舒适的环境。这个矩形的广场中两个混凝土墙将广场明确地分割成四个自成比例的小矩形广场,从而形成4个半开敞空间,供游人休憩、聚会。在墙壁的交会处,一处别致的水景设计成为了视觉焦点,与周围喧闹拥挤的交通形成了鲜明的对比(图5.35)。与贝克公园的规整分割不同,哈普林设计的罗斯福公园(The F. D. Roosevelt Memorial)采用了四个半开敞空间及其过渡空间以自由有机的方式沿潮汐湖岸线方向线性分布(图5.36)。水平展

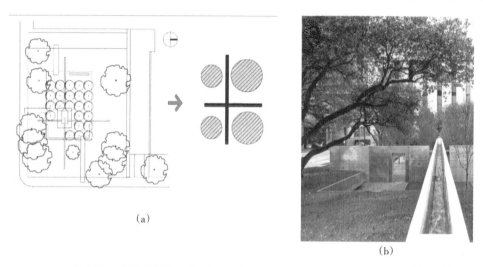

图5.35 贝克公园（Perfect Space Separated by Concrete—Beck Park. 混凝土分割的完美空间——贝克公园）

图5.36 罗斯福公园

开的、由一系列叙事般的、亲切的空间组成的纪念场地,以一种近乎平凡的手法给人们留下了一个值得纪念的、难忘的空间(王晓俊.西方现代园林设计.南京:东南大学出版社,2001)。

3) 封闭空间

封闭空间不同于以上两种空间形式,它的围合感很强,产生向心的空间感。明诺建筑师事务所设计的瑞士日内瓦查丁基金会花园,体现了封闭空间的独特魅力。该下沉式花园可通往礼堂和供接待和会议用的别墅,通过混凝土围墙形成相对封闭的空间,花园灵感来自于莫卧儿人的花园和波斯清真寺庭院。它四周环水、上覆绿荫,与世隔绝,不受周围城市喧嚣的干扰,只与时空单独交往。外露混凝土墙和随意搁置又缀有青苔的板岩厚板形成对比,按一定间距栽种的樱花为这座不寻常的花园定格并强化了它的特点。近乎封闭的空间,水在河道中流淌、从墙上喷出,再沿台阶旁流下,给参观者一种在巨泉中徜徉的神秘感(图5.37)。又如佐佐木设计的日本茨城县诺华药物研究所庭院(Garden of Novartis Pharma K.K.),该庭院由建筑三面围合,有两个出口通向外部,形成相对封闭的空间。其间设计师利用季相与外部光照的变化创造了优美的视觉环境,植物色彩和形体的细腻变化展现了油画般的景象(图5.38)。

图5.37 查丁基金会花园（贝思出版有限公司.城市景观设计.南昌：江西科学技术出版社，2002）

图5.38 诺华药物研究所的庭院（Urban Spaces:New City Parks.AZUR,2008）

### 5.1.4 景观空间密度

在景观环境空间形态一定的情况下，景观空间中要素的体积、多寡、组合直接影响到景观空间的视觉效果。景观空间中的要素主要是硬质景观小品和绿化植物景观。它们对空间环境的影响主要表现在两个方面：一是硬质景观小品和绿化植物景观的建设量。在一个既定的外部空间环境中，绿化植物的多与少，景观建筑小品的疏与密，会给身处该环境中的人们截然不同的感受。有些景观空间环境会让人觉得非常的疏朗，有些空间环境则会让人觉得郁闭、堵塞。不同类型的外部空间对于景观建设量的需求是不同的。这就需要一个适宜的"度"的把握。二是硬质景观小品和绿化植物景观的合理有序配置，这两个方面共同影响了景观空间环境的质量。

所谓的景观空间密度并非探讨物质层面上的概念，而是指景观环境中景物要素在一定空间容积中所占比例。对于这一问题的探讨有助于了解景观空间的性质，通常建筑空间由墙面、地面和顶面围合而成。空间本身的形态取决于围合的面，景观空间则有所不同，除去与建筑相近似的3个面外，景观空间本身存在着界面的不确定性，相应的空间界定也是模糊的，而景观空间中存在的景物同样占据着一定的空间。唐代柳宗元提出景观空间不外"奥如旷如"，其中"奥"与"旷"便包含了空间的密度问题。空间环境对于人们最直接的感受就是空间的开阔与郁闭程度。"奥如"是一种内向郁闭、狭仄幽静的空间形态，柳宗元认为洞穴探奇则"奥如"也；而"旷如"是一种开阔疏朗、明亮外向的空间形态，柳宗元用溪山寻幽来形容"旷如"的感觉。景观空间的奥旷度直接决定了人们对于场地的心理感受，譬如人们在灰暗狭小的空间中常常感到不安、恐惧感或者幽闭感，甚至产生负面的联想；反之，阳光明媚的开阔空间如大面积的草坪、水面则令人心情轻松愉悦。

景观环境中景物要素密集并不意味着景观环境优良，相反不论是视觉还是科学意义上均有负面效应，如时下常用的高密度栽植方式在短期内取得良好的景观效果，但从长计议却有着不利于植物生长的隐患，高密度的植栽往往会造成空间视觉的瘀塞。不同的植物其枝叶结构不同，叶片的大小与密度不同，也都不同程度地影响着景观空间的密度。

1)"景观空间密度"概念的提出

"景观空间密度"这一概念是用来描述和衡量景观空间中景观要素建设量的适宜性问题。把现有的开放空间视为一个"容器",那么,这个开放空间中的植物绿化和硬质景物就相当于这个容器中的"物品",植物绿化和硬质的总体积除以整个外部开放空间的总容积,所得到的比值就是"景观空间密度"。

研究不同类型空间的景观空间密度,旨在能够通过一个可量化的数值来研究在不同类型、不同尺度的景观空间环境中,景观建设量的适宜性问题。

2)"景观空间密度"的计算方法

(1)首先收集所调查的景观环境的CAD设计图纸,量出该景观空间的长、宽、高,同时计算出该景观空间的容积。

(2)通过实地调研,统计出该空间范围内植物及景观小品的种类和数量,同时计算出他们的体积。地被物和低于60cm以下的灌木都不做计算,对于乔木可以通过实地采集植物的冠径、冠高、冠下高、树冠形态等样本数据后,求得树木的树冠体积(表5.2)。

表5.2 常用部分园林植物树冠体积计算方程[1]

| 乔、灌种类 | 选配树冠立体几何模型 | 树冠体积方程 |
|---|---|---|
| 雪松、龙柏、水杉、银杏 | 圆锥 | $\dfrac{\pi x^2 y}{12}$ |
| 桂花、红叶李、白玉兰、广玉兰、女贞、柳、悬铃木、青桐、榆树、枫杨、杜英 | 卵形 | $\dfrac{\pi x^2 y}{6}$ |
| 香樟、枇杷、栾树 | 球形 | $\dfrac{\pi x^2 y}{6}$ |
| 黄杨 海桐 | 扁球 | $\dfrac{\pi x^2 y}{6}$ |
| 棕榈 | 球缺 | $\dfrac{\pi (3xy^2 - 2y^3)}{6}$ |
| 夹竹桃 八角金盘 罗汉松 腊梅 | 球扇 | $\dfrac{\pi (2y^3 - y^2\sqrt{4y^2 - x^2})}{3}$ |
| 珊瑚树 | 圆柱 | $\dfrac{\pi x^2 y}{4}$ |

(注:表中 $x$ 为冠幅、$y$ 为冠厚)

---

[1] 周坚华,黄顺忠.上海市绿化三维量调查及其对策研究.中国园林,1997年增刊

(3) 用所有植物及景观小品的体积之和除以整个景观空间的容积,即可得到我们所需要的"景观空间密度"。

景观密度也只是一个近似的概念,对于密度的模糊探讨有助于更深入地研究景观空间的构成及其建设强度,控制合理的区间,避免过度或建设不足。通过不同类型景观环境空间的调查,可以得出这样一个结论:不同类型、不同功能的空间环境,其景观空间密度的差异性很大。空间环境的景观密度是与这个空间的形态以及该空间的类型、功能紧密相连的。以住区景观空间为例:

① 对于住区组团的中心活动空间来说,建筑围合所形成的空间形态一般比较开敞,尺度感相对较大,建筑高度与建筑间距的比值一般在1∶2以上。其主要功能是整个组团的活动空间,需要设置各种类型的活动场地来满足不同人群的需要。

总体而言,多层组团的中心空间的景观空间密度低于0.03就会感觉空间比较疏朗,大于0.06之后绿化植物比较密集,空间相对拥挤,不适合社会性活动的发生。比较适宜的景观空间密度在0.035~0.05之间。高层、小高层住区组团的中心活动空间其景观空间密度在0.02~0.04之间比较适宜。

② 对于住区的宅间景观空间来说,建筑围合感较强,空间相对私密,建筑高度与建筑间距的比值一般在1∶1.3~1∶2以内。宅间空间主要以绿化景观为主,创造一个优美的环境,一般在靠近端头的地方设置一些小型的活动场地,满足周围居民的活动需要。景观密度一般比较适中。景观建设量过高,会使环境显得过于拥堵,视线不畅了;如果太低,则会降低整体的景观效果。多层住区宅间空间的景观空间密度低于0.015时,宅间的植物的丰富度和空间层次都显得不够,景观空间感觉比较单调。高于0.006以后,视觉上感觉有点拥堵,绿化植物过于茂盛,影响了低层住户的通风和采光。比较适宜的区间是在0.025~0.055之间,景观小品点缀得当,绿化植物景观空间层次丰富,整体景观空间也不显得拥堵,居民满意度比较高。高层、小高层住区宅间的景观空间密度适宜区间为0.02~0.035之间。

③ 道路空间作为一种线性空间,对住区的空间环境起着连接、导向、分隔、围合的作用。多层住宅的道路空间景观空间密度低于0.010,空间过于通透,大于0.045会使视线不够通畅。比较适宜的区间是0.018~0.035之间,道路景观空间给人感觉比较舒适。高层、小高层住宅道路空间景观空间密度比较适宜的区间是0.020~0.040之间。

如南京新世界花园,东起紫金山西至龙蟠大道,南起紫金山麓北至板仓街。占地面积58273.2 m²,建筑面积58395.5 m²,容积率仅1.01,绿化率高达48%。整个社区由十多幢多层花园洋房组成,共有两个组团整体开发。一组团是平层公寓,共有8幢;二组团是跃层公寓,共有9幢(图5.39)。

· A1地块

该地块属于小区中心活动空间。整个地块由4栋多层建筑围合而成,围合所形成的空间区域在平面上周长约为160 m,面积1546 m²。其中实体建筑界面约为85 m,整个地块空间的围合比约为0.88。

图5.39 新世界花园总平面图

南北向建筑高度与建筑间距的比值为1∶2.17,东西向建筑高度与建筑间距的比值为1∶2.82(图5.40)。

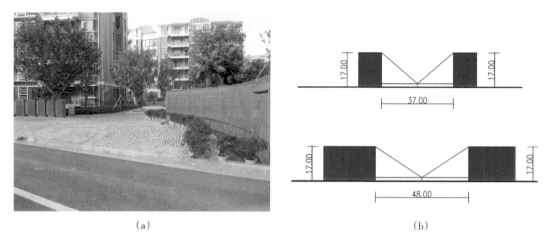

图5.40　新世界花园A1地块

- A2地块

该地块由4栋多层建筑围合而成,该空间区域在平面上周长约为174 m,面积1786 m²。其中实体建筑界面约为85 m,整个地块空间的围合比约为1.04。

南北向建筑高度与建筑间距的比值为1∶2.58,东西向建筑高度与建筑间距的比值为1∶2.05(图5.41)。

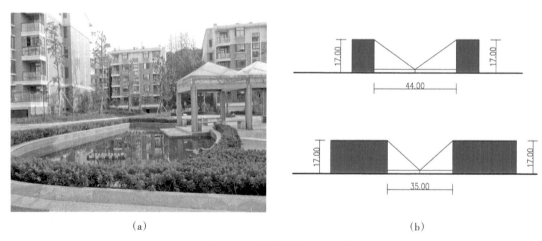

图5.41　新世界花园A2地块

- B1地块

该地块属于小区宅间空间,由南北2栋多层建筑围合而成。该空间区域在平面上周长约为150 m,面积969 m²。其中实体建筑界面约为105 m,整个地块空间的围合比为0.42。

南北向建筑高度与建筑间距的比值为1∶1.29(图5.42)。

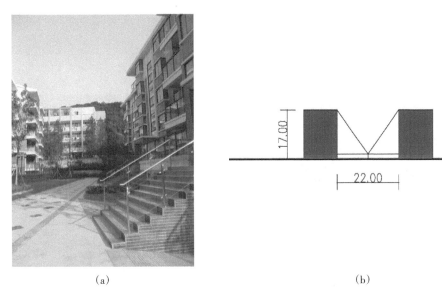

图5.42 新世界花园B1地块

- B2地块

该地块属于小区宅间空间,由3栋多层建筑围合而成。该空间区域在平面上周长约为174 m,面积1432 $m^2$。其中实体建筑界面约为120 m,整个地块空间的围合比约为0.45。

南北向建筑高度与建筑间距的比值为1∶1.52(图5.43)。

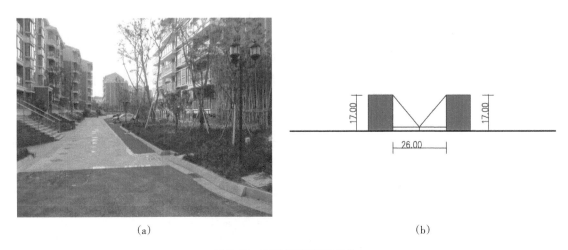

图5.43 新世界花园B2地块

- C1地块

该地块属于小区的南北道路空间,道路左右两侧各有3栋多层住宅。住宅的东西山墙成为了整个道路空间的实体界面。道路两侧建筑高度与建筑间距的比值为1∶0.76(图5.44)。

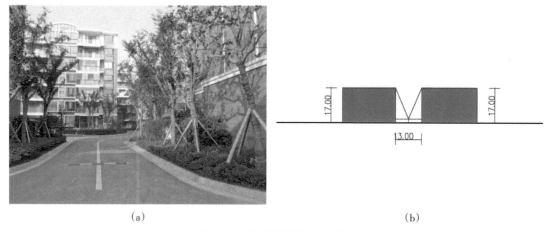

图5.44 新世界花园C1地块

### 5.1.5 景观空间的边界

在第三章、第四章中已就生态和行为等方面描述了关于边界效应的相关问题,但这些要素最终需要通过空间的建构得以体现。

边界是一种连接形式,或者过渡空间,它围合或分割不同的空间,是限定空间的要素,以"割断性"为特点。边界可以定义为:景观中两个空间或两个区域的线性面,这两个区域具有不同的功能或特征。边界既有作为实体也有作为空间的双重属性。城市中自然要素与城市建设单元之间在功能、使用方式上都具有极强的互补性,所以"边界效应"强烈。正是由于这种所谓的"边界效应"的存在,自然要素与建设用地的交界处也显得异常的活跃。足够的缓冲区域可以减弱人类活动造成的物质与能量的变化可能对自然要素生态系统的破坏,而扩大的边缘空间恰恰能够产生边界效应,所以要给自然要素与建设用地留有一定的"缓冲空间",采用一种"柔化"的自然要素边界处理方式,"柔化"处理自然要素与城市建设单元用地的边缘,譬如扩大滨江、滨河的公共开敞空间规模,增强滨水空间活力,将滨河绿带区向城市内部拓展、延伸。边界效应理论指出:森林,海滩,树丛,林中空地,建筑广场的边缘,建筑的凹处、柱下等是人们喜爱停留的区域(图5.45)。不拘泥于"庭园"范围,通过借景扩大空间视觉边界,使空间景观与城市景观、自然景观相联系、相呼应,营造整体性景观效果,现代景观设计强调把视域空间作为设计范围,把地平线作为空间参照,这与传统园林追求的无限外延的空间视觉效果是殊途同归的。

5　现代景观空间建构

图5.45　边界的类型

边界空间的特征：

（1）异质性

异质性是边界空间最突出的空间特征，它使边界空间得以会聚两端空间的"势能"而充满活力，异质性使得边界空间的信息量大为增加。因此，人们往往选择在边界空间停留，使空间充满生气（图5.46）。

图5.46 异质性

（2）中介性

在结构上，边界空间是相邻空间的连接体，是一个中间地带，它表明了事物间存在相互渗透的过渡环节，通过中介完成事物间的联系与转化。因此，它不但具有融合相邻异质空间的特点，而且因其位置的特殊性，形成自身独具之特点。中介性赋予边界空间广博的包容能力，在边界空间相互作用、干扰、整合、妥协，是对立矛盾冲突与调和之焦点所在。此外，中介性使其拥有满足人的多种需求的空间品质（图5.47）。

图5.47 中介性

（3）模糊性

边界空间既是相邻空间的分隔，又是两空间的过渡。它的存在使事物之间不是孤立而是相互作用。由于边界隶属于多个事物，无法进行精确的限定，它在类属方面亦此亦彼即是边界的最大特性——模糊性（图5.48）。

图5.48 模糊性

(4) 公共性

如前所述,边界空间既分隔空间,又联系空间。为相邻空间共享的公共性决定了边界空间生境的丰富多样性,受益于相关地域空间资源的相互补充与组合,加之多样性生境的复合、延展,边界空间较之生境相对单一的核心空间,能更有效利用环境资源,利于承载多元化活动(图5.49)。

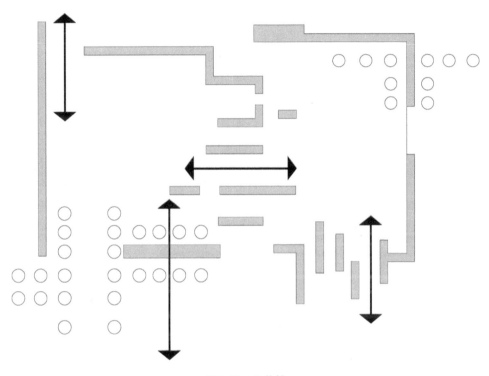

**图5.49　公共性**

(5) 层次性

边界空间的层次性取决于空间的尺度:从生态系统的生态交错带,城市系统中的道路、河流、广场,到建筑的檐廊、外墙面和室外空间中的栏杆、坐椅、花坛等界定了从宏观尺度到微观尺度的一系列边界空间。

景观中的边界空间亦具有垂直结构上的层次性:首先是城市道路和园林绿地两种用地结构有其边界空间;其次,景观中各功能分区之间亦有边界空间,如我们在设计中提到的动静分区,管理区与休闲活动区、餐饮区、儿童游玩区等等;再次,在同一空间内,依然有不同层次的差别,花池、草坪、建筑的平台、台阶,小广场以及休息空间等,它们的边界意义都可能有所不同,从属关系、功能关系以及不同的视觉层次。

5.1.6　景观空间的肌理与质感

景观空间的肌理与质感在硬质和软质材料上均有体现,首先就植物本身,落叶、阔叶树往往显得粗糙,如乌桕、重阳木、法国梧桐等;常绿树由于结构致密常显得细腻,如法国冬青、广玉兰、乐昌含笑等;通常叶片越小,越致密的植物质感越细腻,如枸骨、龟甲冬青、铺地柏、绒柏等(图5.50)。

图 5.50　植物的肌理与质感

在硬质方面,木材的质感不同于石材,同样的材料其表面加工的手段不同,其质感也不尽相同。粗糙的地面富有质朴、自然和粗犷的气息,尺度感较大;细腻光亮的地面则显得精致、华美、高贵,尺度感较小。质地的选用应根据预期的使用功能、远近观看的效果以及阳光照射的角度和强度来进行设计,并形成一定的对比,以增加地面的趣味性(图5.51)。

图5.51 硬质的肌理与质感

玻璃具有良好的结构性和延展性,是既美观又透明的景观材料。利用浇注玻璃和压层玻璃作为室外景观的结构材料,如彼得·沃克在日本设计的丸龟站前广场,随着昼夜的变化而呈现出不同的景观。白天,喷泉是水幕,在阳光的照耀下散发出彩虹般的光彩;随着夜幕降临,喷泉转而成为明亮的

图5.52 丸龟站前广场

荧屏。广场上呈螺旋状摆放的石头更是特别,这些石头的材质为玻璃纤维,只要发生触摸或是黄昏来临,这些石头便会发出火一般的光芒,远远看去宛如一连串的火红的灯笼(图5.52)。外部空间中的质感处理颇有艺术性,人行的踏步、挡墙可以粗糙,而人们憩坐、凭依的部位则应尽可能光洁细腻,便于人的肌肤相亲。如彼得·沃克在哈佛大学设计的唐纳喷泉,喷泉在一年四季、昼夜变化景观的同时,159块任意摆放的光滑大石头也成为学生穿梭、玩耍、休息、晨读的好去处(图5.53)。

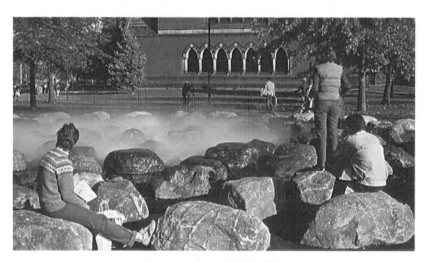

图5.53　哈佛大学唐纳喷泉

### 5.1.7　景观空间的色彩

景观环境中的色彩不仅仅是一种造型的手段,还可以营造一定的氛围,转而影响人的情绪。另外色彩的某些约定及文化特征使得色彩成为外部空间中一项重要的造型因素。潘天寿说道:"画中之形色,孕育于自然之形色,然画中之形色,又非自然之形色。"对于景观环境而言,材料大多直接源于自然,保持了原生的一切属性,景观设计利用材料固有的色彩加以组合,形成符合目的要求的色彩秩序。

不同的环境因其功能及空间特征的差异,其环境空间的色彩基调也不尽相同。譬如,医院环境在整体上应采用浅色为基调,从而营造平静安宁的氛围,如美国俄亥俄州克里夫兰医学院校园环境,校园的中央景观大道两侧种满了白色的日本樱花,盛开时繁英如雪,白色象征纯和、圣洁,符合医学院干净、无私的气质(图5.54);学校则宜明快的暖色为基调,如肯·史密斯景观建筑事务所设计的19号小学校园设计,这是一个为公众福利的工程,设计师力求为室外空间非常狭小的小学营造一个彩色的、多功能的室外学习环境,该校的平面和立面处理上均采用活泼明亮的色彩斑块(图5.55);纪念

(a)

(b)

图5.54　美国俄亥俄州克里夫兰医学院校园环境

性场所则以冷色为基调,以创造肃穆之感,如南京中山陵园墓道两侧2万株浓绿的松柏让人不禁联想到坚强不屈,而这一点又与孙中山先生的人格品质不谋而合,同时也烘托出陵园的庄重气氛(图

(a)

(b)

图5.55　19号小学校园(2004年度荣获设计类优秀奖作品(校园改建项目),Landscape Design景观设计,2005年1月20日,NO.1 总第7期 专题:高科技景观 P5)

图5.56　南京中山陵园

5.56)。又如林璎设计的人权纪念园(The Civil Rights Memorial)以纪念在1954—1968年间为人权事业作出杰出贡献,同时在为黑人争取平等权利的斗争中死去的40位先驱。设计采用的纪念碑形式为黑色、光亮大理石材质的倒置圆锥形喷泉,圆锥体中央的泉眼中源源不断地涌出一层层薄薄的水流,而圆锥体表面刻有40位先驱的名字。纪念碑旨在寓意美国人民抵抗种族歧视的意志像水流般永不止息(图5.57)。而

休闲娱乐的环境可采用彩色为基调,从而创造轻松、愉悦的氛围。如加利福尼亚的终结者魅力广场,项目坐落在终结者电影中Cyberdyne 组织的总部,其设计融入了公司的高科技,十分特别,剧院大楼的外形使用了广泛采用于计算机屏幕显示的银色像素,炫目而闪耀,形状则使用了银灰色的蜿蜒曲线,寓意"流动的金属",附近的水族广场作为一处户外娱乐场所,中心设计精巧的特色水景加之五彩缤纷的地面铺装,可作为休憩场所和户外用餐区,为人们提供了愉悦休闲的享受(图5.58)。

图5.57　人权纪念园

(a) (b)

**图 5.58　终结者魅力广场**(金属气质的户外休闲度假场所——终结者魅力广场//国际新景观.专题:风景度假区景观设计,2007(3))

**图 5.59　南京新世界花园**

环境色彩的搭配不仅应根据环境的基本功能,而且还必须考虑建筑的色彩。色彩的序列与空间秩序相配合,有助于强化空间的特征。南京新世界花园为紫金山麓多层高密度住区,由于建筑间距较小,加上原建筑外墙采用暖色面砖,愈显空间狭窄,景观设计将一层外墙采用蝴蝶兰干挂,一改暖色的扩张性,灰色外墙饰面与绿化交融一体,在视觉上起到拓展空间的效果(图5.59)。

### 5.1.8　景观空间的变化

景观空间具有可变性,主要由自然材料自身的变化、时间的变化所致。景观空间在其形成的初期、成型期到晚期一直处在变化中,从而空间也就具有活的、生命力的属性。一方面植物生长变化着,导致景观空间演变的不确定性;另一方面,季节的变化导致植物形态的变化也直接影响着景观空间的表现,"一岁一枯荣"是自然界最具季节性的"表情"(图5.60)。与人工及其他的天然材料不同,环境中的植物色彩不仅限于绿色,首先表现为绿色本身具有不同的明度,所谓粉绿、嫩绿、浅绿、灰绿、墨绿、黄绿……不仅如此,同一株植物的色彩在不同的时期其色彩各不相同,即有所谓季相变化,早春的水杉一抹嫩绿,仲夏转为翠绿,深秋现出锈红,隆冬一派深褐(枝条);黄连木、五角枫等色叶树也是如此(图5.61),加之不同季节的花与果的点缀,植物的色彩堪称变化多端。

5 现代景观空间建构

图5.60 东南大学大礼堂前的四季景观变迁

287

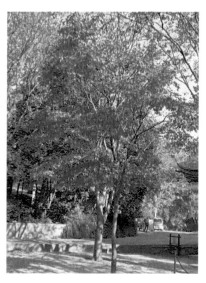

图5.61　色叶树的季相变化(水杉、黄连木、五角枫)

西方的空间意识是以"空间型"为特征,重视空间的形态构成和空间因素。在中国文化中,空间意识的特征体现在"时间型",中国建筑以院落式的布局结构形式,产生空间上的连续性,展示时间进程中流动的美。

在古典园林中,使院落式的建筑空间产生生机与变化的主导因素是园林植物。以植物不同的观赏特征作为庭院空间设计的主题是中国古典园林传统的理法。在拙政园中几乎所有景点命名的题材都来自园林植物。如"玉兰堂"、"枇杷园"等。将植物不同的季相景观统筹在园林空间中,通过植物不同的季相景观特征强化空间中时间的概念,在拙政园中也得到了充分的体现。按植物季节性主题分为(图5.62):

(1) 春景为主题:海棠春坞(海棠)、玉兰堂(玉兰);
(2) 夏景为主题:远香堂(荷花)、荷风四面亭(荷花)、梧竹幽居(梧桐)、枇杷园(枇杷)、香洲(杜若)、听雨轩(芭蕉)、柳阴路曲(柳树);
(3) 秋景为主题:待霜亭(桔)、见山楼(菊花);
(4) 冬景为主题:雪香云蔚亭(梅花、腊梅)、听松风处(松树)、倚玉轩(竹子)。

在植物季相景观的组织中,根据园林的主题对不同的季节应有所侧重。拙政园是以池岛为中心的园林,水面栽植的荷花成为中部水体景观中的重点。"远香堂"不仅反映出荷花的设计主题,而且是园林中的主体建筑,占据着园林的构图中心。拙政园中以夏季景观为主题的景点占有相当的比重。

图5.62　拙政园的季相变化

由此,园林设计师应从植物个体和群落生长习性及环境因子作用的角度,根据植物生长过程中植物个体和群体在大小和外形上的生长演变规律,总结出植物生命周期内枝干、树冠、叶片的生长对园林空间的围合感、郁闭度、尺度、形态的影响规律。从提高单位面积绿地绿量的角度,提出在种植设计中考虑通过树种、种植结构、种植密度的选择,将绿量作为种植设计的考虑因素,以发挥园林绿地最大的生态效益。重视植物生长变化对园林景观空间的影响,对植物生长演变的方向有所预见和把握,并兼顾考虑增加单位面积绿地的绿量,将植物生长变化习性和绿量作为种植设计中的考虑因素,使得植物生长能够达到设计师的初衷,形成功能适宜、空间丰富、环境优美的园林景观,同时最大限度的发挥园林的生态效益。

景观空间以供人游览为主,"游"是动态的过程,距离也是构成景观空间变化的主导因素。在空气能见度良好的情况下,正常人的清晰视距为25~30 m,明确看到景物细部的视野为30~50 m,可以识别景物类型的视距为150~270 m,能辨认景物轮廓的视距为500 m。不同距离同样也造成了景观空间的变化。

## 5.2 建构整体化的景观空间

系统工程学、生态学强调将对象作为一个整体加以研究,地球上的生态系统具有相互依赖性和统一性。各个生态系统的价值存在于这个完整的体系中,而不是存在于每一个单个的事物中。个体作为整体的一部分而存在,只有将它们放在整体的复杂的关系网络中,才可能体现个体的价值。整合设计是在景观系统观的前提下,在对于因子的分解基础之上,分门别类对不同层面上的问题加以考察,是将系统的各种因素联系起来考虑,将其有机地结合为一个整体。景观空间秩序建构取决于基本的环境因子,譬如:既有的场地信息的解读、场地潜在行为与预期行为的研究、场所生态条件的研究、场地既有空间特征的研究等等,将不同层面的问题整合在同一空间之中加以研究,有所取舍,避轻就重,抓住主要矛盾兼顾其他方面,从而所建构起的空间场所具有整体性,同时能够满足多种秩序的要求,实现场地综合效应的最大化(图5.63)。

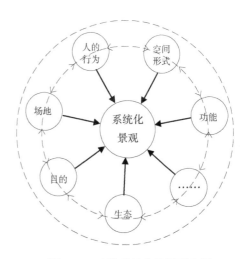

图5.63 建构系统化的景观空间

"交互性"设计存在于不同规模、不同类型的景观项目设计中。从城市的整体意象到街区的景观特征、住区的总体环境氛围乃至建筑的个体创作,都应该融汇各构成要素的综合作用,从而保证设计成果的贯通和生动。不同规模和层次的设计对象,其交互性设计的内容与方式是不同的。景观空间环境的各组成要素之间的互动设计,应同时强调它们之间的整体协作,寻找思维与意向的突破,探讨设计的改进方法,从而营造相对和谐、完善的景观环境。构成景观空间环境的物质要素是丰富的,除了地形、地貌、地质、水文、气候、植物等自然要素,还包括大量的基础设施、公共服务设施、交通设施、绿化设施和其他多种多样人工设施的人工要素,在诸要素共同作用下还包括一种不以实体形式存在的、却对人的活动有着深刻影响的要素——景观空间。景观空间需要多样化,包括功能与形式的多样化。功能多样化,如隔离、交通、交往、运动等不同用途;形式上的多样化,如形状、尺度、色彩、材质、构图等多种变化;配置多样化,如草坪、树林、山水、建筑等不同设置。

### 5.2.1 景观空间的生成

景观空间的构成,其关键在于空间与行为、生态、文化的整体关系的建构,四要素相互影响、相互制约。景观空间脱离了与所处环境的关联性、整合性,也就丧失了建构的依据,失去了空间意义。同时其余三要素的实现也离不开"空间"这个载体,最终都将在"空间"中得以实现。因此,空间的生成是实现景观环境的首要任务。

景观空间不仅展示美的形态,也记录着场所的变迁过程。今天的人为营造的景观同样也是"过程"的一部分,随着时间的推移,今天的景观必然成为明天的历史。景观空间作为联系人与外部世界的媒体,以设计过程而言,它承载着设计师的理念与思绪,就观赏(接受过程)而言,观赏者通过对于景观作品的体验形成对于景观环境的诠释。这其中涉及场所的记忆、文化积淀、场所精神等方面,由此景观空间与形式既是景观语言也是"意义"的载体,景观设计师承担着将场所中蕴含的精神层面的信息传播给游憩观赏者的职责。

妥善地处理景观的形式与形式之上的文化及其相关性,是营造有意义的景观空间的基本途径。景观语言由形式、空间以及形而上的意境共同构成,景观师的设计理念依赖于景观要素及其所构成的空间加以表达,离开了形式语言,景观的意境也就无从谈起,这也是景观区别于文学及其他艺术形式的关键所在。另外,景观作为一种大众文化,其表现形式应当具有一定的可识别性,应当能够为人们所理解、接受。因此,那些既存并且在公众中形成集体记忆的特异性场景便有可能在新景观中加以适当的延续,传承该场所的景观特征与记忆。

景观设计应当尊重历史,表现场所的变迁历程,这是具有可持续性的设计理念。场所由于人为或自然的原因,留下种种印记,这其中有部分对于场所具有一定的纪念意义。如何从环境中萃取设计线索,以场地的记忆为例,历史越久远的场所其积淀的信息就越多,从而需要加以必要的甄别、筛选。譬如不同时期的人类使用模式、具有特殊意义的事件、具有典型意义的地标等,对于这一切取舍的依据不仅仅在于场所遗留的印记本身,也在于即将建构的景观空间的组织,两方面的辩证统一从而使场所精神得以延续,与之相应新建景观有可能成为"有意味"的空间环境。由于场地记忆的特殊性、唯一性与可识别性,是为营造特色化景观极其重要的渠道之一。凯文·林奇在《城市意象》中说到:"我们需要的不是简单的组织,而是有诗意、有象征性的环境,它考虑了人和社会、人的愿望、历史传统、自然条件、城市功能和运动。结构和个性的明确是发展有力象征符号的第一步。城市用一些引人注目和组织完善的场所为人们的意义和联想的会聚和构成提供基地。这种场所感又促进了每一项在此发生的人的活动,有利于人们的记忆储存。"依据场地所蕴含的"记忆"与环境特征,营造景观环境可以充分体现景观环境的精神。

不同的场所蕴含着特殊的记忆,构成了场所的基本精神,景观环境是人们的休闲活动空间,也是精神体验的场所。场所精神直接与人的精神对话,尽管不是单纯的以影像传递信息,还包括隐含于不同空间单元意境之中,景观环境存在的价值就在于其场所精神。场所记忆过程是动态的,随着时间的推移而不断变化着,任何存在及其形式均具备生于斯长于斯的特质,同样新景观也不例外。应充分发掘景观环境既存的特性,选择其可发展、可利用的部分,重新组织到新的景观秩序之中。将具有个性特征又不失地域文脉的物质空间重组以形成良好的景观文化氛围,从场景的构成因素分析,到场景的生成、组织、优化策略"艺术地再生"是表现景观环境文化的重要手段。对于场所中原有的记忆、印记不单纯是简单利用,而是通过引申、变形、嫁接、重组、抽象等手法,巧妙地运用于景观环境之中,通过空间体验,将场所的记忆表现出来。

1)结合场地肌理营造景观环境

对于场地研究是决定景观设计成功与否的关键,赖特的"有机建筑"则是与场地结合的典型案例。赖特认为建筑是环境的一部分，自然界是有机的，建筑师应该从自然中得到启示，房屋应该像植物一样，是"地面上一个基本和谐的要素，从属于自然环境"。赖特经常采用一种几何母题来组织构图和空间。1911年他设计了"西塔里埃森"（Taliesin West）即在一个方格网内将方形、矩形和圆形的建筑、平台和花园等组合起来，用这些纯几何式的形状，创造出与当地自然环境相协调的建筑及园林。这种以几何形状为母题的构图形式对现代景观设计有着深远影响（图5.64）。

图5.64　西塔里埃森

与一般的建筑设计不同，景观环境设计的因地制宜有其特殊意义，其中"宜"是建立在对环境的科学认知基础之上，对于场地固有信息的解读便成为景观设计的基本前提。譬如研究场地固有的肌理、空间秩序、原有的使用方式乃至土壤结构等等，对场所研究得越全面，所提出的方案则愈加可行、科学。优秀的景观应当是如同从场所中生长出的一般，作为能够反映场所肌理的一个片断而存在。要确定场地的设计秩序，必须在更大的范围内寻找脉络，这样才能使新的设计与原有环境结构结成整体。景观设计，尽可能地保持并加强其原有区域的景观特性，删除杂乱的部分。在局部小范围的景物、景点、使用设施的设计和建设中应从局部、细处为使用者考虑，力求创造"精在体宜"且功能合理的人性化生态景观设施。

其中，"场地肌理"是环境在自然或人为干扰下长期演化积淀而成，它具有自然的属性，客观地反映了自然的过程，呈现出一定的规律性；场地肌理还具有人文精神，在那些人为干预的环境中，场地肌理反映了人们对环境的使用要求与意志，具有鲜明的目的性，如大丰市银杏湖公园的水系便是在原大丰公

图5.65　大丰，银杏湖公园水系分布图

农场基础上生成的,南北向的"支渠"汇入东西向的"干渠",最终流向大海,经历了近百年的使用,虽然是人为的水系,却与环境密切融合,业已成为环境的一部分,与环境中的其他要素共同作用(图5.65)。又如大丰二卯酉河作为一条人工开挖形成的河道,其历史不过百余年,但对于仅有50年建城历史的大丰而言却又是城市发展历史的见证,二卯酉河及其他人工河道不仅仅在历史上发挥过重要作用,也影响着对于今天乃至未来大丰的城市发展,业已成为该城市景观特征的重要组成部分(图5.66)。因此,随着时间的推移,那些合乎自然规律的"人工杰作",又具备了自然的部分属性。譬如贯穿南北的大运河,由于时间的历练,大运河业已成为流经区域不可或缺的一部分(图5.67,图5.68)。

图5.66　大丰二卯酉河景观带水系分布图

图5.67　淮安"四水穿城"图

图5.68　清河区段自然性

尊重既有的场地肌理可以突出景观特征,韩国首尔的仙游岛公园则是对旧建筑残留的大胆妙用。这个工程项目的主要设计理念是要揭示和展现位于首尔市中心的仙游岛在地理和空间上的潜能。同时这项风景建筑设计的重点在于它能从各方面勾起人们对仙游岛历史的回忆。原来旧址上大型净水处理设备所在的空间和形状都被巧妙地加以利用以突出原来仙游岛净化水处理厂,戏水区域与净水池直接相连,它给孩子们提供的不仅仅是游戏的欢乐,还有感受净水效力的绝好机会,同时原先的化学沉淀池已经变成一个水生植物花园,用以净化水质。这项工程的另外一个目的是向人们传达一个未来自然和环境的重要性信息(图5.69)。

图5.69　韩国仙游岛公园(2004年度荣获设计类优秀奖作品——Seonyudo Park(仙游岛公园))

由亮山田和山田绫子设计的位于日本某农业区中的路边公园是重组场地肌理的典型案例。该公园的原址是一处旧房子,由于道路扩建而被拆迁了。设计师希望为本社区其他一些拆迁的老房子做个留念,以体现本社区生活的特定基质。于是将被拆迁的老房子里残留下的建筑材料进行重组用作花园中的铺装材质,以此强化该区域的可识别性(图5.70)。

(a)

(b)

图5.70　日本某农业区中的路边公园(2004年度荣获设计类优秀奖作品——Nakasato Juji Project)

结合场地肌理营造景观在旧工厂改造中最为典型,如彼得·拉茨设计的德国萨尔布吕肯市港口岛花园,设计尊重场地的景观特征,采取了对场地最小干预的设计方法,考虑了码头废墟、城市结构、基地上的植被等因素。在解释自己的规划意图时,拉茨写道:"在城市中心区,将建立一种新的结构,它将重构破碎的城市片段,联系它的各个部分,并且力求揭示被瓦砾所掩盖的历史,结果是城市开放空间的结构设计。"原有码头上重要的遗迹均得到保留,工业的废墟都经过处理,被很好地利用。相当一部分建筑材料利用了战争中留下的碎石瓦砾,并成为花园不可分割的组成部分,与各种自然再生植物交融在一起。公园中,过去与现在的,精细与粗糙的,人工构筑和自然生成的景观并置,形成丰富的场地肌理。自然生长的野生植物、朴实的干石墙、新的砖红色广场与欢快的落水声使历史与现实交织在一起(图5.71)。

(a)

(b)

(c)                     (d)

图5.71　德国萨尔布吕肯市港口岛花园

又如理查德·哈格(Richard Haag)设计的华盛顿州西雅图煤气厂公园，基地原先为荒弃的煤气厂，哈格认为对待早期工业，不一定非要将其完全从新兴的城市景观中抹去，相反，可以结合现状，充分尊重基地原有的特征，为城市保留一些历史。这一设计思路对后来的各种类型旧工厂改造设计产生了很大的影响(图5.72)。

(a)                     (b)

图5.72　西雅图煤气厂公园

2) 结合行为特征营造景观环境

依据行为科学的理论，对待建地进行环境行为学考察，评估人们在特定环境中所产生的内在心理倾向和外在的行为。作为景观空间营造的基本依据之一，环境行为的理论研究包括了行为方式的兼容性、公众与个体行为的方式和特征、安全感、舒适感等各种生理和心理需求的实现。扬·盖尔在《交往与空间》中着重从人及其活动对物质环境的要求这一角度研究城市和居住区中公共空间的质量。克莱尔·库泊·马库斯(Clair Cooper Narus)和卡罗琳·弗郎西斯(Cardyn Francis)的《人性场所——城市开放空间设计导则》的设计导则基于利用人的行为或社会活动来启发并塑造环境设计，提供详细的设计细则，包括小气候、心理、形式等等。阿摩斯·拉普卜特(Rapoport Amos)的《建成环境的意义——非言语表达方法》一书中认为作为符号文化系统一部分的环境具有意义，并且影响着我们的行为和我们的社会秩序的确定的观点。场所理论是环境行为研究中的特定层面，努尔贝里·舒尔茨提出"场所"(place)和"空间"(space)的不同含义,并进一步提出场所的两种基本精神功能:"定向"(orientation)和"认同"(identification),认为场所是具有特定功能与意义的空间。景观设计师的责任是创造非抽象的特色空间,区别于其他空间的印记。场所概念强调物体或人对环境特定部分的占有,以满足人们对场所不同的使用要求。景观空间要适应现在的复杂的功能需求,还要不断地满足多变的未来需求。

空间形态的多样化有利于满足景观环境的多种功能,如交通、集会、运动、休闲等。尽管一个单纯空间可以赋予不同的功能,但其适应性会受到一定限制;营造多样化的空间单元有利于满足不同的行为需求,此外,多样化的环境,信息量大,具有更强的吸引力,有利于激起使用者参与的兴趣。景观设计应该有意识地对建筑群体及其环境进行分割、围合,从而形成各种各样的空间形态。大丰银杏湖公园位于常新路和益民路的交会处,东、南侧均为规划道路,交通便捷,西侧为新居住区,东侧为老居住区,同时老城区大量的人口对游憩有迫切的需求,周边大面积的居住小区、新城区对公园都存在潜在的需求。用地范围内靠西侧分布近1/3的水体,同时益民路为城市主干道,可预见公园东北片为最大的功能动区,且视线开敞,适宜集会、娱乐等;在水体和银杏林带的围合下,公园西南角将在未来成为游人愿意停留和活动的片区。东南角临近居民区,远离道路干扰,同时由于自身原有植被的围合,使该空间相对幽静(图5.73)。

图5.73 大丰银杏湖公园功能与空间构成分析图

由沃肯伯格(Michael Van Valkenburgy)设计的纽约格林威治村社会学院的新校区休息庭院(图5.74),一条曲线,从场地中心起始,围绕场地一周,柔化四角,限定一处生动的活动领域。原本作为交通的场地,变得喧闹起来,人们可以在此停留,从而使庭

图5.74 纽约格林威治村社会学院的新校区休息庭院

院空间功能复合化。"曲线"将不同的地段赋予了相应的内容和功能。首先是坡度4.9%的坡道，它成为整个区域的中心，接着是人们进入建筑大厅的踏步，最后以三级给人休息的平台结束。所有的这一切都成为过渡平面。在这块面积不大的场地中，设计者将过渡平面的各种形式有机地组织在一起，使人们逐渐产生了在此多停留片刻的冲动，从而为校园注入了新的生命力。

1967年由泽恩和布林(Zion & Breen Associates)事务所设计的纽约佩利(Paley)公园，地处53大街人口稠密区，由于使用效率极高而成为"口袋公园"的典范（图5.75a）。

1971年由佐佐木事务所设计的美国纽约格林埃克公园，该公园是纽约市使用率最高的公园之一，相当于一个网球场的面积，是典型的口袋公园。1万加仑的水从花岗石砌成的景墙上奔泻而下，既成为观赏的焦点又能当作声障，减弱公园外面的交通噪音。中心水景相接的较低坐憩区让游客能与水直接接触。沿墙边有一高台地，人们在这里可以纵观整个公园并欣赏水景。在高密度的"建筑森林"中，公园运用植物和水景并结合地形为人们创造了一处难得的、多层次的休闲空间（图5.75b）。

图5.75a　佩利公园（[加]艾伦·泰特.城市公园设计.周玉鹏，肖季川，朱春模，译.北京：中国建筑工业出版社，2005）

平面　　　　　　　　　　鸟瞰

图5.75b　纽约格林埃克公园（[美]梅拉尼·西莫.佐佐木事务所 整合环境.王晓俊，陈旗，译.南京：东南大学出版社，2003）

■ 静态空间
■ 动态空间

图5.76 哈特福特小学操场

美国哈特福特市小学操场，最主要的特色是以一条蛇形的混凝土组织空间，该墙最高处为五英尺半高。沿着墙的长向开着各种各样的窗洞，因此，当有风通过时，在这两个新的创造的空间之中形成了一种表层的能被透过的边界。沿蛇形墙体走向，操场被自然分成动静两个区域，娱乐设施被延伸的墙体包围着，下方，墙体横穿过小树林；上方，提供了一个发挥孩子们想象力的戏剧性场所。墙的围合与分隔，墙与门楼、门洞的组合，采用了多种多样的形式，墙是组织空间环境的重要手段，分与合，围与透，创造出了充满乐趣的小天地（图5.76）。

### 5.2.2 景观空间的组织

景观环境往往是由多个空间单元或要素组成的空间群，因此景观空间的组织关键在于将不同的单元组合起来，创造空间的"整体感"，其中包括景点与环境间的协调以及景观空间各单元间的沟通，形成和谐的连续感。

布伦特·C·布罗林（Brent C. Brolin）在谈到新建筑与文脉相协调时提出两种方式："一方面，我们可以刻板地从周围环境中将建筑要素复制下来；另一方面，我们也可以使用全新的形式来唤起，甚至提高现存建筑物的视觉情味。"景观与环境间同样有着密切的关系，如果说建筑物间有着"邻里"一样的关系，那么景观与环境及各空间单元之间应当具有"家庭成员"般的和谐。布伦特提出的在外部空间形式上复制环境要素有现实的意义，但忠实于环境的"拷贝"毕竟缺乏情感意味，不及以全新的形式取得与环境的沟通更耐人寻味，原因便在于缺少新的内涵。景观空间的组织可以有嵌套空间、穿插式空间、邻接式空间、由第三空间连接的空间。现代空间设计注重表现手法和建造手段的统一，形式和功能相结合，空间形象合乎逻辑，构图灵活均衡而非对称等等。使用动态、开放、非传统的空间句法是现代主义景观空间的设计理想。

景观空间的组合以水平方向为主，循序渐进的空间组织，动静结合、虚实对比、承上启下、循序渐进、引人入胜、渐入佳境的空间组织手法和空间的曲折变化，园中园式的空间布局原则，常常将景观空间分隔成许多不同形状、不同尺度和不同个性的空间，并且将形成空间的诸要素糅合在一起，参差交错、互相掩映，将自然、山水、人文、景观等分割成若干片段，分别表现，使人通过空间的局部，体会到景观的无限意境。过渡、渐变、层次、隐喻等西方现代园林的表现手法，在中国传统园林中同样得到完美运用。景观设计由空间开始，以实现空间系列的完整组织为目的，其中最为基本的是研究相邻空间之间的结合方式。

1）叠加与融合

分析是现代景观设计的基本前提，将不同的问题分别置于不同的层面加以研究，易于掌控并且能够生成图示化语言，因而拆分环境要素是研究的起点，然而环境又具有不可分割的整体性，在分析的基础上,通过叠加不同的因素层面,加以人为干预,逐步实现融合,以此生成空间秩序。

"叠加与融合"即以整合为手段,通过渗透实现融合,是场地空间秩序建构的基本方法与策略。针对不同的环境条件,在"生态优先"的大前提下,尊重"场地肌理",结合"景观空间"的营造及"人的游憩行为"的需求,将上述要素作为构成景观空间的基本点,由此建构、重组场地空间秩序。首先是对既有场地肌理的研究,通过分析与归纳,绘制场地"肌理模式图",进一步概括出场地的肌理特征;其次,研究该场地在整个系统中的功能定位,如城市绿地系统,探讨其潜在的使用行为方式与区域,将场所中高频行为模式抽取出来并加以图示化:

(1)场地的综合研究(生态因子、周边环境与交通、人口分布、总体规划),场地肌理模式图的绘制;

(2)研究周边环境,明确功能定位与流线,潜在行为模式与分布图的绘制;

图5.77 "叠加与融合"模式图

(3)叠加与整合。以营造优美且富有表现力的景观空间为载体,统调三者之间的关系,以实现新的空间秩序(图5.77)。

融合是实现有机统一的新空间秩序的关键,简单的叠加不能够保证新场所的有机性和整体性。只有通过融合,即在不同层面研究的问题,经过人为的统调,消除冲突与矛盾。坚持生态优先原则,在人为合理干预的前提下,景观环境建构遵从如下顺序:利用、整理、重组、改造。最终实现"源于自然而高于自然"的目标,其本质在于空间内涵的不断丰富而不是就形式论形式。

大丰市银杏湖公园是大丰城市南扩的一部分,原有场地上的农田、鱼塘、条带状圩埂积淀了大丰人在不同的历史阶段以不同的方式使用土地的模式,其间蕴含着丰富的场所记忆,同时也产生了相应的空间秩序。如今,这些既有空间秩序也不应该因为城市化进程而荡然无存。银杏湖公园在对传统古典山水宅园的代表作品——网师园充分解读的基础上,通过对其形式及空间构成关系的分析,将传统园林的精髓与原有场地肌理相融合,不拘泥于形而超越于形,突出水面的地位与功能,塑造以水面为核心的向心空间。同时将传统造园理念与现代构图相结合,从而使得传统形式在借鉴与继承中得到升华,以符合未来城市发展的时代特征(图5.78)。

图5.78 银杏湖公园"叠加与融合"分析图

大丰二卯酉河带由于土地盐碱化,自张謇以来为满足农耕需要开渠灌水,形成南北向支渠、东西向主渠的农田沟渠格局。时至今日,规划新区农田仍保留上述鲜明的地景特征,随着城市的变迁,农业用地为城区所取代。保护好城市既有的纵横正交水网景观特色,使之融入新城市空间,使观者能够体会到地景的变迁历程,强化景观特征的可识别性,为行将消失的地景记谱,并且成为城市景观体系的基本框架,对于大丰城市景观形态的构成具有重要意义(图5.79)。

图5.79 大丰二卯酉河景观带"叠加与融合"分析图

在南京珍珠泉的入口改造中,原入口的配套服务区和广场部分秩序混乱,建筑老化,在改造中将东侧山体部分下移,遮挡酒店对山体的破坏,同时因地制宜布置跌水景观。入口广场的铺地形式和游客中心的建筑形体均与两侧山体等高线相呼应,是对山体的延续与对话,并加以叠加、融合的结果(图5.80)。

图5.80 南京珍珠泉入口改造"叠加与融合"分析图

2) 轴线与对位

轴线作为传统的造园营造法则,在现代景观设计中似乎越来越淡化,甚至消失。现代景观设计中,所谓"现代"即抛弃轴线,19世纪末20世纪初,从平面构成到立体主义,设计师们对传统的反叛即从抛弃轴线开始。但是在淡化形式的背后,轴线仍然起着统摄景观环境的重要作用。轴线分为三种类型:空间轴线、视觉轴线和逻辑轴线。

(1) 空间轴线

轴线是生成秩序的最为简便的方法,不同的元素、空间整合在一起需要有个统摄全局的线索与轴线。对位同样是在不同的景观要素之间找到某些特殊的关联,使原本分属于不同个体或空间的部分在空间上联系在一起。外部空间的构成与建筑空间应有良好的沟通,通常可以借助于轴线与对位取得建筑与环境间的联系。同时空间轴线与几何轴线有所区别,不可简单地以几何轴线代替空间轴线。空间轴线可分为两类,即对称轴线与不对称轴线(图5.81)。

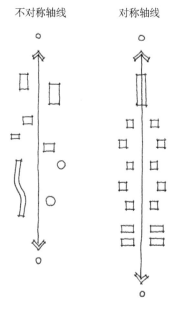

图5.81 对称轴线与不对称轴线

① 对称轴线，在平面中央设一条中轴线，各种景观环境要素以中轴线为准，分中排列。临近或近轴线的空间在体量等形式特征上与之相应，由于轴线的统领，景观空间单元会得到大于个体的景观效果，形成类似鱼骨状的空间体系，其空间庄严大气，适用于纪念性、严肃性的场所，如雨花台烈士陵园（图5.82）；又如林肯纪念堂、美国国家二战纪念碑、华盛顿纪念碑与美国白宫，通过轴线布局，四点一线的方式以强调诸事件在美国历史上的重要性，也是对其地理位置的强调（图5.83）。对称轴线在西方古典园林中最为常见，如埃德温·路特恩斯（Edwin Lutyens）设计的印度新德里莫卧儿花园（Mughal Garden），又称总督花园，在这里路特恩斯将英国花园的特色和规整传统的莫卧儿花园形式结合在一起（图5.84）。

图5.82 雨花台烈士陵园

图5.84 莫卧儿花园

图5.83 林肯纪念堂—美国国家二战纪念碑—华盛顿纪念碑—美国白宫的中轴对称

② 不对称轴线，更多的是考虑空间的非对称性，各个景观空间沿着景观轴线成大体均衡的布置；同时较之对称轴线，可以给人以轻松、活泼、动感的视觉效果。

如澳大利亚悉尼市霍姆布什湾的200周年纪念公园的水轴线景观即为非对称布局，线性喷泉穿插其中，庄重又不失活泼（图5.85）。又如卡勃兰景观设计事务所设计的葡萄牙欧利亚斯的"诗人的花园"，花园用以纪念20世纪的20位诗人。"诗人通道"从南至北穿越整个公园，20个小花园围绕"诗人通道"呈不对称布局，给人以轻松活泼之感（图5.86）。

图5.85 200周年纪念公园水轴线景观（[澳]伊丽莎白·莫索普.当代澳大利亚景观设计.蒙小英，袁小环，译.乌鲁木齐：新疆科学技术出版社，2006）

图5.86 诗人的公园（诗人的公园，欧利亚斯.[葡萄牙]弗朗西斯科·晏努埃尔·卡尔代拉·卡布拉尔，埃尔莎·马里亚·马托斯·塞韦里诺）

（2）视觉轴线

相对于空间轴线的有形，视觉轴线则是无形的。视觉轴线类似于传统园林中的对景，强调不同景观单元之间的对位关系，包含轴线、空间与隐含于场所中的肌理关系。轴线作为控制空间的主干，相邻的景观单元顺着轴线而具有一定的延展性。两个或更多的轴线集中在一个共同的焦点上，形成交叉轴线或辐射式布局。两条交叉的轴线常常一条是"主轴"，一条是"副轴"；有时几条辐射状的轴线，主次并不十分明确。在若干轴的交叉点上的景观可通过轴线的向心性得以强调。

如拙政园，整个中心水面在东、西、西南留有水口，伸出水湾，有深远不尽之意，因此拙政园开辟了四条深远的透景线。东西向纵深水景线有两条，以山岛南面为主，东起"倚虹"西至"别有洞天"，水面似河似湖,山岛黄石池岸自然起伏错落,是主要的水景纵深线;岛东北绿漪亭西望,对景见山楼,水边大树垂荫,岸边散植紫藤等藤蔓灌木,水乡弥漫之意油然而生;南北向水景由"见山楼"至"石舫香洲"、"石折桥"、廊桥"小飞虹"、"小沧浪",将狭长空间划分为层次多变的水景;东端南北向水景线自"绿漪亭"至"海棠春坞",虽是水景线中最短的,但因其宽度也是最窄,景犹深远。可以说,这四条因山就水而成的视轴线极大地丰富了拙政园的景象空间,它们充分利用山水布局完成了城市园林梦寐以求的深远变化(图5.87)。

苏州拙政园中部及西部平面图

1. 腰门  2. 远香堂  3. 倚玉轩  4. 小飞虹  5. 小沧浪  6. 香洲  7. 玉兰堂  8. 见山楼  9. 雪香云蔚亭  10. 北山亭  11. 梧竹幽居  12. 海棠春坞  13. 听雨轩  14. 玲珑馆  15. 绣绮亭(以上属中部)  16. 三十六鸳鸯馆、十八曼陀罗花馆  17. 宜两亭  18. 倒影楼  19. 与谁同坐轩  20. 浮翠阁  21. 留听阁  22. 塔影亭

**图5.87  拙政园视觉轴线示意图**(图片来源:潘谷西.江南理景艺术.南京:东南大学出版社,2001)

**图5.88  寄畅园**(图片来源:潘谷西.江南理景艺术.南京:东南大学出版社,2001)

与拙政园的内部邻借不同,无锡寄畅园采用了远借,把有限的人工园林环境作为更大范围的环境的一部分,融入自然环境中,在有限的空间中取得无限的空间感。寄畅园东南面有锡山和龙光塔可以借景,因此园林主要的建筑——嘉树堂朝向主要的借景方向,而不是一般私家园林中主要厅堂坐北面南的布局(图5.88)。

罗伯特·F·瓦格纳公园(Robert F. Wogner JR. Park)坐落于曼哈顿西南角哈德逊河畔,与著名的巴特力公园城(Battery City Park)相毗邻。按照巴特力公园城的总体规划,瓦格纳公园将成为连接巴特力公园城的滨河公共空间与巴特力公园、曼哈顿金融区的重要纽带。从瓦格纳公园可以看到自由女神像和艾利斯岛的全景,从而将这两个历史和文化的标志引入到新的人文景观当中。瓦格纳公园在相对较小的1.42 hm²范围内提供了不同类型的景观空间和体验。两座由马查多·斯维提事务所设计的亭子形成公园的大门,公园里设有观景台、咖啡厅、卫生间以及公园维护和储藏设施。公园以一条正对自由女神像的轴线为主线,从公园里可以欣赏到美丽的海景;中央大草坪和花岗石阶梯提供了良好的公众聚会场所(图5.89)。

(a)

(b)

图5.89 瓦格纳公园

(3) 逻辑轴线

逻辑轴线即景观空间的组织具有逻辑性和明显的顺承关系,是统摄外部空间的线索。形式上虽然没有明确的轴线和对位关系,但空间之间却有着隐性的关联性,从而营造出了景观体验的连续性。逻辑轴线往往用于陈述性空间,例如时间、人物、自然规律等等。如哈普林设计的罗斯福纪念园,以时间和人物为线索,将代表不同时间段的表现内容作为空间单元加以串联,形成完整的空间序列,具有明显的逻辑性;扬州个园亦是如此,以时间为逻辑轴线,四季山景浓缩了时间,春、夏、秋、冬的时序更迭,周而复始,创造出一种"无往不复、天地际也"的意境(图5.90)。如常熟市沙家浜湿地园区的改造工程,三个主要景区:"湿地植物品种园"、"湿地生态示范园"、"芦荡人家"均围绕生态水系景观这一中心线索展开(图5.91)。又如香港湿地公园(Hong Kong Wetland Park),整个公园设野

图5.90 扬州个园的逻辑轴线

现代景观设计理论与方法

图5.91　沙家浜湿地园区

生动物模型展览、仿真湿地场景和娱乐教育设施。徜徉其中的游人不仅能够欣赏自然美景，还能通过香港规划设计师匠心独具的设计，欣赏各种水的形态、体验水孕育生命的特质。公园里有近190种雀鸟、40种蜻蜓和超过200种蝴蝶及飞蛾。湿地保护区包括人造湿地和为水禽而重建的生境。坐落于人造湿地的湿地探索中心让游人亲身体验湿地生趣。溪畔漫游径、演替之路、红树林净桥和三间分别位于河畔、鱼塘和泥滩的观鸟屋引领游客走进不同的生境，寻访各式各样的有趣生物。湿地公园的生境包括淡水沼泽、季节性池塘、芦苇床、林地、泥滩和红树林。而所有这些景点的设置都是围绕合乎自然生境规律的逻辑线索展开的（图5.92）。

(a)

(b)

图5.92　香港湿地公园

3）围合与渗透

空间的形成来源于围合，空间的变化则来源于渗透。传统造园讲究的对景、借景，便是利用空间单元之间的渗透效应。景观环境的平面和空间布局自由，空间相互穿插、彼此渗透，毗邻空间的连贯和对比最能够产生变化的空间效应，因而景观空间是"多孔的"。

如南京武夷绿洲"观竹苑"，组团间的空间由于建筑的围合相对独立、完整，但同时在南北向的宽敞空间运用圆、方、直线等元素的铺装形式交错穿插，使得南北向空间与东西向空间逾越各自的界定，相互关联、相互渗透，达到视觉上的统一和融合（图5.93）。又如日本武藏野·国分寺

306

图5.93 南京武夷绿洲二期"观竹苑"

住宅小区的景观设计,由于该小区被市政道路分成东西两部分,因此东、西楼的内部空间相对围合,同时喷泉和武藏野的地方树种——榉树的运用,又使得两空间相互穿插、彼此渗透(图5.94)。

图5.94 武藏野·国分寺风景园(喷泉和映现武藏野·国分寺风景的景观设计. 山本富雄)

"围合与渗透"在处理多个空间的关系时尤为明显,同样对于单个空间的再划分也独具匠心。如荷兰阿姆斯特丹的斑马花园,两户居民希望在原有的共有花园中创造出更私人的空间但又不将花园完全分成两部分。于是设计师采用两片相互交错的石笼墙和水面分割出两处私密空间,同时也在视觉上扩大了后院的面积,使景观空间相互穿插、彼此渗透(图5.95)。

图5.95 斑马花园(Uitgeverij THOTH Bussum Stickting Jaarboek, Landschapsarchiectuur en skedenbouw. 荷兰景观与规划设计. 付超,刘艳红,辛宏宇,等译.沈阳:辽宁科学技术出版社,2003)

### 4）拆分与重组

园林空间有"越分越大"一说，呈现出部分之和大于整体的效应，即"1+1>2"。适当地拆散原有空间结构，并予以重新组合，便能产生戏剧性的效果。空间的内在边界由于划分的作用要大于原初围合空间的界面边长，从而产生更为丰富的空间效果。现代主义是20世纪所有设计理论的基础，强调以功能性为主的设计哲学，而实际上强调功能性的设计概念并不与设计本身理应带来的装饰性或艺术性构成矛盾，而且功能的拆分与整合的过程与规律本身就与统一中求得变化的艺术规律相符。因此，若能抓住主要的功能主体与功能间的相互关系、形式主体与形式间的相互关系，并且建立起关系上的逻辑性，那么设计的过程和结果都将会可以预见和控制。为了能将各个不同的景观空间单元串联起来构成一个有机整体，景观的总体和局部都以方格网的形式来保持构图的统一，整个空间序列既有变化又不至于杂乱无序，为了实现景观空间的拆分与整合，从而在带状景观空间单元与空间组团之间建立起关联。拆分与重组是丰富外部空间的基本手法，改变场所本身固有的秩序并重新建立起新的空间秩序。"拆分重组"的构图思维，加入了更多的元素，极大地丰富空间信息量。

由赖纳·施密特（Rainer Schmidt）设计的德国慕尼黑公园城，公园占地40 hm²（核心区7 hm²）。面对带状的狭长空间，设计师将其在纵向上拆分为若干小空间，每一空间为一主题花园，花园类型多样，有岩石园、卵石园、微型的湖泊、小山丘、以山楂树为代表的森林园和山谷园等等，内容丰富多彩。同时每一部分都以一个白亭和主题花园为中心，虽有变化但彼此关联，总体布局构成了一个有机的整体（图5.96）。

(a)

(b)

图 5.96　慕尼黑公园城（Parkstadt Schwabing. Schwabing, Rainer Schmidt. Landschafts-architekten. 沈实现，王向荣，林菁）

同样,奥萨伊特规划设计事务所设计的日本东京都品川区中央花园,面对占地1.8 hm²的城市广场,设计师也运用同样的手法,将400 m长的场地分解为13个小广场,每个小广场被设计成28 m × 28 m的正方形,且内部功能各异,但景观的总体和局部都以方格网的形式来保持构图的统一,实现了景观空间的拆分与整合(图5.97)。

图5.97　品川中央花园(巨大的步行者空间"品川中央花园"城市中的"森林"与城市中的"街道",三谷彻,户田知佐)

彼得·沃克在美国得克萨斯州达拉斯市的IBM索拉纳园区,占地约34 hm²。位于入口庭院西部的办公综合楼群共分为四块,设计以简洁的形体和行列式种植为主,整个办公综合楼区与北面山坡之间布置了一条狭长曲折的自然溪流带将四部分串联起来(图5.98)。

图5.98　IBM办公大楼

以上三个案例均从形式的角度，将各个不同的景观空间单元串联起来构成一个有机的整体。而环秀山庄在处理山水整合时，成功地把握了山水之"道"。以西北之"飞雪泉"为源曲折东南，首"滞"形成了"问泉亭"小岛，分流东西，再"滞"构成了假山主体，东线又分流为二，一支穿山渡涧直抵东南，另一支则转向西流，与首次分流出的西线汇聚成开阔的水面，水流渐收向东，抵山石而止。水有源，山有脉，比较完整地表现了山水景观的外部特征，同时阐释了"流而为川，滞而为陵"的山水之"道"。因此环秀山庄不仅是假山上乘，而且堪称山水佳构，是拆分与重组的典型案例（图5.99）。

(a)

(b)

(c)

图5.99　环秀山庄

## 5.3　景观空间秩序

长期以来，有序是被格外重视的，人们希望通过对有序的认识找到世界变化的规律，进而控制和改造整个世界。然而，这种有序观带来的往往是幻觉，它放大了人们的控制能力，因为科学发现，纯粹的无序和纯粹的有序都是不存在的，以往被认为纯粹无序的事物中包含着有序性因素，严格有序的事物里也存在无序性因素。如五行相生与五行相克，实际上是中国古人对于自然界物态运化的流转规律的简洁描述，以四季为例：春（木）—夏（火、土）—秋（金）—冬（水），五行相生，四季更替，生生不息。传统的景观设计往往需要展现明确的序列关系，而现代景观往往表现无序甚至混乱的做法，大量采用随意性构图，跳出"网格图"以"随机图"建构景观空间，如美国建筑师里勃斯金德（Daniel Libeskind）设计的柏林犹太人博物馆及霍夫曼花园，建筑的"之"字形折线平面和贯穿其中的直线形"虚空"片段的对话，形成了这座博物馆建筑的主要特色。而博物馆的外部环境设计更是里勃斯金德建筑解构主义思想的延伸和扩展,草地上不同方向、看似凌乱的线性穿插,充满了冲突与矛盾,却与建筑外墙上纵横交错的线形窗户相呼应(图5.100)。

图5.100　柏林犹太人博物馆及霍夫曼花园

有序和无序曾被认为是现实世界中对立的两极。有序,显示着一种稳定的因果关联,表现为一种规则的存在,常以重复性表达出来。比如,在时间上表现为周期性,在空间中表现为对称性。无序,则凸现彼此间的相互独立,表现为不稳定性、随机性,毫无规则可言。时间上的随机变化和空间中的偶然堆砌都是其典型表现。

在同一景观系统中无序与有序不可分割地联系在一起。单一的空间序列使人容易找到其中的组合规律,而多序列则不同,两个或两个以上的序列叠加在一起所呈现给人们的景象是复杂而难以琢磨的。景观空间中原本就包容了功能、形式、空间、生态等多重秩序,将上述因子笼统地整合在一起,服从于某单一因子加以组织,不可避免地干扰其他诸因子固有的秩序,从而难以将整个系统有机化、多重效益的最大化。其实景观环境是一个系统,整体效应取决于局部及每一因子本身的秩序。简单地说,是局部行为导致了全局性的结果,而局部和全局动态特性之间的关系,则主要依赖于景观系统的整体结构。建构整体化、有机化的景观空间便成为当代景观设计的根本目的。

### 5.3.1　序列构成

景观如同书画一般,讲究序列分成"起"、"承"、"开"、"合",而实际上四个部分又彼此包含,相辅相成。"有时起中有合,合中有起,起承合一,转合不二;有时即起即承,即承即转,有时起之又起,承之又承,转之又转,合之又合,并且在一个大的开合之下包含有多个局部的'起承转合'的变化。"承载人们游憩行为的园路如同一系列序列的载体,大的序列又由子序列构成。实施精心组织的、有个性的空间序列,才能获得艺术格调高雅而又富于创造性的景园整体环境。精通序列组织的多样性和微妙性,可以帮助建立精妙的设计思维模式。

西蒙兹(J.O.Simonds)的《景园建筑学》对序列有微妙的论述:"一个序列应当说明、表达或者装点所使用的或所经过的地区或空间。""每个序列都有其特性,同时亦可激发一种预定的情绪反应。""一个序列可能是简单的、复杂的或混合的。它可能是持久的、中断的或可调整的。它可能是集中的或分散的,微小的或庞大的,而且可能是精巧的或强有力的。""计划连续效果可能是随心所欲的,或者是井井有条的,它可能是不整齐的,而且是故意漫不经心,或者为达到某个目的,计划得非常有次序。计划的序列是一种非常有效的设计方法。它可以诱导行动,指示方向,创造韵律,培养情调,显示或说明一件物体或一连串物体,同时可发展一种观念。"

景观环境往往由多个空间单元依据一定的规律组合而成,凸现景观单元之间相互联系、相互作用、相互依存、多元共生的辩证思维,追求不同单元之间的对话、交流,从而呈现出一定的序列关系。正如相关艺术一般,传统的景观设计以回避矛盾为主旨,追求和谐,这从中国园林到法兰西古典主义均是如此,景观环境遵循着单一的空间秩序;与之相反,现代景观设计不回避矛盾甚至表现矛盾,展示复杂与多秩序成为当代景观的发展潮流之一。

景观空间构成通常是线性的,具有逻辑性,往往用于陈述性空间,如1991年建成的位于加州的帕罗·奥托市拜斯比公园(Byxbee Park)(图5.101),在这里,哈格里夫斯将一个垃圾填埋场变成了一个

第一幕:"大地之门"

第一幕:土丘群

第三幕:电线杆阵列

第四幕:八字形混凝土路障

图5.101　拜斯比公园

(a)

(b)

图5.102　兰顿水园

特色鲜明的旧金山海湾边缘的公园。整个公园分为四个部分，随着空间的逐渐深入，故事情节一一展现。首先，是在山谷处开辟泥土构筑的"大地之门"；其次是在山坡处堆放了许多土丘群，隐喻当年印第安人打鱼后留下的贝壳群，曲折于山上的小路由破碎的贝壳铺成，产生一种特殊的效果；再次是位于公园北部的成片电线杆，平齐的电线杆与起伏多变的地形形成鲜明的对比，隐喻人工与自然的结合，也唤起对穿越海湾的高压电线的注意。最后，混凝土路障呈八字形排列在坡地上，形成的序列是附近临时机场跑道的延伸。

又如美国华盛顿州兰顿水园(Renton Waterworks Garden)(图5.102)则是以水池、小径、湿地、植物等，按照艺术与生物净化的秩序设计空间序列。雨水被收集注入11个池塘以沉淀污染物，然后释放到下面的湿地，以供给植物、微生物和野生动物。花园就像一棵繁茂的植物，池塘就像叶片和花，小路恰似植物的茎秆，它们表达出自然系统的自净能力。颗粒状的污染物首先在池塘中沉淀，然后顺水流到湿地，通过呈带状种植的湿地植物如莎草、灯芯草、黄鸢尾、红枝山、茱萸等得以完全的过滤。整个设计体现了自然系统的自组织和能动性，同时向人们演示了水由"浊"变"清"、由"死"变"活"的生命过程。

图5.103　留园的入口处理

前导，也可称发端，传统的中国园林往往都是通过一段灰空间加以过渡，逐步转入园林主空间，变化十分丰富。代表性的例子有南京的瞻园、苏州的留园等，松江方塔园是运用传统园林入口空间设计方法的优秀案例之一(图5.103)。

过渡，是经过性的空间，随着空间的收放、光线的明暗、视线的转折等等，空间的形式也在不断地发生变化，从而产生引人入胜的视觉效果。

高潮，是空间序列中的高峰，人们的注意、情感都会因为高潮的出现而为之振奋。高潮往往伴随一定的主题展开，从而引起人们注意力的集中。如北京第十五中学的环境设计形成如下的序列：大门—树林—水池—科学家塑像—柱廊—展厅—花园中的校史纪念碑亭。"树林"是由"动"而"静"的过渡性空间，"水池"渐次升起达到高潮。这一处理方式是十分成功的(图5.104)。

(a)

(b)

图5.104　北京第十五中学

起伏是一种变化形式,是由高潮转入低潮之间的过渡,处理好同样可以引人入胜。

尾声,空间结尾的处理同样十分重要,可以给人以丰富的回味。

同样景观空间构成可以是非线性的,现代景观设计往往是多主题并存。未来主义在运用动点透视组合画面空间上达到了极致。他们颂扬运动、速度和机械构造的力量,最终目的是用分解物体的方法把力量和运动融进绘画。

以上海方塔园为例,整个园子可清晰地分为四个部分:东入口方池(前导)——垂门、堑道(过渡)——方塔、照壁(高潮)——南岸草坪(尾声),在这里方塔无疑既是悬念,也是景观主题,同时更是高潮(图5.105)。

图5.105　上海方塔园

东入口方池(前导):从东入口的方池到水渠到石板桥到塔前的中心水池,水一直在引导、暗示。在入口处设方池,它既是城市街道空间的延伸,也是院内自然景观的泄露。它强调了入口,设置了悬念,同时巧妙地组织了入口人流。方池是城市的,也是园子的。城市与自然、内部与外部的交流对话在水面的倒影中悄然发生了。

垂门(过渡一):开与关之间——一种瞬间定格的情节,一种立体主义的语言,鼓励参观者进行开放式的遐想。

堑道(过渡二):一种景观建筑化的语言,一种极其封闭的"景中"空间,在这里观者与世隔绝,天地间除了观者,便是自然的鸟语;堑道在引导观者进入光影迷离的此景中的同时,折向充满遐想的彼空间;台阶在不知不觉中将观者引到了塔的脚底。

方塔、照壁(高潮):巧妙地借用一片写满历史故事的明代照壁在主角出现之前再一次进行烘托;接着在塔与大水面草坪之间设置了一片超越时空的有几分禅意的白墙,当观者登上塔楼时豁然开朗,居然在墙的背后隐藏着一个充满阳光、诗情画意的世外桃源,原来塔不是故事的终点,故事还没有结束,还在继续。

南岸草坪(尾声):当观者从南侧的草坪观看塔景时,白墙变成了塔基座的有力延伸,一种对塔的竖向构图的烘托;白墙变成了一片舞台的帷幕,将园子过去的一切历史隐藏在背后的同时,将现实的美丽画面与塔的故事那样纯净地展现在草坡上每一位观者的眼前,但依然可以感受到传统文化的存在;同时一片充满灵性的水面将塔影、白墙的幻想折向了未来……

由摩根·会德丰(Morgan Wheelock)设计的法国诺曼底美军士兵纪念碑,纪念碑是与旁边一座诺曼底战役博物馆配合而建的,以纪念这一历史事件,缅怀为自由献身的人们,呼吁珍视世界和平和自由。这座纪念碑通过新颖独特的构思,使参观者在用身心体验的过程中,领会到感人至深的意境。

该景观空间序列以诺曼底战役博物馆为前导,从博物馆走出,经由天桥,走下楼梯,穿过过渡空间:一片由橡树、杉树、枫树和许多开花结果的树组成的树林到达高潮——被草地环绕的广场;广场一直延伸到一个由粉红色和浅灰色花岗岩砌成的大石碗,碗中注满了水,不断地溢出,形成了小瀑布流入下面的水池中。参观者可以循着潺潺的水声,从石碗边小路拾级而下,观看水花晶莹飘洒中的五彩斑斓、象征着美国52个州的石墙。其中穿过的树林,象征美洲森林;绿草围绕的广场是大草原,延伸至水面的广场铺石是象征大西洋海岸的"大石碗",这个过程正是美军士兵的进军路线。在广场和水面之间,有一行Wheelock的题字:"我们祖国的心脏中流淌着为自由而献身的人们的鲜血。"注满水的石碗是抽象的双手捧着生命的流水,水静静地涌出、跌落,那时无数生命为了自由而奉献。不同于一般的纪念碑有着有形的实物,而是通过水在上下两个水池间的流动表达其思想内涵,借助于空间的渐进序列,产生逐渐深入的意境(图5.106,图107)。

前导:诺曼底战役博物馆

天桥

过渡:象征美洲森林的树林

高潮:象征大西洋海岸的"大石碗"

尾声:象征美国52个州的石墙

(a)

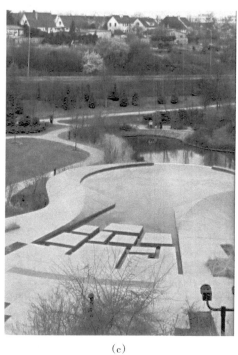

(b)                                 (c)

图 5.106　诺曼底美军士兵纪念碑

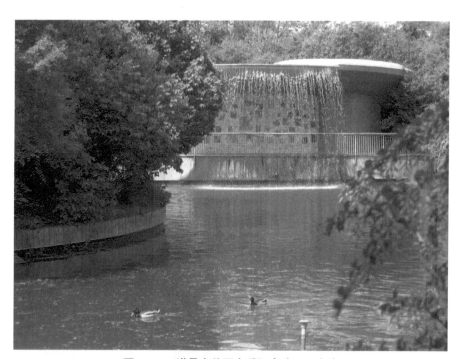

图 5.107　诺曼底美军士兵纪念碑——水池

### 5.3.2　序列组织

空间在人的运动与感知过程中表现为连续的线性特征,景观空间的连续性决定人们对于空间特性的感知。因此景观空间不是单纯静态的三维空间,而是多维动态空间序列。四维空间是景观设计的出发点,即在三维的基础上加入时间因素而生成的空间。观者的立足点和视点可以在景观空间中自由变化。

空间序列需要人的流动方能体验,因此转化为园路的流线是设计空间序列的重要手段,通常有"串联"、"并联"、"辐射"三种基本模式。"串联",闭合或开放的环状路线串联空间单元,景点、景区呈线性分布,表现为"链形"结构,串联可以是对称的也可以是非对称的;"并联",有两条或两条以上的路线形成的空间格局,表现为"树形"结构;"辐射",各空间环绕着一个或多个中心向周边发散布置。任何复杂的游赏程序一般皆可视作这几种基本组织模式的再组合和相互穿插。这种用景观节点与连线来描述结构关系的图示法被称为关系图解(图5.108)。

图5.108 空间序列的基本模式

自由式应用颇为灵活,由于其空间方向多变,不似中轴式规则拘谨,空间序列富于变化,可广泛地运用于外部空间,如南京大屠杀纪念馆外部空间序列便采取自由式布局(图5.109)。

图5.109 南京大屠杀纪念馆外部空间序列

空间分割方法以表面分割(Surface Partition)和端点分割(Endpoint Partition)最为著名,它是在1995—1999年,由当时任教于佐治亚理工学院(GIT)的派普内斯(John Peponis)和瓦因曼(Jean Wineman)等学者发展的一套新的空间构形分析方法。

他们认为,运动可以把复杂空间结构中的不同视点相互联系,并通过直接体验与抽象推理相结合,找回空间描述的操作基础。而人们在运动中感知到的空间信息一般是不连续的,于是人们会根据这种不连续性而把空间系统自然地划分为视觉感知的基本单元。空间分割就是找出这些空间单元的交界之处。派普内斯认为空间信息的不连续是由空间边界的不连续造成的,如墙角、墙的转折点、自由墙体的尽端等。他用这些不连续点将实体边界区分为不同的边,然后用"能否看到相同的边"来定义空间信息的基本单元,从而分清建筑实体的形式与空间构形之间的关系。

现代有机空间设计突出流动性,空间因此由静态转变为动态、间断变为连续,这一理论在建筑设计中已广泛运用。如密斯设计的巴塞罗那世博会德国馆(图5.110),是现代建筑运动早期的代表作品之一,其空间中几乎所有的界面都独立成片状,这些分离的界面模糊了空间的边界,使得各个空间相互融通、复杂而多义,称之为"流动空间"。

图5.110　巴塞罗那世博会德国馆

图5.111　拉·维莱特公园

同样,景观空间的连续不仅是因为"路径"的存在而串联,而是多种途径的综合效应,如空间的界面尤其是连续的竖向界面穿越不同的空间单元,相同或相近的空间母题在不同空间中重复出现等均可以有效地将单元衔接起来,形成空间序列。解构主义的景观设计作品中,以屈米的拉·维莱特(Le Parc de la Villette)公园最为典型(图5.111)。解构的不稳定性被夸大了,突破传统的和谐统一的美学法则,运用散乱、重构、突变、模糊等手法,形成混乱的时空体系,突出时间维度,强调空间不断重复与流动,所呈现的空间序列是多维度的。

### 5.3.3 空间节奏

美国景观设计大师威尔·柯蒂斯(Will Curtis)认为"节奏是景观设计最重要的一个因素。节奏赋予了景观生命、快乐和动感。节奏就是诗和音乐。"他以最吸引人的方法紧紧抓住了设计中的微妙特质。景观空间的节奏与运动感来自地形、植被和水体的相互关系,这些关系使设计充满整体感和方向感,并创造出各种印象深刻的画面。道路的设计、视角的构成、核心的位置、水平面的变化以及水和植物等要素的运动都能创造出对比,对比是任何设计中都最为重要的一个成分。

在景观设计中,设计师必须注意的第一要素是地平面,设计中的所有其他要素都受地平面的控制。从古埃及开始,传统庭园的地平面都是用矩形网格限定的。这就是说,庭园的场地被分开,隔成正方形或长方形。早期以这种方法设计的例子有埃及人建造的正方形或长方形的泥墙建筑物,古波斯人建造的娱乐场所,古希腊人和罗马人建造的柱廊庭园。这种结构在中世纪王国的拱形庭园和文艺复兴时期的宫廷以及欧洲的石头庭园中得到应用。无论是规则式,还是非规则式设计,平面构成都是景观设计的基础。现代使用网格结构的典范是由凯瑟琳·古斯塔夫森设计的"艾夫利人权广场",艾夫利是20世纪70年代在巴黎建造的5座新城之一。20世纪80年代晚期,艾夫利这座城市的人口已经达到8万人,因此,修建一个城市广场是当地政府的一个意愿,希望藉此在快速增长的城市中营造一种统一感。

古斯塔夫森同建筑师杰勒德·帕斯(Gerard Pas)合作,于1989年通过竞标,获得这块面积为1 hm²的场地的设计权。竞标的组织者将"人权"确定为设计的基调。古斯塔夫森将广场设计为公共活动和私人活动的场所,能开展音乐、舞蹈和戏剧表演等活动。广场也是城市的平台,任何居民都可以发表言论。最后,广场还要成为朋友见面的好地方,有水声、植物和餐厅,并将庭园带入新兴的城市。通过降低广场的地平面,古斯塔夫森确定了一个范围,并从繁忙的交通路线中开辟出一片下沉的空间。广场被各种重要的公共建筑、市政大楼包围,由意大利籍瑞士建筑师马里奥·博塔(Mario Botta)设计的规模宏大的新圣卡比尼恩(Saint Corbinien)教堂是广场的中心。主要道路由灰白色的凯尔特(Celtic)花岗岩铺成,中间是白色的花岗岩。虽然有台阶和栏杆,但广场的结构仍是连续的。这些层级的变化反映在广场周围的每一个建筑上。例如,巨大的花岗岩楼梯直接通向地下停车场,与教堂的巨大拱形相呼应。作为当代杰出的设计师,古斯塔夫森改变了垂直与水平要素的传统分布,她对这些要素的组织方法反映了她自己的审美观和20世纪晚期的审美观。这些要素的位置安排决定着设计的节奏与运动感。

"巨龙盆地"是一个由绿色巴西花岗岩构成的巨大的抬高水池,长124.5m,宽4.8~7.5m。水池每边都有对角,以便同地面的框架结构形成重叠,并在广场一边的市政大厅、商会和广场另外一边的教

(a)

(b)

图5.112 艾夫利人权广场

堂之间创造出一种视觉连接的效果。与节奏有关的另外一个设计要点是将"巨龙盆地"分成两个部分,之间用广场台阶联系在一起。这是该设计在营造节奏和运动感方面表现最充分的地方,给人以美的享受。古斯塔夫森还在框架地面上设计了两个长方形,第一个长方形水体称为"闪烁水池",喷泉的喷头露出水面,153个程控喷头可以垂直喷水;在水池边上有一个同样大小的长方形通道。"巨龙盆地"、"闪烁水池"和通道上的灯光,共同构成古斯塔夫森设计中节奏与运动的特色(图5.112)。

节奏和动感还大量出现在丹·凯利设计的达拉斯喷泉广场中。广场位于达拉斯市中心,两侧紧邻繁忙的罗斯大道与费尔德大街,这两条街道之间有12英尺的高差,场地条件使得设计师选择利用一系列大小变化的跌水来消除高差。广场总面积的70%被水覆盖,广阔的水面上是数以百计的树木和喷泉。喷水停止时,行人便可以自由穿行,440株柏树像列队的士兵整齐地排列在路旁或水中。水池随地形呈阶梯式布置,水池间形成了层层叠叠的瀑布。步行道由豆绿色石板铺成,部分与水面平

齐,如同浮在水面。喷泉广场的设计彻底改变了人们对城市空间的感觉,设计要素蕴含了空间上的联系与暗示,有着有序的组合方式:广场中央的喷泉与四周的喷泉疏密不等;硬质铺地与环绕的水体相映成趣;借助于最基本的材料——水、树、混凝土创造出了一个奇妙的地方。

广场中清晰的网格结构、整齐排列的水杉树坛、高低跌落的水流与喷泉……无不体现了整个场地的节奏与动感(图5.113)。

(b)

0 5 10　25　　50 m　1.水池与喷泉　3.小休息广场　5.路面与铺装
　　　　　　　　　　2.水池中树坛　4.中央旱喷泉　6.台阶

(a)

图5.113　达拉斯喷泉广场

由芬兰建筑师设计的匡溪中学教学区"终点"广场实质为一个某"T"字形教学区的入口道路设计,它通过圆形广场,系列柱列和铜墙的组合,形成了一种与众不同的空间感。矮墙首先划分了主道路与一侧小路两大空间,由于尺度不高,因而虽限定空间但又不阻碍视线。六根列柱形成的线性空间,将人的行为自然引向另一条交叉道路。地面处理中,不同的空间采用了不同颜色的铺地,使人一目了然。同时,在主道路上设有一排圆形灯标志,限定车

(a)

(b)

(c)

图5.114　匡溪中学教学区"终点广场"(资料来源:匡溪教学区的"终点广场".世界建筑,1997(04))

道,丰富地面。整个由曲线构成的广场充满了动势的感觉,或限定或指引,同时六个列柱按费波纲希数列向上递增,暗示着一种垂直扩张的动势,柱身颜色从黑向白逐渐过渡,至广场中心最强,从而增强了透视效果与导向性(图5.114)。

莱维广场占有四个街区,由三幢大厦围绕一个花园广场。东面是风光旖旎的旧金山湾,西面是旧金山湾的山坡,上面有些住宅区。建筑体量采用台阶式,与逐渐向旧金山湾倾斜下去的地形相适应,大厦外墙面大量采用红砖。莱维广场被一条街道分为两部分,其中西部是规则的广场和喷泉,广场铺地伸入到了建筑内部,室外空间似乎也随之流入了室内。地面的交叉网格与建筑桁架呼应,网格划分中的红砖与建筑色彩呼应。喷泉由一系列高低错落的种植池和水池组合而成,水在各层之间跌落、流淌,一条汀步引导人们参与其中,哈普林正是充分运用了材料之间的联系与矛盾,创造了丰富的层次和节奏感(图5.115)。

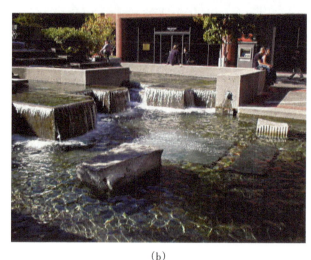

(a)                              (b)

图5.115　旧金山莱维广场

## 5.4　景象的生成

地理学家把"景观"作为一个科学名词,定义为一种地表景象,或综合自然地理区,或是一种类型单位的通称。而"景象"在辞海中被定义为"情景,气象,从取景窗看到的景象"。通过上述的定义可以看出,第一,景象具有鲜明的物质性;第二,是一定区域、范围内景观的综合体现,具有整合性。

杨鸿勋著《中国古典造园艺术研究江南园林论》给"景象"定义:"景象是一个空间的概念,其空间性表现为景象诸结构要素的并存关系,以及诸要素本身所固有的上下、左右、前后的广延性。景象同时也具有时间的属性,其时间性表现为景象诸要素的四季、晨昏、晴晦各形态的交替关系以及景象导引程序的先后持续性。"该定义指出景象为园林艺术的基本单元,景象要素是景象结构的物质基础,它可分为自然要素和人工要素两大类。自然要素为:地表形态、植物、动物;人工要素为:建筑物和一切建筑处理。景象诸要素遵循园林艺术规律,通过引导而组成景象;景象组合具备一定的实用功能,表达一定的思想感情,表现景观空间的整体面貌。同时景象也是可以分割的,是由若干景观要素和空间单元组合而成的整体形象。因此景象是超越于具体物象之上的,同时也具有一般物象的共性特征。

景象是由景观师创造的,是特定景观环境的整体形象,具有典型意义。而意象则是存在与审美者(包括设计者)的思维之中,是精神产物,两者是有严格的区别的。景象又是设计者审美意象的物化,从景观创作的过程来看,设计经历了由意象、景象、意境的深化与转化过程。其中的景象是景观空间完整的存在方式,它联系着形而下与形而上的两大领域。

景象是客观形成的,同时又需要人的感知,与意象不同,人们通过景观环境产生关联,感觉景观空间的单元与整体,从而实现对某一景观环境的整体认知。景观空间特征是构成景观的重要组成部分。

景观设计的目的是在游人与景观环境之间建立起适宜的关联,通过景观空间的塑造,给观者留下深刻的印象,从而感动游人,实现放松心情、娱乐身心的景观价值。空间单元的建构以及不同单元空间的巧妙组合均是为了实现这一目标。单一景观空间的构图美、整体景观空间序列的空间都是为了完整地、典型地反映景观空间的景象美。

### 5.4.1　空间单元的形态特征

每个空间的围合的形式、体量、色彩、质地等形态因素的强弱都会给人留下完全不同的感受,而形态特征的产生在于差异化、个性化。形式要素与周边的反差是产生特征的前提。人们通常以形式新颖对形式的个性化加以描述,便是指形式或不同要素之间组成关联的异常变化或特殊的结合方式,前者是指景观空间单元,后者侧重于空间序列的组织。差异化越强,其景观特征也就越鲜明。在环境中既要强调某一部分的特异化,也应避免与大环境相脱节。"量"的把握就是对于形式强度要有恰当的把握。所谓特性化强度是一个相对的概念,在与周边环境要素的比较中产生,过度地强调特异化往往会构成空间的混乱,适得其反。

如东南大学的中轴线景观,相对于整个东南大学校区它是一个具有独立性格的空间单元:一条长长的甬道,两行枝叶繁茂的梧桐树,同时在轴线的尽端是一座近代的、古典主义风格的大礼堂,其景象是东南大学是一座受到近代教育思想影响、具有一定历史的高等学府的整体形象(图5.116)。又如南师大的仙林校区以及东南大学九龙湖校区(图5.117),中轴线的尺度巨大,周围建筑形式新颖、造型活泼,置身其中,人们不再感受到历史的沧桑,取而代之,是一个充满活力的新校区形象。同样是校园景观中的一个空间单元,由于其性格的差异也就营造出了完全不同的整体景象。

(a)

(b)

图5.116 东南大学中轴线景观

图5.117 东南大学九龙湖校区中轴线景观

又如一片纯粹的色叶园和一片混交林所呈现的景象也是完全不同的,混交林给人的印象就是模糊的、不单纯的;相反,纯粹的色叶园便具有非常鲜明的可识别性(图5.118~图5.120)。

图5.118　同济大学宿舍区的水杉林

图5.119　白桦林　　　　　　　　　　图5.120　南京紫金山混交林

再如哈普林设计的旧金山贾士丁·荷曼广场(Justin Herman Plaza),广场上的元素很单一,一律是抽象扭曲的混凝土结构组件,通过随意的摆放营造出一种纯粹的氛围,使人联想到城市历史上的一次地震,给人以地震后的惨痛和震撼的景象(图5.121)。

(a)　　　　　　　　　　　　　　　　(b)

图5.121　贾士丁·荷曼广场

由场地媒体园林建筑师事务所设计的日本兵库县植村直己纪念公园,是献给闻名世界的冒险家植村直己的。纪念公园中有一处很特别的景观,一条看起来似乎永远不到尽头的单向小径,轮廓鲜明地切入地面的裂缝,穿过建筑物,进而延伸到伸入池塘的观景平台上。这一极具个性化和差异化的空间单元让人不禁想起作为冒险家的植村直己对距离的挑战,同时也着力渲染了人们在面对大自然威力无比的力量时的惶恐感觉和人的尊严。到夜里,小径以黑暗中一脉亮光的形式明亮地呈现在人们跟前,象征着直面高深莫测的大自然的强烈意愿(图5.122)(贝思出版有限公司.城市景观设计.南昌:江西科学技术出版社,2002)。

图5.122　植村直己纪念公园

同样,国泰广场东侧的公共厕所及风雨回廊,采用钢构、玻璃、穿孔金属板及中空板等材质,成为公园广场的雕塑品和视觉焦点,亦为夜景和照明。将蛹之形态平切错开,表达"破蛹"而出,演化为蝴蝶"展翅"而飞的设计意图,以展现新生之现代感(图5.123)(台湾建筑报导杂志社.台湾作品集.天津:天津科学技术出版社,2002)。

(a)　　　　　　　　　　　　　　　(b)

图5.123　国泰广场

景象是设计者根据环境条件结合所希望创造的整体形态,由于设计者立意的不同,场所本身的差异,共同造就了千差万别的景象。

### 5.4.2 空间的整体性特征

人们对于某一环境的整体概念来自于不同的典型的景观空间与节点,然而所生成的总体印象却不再是个体的、孤立的,而是整体的、综合的印象。譬如玄武湖公园(图5.124),其个性化的空间特征在于五洲及其相连的堤岸、洲岛,东南两侧界面与山体有着紧密衔接的山水园。由此,玄武湖给人的总体景象的基本特征是"山水与洲屿",这其中特异化的景象要素决定景观环境的整体特性。同样对

(a)

(b)

图5.124　玄武湖公园

5 现代景观空间建构

图5.125 中山陵

于中山陵的感知除去山林以外,孙中山先生的陵园(图5.125)、朱元璋的孝陵等信息量大、景观特异化强度高的重要组成部分决定着整个风景区的景象特征。

众所周知,紫禁城和四合院是北京城的代表,在以往的等级社会中,它们被高耸的红墙截然分开。今天,随着多元、开放、平等、和谐时代的到来,红墙的禁止功能被交流功能所取代,这条难以逾越的边界开放了,宫城禁地和民间胡同相互融合,这就是奥林匹克公园里诞生出的新地域景观——开放的紫禁城,并设有七个院落:

1号院:御道宫门表现了城市开门的宏大场景;
2号院:古木花厅拉近了人的尺度,让人体验地方民居文化;
3号院:礼乐重门使人从礼乐活动中感受中国古老的文明;
4、5号院:穿越瀛洲在穿越隧道的前后过程中体会绿色瀛洲;
6号院:合院谐趣展现了四合院作为公共活动空间的热闹场景;

(a)

(b)

(c)

图5.126 奥运中心区下沉花园及中国元素主题设计

327

7号院:水印长天刻画了皇家园林中的传统运动场面。

虽然7个院落从不同的角度对中国的传统文化进行诠释,但仍呈现给人以传统基础上创新的整体、综合的映象。开放的紫禁城既保留了北京原有的意象,又通过红墙、灰墙重构了全新的动态空间,使人从这个新的场所中体验中国的传统文化。它是一条线索,从南到北贯穿了下沉花园,它是一个载体,自始至终承载着厚重的文化,它更是一条纽带,连通了历史与未来(图5.126)(邵伟平,陈淑慧,刘宇光,等. 开放的紫禁城:奥运中心区下沉花园及中国元素主题设计[J]. 建筑创作,2008(08))。

美国华盛顿州西雅图市的理麦恩巴兰司公园,位于拜拿劳亚交响乐演奏厅的场地范围内,是为1941年以后美国参与的战争中,从华盛顿州出来服役的超过8000人的战亡者举行追悼的纪念场所。庭院采用石、水和土生植物等自然元素。庭院内所有的地方都使用水,与起源、再生、生命循环的思想相符。在日照最好的地方,建立了刻有战亡者姓名的石碑,脚下流淌着的水是对过去事情象征性的表现。该场所已渗透到人们的日常生活中,与音乐厅一起,让本已忘却的记忆,突然在听到音乐的瞬间苏醒。水景、水声、摇曳的树叶、刻在花岗岩上的名字,都与音乐同样,勾起人们对亲人的思念和对过去的追忆,所有这些共同营造了公园的景象特征(图5.127)(罗伯特·村濑. 理麦恩巴兰司公园,西雅图,拜拿劳亚交响乐演奏厅纪念庭院[J]. 景观设计,专题:IT时代的景观设计,2003(04))。

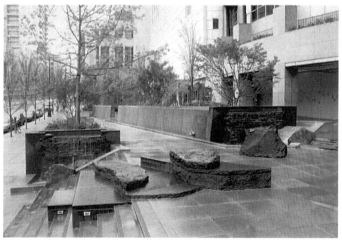

**图 5.127 理麦恩巴兰司公园**

由于立意、表达手法的不同,相同或相似的主题可以生成完全迥异的景象,同时带给人们完全不同的空间感受。譬如,同样是表达对逝者的纪念,以下几个墓园设计(图5.128)由于设计者创作手法、表达方式的不同而带给人们不一样的景象和空间感受。

(1) 邓丽君墓园

墓园右侧的点歌台、钢琴雕塑、五线谱栏杆等等这些别具匠心的景观节点都是对邓丽君生前作为歌者身份的回忆,而左侧一尊面带微笑的邓丽君雕像矗立在花丛中,永远地定格在邓丽君最美的时刻,走向深处,邓丽君的棺木静静地卧在广袤的大自然怀抱中。由此,在墓园的纵轴线上无形地生成一条"生死线"。

(2) 越战纪念碑

在林璎(Maya Lin)设计的越战纪念碑中,刻着逝者姓名的黑色花岗岩和逐级下沉的坡道,使人们感到莫名的伤感与哀愁,迷惘与失落;而在越战纪念碑的对面却是郁郁葱葱的树丛,一片欣欣向荣,展现出生的希望,对比之下,不禁让人生发出对"生—死"、"成—败"、"对—错","此岸—彼岸"的丰富思绪与感怀。

(3) 戴安娜王妃纪念喷泉

戴安娜王妃纪念喷泉通过一条项链式的喷泉水系来表现戴安娜王妃的优雅和亲切,设计师的这一构思源于戴安娜那深受人们爱戴的诸多品质和个性,如她的包容、博爱。她既愿意伸出双手,为那些有需要的人们提供帮助;同时她又是一个单独的个体,具有自己隐忍而独立的一面。喷泉的设计就是为了要反映这样的两个概念:既能够向外自由喷射又能够自如地回收,充满了生机、活力和感性。戴安娜王妃虽然离开了,但是她的精神和品质却永存于人们的心中。

(4) 朝鲜战争纪念园

整个纪念园设计基调是低沉的,纪念碑采用具象的表现方式,19位栩栩如生的士兵塑像散布在草地上,士兵的表情和行动暗含了战争的艰苦和无望的结局,极具震撼力。同时朝鲜战争纪念碑黑色墙壁两侧刻着两千余名阵亡将士照片,时隐时现。基座上的雕塑刻有美国拼凑起来的所谓联合国军15个国名和三组阵亡、伤残、战俘数字,均精确到个位。置身其中,仿佛又回到了朝鲜战场,所有的这些景象似乎都永远地定格在历史上那惨痛的一幕。

(5) 罗斯福纪念园

纪念园以"为体验而设计"为构思,以从入口向内按时间先后顺序展开的四个主要空间及其过渡空间来表达,这四个空间既是对罗斯福总统长达12年任期的叙述,也是对四个自由:就业自由、言论自由、宗教信仰自由和免于恐惧自由的纪念。纪念园是一个水平展开的,由一系列叙事般的空间组成的纪念场地。它以一种近乎平凡的手法向我们还原了一位真实、亲切的总统形象,给人们留下了

图 5.128 典型墓园的不同景象

一个值得纪念的、难忘的空间。

凡此种种,不一而足。纪念的景象可以是悲哀的,也可以是欢愉的;可以是表现生死之别,也可以是周而复始的轮回,同样的主题可以因设计手法的不同而导致千变万化的景象(图5.128)。

### 5.4.3 景象"图"与"底"——景象特征的生成

弗朗西斯·D·K·钦在《建筑:形式·空间和秩序》中指出:"我们的视野通常是由形形色色的要素、不同形状、尺寸及色彩的题材组成的。为了更好地理解一个景观的结构,我们总要把要素组织在正、负两个对立的组别里:我们把图形当成正的要素,称之为'形'(figure),把图形的背底当成负的要素,称之为'底'(background)"。

图 5.129 鸡鸣寺

对于空间特异性的探讨,离不开特定的空间单元的要素,同样也离不开这些要素存在的环境。特异化的前提在于有一个"均质"的背景环境,即"底"。在景观设计中"底"不仅要占据大部分的空间,而且其需要加以特化处理,削弱其特异化程度,突出均质化,所谓"万绿丛中一点红",这其间不仅有"量的比例",更有形式特征上的强对比、反差,相对于背景而言,景观节点"体量"宜小,但形态要素如色彩、造型、构图等则均应与背景产生差异,从而拉开"图"与"底"的距离,进而使图形(图)在背景(底)的衬托下更清晰地表现出来,凸显景象特征。

南京古刹之一的鸡鸣寺位于鸡笼山东麓山阜上,周围是绵软的山体和平直的城墙共同构成的"均质"背景环境,而鸡鸣寺依山就势形成巨大的竖向高差变化,使其建筑天际线突出于均质的背景环境而成为"图",以此形成强烈的图底关系,形成祥和、高远的景象特征,成为南京鸡笼山台城段具有鲜明特色的典型景观(图5.129)。

又如美国的帕欣广场(Pershing Square),从远处看,广场中有两个亮紫色的形体特别突出——高耸的塔和平展的墙。高塔顶部的开口中嵌入一个醒目的球体,它和散落在广场平面上的其他几个球体一样,均为石榴的颜色。广场内泥土色的铺地和绿色的草坪,又与紧邻广场的餐厅外墙鲜亮的黄色形成对比。广场中钟楼和水渠的形式体现出对地中海传统符号的拷贝,设计中鲜黄、土黄、橘黄、紫色、桃红等墨西哥地方色彩的运用,使其突出于周围均质化的城市建筑背景,产生巨大的差异。由此,帕欣广场以丰富的、个性鲜明的色彩反映出洛杉矶城的西班牙血统及城市的多民族特征(图5.130)。

图5.130　帕欣广场

在诸多历史片段保留的地段,由于其时间上的跨越和内容上的巨大差异,"图"与"底"的对比关系表现得尤为强烈。这类似于文学中的插叙手法,形成一种历史性的闪回,给人以震撼感。如获2000年台湾建筑奖的新竹东门广场改造中,展现了出土古桥墩、清朝、日据、民国三代合一的历史断面,所有这些都包含在一个椭圆的广场中,如同一个印章刻在新竹的城市中心区域(图5.131)。

图5.131　台湾新竹东门广场

# 6 景观设计思维与表达

景观空间是利用自然和人工营造共同构成的有意义的系统。在多因子的共同作用下,景观空间具有超越实体与空间之上的意义。囿于设计手段,传统的景观设计往往存在设计与表达的分离问题,随着计算机等技术的引入,虚拟现实不仅带来新的设计手段和研究方法革命,更在设计构思与预期成果之间架起桥梁,景观设计与表达的分裂状态趋于整合,具有交互性特征,一方面设计思维包括生态、行为、空间及意境等不同层面,必须在同一时间、空间内解决上述四个主要方面的问题,具有多目标的要求,交叉、统一、协调是不可或缺的环节;另一方面,设计过程中两维与三维之间也存在着生成与转换的过程,此外,形式与意义之间也有着相关性。

景观作品之所以能感动人,首先是通过视觉对心灵感受而产生的——这就是形式感受。所以,在设计形式中,空间"美"、意境"美"是景观艺术的本质。在一切设计形式中美学已成为一个独立的范畴,审美是全人类共存的主题,并且只有在形式之中才能有"美"的实现。景观设计是集创造、再现、发现于一体的整合过程。设计的本质就是一种探寻,没有最好只有更好,设计的完善过程也是无止境的。景观空间是"载体"而非"本体",人为的景观空间是有意味的空间,所以营造悦目的空间远非景观设计的全部,通过对于"形而上"的追求,营造超越空间之外的意境,从而增强景观空间的表现力和感染力。中国传统的自然观以及在此引导下生成的园林,不仅仅有着自然和谐的空间环境,更蕴涵着天人合一的和谐理念。

## 6.1 景观设计思维

景观设计过程是一种高级而复杂的思维活动,它运用自然、人文、工程、技术等综合知识、技巧解决环境与空间问题,同时创造出新的空间秩序与意义,是一种高级的创造性活动。景观设计中空间、行为、美观、生态、技术等都是影响景观设计的关键因素,设计思维活动不应单纯依据某一要素加以发展,而忽略多因子的综合作用。不仅如此,景观作品不是孤立地存在,场地和环境同样是决定设计形式的主要因素,脱离了环境与背景去研究景观甚至有可能会产生消极的影响。设计思维的深度与广度主要依托设计师的实践经验,是个人长期积累和创造的结果;同时也与个人的直觉、灵感、洞察力、价值观和心智模式等紧密相关。通常设计经验带有主观性、随意性和模糊性,将这类知识概念化地表示出来是知识建模的难点和关键,也是进行知识管理与设计创新的基础和源泉。同时思维方式也反映一个民族的哲学和文化传统并决定该民族的语言表达方式(图6.1)。

图6.1 景观设计思维过程

#### 6.1.1 景观设计思维的特征

心理学家巴特利特（Bartlett）认为："思维本身就是一种高级、复杂的技能。"而大凡技能的掌握均是可以通过训练得以实现的,景观设计师通过掌握创造性思维的形式、特征、表现与训练方法,进行科学的思维训练,从思维方法上形成系统的、全面的、富有创新的定式,并贯彻于具体的设计实践中,以此培养设计师的创新意识,突破固有的思维模式,提高设计师的创新构思能力,增强设计中的创造性,走出一味模仿、无创意的泥潭。创造性思维是一种有意识、自觉的思维形式,是有目的的创造性想象,也是为解决问题所作的反复、连续的思考。

设计思维的建立是方法论的基础,而设计表达则是解决手段的问题。景观设计思维是一种复合型思维,具有理性与感性交织的特征,设计的目标使得环境的分析与认知过程具有理性特征,而景观作为美的境域,其形式、空间、意境美的营造又具有鲜明的感性特征。因此设计实践中把握景观设计思维的基本规律,可以实现景观设计的多种目标。

1) 景观设计思维的复合性

设计的目的是为了解决问题,而发现问题又是解决问题的前提。客观、全面地分析待建场所,生成解决问题的基本思路,进而将设计思维引向深入。对于景观环境的研究包含生境、功能、空间形态等全方位地观察,其中人的行为、空间形式、生态等技术层面问题的研究等等,缺一不可,静态地就某一层面的研究无法建构具有多重意义的景观空间环境(图6.2)。因此认知场所存在的规律,景观设计需要面对有机体、无机体、功能、空间、意境等多重要求。不同的问题需要在不同层面加以解决,笼统地面对多因子无疑增加了解决问题的难度。景观设计虽然综合性较强,但其思维过程大致上可表述如下：环境分析—科学判断—权衡取舍—整合决策—艺术表现,由理性到感性的过程。景观设计思维需要达成"多样性"与"整体性"的统一。中国

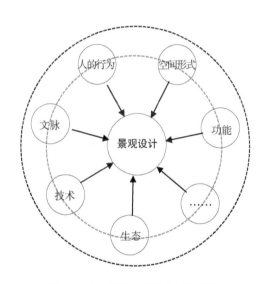

图6.2 "多样性"与"整体性"的统一

传统的造园思维方式是建立在"天人合一"整体性思维的基础之上,景观要素(包括自然与人文)均为和谐的整体,注重整体和谐的系统自然观与造园观,具有"取象比类"整体性思维特征,而所采用的造园方法又以"中和"为本(成玉宁. 中国古典造园之"法". 造园学报,1993(01))。

2) 景观设计思维的创造性

景观设计具有创造性的思维特征,而"特异、新颖"是创造性思维的基本特征。开创性思维是一种具有全新或创造意义的思维。创新有时是一件极难的事,有时又好像极为简单。就创造的本质而言,并非简单地寻求与众不同,而是需要以多方面的研究为基础,创造性地发现场所固有的规律与特征,巧妙地将不同层面的问题统筹处理;需要培养景观师的敏锐洞察力和灵活的设计策略,从这个意义上讲,所谓创造即发现、判断与重组的过程。

景观设计中,所谓思维的"创造性",并非天马行空、灵感突现,而是在研究景观环境中人的潜在行为、空间特征、生态条件等综合因素的基础上,通过叠加、重组与融合而创造全新的、和谐统一的空间环境,同时营造超越空间之外的意境(图6.3)。

图6.3 设计思维的创造性

3）景观设计思维具有图式思维的特征

"图式思维"是一种设计思考模式的术语，其本意为用速写或草图等图形方式帮助设计思考。简而言之，图解思维即"用图形帮助思考"，又称图解思考，这类思考通常与设计构思阶段相联系。

作为造型艺术的景观设计具有图式思维的基本特征，景观不仅仅在于营造空间单元，更在于将不同的景观单元整合起来。现代景观设计不再是单纯的感性过程，而是应突出从理性到感性、从抽象层面到形象层面的设计过程。劳伦斯·哈普林在设计波士顿爱悦广场（Lovejoy Plaza）中，不规则的台地是自然等高线的简化；广场上休息廊的不规则屋顶，来自于对洛基山（Rocky Mountain）山脊线的印象；喷泉的水流轨迹，是他反复研究加州席尔拉山山间溪流的结果（图6.4）。杰里科（Gerico）通过借鉴克利（Paul Klee）的绘画，将规则的花坛转化为不规则的曲线花坛，通过图示语言形成方案的雏形（图6.5）。

图6.4 哈普林在加州席尔拉山的速写、爱悦广场构思草图、爱悦广场建成照片

图6.5 杰里科构思草图

草图在设计概念的形成、表达、推演、发展过程中有着不可替代的地位和作用。尤其对于景观设计而言,尺度较大,动态空间流程较长,图式思维则贯穿于设计的各个阶段。如设计师在大丰市银杏湖公园方案的每个阶段的构思、推敲中,通过草图的方式一步步推进、深入设计进程,完善设计成果(图6.6)。从人的认知过程来看,图解思维是一个将人的认知和创造性逐渐深入的过程。设计师将设计意图以图形方式记录于纸、电脑或其他介质之上,将思维的过程以动态的方式加以表达,其中通过眼睛观察和大脑思考、辨别和判断,不断地调整设计对象,满足不同层面环境因子的设计要求;通过对原初的方案图形的改进、优化,逐步消解存在的问题,在方案的先后比较中趋于完善,以此往复构成了图解思考的过程。景观设计思维过程中弥漫着思绪与意象的片断,每一块思维碎片都有发展的可能。将图形抑或景象的印迹记录于纸或其他介质,同样也可以通过文字的方式、符号的方式记叙。片段是思维过程的组成部分,景观空间需要将不同的片段有机地组织起来,科学、有选择地判断是其中的关键,并非一切思维的火花均有意义,相反有所取舍是生成意义的条件,所谓有所"舍"方可有所"得"。

设计方案成果图

**图6.6　大丰市银杏湖公园构思草图**

**图6.7　大丰银杏湖公园中的"苇花"灯**

在创造性思维中,形象思维似乎与抽象思维是两种截然不同的思维方式,据研究,抽象离不开形象,所谓抽象是对形象规律的概括。创造性思维中的形象思维大多数不是以简单的实体形象思维的,而是将抽象思维"赋值"于形象,以形象为"载体"的思维,是一种高级的思维方式,其中蕴藏着一种极强的逻辑性。高级的形象思维也具有逻辑性。所谓的抽象概括是指将既有的理念或实物形象演绎成景观语言或空间形象,如大丰银杏湖公园中的"苇花"灯(图6.7)。

4) 景观设计思维的发散性

设计的本质在于为了满足某些目的而解决矛盾,景观设计往往需要满足功能、生态、空间、形式、意境等多重要求,具有多目标性,将不同层面的要求整合成有机体,因此景观设计思维的本质在于不同的目的与要求之间建立合乎规律的内在联系。问题与逻辑的关系更密切,提出问题后更需要予以逻辑的纯化、进行逻辑的思考进而产生创造性思维,从而导致不同问题的解决具有共时性,相同的空间不同的层面,需要寻求同时满足不同要求的设计方案,从多维度中权衡方案的利弊,从而设计方案在不断的完善即解决问题的过程之中得到优化。由此可见,设计思维由"发散"开始,经过设计师的评价、权衡、推敲,进而综合各方面的优缺点加以整合,最终确立某一方向深入发展,逐渐趋向"唯一"(图6.8)。

设计构思发展过程,设计师的知识储备与文化积淀以及思维方式决定了设计方案即解决问题的方式、方法的优劣,设计者必须具备的丰富的知识与文化素养,善于从不同的渠道、角度观察研究对象,寻求多方位解决问题的契机,才能使得设计方案面临的问题得以解决,才能有创造性的思维和灵感。

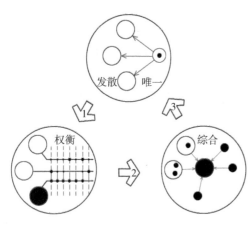

图6.8 思维发散过程图

5) 景观设计思维,理性与感性交织

传统的园林设计突出感性思维,空间与意义均是建立在对景观环境的理解与表现基础之上,现代景观设计在延续感性思维的基础上,更加突出理性思维的价值。感性思维不像理性思维那样可以解读为清晰的思维过程,以景象的形象特征的思考为例,经常是灵感突现、不易把握,甚至有可意会不可言传之感。现代景观设计强调理性思维,理性思维的基本特征是突出建构景象及其与环境之间的逻辑关系(图6.9)。

逻辑思维的基本形式是概念、判断、推理,由此决定着逻辑思维的本质和特征。逻辑思维的思维形式是逐级建构的。以概念为思维的细胞,在概念的基础上构成判断,在判断的基础上进行推理,由已知的东西出发得到新知。由此决定了逻辑思维具有间接性和概括性,是一种分析性、程序性、论证性的思维。

图6.9 理性思维与感性思维的交织

常规的逻辑思维是"一元"逻辑思维,具有线性特征。单纯依赖于逻辑思维则有机械单调的可能,经验丰富的景观师在设计过程中往往会结合直觉与顿悟。对于景观环境的感悟,直觉思维是对逻辑思维的超越,直觉思维并非空穴来风、突如其来,而是设计师基于自身的长期积累和实践,对于特定场地和环境产生的概括而感性的认知。当主体通过综合而对事物进行判别时,主体面对一定的事实材料,通过头脑的综合加工,迅速地揭示事实材料背后隐藏的本质,从而实现对事物"共鸣"的理解。

感性思维和理性思维在景观设计中有着同样重要的地位,不可过分强调其一而忽略其二,如过多地强调设计师自身的情感,而关于如何与环境自身融合的理性思考偏少,则景观设计作品明显呈现感性有余,而理性不足(图6.10),而有些作品则刚好相反,超越常规尺度的理性难免机械,仅限于对功能、结构的理性思考,少了些感性与激情(图6.11,图6.12)。感性思维与理性思维的交织、并行是思维发展的趋势。如加利福尼亚国际象棋公园将国际象棋中棋子的造型与公园中的灯塔相融合,满足功能的同时又突出了公园的主题(图6.13)。

图6.10　美国纽约会展中心广场

图6.11　法国巴黎雪铁龙公园

图6.12　法国巴黎拉·维莱特公园

图6.13　国际象棋公园（Taylor & Company.国家象棋公园 Chess Park.景观设计,2008（03））

强调理性思维在景观设计中的作用,除去必须理性地处理功能、技术层面的问题之外,景观设计思维过程也具有理性的特征,由于景观创作的构思过程具有很强的交互性,比较而言,调研与检验阶段重理性,思维与表达过程重感性。调研是为了熟悉所要解决的问题,了解场所的特点,并围绕问题收集、分析有关资料,在此基础上逐步明确解决问题的思路,检验则需要依据经验,通过逻辑分析方案的正确性与可行性;景观设计"思维与表现"离不开空间形态研究,从有形中寻找解决问题的契机,又以形成新的空间秩序为结局,感性精神充盈着整个设计过程。

景观创作构思过程有普遍性规律。普遍性规律不会因创作主体、建设项目的不同而改变,即在任何一次景观环境创作过程中都能得到验证,具有"可重复性"的特征。

考察中外景观设计发展历程可以发现,景观设计思维大致上经历了一个从"表象思维"到"抽象思维"的辨证发展过程,表明了景观师理性追求思维的确定性,也表明了人类思维水平不断提高的过程。美学家约瑟夫·艾迪生(Joseph Addison)在题为《想象的乐趣》的系列文章中说道:"我们所有的感觉中最完美的是视觉,因为心灵不仅借此手段来获得其大部分的观念,而且还将这些形象保存、改变,并合成为各种不同的画面和想象中最合意的幻象。"(彼得·柯林斯,1987)

景观设计中的具象与抽象不同于一般的艺术表现手法,自然界的山水素材在未改变其固有属性的前提下被人为重组而具有特殊的意义,仅仅是"材料位置的移动"便改变了其意义,而抽象也是景观艺术家对于表现对象的特征加以提炼概括,利用景观材料的属性、形态特征以表达事物的本质属性或特殊的精神内涵。如哥伦比亚麦德林植物园中的兰花园改造,兰花园用六角形模块来构筑形状不规则的复合体,并在距地面20 m高处勾勒出"花树"的概念图形。首先,兰花园的设计不仅要能遮蔽种植兰花的特定场所,还要为公众活动提供灵活的空间,包括一些小型的服务区。建筑的基本形状为边长4.8 m的六边形,7个六边形模块组建成巨大的"花朵":一个模块位于中间,另外6个模块像花瓣一样环绕在周围。当10朵"花"有机地联系在一起,以复杂而扭曲的形式延伸到地面时,又演变成"树",体现出受到自然启发的特点。同时,"树干"的每一个六边形模块自下而上按逆时针方向略微旋转,木杆之间轻微错位,增强了整个设计的动感(图6.14)。由高伊策(Adriaan Geuze)设计的荷兰蒂尔堡(Tilborg Holland)Interpolis公司总部花园也是通过对自然界的模拟,从地球表层活动如地震中寻求设计灵感,提取抽象元素。页岩的平台仿佛是一次地质运动的结果,呈现出杂乱和参差不齐的景象。花园中各种要素被分成高低不同的很多层面,包括水池、道路、平台、桥、树木、草地,这些景观层看似各成系统,但都统一在和谐的几何形式之中(图6.15)。又如上海梦清园的玉兰亭也是基于大众对上海市花——白玉兰的认知,通过设计者的主观情感和经验作用,加以图形抽象化的结果(图6.16)。

(a)　　　　　　　　　　　　　　(b)

图6.14　麦德林植物园——兰花园(Jimena Martignoni."花树"建筑打造的自然兰花园与通透围墙——麦德林植物园.刘建朋,译.景观设计,2009(01))

(a) 地质运动　　　　　　　　　　(b) 平面图

(c)　　　　　　　　　　　　　　(d)

图6.15　地质运动、荷兰蒂尔堡Interpolis公司总部花园

图6.16 上海市花——白玉兰、上海梦清园——玉兰亭

### 6.1.2 景观设计思维的线索

景观设计思维具有创造性与多维性的特征,但并不是漫无边际的狂想,而是有依据的,可以是直接取自环境基地,也可以是设计师长期对于外界认识的反应以及对于特定项目的理解。设计思维离不开客观现实的环境条件,设计思维是建立在对基地环境(包括场所物质与人文精神两个方面)的解读基础之上,通过对环境中物质与非物质要素的剖析,结合当代使用人群的要求,对环境条件做出合理的解读与引申,将基地条件与现实需求及设计理想整合起来,并将其物化为创造性的新形式,能够反映当代的价值观、文化与生活方式。因而景观设计思维应具有前瞻性与开创性思维的特质,创造性地建构起具有一定意义的景观环境,而不在于营造令人费解的场景或哗众取宠的"独白"。

1)场所

场所线索即场地环境自身所蕴涵的客观要素,包括生态、气候、土壤、水文、地形、地貌、动物、植物等等。而景观设计思维的线索首先来自于客观因素,是在对自然的演变、人类社会的发展规律、人与自然的关系的正确认识的基础上的综合考虑。

(1)生态

与一般的造型艺术有所区别,景观设计以自然材料为主导,生态不仅仅是概念,而且要面对操作层面,一方面自然的生态环境本身是景观的重要组成部分,生态之美是景观设计的表现内容,另一方面,所谓景观设计,其实质是:"在人与环境、生物与环境之间的相互关系的建立与重组",因而"生态"不仅是表达的对象之一,也是实现设计意图的基本保障。所谓"心法道,道法自然",即合乎天道,顺应自然。传统中国造园尊重自然,具有朴素的生态意识。

溧阳天目湖湿地公园,由于水环境系统的敏感性和特殊性,生态因素成为该场地设计的重要考虑因素。景观生态有其自身的固有秩序,如何更好地维系岸线系统生态环境的多样性、保持生态稳定性、改善城市生活的自然品质,首先应建立在对固有生态秩序解读的基础上,继而进行重组、建构,并坚持生态多样性及地域性原则,从而实现生态系统的可持续发展。为确保湿地生态涵养、恢复功能的发挥,修复、再造、提升和优化天目湖的自然生态环境,使湿地保护和修复具有可操作性和侧重性。规划坚持地域性原则,按不同地段、不同条件而采取相应的做法,同时注意树木的季相变化,柔化驳岸,并且保持植被的多样性,尽可能结合地形,突出景观自然性。为了保护现有湿地、有效恢复

湿地,本规划尽量利用原有的塘堤、土坝,把中田河沿岸的湿地围护起来。另外,湖中零星、小面积的湿地通过植物根系固定,加速泥沙的淤积,加快湿地的发育过程。同时将平桥河入库河段建成为控污工程,对平桥河两岸进行整治改造,石块护坡建成两层阶田,阶田上种植水生植物和湿生植物,既可以防止水土流失,又可以净化水质(图6.17)。

又如南京大石湖景观设计,首先是通过对原有坝体的改造,将原来的毛石砌筑改造成原有自然山体的余脉,形成自然的过渡。其次,区域内水系的规划也从维持生态环境的角度考虑,该区域的地形特征为南部高,向北逐渐平缓,因此景区内水系是由南部丘陵地带的地表水汇聚到中部的大石湖,经由大石湖大坝一部分水流入规划中的露天浴场,露天浴场下游依次为水产养

图6.17 溧阳天目湖湿地公园

殖区、垂钓中心、水生植物园。从丘陵地带汇聚到大石湖中的地表水经过过滤,保证了流入露天浴场的水质,露天浴场的水经由游客的使用,水中的有机质增多,这样的水比较适合用于水产养殖,而水

(a) 坡度分析　　(b) 生态敏性分析　　(c) 水文现状分析

(d) 土壤性质分析　　(e) 植被现状分析　　(f) 叠加分析

(g) 总平面图　　(h)

(i)　　(g)

图6.18　南京大石湖

产养殖区的水所含的有机质成分进一步增多,适合水生植物园中植物的生长,而水中的有机质经过水生植物的吸收,又使上游水源得到净化。对整个水系的利用就是对一种简单的自然生态模式的利用,实现了城市生态系统的可持续发展(图6.18)。

（2）地域

任何民族、地域的文化都是历史的积淀,必将会随着时代的发展而发展,正如奈斯比特(John Naisbitt)《大趋势》一书中所讲:"各国经济的全球化将伴随产生语言的复兴和强调文化特点……,简而言之瑞典人会更瑞典化,中国人会更中国化,而法国人也会更法国化。"富有地方特色是景观设计所要追求的目标之一,就景观设计而言,创造出地方特色可以从以下几个方面着手。

① 气候

如果规划的中心目的是为人们创造一个满足其需要的环境,那就必须首先考虑气候因素。无论是在为特定的活动选择合适区域时,还是在特定区域内选择最合适的场地时,气候都是基础。一旦场地被选定,就自然提出两个基本问题——如何根据特定气候条件进行最佳场地和构筑物设计？又用何种手段修正气候影响以改善环境？

图6.19 马来西亚布城中心广场

地方性的气候特征以及由此产生的形式,譬如亚热带气候温润,春季多雨,夏季日照时间长,因此通风、避暑、防雨、防潮很重要。亚热带地区通常采用架空底层、设骑楼等方式,使用一些开敞或半开敞的空间,一方面有效地改善建筑环境的通风状况,另一方面可扩展视域,将分散的绿地结合起来,同时可以满足人们日常活动的需求(图6.19,图6.20)。

② 地貌

典型性地貌也是极富特征的,就区域而言,江南起伏的丘陵、皖南的平远山水,景观各异。与地貌紧密结合可以生成独具特色的景观。

图6.20 马来西亚马六甲街景

山西省北部大同市的悬空寺,它处于深山峡谷的一个小盆地内,两边是100多米高的垂直峭壁,悬空寺就像粘在一侧崖壁之上,悬于半空之中,距地面大约有50 m。悬空寺有大小殿宇台阁40间,楼阁间以栈道相连。悬空寺在建寺时因地制宜,充分利用峭壁的自然状态布置和建造寺庙的各部分建筑,设计非常精巧。寺中两座最大的建筑之一——三官殿,应用了向岩壁要空间的道理,殿前面是木制的房子,后面则在岩壁上挖了很多石窟,使殿堂变得非常开阔。悬空寺的其他殿堂大都小巧玲珑,进深较小,殿内的塑像形体也相对缩小。殿堂的分布也很有意思,沿着山势,在对称中又有变化,游人在廊栏栈道间行走,如入迷宫(图6.21)。

图6.21 山西悬空寺

荔湾酒乡位于海南省石山镇马鞍岭的火山旅游景区,占地120亩,此处据传是世界上保存最完美的火山口之一。它的坡脚熔岩丘陵起伏,热带果林漫布丛生。"荔湾酒乡"的设计构思便是根源于所处环境的地貌特征,设计者提取原生自然景观的特征,模拟火山的圆锥状群落,在总图布局中采用了六边形蜂窝结构为荔湾酒乡的构图母题和基本框架,同时,餐饮文化趋向乡土化、亲情化、自然山水渗透与融合,把餐桌群从集中式厅堂布置中散解出来,形成大群落、中群落,到12个单桌独立式餐亭,散布到果林丘谷之中。设计模拟火山口群的自然形态,把这些"类火山口"的大小餐楼餐亭,按着严格的几何关系,灵活地围合三个顺地势提升的六角形半开放式庭院。这样,"新火山群"的主餐区雏形就呈现出来,同时与周边地貌有着异曲同工之效(图6.22)(鲁琪昌.旅游开发的环境塑造点滴——海角琼山《荔湾西乡》的园林构思.建筑学报,1995(04))。

(a)

(b)

图6.22 荔湾酒乡

板仓建筑研究所东京事务所设计的日本神奈川县横滨市山下公园新广场(New Plaza of Yamashita Park),公园位于2层的停车场屋顶之上,与地面有近8m的高差。设计结合地形高差因地制宜,从东面主入口进入公园有一条明显的轴线,轴线上由主水景台阶、连接台阶和轴线端的半圆形中心广场三部分共同营造了坡地水体景观(图6.23)。

在英国伦敦泰晤士河复兴工程(The Forks of the Thames Revitalization)中,设计成功地应对了场地中阶梯和防洪控制带来的挑战。混凝土墙成为市政广场有吸引力的背景,将水柱、喷水式入口融合

(a)

(b)

图6.23 山下公园新广场

起来,暗含该地著名的喷泉。墙上的缓坡草坪,加上轮廓分明的平台,在面朝河流的地方,勾勒出一处随意的休憩场所。在特殊的日子里,也便于人们观看烟火(图6.24)(PMA Landscape Architects. 泰晤士河复兴工程. 国际新景观,2009(01))。

(a)

(b)

图6.24　泰晤士河复兴工程

③ 植被

植物材料的分布本身具有鲜明的地域性,恰当地使用地带性的植物可以创造出浓郁的地方特色。如干旱地区或沙漠的沙生植物均有鲜明的特征。如非洲毛里求斯皮蒙斯角以棕榈树作为行道树以体现地方特色(图6.25);非洲摩洛哥马拉喀什安达私家庭院则以不同种类的棕榈、仙人掌等为表现主题(图6.26)。

野口勇设计的美国加州卡斯塔美沙镇加州情景雕塑园,雕塑园平面为方形,占地约1.44 $hm^2$,空间较封闭,在这样一个视线封闭、单调的空间

图6.25　非洲毛里求斯皮蒙斯角——棕榈树
(1000 × Landscape Architecture. Braun, 2008)

图6.26　摩洛哥马拉喀什安达私家庭院(《1000 × Landscape Architecture》)

中,设计师野口勇布置了一系列的石景和元素,象征加州南部海岸城镇卡斯塔美沙镇的气候和地形,充分反映了加州的干燥、空阔、干旱、阳光。设计师在整个庭园中安排了众多主题来体现隐喻,其中沙漠的主题为一圆形土堆,表面铺碎石与砂,上栽有仙人掌、仙人球,隐喻加州沙漠风光的景象(图6.27)。

1 利马豆的精神
2 森林步道
3 能量喷泉
4 小树丛与弧形条凳
5 间断的溪流
6 三角锥石坡
7 沙漠地
8 三角片墙源头
9 土地利用与对土地开发的纪念

(a)

(b)

图6.27 加州情景雕塑园

巴西著名园林设计师布雷·马克斯(Roberto Burle Marx)精通各种植物的观赏特性、生态习性以及在园林中充分创造适宜的植物生长环境的方法,他大量采用地带性植物,强调植物叶形、质感和花色等等,从而突出乡土植物的观赏特性,创造了具有浓郁地方特色的现代热带植物景观,其中芒太罗花园(Odette Monteiro)是他设计的最具典型意义的私家园林之一。

马克斯在设计时将注意力转向基地上的壮丽山景。大团块的各色花卉勾勒出道路的轮廓,花卉颜色的强烈对比具有很强的视觉冲击力。园内还有一个小湖,湖边栽着水生植物,园中还做了以不同植物拼成流动图案的花床。马克斯将建筑融于自然园林中,利用当地植物材料创造出美丽的园林,艺术的植物栽植形式同自然环境很好地融合在一起(图6.28)。

(a)

(b)

图6.28 芒太罗花园(图片来源:张晋石.布雷·马克斯.南京:东南大学出版社,2004)

位于美国亚利桑那州菲尼克斯的沙漠植物园是一所致力于研究并向公众讲解如何保护沙漠植被及其生境的生态博物馆。该植物园的目标是"采用适应力更强的本土植物取代高耗能、高维护的外来物种来进行景观设计",比如采用索诺兰沙漠(Sonovan Desert)特有的植被及其他普通的沙漠植被,这些都有助于使公众更好地认识到如何利用沙漠植被群落作为景观元素,力求将广袤的空间与大自然完美地结合(图6.29)。

**图6.29** 菲尼克斯沙漠植物园(Pedro F. Marceline.展示地方性物种的博物馆——沙漠植物园.王玲,译.景观设计,2009(01))

如里奥斯金文海尔工作室(Rios Clementi Hale Studios)设计的美国加利福尼亚州洛杉矶市捐赠基金会景观设计,设计表现出加州地理风貌和植物种类的多样性,加州各地具有代表性的植物和石雕作品都会聚于此。植物配置中包含4类树种、8种草本植物、30种多年生木本植物,被分别种在26300㎡场地中,以体现加州生态系统的多样性。场地四周分布着5座海滨红木花园,地面上种着蕨类植物。每座花园中分别种植着6棵北美红杉,它们雄伟高大,成为具有传统风格的自然景观,与城市的工业背景形成了鲜明的对比。同时该项目也充分体现了加州的人文历史景观,花园墙体的设计贯穿整个场地,从加州各地精选出的石块各具特色。如派因溪的金溪岩、海岸山脉的绿片岩和中央峡谷的萨克拉门托河岩(图6.30)。

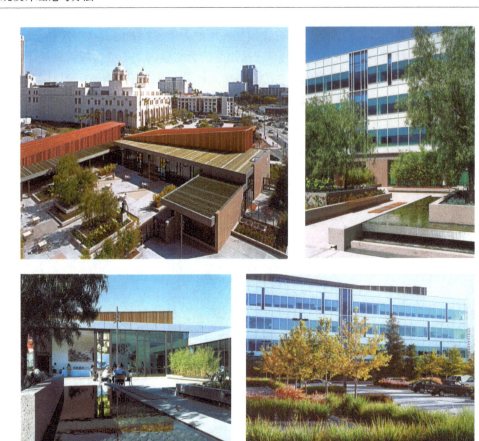

图6.30 加州捐赠基金会景观设计(Samantha Harris.加州捐赠基金会景观设计.武秀伟,译.景观设计,2008(02))

④ 材料

这里的材料泛指除植被以外的所有素材,如石料:江南多湖石、河北有房山石、广东有黄蜡石和英德石、河南有鹅卵石、湖北有石英石和宣石、常州多斧劈石、常熟多黄石……(图6.31)不同地方的景观材料独具地方特色,恰当地使用可以彰显地方景观特征。前面提到的海南琼山荔湾酒乡的环境设计广泛使用地产石材运用于环境的细部,如细火山石踏步、细火山石挡墙、精磨火

斧劈石　　　英德石　　　黄石

鹅卵石　　　黄蜡石　　　房山石

图6.31 地方石材

山石桌凳等(图6.32)。南京老山森林公园使用当地材料——页岩(图6.33)。

图6.32 荔湾酒乡——精磨火山石桌凳

地方性的工程做法也是地方特色的一个重要组成部分,赣南的冷摊瓦、皖南的马头墙、苏北的茅草顶土坯墙、山区的干垒墙、苏南的水磨砖、徽州的砖雕、东阳的木雕、闽浙的石雕……或实做或取意,或加以夸张变形,只要运用得当,既可以强化地方特色又能够丰富景观(图6.34)。阿尔瓦·阿尔托(Alvar Aalto)战后最著名的作品是芬兰珊那特赛罗镇中心(Saynatsalo Town Hall)建筑组群的设计,全部采用简单的几何形式,在材料的使用上具有斯堪的那维亚特点:使用红砖、木材、黄铜等等,既具有现代主义

图6.33 老山森林公园——页岩

的形式,又有传统文化的特色,是把现代功能和传统审美结合得非常好的案例,在斯堪的那维亚(Scandinavian Peninsula)地区受到广泛的注意和模仿(图6.35)。

图6.34 地方性的工程做法

图 6.35　芬兰珊那特赛罗镇中心建筑组群

图 6.36　爱知县高滨市名铁三河高滨站站前圆形广场（Gadern of Kawara.国际新景观.武汉：华中科技大学出版社，2008）

　　由塔布拉·拉撒景观工作室设计的位于日本爱知县高滨市名铁三河高滨站站前圆形广场（这一地区是产量约占全国总产量55%的三州瓦的产地）便是使用当地特产的约15000块瓦片营造出波浪形景观，以迎合高滨市这座临海城市形象（图6.36）。

　　2）技术

　　技术不仅仅是生成景观的基本保障，历史证明景观设计的流变都依赖或受制于技术的进步，相关技术不仅影响设计建构，技术也可以促进设计构思。由于新技术往往是时代科学发展的体现，更易

图 6.37　绿色建造模型——雨洪定量法

激起人们的兴趣。景观设计是在相关学科专家合作的前提下,择取人们关注度高又具有相当吸引力的题材作为景观设计主题。

水资源是全球性问题,由美国华盛顿凯西树木(Casey Trees)捐赠基金提出了一个验证树木及绿色屋顶对于城市意义的绿色建造模型——雨洪定量法,该项目曾获2007年美国景观设计师协会研究荣誉奖。绿色建造模型运用了哥伦比亚特区水处理机构的水原理与水压模型来计算树冠及绿色屋顶减少雨水流失的能力。研究表明,对于横穿城市中的雨洪量最多可以减少10%,对于独立的下水道最多可以减少54%。数据说明了绿色构造在城市中是如何减少雨洪量的。由此可见树木和绿色屋顶将会成为地区雨洪管理系统中必不可少的部分(图6.37)。

同时,水的生物净化技术也可以成为水景园的设计主题。1998年,占地2.4 hm²的成都活水公园在府南河边落成,不仅开辟了国内活水公园的先河,而且当年就荣获世界城市水岸设计和保护评比的第一名。2007年盛夏,占地8.6 hm²的上海苏州河畔的梦清园开放,为申城的夏日带来了一丝清凉。这两座公园在众多城市公共绿地中备受关注,因为它们都运用了生态理念,围绕着"污水"做文章,让城市中人与自然的河流回归和谐。成都活水公园的生态净水系统流程清晰。先抽取府南河水,注入400 m³的厌氧沉淀池,经过沉淀后的水依次流经水流雕塑、厌氧池、植物塘、植物床、养鱼塘、氧化沟等水净化系统,使之由浊变清,最终重返府南河。整个净水系统和带状公园用地紧密结合,主题鲜明(图6.38)。上海梦清园则更进一步,不仅构建了一套生态净水的系统,而且又增加了一项新功能,那就是国内首座合流制排水系统调蓄池。以前,冲刷路面后夹杂着大量污物的初期雨水直接排入苏州河,严重污染苏州河水。现在,在梦清园的地下建成了一座3万m³的雨水调蓄池,有效容积达

图6.38 成都活水公园

2.5万m³。江苏、万航、叶家宅、宜昌四座泵站所辖区域内的初期雨水均被截流,通过管道汇入该调蓄池。雨水经过沉淀、过滤后再排放到苏州河中。此外,梦清园中还设置了采集太阳能和风能的装置,为水泵提供部分动力,生态方法作为技术手段,更作为景观设计构思与表达的主题(图6.39)。

平面图

"听水"

水体净化流程

"水帘凉亭"

汲水车

滨河景观

图6.39 上海梦清园

彼得·沃克(Peter Walker)设计的美国马塞诸塞州哈佛大学的唐纳喷泉也同样围绕"水"为主题展开,直径60英尺的唐纳喷泉在哈佛大学校园中扮演着重要的角色,喷泉由159块石头任意排列组成,由于采用多种水景技术,从而唐纳喷泉一年四季和昼夜间随着时间的变化而变化。冬天,当温度低于0℃时,来自科学中心的蒸汽供暖系统取代薄雾,覆盖在石头上雪的融化速度大大地超过了地面上的雪。到了夏天,孩子们在石块间穿梭、玩耍;学生也可坐在石间休息、晨读。雨天,喷泉就像一团飘在空中的云。晴天,彩虹从薄雾中形成。到了黄昏,薄雾反射来自天空的光线。夜间,点点星光从石缝中涌出(图6.40)。

(a)

(b)

图6.40 哈佛大学唐纳喷泉

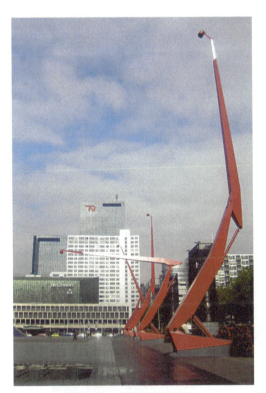

图6.41 鹿特丹剧场广场

由高伊策(Adriaan Geuze)设计,于1996年建成的荷兰鹿特丹剧场广场是运用新技术的典型案例,广场位于充满生机的港口城市鹿特丹的中心。孩子们玩耍的花岗岩铺装区域上有120个喷头,每当温度超过22℃的时候就喷出不同的水柱。地下停车场的三个通风塔伸出地面15m高。通风管外面是钢结构的框架,三个塔上各有时、分、秒的显示,形成了一个数字时钟。广场上4个红色的35m高的水压式灯每两小时改变一次形状。市民也可投币,操纵灯的悬臂。这些灯烘托着广场的海港气氛,并使广场成为鹿特丹港口的映象。高伊策期望广场的气氛是互动式的,伴随着温度的变化,白天和黑夜的轮回,或者夏季和冬季的交替以及人们的幻想,广场的景观都在改变(图6.41)。

千禧年公园(Millennium Park-The Lurie Garden)在喧闹的美国伊利诺斯州芝加哥城市中心开拓了一片绿洲。弗兰克·盖里(Frank Cwen Gehry)设计的包有不锈钢外皮的天桥连通了千禧公园和戴利广场。广场中央的剧场是能容纳4000个座位的表演场所,周围草地也可以容纳7000名观众。广场中央的不锈钢网架在空间上围合了室外剧场,功能上为剧场提供了能与室内剧场相媲美的音效,结构上稳固了地坪(广场草坪下面是地下车库),视觉上呼应了主题舞台建筑的材质,丰富了公园的景观。广场富有创意的雕塑强调互动性,显得亲民而幽默。镜面剖光的巨型雕塑"云门"映射了芝加哥著名的城市天际线,也映射了广场中活动的人群(图6.42)。

平面图　　　　　　　　　　　　　　　创意雕塑喷泉

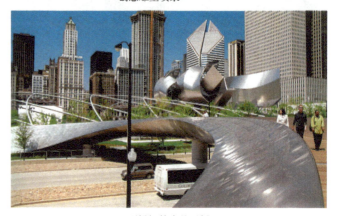

"云门"　　　　　　　　　　　　　　不锈钢外皮的天桥

图6.42　千禧年公园(Urban Spaces—New City Parks. Azur Corporation,2008)

图6.43　码头广场(Braun.1000 × Landscape Architecture. Braun,2008)

位于南非开普敦的某码头广场运用高技术营造了一处富有生机和活力的景观空间,该场地原为水下部分,在20世纪50年代从海洋变成陆地,鲨鱼的日益减少给由于浅滩的发展带来的生态系统问题敲响了警钟,也为设计师提供了设计灵

平面图

感。土方工程景观事务所(Earthworks Landscape Architects)在码头广场设置了一组6只鲨鱼雕塑，奇妙的是鲨鱼雕塑的尾鳍可随风摆动，同时当有人靠近时鲨鱼口中的红外传感器即激活其鳃部。每条鲨鱼都有三个音调，随着风向的改变而改变，从而合成优美的交响曲(图6.43)。

3) 文脉

文脉是以"地方"作为载体，有着独特的生命活力及地方精神。它是地方特有的山水、动植物等，以及地方特有的历史文化精神。"文脉"一词涉及风格，本来的意义是指上下文的关系，属于语言学的范畴。曾几何时，文脉一词在建筑界流行了起来。这一词汇的出现至少表明建筑师们已经意识到协调建筑与环境关系的重要性。美国人布伦特·C·布罗林(Brent C. Brolin)在其所著《建筑与文脉》一书中指出，该书的宗旨是"学习在两幢建筑物之间创造出连贯的、和谐的视觉关系的手法，不是作一般的建筑评论，也不是关于建筑历史事实的罗列。"的确如此，建筑师、景园建筑师们应当改变现有的思维方式，从周围的环境中寻求获得视觉连续性的依据，从而塑造环境的整体感和协调性。

当然强调连续性的重要并不否定变化的意义。景观与环境间的配合手法可以多种多样，后现代主义不失为一种手法，且不乏成功的范例。上海新天地(图6.44)，承认过去并更注重现在，不是一处单纯表现风格的建筑群，而是包含了许多历史的元素，用现代的技术去保留过去的建筑，同时也保留了这一特殊地段的魅力。

图6.44　上海新天地

图6.45　恩巴卡德罗大楼屋顶花园平台与蒙特里安绘画

在旧金山市恩巴卡德罗大楼的屋顶餐厅花园设计中，美国欧林事务所采取了将艺术融入景观的方法，将艺术家的思想和视觉表现力作为理论启发点。在屋顶餐厅花园，人们可以一面就餐，一面欣赏旧金山市中心区的景观和海湾风景。这一花园的设计来源于蒙特里安的两幅画，蒙特里安的作品是德斯太尔抽象画派最重要的代表作之一，他的这两幅画中，其一是以原色为创作基调的红、黄、蓝合奏曲；其二是完全用动态的水平和垂直线条来表现的(图6.45)。

受建筑结构的限制，花园具有近似二维空间的特性。这一特性与蒙特里安绘画的风格相一致——应用几何形体简洁的矮墙细部设计,以及由石头、混凝土和青铜材质共同形成的大尺度路面铺设。同时与温哥华的玻璃艺术家乔尔·博曼(Joel Berman)合作,依照简约的策略,创作了三维的建筑元素。这个花园的设计在共同文化精神层面具有当代品质,更为重要的是它不仅解决了实际问题,而且创造了一种对艺术理解表达更充分、更有力的方法,而这正是设计理念的根源所在。

地处常熟尚湖风景区拂水堤的望虞台,建筑面积741 m²,采用类似江南建筑的现代"坡顶",结合升起的楼梯间、观光塔、白墙、菱形窗,将地域建筑元素重组到景观建筑之中。建筑风格颇具现代气息,极具视觉张力,内设茶室和贵宾接待室,游人可登高远望湖中诸岛,更可北望虞山,因此而得名(图6.46)。

图6.46　常熟尚湖拂水堤——望虞台

上海徐家汇公园,公园以一条西南—东北方向贯穿整个公园的人行景观桥构成景观布局与近代历史对话的主要载体,联系了不同内涵的历史元素。首先是始于西南角的大中华橡胶厂的烟囱——近代民族工业的缩影;接着,人行景观桥向东北方向延伸,"红楼"——19世纪末百代唱片公司的所在地,带有明显的殖民时期建筑风格;随后,直线型的人行景观桥继续向东北方向延伸,上海老城厢的地图展现在人们面前。保留的烟囱和百代红楼代表了徐家汇乃至整个上海的过去,公园内部人行景观桥穿越的公园景观代表了现代城市的变迁;而景观桥的终点则是设计者对未来发展无限遐想的体现,它们共同讲述着上海的过去、现在和未来(图6.47)。

平面图

大中华橡胶厂的烟囱　　　　　　　红楼　　　　　　　人行景观桥

图6.47　上海徐家汇公园

彼得·拉茨(Peter Latz)设计的德国杜伊斯堡北部风景园,风景园在完成场地功能结构转化的同时建立了有利于生态环境的统筹管理。设计师通过对工业遗迹的重新挖掘,丰富其使用功能以满足当代生活需要,并将其与自然景观有机结合,使场地具有多种发展的可能性,重新恢复了场地活力。各个工业遗迹之间产生了新秩序并且作为内涵丰富的要素和符号,成为景观的一部分。这里不存在传统园林中让我们习以为常的"完整、完全与完美",取而代之的是发展、变化和自由(图6.48)。

(a)　　　　　　　　　　　　　(b)

(c)　　　　　　　　　　　　　(d)

图6.48　杜伊斯堡北部风景园

又如何陋轩是方塔园东南部一孤岛上的竹构草盖茶室,岛以轩为主体,配以周围的水与翠竹,自成一园中之园。冯纪忠曾谈到何陋轩建筑形态设计的灵感来源于松江至嘉兴一带的农居,其中弯屋脊、庑殿顶便是从松江农居中抽象出来的形式类型,这是与其他地区农舍形式相区别的特征,何陋轩最突出的就是屋顶,屋顶几乎决定了整个建筑形态,这是与当地建筑类型以屋顶为特色分不开的。而更为夸张的弯曲的屋脊,正是对当地建筑类型特征的局部强化。除了屋脊,何陋轩还将弧形延续到檐口、墙段、护坡上,成为一种形式要素,以期唤起当地人"似曾相识"之感。这一系列弧线共同组成上下、凹凸、向背、主题变奏的虚实综合体,这是超越塔园之外在地区层次上的文脉延续。

此外,设计者在建筑结构上做了更大的创新,表现在竹架结构的运用。密集排布的细长竹柱使茅草屋顶看上去更为轻巧。设计更为有心的是将交结点涂黑,削弱其清晰度,这与建筑一贯强调交结点,彰显构架整体力系的稳定感是相反的,但却符合东方人对朦胧美的偏爱。将杆件中段漆白,强调了整体结构的解体感,同时让杆件有种空中漂浮的感觉。

何陋轩的建筑形态是一种超越地域传统的文脉继承,这并非一种情节意象的片断表达,而是扎根在当地民居建筑类型上的拓展创新。它开创性地将当地农舍的特征沿用到园林建筑上,在对松江当地风土建筑做出新诠释的同时,也开创出一种"轩"的典范(图6.49)。

(a)　　　　　　　　　　　　　　　　(b)

图6.49　方塔园——何陋轩

矶崎新在关于日本茨城县筑波文化中心广场(Tsukuba Civic Center Plaza)(图6.50(a)、6.50(b))的设计中,提到了两种引用:"仅把传统的因素复制到建筑的表面,这是在东京流行的做法,他们只是照抄传统。"他更倾向于用一种"变化引用"将之称为"模仿","模仿不是直接运用过去的图案,而是以不同的方法运用过去的理念。拼凑模仿只是把过去的

1. 下沉广场　　3. 大台阶　　5. 中心喷泉　　7. 喷头水墙
2. 上层广场铺地　4. 跌水水景　6. 凉亭

(a)日本茨城县筑波中心广场

6 景观设计思维与表达

(b) 筑波广场实景

风格移用过来,但假如我们能以不同的手法运用这些借用的因素,就会产生更为有趣的效果。"

筑波广场中心部分是完全人工雕饰、铺有硬质地面的下沉式广场。设计师引用的是米开朗琪罗在罗马市政广场(卡比托利欧广场)中创造的铺砌图案(图6.50(c)):"我借用了米开朗琪罗的手法,但在运用时却颠倒了过来。例如,图案的白与黑,层次,都是刚好与之相反的。市政广场位于一个山丘上,但筑波广场却凹陷于最低处,凸面变成了凹面,这是一个间接的引用。"宽台阶的两旁设置了天然鹅卵石,台阶把讲坛与高处连接了起来,同时还可作为看台。高处的水流下来,形成瀑布。矶崎新精心设计,激流在流经市政广场的铺砌图案时变为一股涓涓细流,在图案的中心流入一个开口后消失不见,这也是吻合市政广场的中心设计特色。市政广场中有一些骑士铜像,其中之一是皇帝马库斯·利厄斯(Marcus Aurelius),从罗马时代存留至今。在筑波广场中,矶崎新说:"我把中心空间作为一个空间——一个虚空,在这里我用了一个暗喻,所有的空间安排都被颠倒或反了过来。一切围绕着一个虚空而设,在中心下降,直至泯灭。"这与欧洲传统园林中的"废墟"做法有相似处,如奥地利香布伦宫的罗马废墟(图6.50(d))。

(c) 罗马市政广场(卡比托利欧广场)

矶崎新还运用了行植树,穿过下沉式讲坛上面的层叠格子大道。这些树像是一条柔软的绿色丝带,与四周坚硬的建筑形成对照。

(d) 奥地利香布伦宫——罗马废墟

图6.50 日本茨城县筑波中心广场、罗马市政广场(卡比托利欧广场)、奥地利香布伦宫——罗马废墟

359

4）功能

景观设计以满足人们休闲审美为主要目的,人在景观环境中的行为具有多样性,健身、娱乐、休憩、观演、餐饮等行为对于环境空间都有着相似或不同的要求,"功能"是景观创作构思最基本的出发点之一。设计构思首先来源于人们对景观环境的基本需求,其次是行为、活动对于场地及空间使用上的要求。功能构思除考虑人的使用外,还涉及自然环境(声、光、热) 对人的影响,如隔绝降低噪声、遮阳隔热等,这些都会在景观形象和空间上生成不同的外部特征。

由凯瑟琳·古斯塔夫森(Kathryn Gustafson)设计的法国道多纳省泰拉松·拉维勒迪约(Terrasson-la-Villedieu)市幻想花园中多处景点的处理均是从满足功能要求为设计的出发点。首先是十字形布局的"水园",其构成把花园历史上的各种用水方法结合在一起,花园以柳树和灌木为界,围成一塘水,然后流向花园底部的一个长方形水池里,其间15个随机安放的灌溉喷嘴向空中交叉喷水,形成美丽的彩虹,是孩子们欢娱的戏水天堂。钢结构逐级下降的"玫瑰园"为人们提供了相对私密、宁静而安详的休憩空间。由模块、青草和钢铁建成的露天"圆形剧场"建在一大片空旷草地上,以供观演。该林间剧场的做法沿袭了2000多年前的古罗马剧场做法,同样是利用地形的高差变化发挥娱乐、观演的功能,唯一不同的只是娱乐的内容从人与兽的搏斗转变为现代人们的娱乐方式,更加强调创造人与人之间的视觉通透(图6.51)。

平面图

"玫瑰园"

"十字形水园"

林中剧场

古罗马剧场

图6.51　幻想花园(贝思出版有限公司.城市景观设计.南昌:江西科学技术出版社,2002)

6 景观设计思维与表达

Plaza plan

Planting plan
Landscape plans
1 Starway
2 Plaza and skating rink
3 Lawn
4 Zelkova orchard
5 Glass tower
6 Bridge

平面图

(a)

(b)

(c)

图 6.52 崎玉广场(Peter Walker.Peter Walker and Partners Landscape Architecture:Defining The Craft.ORO Editions,2005)

由彼得·沃克设计的日本崎玉广场(Saitama Plaza),为东京市郊新开辟的附属商业中心附近的一处休闲广场,该项目建立在一段铁路周围,其目的是为了要缓解老商业中心的拥挤和压力,包括一个新站台、一个广场舞台、日本最高的建筑群以及不计其数的新办公楼、居民区、零售店等项目。广场的设计形象而生动地借用了原有场地的一片森林区域,并且把这个缓解紧张的宁静的自然因素设计在新建筑群中央一个完美经典的格栅内,为忙碌中的人们提供一处休憩交流的场所。森林中的长椅配以一个个装饰性的方形小花坛,在春天来临时可作为文化沙龙(图6.52)。

口袋公园(街头绿地)因其具有选址灵活、面积小、斑块状分布于城市中心区,由社区建设和管理、资金来源丰富等特点,能够部分解决高密度城市中心区人们对公园的需求。口袋公园作为城市公园的一个不可缺少的补充,及实现城市公园对人的精神和体力的恢复功能具有重要的社会意义。口袋公园一个特征是——它们是由一块空地或被遗忘的空间发展起来的。口袋公园试图扮演按比例缩小的邻里公园的角色,满足各种功能需求,包括小型活动空间、儿童游乐空间、会见朋友的交谈空间、午餐休息空间等。它们提供繁忙都市中的一个庇护所,为人们

图6.53 大丰"竹园"

提供休憩放松的机会。

大丰"竹园",该场地原为城市土地拍卖中留下的一块边角隙地,处理得当,往往能够成为人口密集城区中使用频率最高的绿地。用地不过25 m×25 m,以竹为主题,桂竹、早园竹、刚竹、箸竹构成的背景,蜿蜒的由青花瓷碎片构成的坐凳,并无多少"景观内容"的小绿地同样也为市民所钟情(图6.53)。

纽约国会大厦广场(Capitol Plaza)是口袋公园的一个典型,由托马斯·贝斯利(Thomas Balsley)设计,于2001年建成,位于曼哈顿的第五、第六大道与第26—29街之间占地720 m²(12 m×60 m),建在地下停车场顶上,属于纽约500多个私有的公共空间(Privately Owned Public Space)项目之一。各种不同坐椅的设置使这个横穿街区的口袋公园备受欢迎。如圆吧台边的旋转椅、椭圆形象棋桌及凳子、沿墙而设的长凳以及咖啡桌边的长凳,当这些座位被占满后,人们还可以坐在台阶上、矮墙上以及广场的岩石上。设计鼓励人的使用和走捷径人流的穿行,从安全的角度出发,保证视线的开敞和避免死角。27 m长的橙色镀锌钢板墙形成一个愉悦的背景。种植的植物也只有竹子和一排美国皂荚。面向公园的酒吧提供了舒适的午餐处,而持续不断的使用证明了设计的成功(图6.54)。

(a)　　　　　　(b)

图6.54　国会大厦广场(Dimitris Kottas.Urban Spaces——Squares & Plazas.Azur Corporation,2007)

5)时空

景观设计以营造空间为基本手段,景观空间单元围合程度的不同可以产生不同的空间范围、大小、尺度,进而给人以不同的感受。由于设计要求与目的的不同,需要有不同的空间感受与之相应。景观师根据不同的景观环境而产生相应的空间构思。景观空间不仅仅是三维的,而且具有知觉属性。人的行为不是在抽象的均质空间环境之中,而是在具有一定特征的空间环境中展开的。设计场地固有的空间特质是景观设计重要的依据之一。这里所谓的特征是具体的,可以感知的。景观空间是"载体"而非"本体";不是功能和流线控制下简单平实的连接和组织,而是赋予了极强的逻辑性和层次感,是建构形式与意义之间的桥梁。人为的景观空间是有意味的空间,所以营造悦目的空间远非景观设计的全部,通过对于形而上的追求,营造超越于空间之外的意境。增强景观空间的表现力、感染力,从而达到形式、空间、意义的三位一体,最终让体验者进入空间、感受空间、阅读空间的同时与设计者在时空中产生交织与共鸣,即景观审美体验。

荷兰阿姆斯特丹,设计师布罗哈圣和公司将其纳入公园设计的一部分进行整体全局的考虑,该花园由许多小块苗圃组成,这里的植物根据其种类分为三块,东北部的果园种植了苹果树、梨树、樱桃树以及李子树。夏天时可以把桌子摆在树下。东南部一个长长的花园为宽阔的道路所包围,这条路可以用作走廊,在这条路旁的凸槽中种植柑橘和香蕉。

厨房和植物园位于公园的西南角,在此处种的蔬菜和草坪被种在高出地面的种植槽里。每个菜圃被简单的深灰色混凝土台围成,在其两旁有黄杨篱作为背景。此处花园零星地种植了一些榛树、山楂树、桑树以及其他稀有果树。苗圃白天向游人正常开放,一来服务于公园饭店,二来也作为公园内的一处景致吸引着回头客和很多从未来过的市民(图6.55)。

图6.55　荷兰阿姆斯特丹某公园饭店景观设计(Uitgeverij, THOTH, Bussum, Stichting, Jaarboek, Landschaps Archiectuur en stedenbouw. 荷兰景观与规划设计. 付超,刘艳红,辛宏宇,等,译. 沈阳:辽宁科学技术出版社,2003)

景观空间的设计强调空间单元彼此之间的内在逻辑关系,这种关联不仅仅依靠视觉形式而是更多依靠各种可能的内在语义关联,空间场景不是孤立存在的,同时这种关联性也正是景观空间的核心。不同场所环境的各要素对于景观的空间形态起着关联和制约作用。在景观设计表达过程中,在分析景观所处场所、环境等各个要素特性的基础上采取相应的对策,并将其转化为一种地域精神,融入景观空间的内涵和形式之中,在特定的景观环境中以特定的空间逻辑结构生成,从而创造出反映场所精神的景观空间与形式,提升景观的空间品质。

日本广岛和平公园(Hiroshima Peace Memorial),是为纪念1945年8月6日广岛遭原子弹轰炸而建立的公园。在公园的对岸是广岛原子弹爆炸之后保存下来的唯一遗址,是由捷克设计师设计的一座十分富有异国情调的建筑,特别是其新巴洛克样式的椭圆形屋顶,造型十分优美。广岛和平公园即以其为新公园规划中的几何中

图6.56　**日本广岛和平公园**([日]水野妙子((株)艾鲁考)).悼念原子弹爆炸死难者的和平纪念馆——国立广岛追悼和祈求和平的新场馆.景观设计4专题:日本年度景观设计作品.大连:大连理工大学出版社,2003)

心,以此为源头展开故事情节,包括轴线上依次出现的原爆慰灵碑、千羽鹤纪念碑以及和平纪念馆均与其形成时空上的对话关系(图6.56)。

　　景观环境中,时间是编排空间的轴,时间不仅仅是依附于空间的被动存在,除了交融在线性时间这个最基本的要素,也有其自身的一套体系,通过回忆、顿悟、想象,不断地变化到过去、现在与未来,让人在运动中产生复杂的感知,超越了线性的时空。

　　美国旧金山ROMA设计组的马丁·路德·金纪念园方案,方案着重表达了"永恒"和"流逝"两种时间感。所谓"永恒",就是表现所纪念的人和事似乎永远存在于某个时空。纪念园的"希望之石"是书写演讲稿场景的再现,时间在这里被定格,从而给参观者以身临其境的体验,使人们似乎回到那难以忘怀的永恒时刻。尽管时间的"流逝"是不可触摸的,但设计运用景观语言记录了时间的流逝。沿纪念墙背后小路按时间顺序排列刻有牺牲者名字的24个壁龛,也似乎阅历了过去,而最后几个无字壁龛的设计则象征着继续发展的民权运动,把纪念园的时间感和参观者的思绪延伸向未来(图6.57)。

图6.57　马丁·路德·金纪念园方案

由易道公司和塞特设计的美国田纳西州的查塔努加城市广场同样以时间为线索展开"故事"情节。广场把查塔努加的城市历史重新收集并加以建构。彩色的铺装带引导参观者回顾了查塔努加的历史：从内战（1861）、铁路的发展（1825）、建设这座城市（1815）直到1600年前的印第安部落……彩色铺装带划分出35个时间区，隐喻城市发展的历史，记述着这里曾经发生过的重大事件、特殊人物等。从一个事件跳至另一个事件，每一个事件都沿着一个线性的时间网格组织在一个平面的广场上，因此它们看上去似乎都是一样重要的，这种绝对的时间网格就像是一个框架，包容着各种信息（图6.58）。

图6.58　查塔努加城市广场

杰里科设计的得克萨斯州穆迪历史花园（Moody Gardens），通过景观和花园的历史来描述人类文明历史。整个区域分为三部分，西方文化和东方文化被远古时代分开。规划由历史花园和景观要素构成，每一个要素并不是真实花园的复制品，而是一个抽象的概念，代表着那个时代。在这里，杰里科运用潜意识，认为穆迪历史花园的目的就是"一个转换的真实世界"，园林中，水是阴，山是阳，他们统一了可见世界中的不同事物。这个花园景观表层之下至少蕴藏有三个潜意识层次：最上面一层是由这些构思唤起的情感，中间一层是由伊甸园、希腊众神和东方的佛代表的宗教，下一层是神秘的山水，身处其中的参观者就像一位航海家，穿过3000年及半个地球的浩瀚时空。这个花园把时空与景观结合在一起，延续了各个时期的历史特点，对历史进行了重新的解读（图6.59）。

图6.59 穆迪历史花园

6）景象

与建筑比较而言，景观环境设计的"景象"意义更为丰富，其设计构思应符合形式美法则，满足公众的景观审美情趣，空间构成是否得当、景观细部比例是否适宜、材质搭配是否协调等都直接作用于人的感官，给观者留下空间的整体印象。而通常景观节点的形象被赋予一定的地标和纪念意义。形象的优美是景观设计的基本追求，设计的理念同样也是经由形象加以表现，南北朝画家宗炳所谓"山水以形媚道"亦即此理。在景观艺术设计过程中，在人们头脑中形成的表象经过景观师的感受、情感体现和理解作用，渗透进主观情感、情绪的一定意味，经过一定的联想、夸大、浓缩、扭曲和变形，便转化为设计意象。设计创意不仅是表象的组合，是一种图形具象化的过程，这就是意象的生成。意象是由意念到具象的过程，意念是作品所要表达的思想和观点，是作品内容的核心。在设计创意中，意念即设计主题，它是指作品为了达到某种特定目的而要说明的观念，它是无形的、观念性的东西，必须借助图形才能表达出来；具象是把真实的自然艺术化，这是对空间、形状、轮廓、景物的创造。

如劳伦斯·哈普林的波特兰系列广场，设计师正是依托城市中人们对于自然山水的印象和体验，而将人工化了的自然要素插入城市环境中，通过浓缩和抽象自然中的山地水景效果，创造出现代都市的高山流水，奔流而下，汇入江河中的场景。三个广场由一系列已建成的人行林荫道来连接。"爱悦广场"（Lovejoy Plaza）是这个系列的第一站，就如同广场名称的含义，是为公众参与而设计的一个活泼而令人振奋的中心。广场的喷泉吸引人们将自己淋湿，并进入其中而产生瀑布的感觉，喷泉周围是不规则的折线台地。系列的第二个节点是柏蒂格罗夫公园（Pettigrove Park）。这是一个供休息的安静而葱郁的多树荫地区，曲线的道路分割了一个个隆起的小丘，路边的坐椅透出安详休闲的气氛。波特兰系列的最后一站演讲堂前庭广场（Anditorium Forecourt），是整个系列的高潮。混凝土块组成的方形广场上方，一连串清澈的水流自上层开始以激流涌出，从80英尺宽、18英尺高的峭壁上笔直泻下，汇集到下方的水池中。爱悦广场的生气勃勃，柏蒂格罗夫公园的宁静，演讲堂前庭广场的雄伟有力，三者之间形成了对比，并互为衬托。

波特兰系列广场所展现的是哈普林对自然的理解。爱悦广场的不规则台地，是自然等高线的简化；广场上休息廊的不规则屋顶，来自于对洛基山山脊线的印象，喷泉的水流轨迹，是其反复研究加州席尔拉山（HighSierra）山间溪流的结果；而演讲堂前庭广场的大瀑布，更是对美国西部悬崖与台地跨空间的联想。

哈普林认为，如果将自然界的岩石放在都市环境中，可能会变得不自然，在都市尺度及都市人造环境中,应该存在都市本身的造型形式。他依据对自然的体验来进行设计,将人工化了的自然要素插入环境。把这些事物引入都市,是基于某种自然的体验,而不是对自然的简单模仿(图6.60)。

爱悦广场平面

波特兰系列广场总平面

柏蒂格罗夫公园(a) 平面

帕蒂格罗夫公园(b)

演讲堂前庭广场(a) 平面

演讲堂前庭广场(b)

图6.60 波特兰系列广场

### 7) 意境

"意境"一词《辞海》的解释是：意境是文艺作品所描绘的生活图景和表现的思想感情融合一致而形成的一种艺术境界，是客观存在反映在人们思维中的一种抽象造型观念。"意境"是中国文化的一个特色，是中国传统园林美学的核心范畴。意境是言外之意，景观环境空间的意境显然不单纯依赖于文字，而是通过空间的造型手段营造出的象外之境。于有形有限的空间之中生成超越空间之外的意义——"意境"，是中国景园艺术的一大特征。植根于环境的"立意"同样是景观设计的基本依据之一。中国传统造园艺术创作讲究"立意"在先，其实便是将所期望营造的意境作为设计的精神。

19世纪，当历史比较语言学在欧洲盛行时，自然主义学派的创始人奥·施莱赫尔便把汉语当作为"孤立语"的代表，以区别于印欧语系的屈折语及其他世界语言。汉语缺乏形态，它不同于印欧语系诸语言及其他黏着语。许多汉语研究者认为，汉语的结构具有"意合"的特点，它更多地依赖于语义的搭配来反映词语的种种组合关系。汉语的这种意合特点与中国人传统的思维特点有密切的联系。

"意境"一词，最早出现于王昌龄所作的《诗格》中"一曰物境"，"二曰情境"，"三曰意境"。"物境，偏于形似，处身于境，视境于心，莹然掌中，然后用思，了解境象，故得形似"；"情境"偏于表情，"娱乐愁怨，皆张于意而处于身，然后驰思，深得其情"；意境是"张之于意而思之于心，则得其真矣'，偏于意蕴。"意境说"后来经过唐朝僧人皎然、刘禹锡、司空图、姜夔、王夫之等人的不断探索和深化发展，直到近代，王国维先生继承传统诗词美学理念，把中国诗学的"意境说"发展为情与景相统一的"境界说"，以境界为中心，形成了较为完整的意境诗学理论体系。王国维曾托名樊志厚在《人间词话稿序》中说："文学之事，其内足以摅己，而外足以感人者，意与境二者而已。上焉者意与境浑，其次或以境胜，或以意胜。苟缺其一，不足以言文学。原夫文学之所以有意境者，以其能观也。出于观我者，意余于境。而出于观物者，境多余意。然非物无以见我，而观我在之时，又自有我在。故二者常互相错综，能有所偏重，而不能有所偏废也。"（王国维，1996）所谓"情与景会，意与象通"——这就是意境。

在北京金融街北顺城街13号四合院更新改造设计中，设计者希望在继承中国传统文人园林儒雅风格的基础上，营造新文人园林的场所精神。设计者认为北方的灰砖文化有着鲜明的地域特色，灰砖墙是老北京城视觉文化的第一显性要素，所以，在庭院景观的设计中强化了对灰砖墙的重新利用。在入口处的影壁砖墙，墙面通过磨砖技术所呈现的纹样隐喻老北京四合院影壁砖墙程式化的砖雕图形，向人们传达着经过转译的传统文化的现代信息（图6.61）。

图6.61　北京金融街北顺城街13号四合院改造（Braun.1000 × Landscape Architecture. Braun, 2008）

大连星海广场的"足迹"浮雕,浮雕上面的脚印是由1000个代表各个阶层的真人踩出的,每一双足迹均有一个主人。这些脚印自北向南通向大海,按年龄排序,排在第一行是1899年大连建市那年出生的,最后一行是1999年出生的。这1000双脚印影射出大连的百年历史是由勤劳奋进的大连人民创造的(图6.62(a))。南京大屠杀老馆外的"足迹"也运用同样的手法,以局部代整体,艺术再现了70年前南京所受到的灾难和屈辱(图6.62(b))。

(a) 大连星海广场"足迹"浮雕　　　　(b) 南京大屠杀老馆外的"足迹"浮雕

图6.62　"足迹"浮雕

又如郑州某中学环境设计方案,景观中轴线上设有一矩形水池,寓意人的成材之路,泉水汩汩流向柱廊深处,水池的尽端为"地球"浮雕,揭示该中学源源不断地向世界各地输送人才的深刻意境(图6.63)。

图6.63　郑州某中学环境设计方案

为追悼长崎原子弹爆炸死难者和祈求永久和平而建造的国立和平纪念馆,遵从死难者家属的愿望——"希望能有一个默默祈祷的空间",建筑被埋没在地下。原子弹爆炸的受害者切实需求的"水",除了地上的圆形水盘外,还设置了多处。到了夜晚,水盘上象征着死难者人数的7万个追悼灯彻夜闪烁。顺着圆形水盘,进入地下,内设的墙壁回廊、支柱回廊和缓步环游路都表示着让祈愿中的意思。这个设施是表现对死难者的追悼之情和祈求未来和平的"景观建筑"(图6.64)。

图6.64 长崎原子弹爆炸死难者国立和平纪念馆
(Gadern of Kawara.国际新景观.武汉:华中科技大学出版社,2008)

## 6.2 景观设计表达

### 6.2.1 景观设计表达方式

景观设计目的之一在于将景观设计师的理念与目的传达给观者,游人透过景观空间、景象及景观构成要素可以了解设计者所表达的意图,景观空间环境、景象、景观要素是设计者与观赏者之间的中介。景观形式语汇表达方式具有形象、清晰、直观的特点,设计师将理性的思维以形象的方式加以表达,观者则经由审美通过空间形象解读其设计意图。观者和景观设计师的隐性知识表达模式存在较大差异;观者倾向于形象思维表达模式,景观设计师既注重形象思维表达,又注重抽象思维表达;观者的隐性知识表达是断续的,而景观设计师的隐性知识表达则是连续和网络状的。设计中运用到的知识和技巧都需要借助图式语言的方式予以表达,以便与观者交流和沟通。设计师正是通过图像化的图解来拓展设计语汇的点、线、面和其他符号等要素来帮助设计师、观者以景会意,并使用大脑的各种能力——分析、综合、直至生成超越形式之上意境。景观设计语言及其运用中所体现的认知原则与人们的一般认知能力并没有本质区别。语用学是研究话语理解依赖语境的一门学科,它的一个中心目标就是要弄清楚话语理解过程中语言的意义是如何与语境假设相互作用的。景观师总是力求通过所创造的艺术形象揭示自然与人类社会的某些方面或本质,从模仿自然的表象构成到抽象地表现景观师的主观意识,尽管景观师创作构思以及作品的完成是由景观师主观意识决定的,而生成创作意识的源泉却在于客观世界和现实生活。

《易经》的"观物取象系辞"与《诗经》的"比兴"既有相同相近之处,又有明显差别。相同时代相同的思维方式、语言表达方式和文学象征手法的运用使两者有相同相近之处;而不同的功用、不同的目的、不同的内涵又使两者有明显差别,这种差别归根结底就是"观物取象系辞"与"托物言志抒情"的差别。其中"比兴比德"是中国传统造园表达的常用手法,"三友四君子"均为范例。

波兰籍人类学家马林诺夫斯基(Malinowski),他认为语言不仅传递信息,而且是一种行为方式,对语言的处理,既要根据其使用的具体情景上下文研究,也要对这些话语行为方式进行具体的语境分析。他首先提出了"话语与环境要互相紧密结合,语言环境对于理解语言必不可少"这一语境论的重要观点。

语境理论对于景观的表达有着重要的意义,景观作品能否如设计者的意愿完整地表达出来,并为游人接受,在于景观语言的组织、空间、节点之间的逻辑关系能否构成景观语境。景观语言离不开整体环境的支撑。

1) 线性与非线性表达

景观设计的表达按照思维与表述方式的不同可分为线性表达和非线性表达两种,其中线性表达强调表达的内在逻辑性和顺序性,往往用于陈述性空间,以时间、事件、人物等为线索而展开的陈述性空间往往均采用线性结构。线性结构编排空间序列,比较清晰易懂、容易统一。而非线性表达与强调逻辑关系的线性表达方式不同,突出镶嵌、拼贴、无逻辑和多义性,往往是多主题的杂糅、并陈,以多导向性的结构引发多种参观游览方式来理解其中的含义,并提供潜在情节的体验机会(图6.65)。

图6.65　线性与非线性

(1) 线性表达

景观设计思维有其特殊性,其着手设计单元不再是单纯的依据平面结构表达的基本要素——"点、线、面",而是空间单元。这意味着景观要求解决生态、行为、空间、文化等综合问题。

景观设计师都是以设计手段、景观空间为媒介来进行表达的,在设计创作思考过程中会弥散着无数的意象的碎片,其表达是以个人对环境的认识为基础的,是以个人对设计或艺术形式自身的理解为基础的。这两者都是以人的需要为出发点,相互促进,相互制约。人对环境认识和对形式理解的程度实际上也就是设计思维深入的程度,古代中国人将自然宇宙的生命运动的规律称之为"道"。

苏州环秀山庄的山水布局是对山水之"道"的精准解读。依据"气化论",天地之间气的运行化为万物,而山水之道则是"流而为川,滞而为岭"(挚虞),苏州环秀山庄的山水结构与布局恰到好处地诠释了这山水理念。

　　景观设计表达方法有很多,可以通过景观空间与素材直接表达设计者的思绪,也可以间接地表达设计意图。德国斯图加特"信息学院"景观设计将建筑内外空间贯穿在一体,大面积地采用透明玻璃反光材料,设计师在幻想与现实之间创造出一种奇妙的空间感受。信息学院四个内院均以"客厅"为题,为师生提供休息和学习空间,四个内院各具特色,"地毯"成为四个庭院的主题,以"柏柏尔地毯"、"波斯地毯"、"西沙尔地毯"和"弗洛卡蒂地毯"作为四庭院设计主题与铺装形式。人性化的家具、巨大尺度的花盆、古老的图案,让人们远离大学校园的现实世界。这个案例中设计者的意图在于营造一个与周边环境构成强烈反差的景观环境(图6.66)。

图6.66　德国斯图加特"信息学院"([德]尼考莱特·鲍迈斯特.新景观设计1.付天海,译.沈阳:辽宁科学技术出版社,2006)

福冈县立大学以"人性化艺术空间"为主题的艺术展示园,是以护理专业为基本设计理念,以人体的五官为主题来表现的。分布于整个校园的5个展点,被分别设计成用视觉、嗅觉、触觉、味觉和听觉感受的方式,包括"香草人"花园、EYE MAP、TASTE PLAZA、LIGHTS CHAIR 和 D.N.A ROAD 五部分。这些被布置在广场的艺术设计是以"人文关怀"为主题,增强了人与人之间交流。在这个广场进行的创造性行为,都是为了人们能尝试到那些体验(图6.67)。

**图6.67 福冈县立大学的人性化艺术空间**(福冈县立大学的人性化艺术空间.景观设计,2004(02))

位于韩国城南,"书"的主题公园围绕"书"展开空间布局,共设有"空间书屋"、"风之书"、"时间之书"、"水之书"、"天空之书"等诸部分(图6.68)。

① "空间书屋"(咖啡屋):一本包容世界的书,通过网络连通生活,通过交流促进社会的进步。

② "风之书":字母通过元音和辅音加以分类,"书籍"一词被翻译成各国语言,雕琢于竹林之中,风过留声,字母如同精灵一般在空中舞动。

③ "时间之书":以墙壁画的方式来展现"抽象即严整"的方法论,象征着"历史之书"。

④ "水之书":一个巨大而美丽的天然镜面,这是一个魔幻的空间,把天空、人类、风和树木倒映在池塘中,合为一体。

⑤ "天空之书"(表演剧场):剧场中心刻着600年前的天象图。

(a) 空间书屋　　　　　　　　　(b) 风之书

(c) 时间之书　　　　　　　　　　　　　　(d) 天空之书

图6.68　书的主题公园(肖铭.环境与景观年鉴5.武汉:华中科技大学出版社,2007)

纪念性景观往往采用线性的表达方式,诺曼底美军士兵纪念碑、越战纪念碑、戴安娜王妃纪念喷泉等等均是如此,又如丹下健三为悼念原子弹爆炸死难者而设计的广岛和平纪念馆,纪念馆是以"祈望和平、悼念死亡者和收集、利用与被炸有关的资料和信息"为目的而设计的建筑物。在建筑物内,沿着设计的圆形墙体,逆时针方向来到地下,进入悼念空间。中央设置了流动的水盘,代表被炸时许多人寻找的生命之水。在这种追溯时间的创意中,历史场景纪念馆设置在地下,和平时期的建筑设置在地上,以此构成多层次的时间和空间。

在作为神圣地带的追悼空间上部的中央,修建了表示原子弹投下时刻8点15分的钟表形纪念物。它的周围设置了水盘和被炸成碎石的瓦砾。沿着碎石周边,呈圆形栽植了作为和平象征的6棵橄榄树,组成360°的祭奠、追悼空间。这些景观,从通道附近的地下追悼空间开始,与铭刻在墙体门口的"构筑没有核武器的和平世界"碑文一起,构成可以在地上瞻仰的新的"祈望与追悼"的场地。关于栽植规划中的植物,象征性地选择了饱含追悼之意的、在被炸的惨状中守护了许多人的"白色"百日红。特别是在原子弹爆炸忌日的8月6日前后的夏季,百日红等植物的白花沿着人造地上的中央园路盛开,与作为其背景的樟树和榉树的绿色一起,形成了与现在的和平公园协调的景观设计(图6.69)。

图6.69　悼念原子弹爆炸死难者的和平纪念馆([日]水野妙子((株)艾鲁考)).悼念原子弹爆炸死难者的和平纪念馆——国立广岛追悼和祈求和平的新场馆.景观设计4专题:日本年度景观设计作品.大连:大连理工大学出版社,2003)

澳裔设计师弗里德里希·圣弗洛(Friedrich St.Florian)设计的国家二战纪念园,整个纪念园的景观面积约为2.99 km²,其主体是一个椭圆形的广场,中央呈下沉的凹形。纪念园的主入口位于东面的第十七大街。在纪念园南北两端各矗立着一个拱门,分别代表太平洋战场和大西洋战场,从中延伸出环形的坡道通向广场地面。将这两座拱门连接起来的是56根花岗岩柱。纪念园内西侧还建有一面弧形的自由墙,上面镶嵌着4000颗金星,代表美国战死的军人。国家二战纪念园不是一个用来哀悼死者的墓地,也不是一个颂扬丰功伟绩的场所。二战时期,自由的人们联合起来捍卫民主的信仰与理念,二战纪念园的主题就是记录下"二战"这一事件,以及缅怀在二战中逝去的人们,让后人铭记历史,珍惜和平(图6.70)。

图6.70　国家二战纪念园

俄克拉荷马城市纪念广场如同一个巨大的露天房间,其中的各个空间安排都促发冥想,使每个参观者都能找到位置。纪念广场的北、东和西三面都有绿化带围护。在北面,果树园滤过尘土和噪音;在东西两面,气势宏大、肃穆的入口将参观者引入。大门也有过滤作用,如同美洲土著的俘梦器(Dream-Catcher),将魔鬼挡在门外,只允许善良的灵魂进入圣地。纪念广场的设计象征着两种命运。南面过去曾为莫勒楼,后改为一片低缓的草地,设置了168把玻璃基座椅子,以纪念死难者。晚上,椅子被照得通亮,成了希望的明灯。常青树环绕在纪念区周围,好似守望着这些椅子,也为参观者行走提供了遮蔽。正北面,越过浅浅的反射池,一组梯阶通向"幸存者之树",它是那一时刻发生的暴力的见证,也是力量与隐忍的纪念。人们可以在这些梯阶上停留、思考,回望那些寂寥的椅了。环绕"幸存者之树"的果树园绿荫浓郁,清新芳香。孩子们可以在果园中的一块空地上学习、交流思想。在这里,参观者一次又一次地面对灾难,愿所有离开这里的人都认识暴力的危害,愿这座纪念广场为我们带来安慰、力量、和平、希望和宁静(图6.71)。

(a)　　　　　　　　　　　　　(b)

图6.71　俄克拉荷马城市纪念广场

（2）非线性表达

与传统的线性表达方式不同,非线性叙事突破时空结构的限定,建立虚拟的现实。非线性景观语言不仅丰富景观的表现,甚至改变了景观的创作方法。譬如,与强调逻辑关系的表达方式不同,结构主义景观设计从对传统的空间结构体系和形式系统的解构出发,并在此基础上建立新的设计美学系统。它与以往空间形态设计中所强调的纯洁、中心等级、秩序逻辑、和谐稳定的形式美原则背道而驰。解构主义打破传统空间布局和构图形式意义上的中心、秩序、逻辑、完整、和谐等西方传统形式美原则,通过随意拼接、打散、叠加,对空间进行变形、扭曲、解体、错位和颠倒,产生一种散乱、残缺、突变、无秩序、不和谐、不稳定的景象。

在拉·维莱特公园设计中,屈米(Bernard Tschumi)首先对城市公园绿地进行传统意义上的解构。屈米突破传统城市园林和城市绿地观念的局限,把它当作一个综合体来考虑,强调文化的多元性、功能的复合性以及大众的行为方式。屈米认为公园应该是多种文化的会合点,在设计上要实现三种统一的观念,即都市化、快乐(身心愉悦)、实验(知识和行动)。其次,对传统园林布局、构图形式的解构。屈米抛弃传统的构图形式中诸多中心等级、和谐秩序和其他的一些形式美规则,通过"点"、"线"、"面"三个不同系统的叠合,有效地处理错综复杂的地

图6.72　拉·维莱特公园

段,使设计方案具有很强的伸缩性和可塑性。再次,对建筑功能确定性和结构形式的解构。屈米设计的"疯狂物"——Folies,消解了它的具体功能,它在功能意义上具有不确定性和交换性。它们造型奇特,不具有特定功能,消解了传统构筑物的结构形式以及功能的互换性和因果关系。在这里形式没有服从功能,功能也没有服从形式。"建筑不再被认为是一种构图或功能的表现",空间成为一种"诱发事件"。最后,对历史文脉的摒弃和建筑形式符号与意义的解构。屈米摒弃历史要素的符号意义,专注于文化的分歧性与事件的偶发性。他的设计反对整体协调一致,鼓励内在一致及意义分解(图6.72)。

而 Topotek 1 设计组设计的德国埃伯斯瓦尔德(Eberswalde)后工业园(Postindustrial Park)呈现的则是多主题的杂糅、并陈。埃伯斯瓦尔德是勃兰登堡地区的工业发源地。设计师通过运用始终贯穿场地的带状钢铁,串联了20多块150 m²的矩形小花园,把场地先前的工业场景转化为了现代公园景观。虽然游客可以乘船穿越公园地底的管道暗河以体验当年的工业场景,但设计师没有把重点放在对过去的体验,而是放在了在老场地上如何布置一个全新的景观。20多个主题各异的趣味小园以"拼贴"形式构成了对工业遗产的表达,道路系统象征了早期工业的整体性秩序(图6.73)。

图6.73　后工业园(Urban Spaces—New City Parks. Azur Corporation, 2008)

卡梅尔·罗阿菲(Kamel Louafi)设计的德国汉诺威市的"变化花园"也运用了同样的手法,2002年汉诺威世界博览会是在德国举办的第一次世博会,世博会总体规划由阿尔贝特·施佩尔(Albert Speer)完成,其中90 hm²利用了原有的会展中心,新展区为70 hm²。新展区将形成一个以居住为主的新市镇,未来市镇的新商业、文化设施都可利用世博会期间的一些主要的公共场所,如世博会广场、中心会场、欧洲大道和德国馆以及"变化花园"。正如花园的名称一样,整个园林是一个变化、流动的园林,从北到南表现出从建筑到花园、从规整到自由、从几何到自然、从黑暗到光明、从人文到自然、从郁蔽到开敞的景观变化。

变化花园由一系列协调一致、相互联系的造型不同的小花园组成,每个主题花园都以一个小建筑为中心,它们有节奏地布置在带状的花园中。这些小建筑根据花园的主题不同,分别为地中海花园(Mediterraner Garden)、幻想室(Haus der Illusion)、机器室(Maschienhaus)、茶室(Teehaus)、砂室(Sandhaus)。不同的主题花园通过植物、铺装材质、色彩、水体以及声音设备表现出各自的特点,并被赋予不同的时代和文化特征(图6.74)。

图6.74 德国汉诺威市的"变化花园"(王向荣,林箐.欧洲新景观.南京:东南大学出版社,2003)

2)显性与隐性表达

(1)显性表达

"再现的艺术"是艺术家按照现实中看到的客观物象去模仿营造,在一定程度上不可避免地要提炼与加工,有时也融入了主观情感因素。中国传统的山水园林,摹写自然山水,英国都铎式风景园亦然,都是再现的艺术,只是表现方法不尽相同。意大利建筑师卡洛·斯卡帕(Carlo Scapa,1906—1978)作为赖特和路易斯·康的追随者和信徒,重视建筑与环境之间的关系,同时善于运用光影塑造空间和氛围。这种思想在布里昂家族墓园设计中体现得淋漓尽致。布里昂家族墓园(Brion Family Cemetery,1969—1978)位于意大利的北部小城桑·维托(San Vito),占地面积约2200 m²(图6.75)。设计中斯卡帕避免了传统的中轴对称的墓地设计手法,而选择了近似中国园林的漫游式布局。墓地有公共和私密两个入口,整个平面呈"L"形,由带方亭的水池、棺木安放处和小家庙三部分组成。由私密入口进入墓园,映入眼帘的是实墙上两个互相交叉的圆窗,像一双眼睛,限定了视线。入口左侧是一个宽阔的水池,池内睡莲绽放,池中有一小亭,水由亭内引出,流经"双眼",流入放置棺木的圆形下沉地面。棺木的设计是点睛之笔,两个棺木相互倾斜,截面呈平行四边形。对此,斯卡帕解释说:"如果两个生前相爱的人在死后还相互倾心的话,那将是十分动人的。棺木不应该是直立的,那样使人想起士兵。他们需要庇护所,于是我就建了一个拱,取方舟之意。为了避免给人以桥的印象,我给拱加上装饰,在底面涂上颜色,贴上马赛克,这是我对威尼斯传统的理解。"棺木与水池在平面上呈45°,自然地处理了"L"形的拐角。再向左侧,就来到了与棺木平行的小家庙内。家庙坐落在另一个水池上,粼粼波光通过狭长的落地窗映入室内,一种安静、神秘的氛围和对威尼斯古老水城的回忆油然而生。纵观整个设计,有两点特别值得玩味:一是水的运用,水是生命之源、生命之旅、生命之终,它给整个墓园注入了活力,整个墓园设计,不是对死亡的哀叹和恐惧,而是对生命的向往和渴望;另一方面,斯卡帕反复运用了5.5 cm×5.5 cm为模数的线脚作为结构、节点的装饰。在此后的设计中,斯卡帕不断变化比例、材料,改变位置、尺度,对此反复应用,做出了许多耐人寻味的作品(谷敬鹏,孙璐,2001)。

图6.75 布里昂家族墓园

图6.76 山东青岛五四音乐广场

① 直叙

在景观表达中,直叙即通过直白、明确的景观语言描述表达主题。山东青岛五四音乐广场的铺地即以直叙的方式,以五线谱代指音乐。广场铺地以高强度彩色水磨石为主,用铜条界割为一本翻开的乐谱书,书上分别谱写有十几首世界名曲的主旋律,其旋律制作与真实的乐谱完全一致。设计手法简洁、明确,浅显易懂,富有趣味(图6.76)。

吴为山为南京大屠杀纪念馆扩建工程精心设计的一组《逃难》群雕,群雕从人类普遍的情感和精神出发,从人性出发,在整个雕塑群的节奏、造型和视觉的相关性上形成了有机的整体,突出了悲愤、苦难与抗争这样一种三位一体的主题内涵,同时通过对遇难人物典型形象的直白描述,艺术地再现了70年前南京人民所受到的灾难和屈辱,深刻的表现了中国人民的悲愤情感和反抗精神,不仅反映了人民群众的心声,也展现了艺术的强大震撼力、影响力和感召力(图6.77)。

罗伯特·穆拉色(Robert Murase)设计的美国俄勒冈州波特兰日裔美籍人历史广场(Japanese-American Historical Plaza),历史广场位于波特兰市河滨公园,这是一个向二战期间11万日裔美籍人道歉的纪念园。穆拉色在设计纪念园的时候充分运用了日本传统园林中的造园要素——石头和樱花。西入口的两个青铜雕塑标志着"虎"门,两根青铜柱像两个哨兵,其中一根柱子上刻着日裔美籍人在二战期间抗争的情形;另一根柱子上面刻着一个老人抱着一个婴儿,圆柱上的浮雕描述了日裔美籍人的历史。广场中"会说话的石头"刻有12首日本诗词,从南到北沿着拉维美特河,描述着日本社团的历史。广场中央的一块巨石上刻着10个强制疏散集中营的分布图,围绕

图6.77　南京大屠杀纪念馆新馆前雕塑

在巨石周边的冰裂纹的石块铺地反映了当时被扰乱的生活和打破的梦想。

每年春天,列植于河岸草地上的100株樱花盛开,美丽的粉色花朵与粗糙沉重的石块形成对比,给人以沉重历史感的同时还预示着美好的明天。穆拉色通过对几种园林要素的运用很好地将广场融入周围的环境从而创造了一处不同凡响的纪念园(图6.78)。

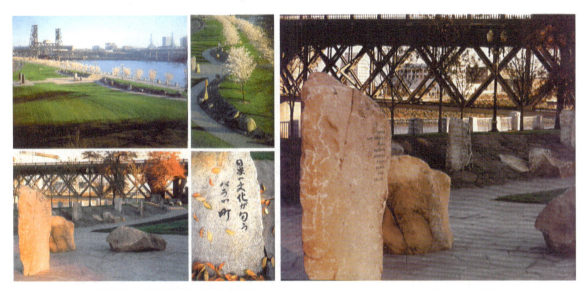

图6.78 日裔美籍人历史广场(Braun.1000×Landscape Architecture. Braun, 2008)

② 明喻

从符义学角度来说,明喻是由喻体、喻词、本体三者共同构成,且喻词多为"好像"、"如同"、"恰似"、"仿佛"、"如"、"若"、"似"、"好比"等的一种比喻方式。而符义学与景观中的明喻是有区别的。景观中

不存在喻词,而是通过接受者的联想而形成的。在后现代景观中,有部分作品并不追求深刻的意义,如大众文化主义景观,它们追求的仅仅是"好像"、"如"、"若"、"似"而已,使接受者通过对眼前景观的欣赏从而在脑海里唤起他们所熟悉的景象或事件,以此完成整个景观信息的表达和接受过程。

以伦敦泰晤士河水闸公园为例,这是一个具有典型叙事性特征的景观公园。1983年修建水闸以前,泰晤士河至少已经有30年洪水泛滥的历史,水闸修建后获得了巨大的成功,不仅可以抵御2000年一遇的洪水,还成为泰晤士河上一道美丽

图6.79 泰晤士河水闸公园——"绿色船坞"

的风景线。水闸公园因为水闸的成功而建,作为一个新建的现代城市公园,其以"绿色船坞"为主要叙事场景,具有明确的指向性,含蓄地暗示这儿曾经是船坞。"船坞"的中段是"彩虹园",色彩丰富的各种宿根花卉和深绿色且呈整齐波浪形的紫杉篱构成了非常精彩的视觉效果。水闸公园的设计,不仅使来这里参观的人回忆或联想起曾经发生在这里的港口历史、洪水泛滥,而且其中的许多硬质景观又通过细节暗示强调了公园的用地曾经是废弃工业用地(图6.79)。

又如纽约市美国自然历史博物馆广场亚瑟·罗斯广场,占地1英亩,是博物馆延伸的户外厅堂,参观者可以在此感受阳光、清风、明月和星辰。广场主要通过富有现代气息的地球——太空中心体现博物馆的功能和外观特征。广场设计是受到月食现象中月球的圆锥形投影的启示。广场上的巨大球体结合光线,好像飘浮在空中的"月球",并在广场上形成了"月球的投影"(图6.80)。

图6.80　纽约市美国自然历史博物馆广场(韩秋.天上的花园——纽约市美国自然历史博物馆广场景观设计.景观设计,2005(03))

③ 象征

景观设计中的象征是通过空间形式或外部形象的构成特征来传达一定的思想含义,传达某种情感,达到设计师与公众之间情感上的交流。景观师要创造出具有语言符号意义的景观,需要通过"形"与"义"之间的转换途径实现,并且由于作为具体物象的景观和抽象的语言符号意义之间存在着本质的不同,因此完成其转化的过程必须借助于人脑的思维机能,需要涉及观赏者的社会经历、文化素养、知识范围、民族传统等等。

图6.81 南京的中山陵园

象征是在视觉符号和某种意义之间建立起来的一种隐秘关系。中国造园常用象征手法,一些看似平常的景物由于前人的附会、文化的积淀而蕴涵某些特定意义。蝙蝠在中国传统文化中,为"福禄寿"之首,被认为是幸福的象征,因此而常用于建筑装饰;"松、竹、梅"能使中国人联想到"岁寒三友",产生"傲霜斗雪"、"坚定不移"和"高风亮节"的寓意;中国人常用"雨后春笋"比喻新生事物的大量涌现,蓬勃发展;用"寸草春晖"比喻父母的难以回报的深情;用"岁寒松柏"来比喻在乱世磨难中坚贞不屈的人士;"松鹤延年"则用来祝福长辈健康长寿,往往是庭院中漏窗或铺地常用的图案。除去使用某些特殊的物体作为象征外,在空间的构成中,也可将人们熟悉的事物加以概括、提炼、抽象为空间造型语言,使人联想并领略其中的含义,以增强感染力。如南京的中山陵园总平面的构图状若吊挂的金钟,象征孙中山先生的革命事业恰似中国的"晨钟"(图6.81)。

以韩国岭南大学主入口天马之门设计为例,天马之门的设计以岭南大学学生团结起来引领世界潮流的意识形态为宗旨。天马的原型在韩国预示着活力和腾飞。大门象征着"GOH-SSAUM",就是借助"GOH"飞翔的意思,"GOH"是一种民间传统的编织物,"GOH-SSAUM"则是一种充满活力与力量的民间游戏(图6.82)。

图6.82 韩国岭南大学主入口天马之门(崔申勋.韩国岭南大学主入口与天马之门设计.耕农,译.景观设计,2006(04))

德国吕塞尔斯海姆公墓的规划设计，呈树叶状交替出现的道路形式组成了一棵生命之树，寓意生生不息（图6.83）。位于美国纽约犹太遗产博物馆的石头园也同样表达了对生命的态度，安迪·戈德沃西（Andy Goldsworthy）的设计，采用花岗岩修筑的墙壁，18块形态各异的大型漂石静静地躺在地上，每一块岩石上都被凿出一个小洞穴，设计师以此作为种植槽将一株株矮化的橡树苗栽种在岩石里。于是每块石头上都"长"出一棵小树苗，这种独特的景观成为石头园最鲜明的特征。尽管坚硬巨大的岩石与柔弱的树苗在外形上差别悬殊，但是两者之间却存在着强大的相互作用力，阐明了戈德沃西对犹太民族以及对生命的态度——具有强大力量和非凡的适应力。这里没有用文字来描述大屠杀，也没有像常规

图6.83　德国吕塞尔斯海姆公墓

纪念性公园那样通过建筑和静态景观来烘托主题，设计师将此处设计成展示生命改变和进化历程的展场。根据预测，生长缓慢的矮化栗栎每年直径大约增长0.3 cm，石头里的树苗长到3.7~4.6 m高时，其形成的树阴将扩张到构成花园整体结构的花岗岩和沙砾层上。最终，树木将与岩石结合在一起，树皮下层活跃的新生组织也将被岩石摧毁，树木就此结束生命。因此，戈德沃西建议，今后，大屠杀幸存者的后裔们可以在举行纪念仪式的同时用现在栽种的橡树所结的橡果培育新树苗，然后再栽种在岩石内。这样，岩石园将不仅仅是修建在土地上的一个简单的建筑，也将成为一个有生命力、足以让后代子孙记住历史的特殊设施。

另外，戈德沃西在公园内摆放了18块漂石也是有其寓意的：在希伯来语中，"Chai"的意思是"生命"，在数字中则指18。这种在花园抽象设计中以非文字的形式来表达主题的方式也充分显示了设计师运用象征手法的能力（图6.84）。

图6.84　美国纽约犹太遗产博物馆的石头园

美国得克萨斯州威廉姆斯广场（Williams Square），广场中心的一组奔马雕像，主旨是表现西部开发的传统，其原型可以追溯到早期西班牙人美洲探险的历史，纪念他们将自己的生活方式带到西半

球。栩栩如生的奔马形象,象征着得克萨斯现代文明的先驱者们的创业信念。威廉姆斯广场的设计将当地的历史文化、景观风貌和创业者的精神融合在一起,成为现代与古典思想相结合的优秀设计范例(图6.85)。

图6.85 威廉姆斯广场

(a) 平面图

(c) "窝洞"

(b) "刺刀"

齐康先生设计的南通海安苏中七战七捷纪念碑,在历史上这次战役为辽沈、平津、淮海三大战役的胜利起了战略侦察的作用。可以说,这次战役是一次重大的"前哨战",它像利剑一样插入敌人的心脏。因此,纪念碑设计中运用了"刺刀"这一象征符号,视觉上给人们以刺激,基座部分的七个"窝洞"象征着七次战斗的胜利,实现了景象与意义的完美融合(图6.86)。

图6.86 南通海安苏中七战七捷纪念碑

朝日电视台是新建在信息城市东京的中心——六本木的民办广播电视网络据点,欲在其最顶层的会议室和活动室建造一个中庭。面对脚下播放着风起云涌的当代事件的高密度空间,设计师认为应当创造静的世界。于是,为那些从广播室来到屋顶的人们描画出那些实际存在的时间和空间,成为符合电视台要求的庭院。

为确保与天空对峙这一表象,将准备的 420 m² 的矮草丛与 63 条条石组合在一起,构成庭院景观。条石利用捆扎结构被吊起在矮草丛中,实现假想平面在矮草丛中的视觉化。表示创立日那天日升方位的直线,将广阔的矮草丛分成两部分。这些条石还为庭院的保养和修剪发挥着作用。条石被吊起在距离地面 300 mm 高的矮草丛中,园艺师不用踏入草坪就可以工作。同时,还可以以条石的高度为标准,把矮草丛修建成一个整齐的平面。另外,条石下有空隙,可促进草丛内的通风,具有防止夏季草坪内温度过高的效果。

这个庭院中,最厚重的要素是被修剪成矩形的满天星。位于北纬 35°29′ 的这两部分草坪,代表着东经 "1′" 的地理距离。这个事实,被用 "E139°44′03″" 和 "E139°44′04″" 的字样刻在到了夜晚就映现出来的草丛背后的玻璃上。这是给通过影像媒体展示现实世界的信息社会的发源地——电视台的庭院 "实际存在空间" 的 "留言"(图 6.87)。

平面图

**图 6.87** 朝日电视台屋顶庭院(三谷彻,奥萨特规划设计事务所.现代方丈庭园"一秒庭园"——朝日电视台屋顶庭园.景观设计,2004(03))

(2)隐性表达

在景观设计语言中,隐喻的"喻体"和"本体"的审美体验相似性越近而客观差异性越强,隐喻往往就越具独创性。隐性表述的实现依赖于语境,往往要涉及隐含意义的推理。隐喻不仅丰富语言表达方式,而且也有利于创新思维。隐喻无处不在,它不仅仅是语言的产物,更是一种通过语言表达出来的思维方式和行为,它的本质是认知的,是人类不可或缺的认知工具。但同时隐喻的过度使用不仅会产生歧义,也在一定程度上造成了对于景观形式美的弱化。以传统中国文人园林为例,传统的儒、道、释思想是它发展的思想基础;社会环境以及文人地位、境遇的变换是文人园发展的社会基础,园林愈加背离山水主题,往往成为个人宣泄情感的方式。

　　雪铁龙公园(Parc Andre Citrone)便运用了隐性表达的方式,公园占地45 hm²,位于巴黎西南角,濒临塞纳河,是利用雪铁龙汽车制造厂旧址建造的大型城市公园。公园由南北两个部分组成。北部有白色园、两座大型温室、六座小温室和6条水坡道夹峙的序列花园以及临近塞纳河的运动园等。南部包括黑色园、变形园、大草坪、大水渠以及边缘的山林水泽仙水洞窟等。雪铁龙公园展示的是具有活力、美丽的自然;变化丰富、不断生长具有生命力和有规律的自然,并追求自然与人工、城市及建筑的联系与渗透,是一个富有创意、供人们在此沉思、令人联想到自然、宇宙或者人类自身的文化性公园。阿兰·普罗沃斯(Allain Provost)设计的雪铁龙公园既没有保留原有汽车厂的任何遗存,也没有刻意表达曾经的场所功能,仅仅在园名上借用了雪铁龙的名称,但雪铁龙公园设计却又采用后现代主义设计手法对文艺复兴园林加以表现,以两个大温室象征巴洛克花园中的宫殿;以简洁的大草坪隐喻巴洛克花园中的沉式大花坛。而"岩洞"更是文艺复兴或巴洛克园林中岩洞的抽象;系列园处的跌水如同意大利文艺复兴园林中的水链;林荫路与大水渠更是直接引用了巴洛克园林的造园要素;运动园体现了英国风景园的精神;而六个系列小园则明显地受到日本园林中枯山水的影响。可以说雪铁龙公园表现出来的是严谨与变化、几何与自然的结合,并且具有强烈的怀旧与伤感的色彩(图6.88)。

(a) 东边的温室　　　　　　　　　　　(b) 中央草坪和四周的水池

图6.88　雪铁龙公园

　　肯尼迪遇刺纪念碑建于得克萨斯州迪利公园——肯尼迪当年遇刺地附近。纪念碑设计成上下悬空、四方围合的"空棺"形状,以隐喻肯尼迪"与闹市隔离,归于沉思,但却贴近天空与大地"。纪念碑内部地面只有一块黑色大理石,上面用镂金雕刻着肯尼迪的名字,旁边写了这样一段话:"这座纪念碑不是为了纪念痛苦和悲伤,而是向一位伟人生命中的喜悦与激动表达永远的致敬,他就是约翰·肯尼迪。"(图6.89)

(a) 平面图　　　　　　　　　　　　　　(b)

图6.89　肯尼迪遇刺纪念碑

日本国家金属研究院科学技术所庭院，庭院南半部为散步区，东南为半圆形餐厅，周边散点花岗岩石块，西侧的步石穿越起伏的草地。孙密奥·马逊奴（枡野俊明）的设计表现了一个人对于金属的追求，干旱的山地，零星的树木，近乎枯竭的河床，犹如美国的淘金热，寓意研究所的科学家们如同淘金者一般热爱自己的工作（图6.90）。

平面图

图6.90　日本国立金属冶炼科技人员研究所庭院

西班牙建筑师恩里克·米拉莱斯（Enric Miralles）设计的英古拉达墓园（Igualada Cemetery），此墓园位于临近巴塞罗那的英古拉达市，建在一座小山丘上。借由地形的变化处理成三层空间。整个墓园如同一条巨大的伤痕，横亘在郊区蔓延荒芜的工厂与商店之间，冷冷的混凝土，尖细的铁丝，都传达着死亡的主题。在这里，建筑师把丧葬空间立体化、规模化、阳光化了，他在基地中保留了相当程度的空间给来访者停留，借以塑造出一个沉静而开放的追悼空间。对这片被开挖的土地来说，这个墓园算是对其潜力的一种探险式的挖掘。在这个建筑里，只有其正立面和内部蜿蜒的墙体是没有依照原来的地貌而建的元素，其他各部分均以一种独立的姿态矗立在那。穿过铁丝交错而成的大门，一条小路倾斜向下到达一个人造的谷底，整片土地被这样分割开来。那面布满骨灰存放壁龛的墙有着突出的檐口，所有格间都深陷下去，整个空间有节奏时而压缩时而延伸。与光滑的混凝土墙面和整齐有序的壁龛相比,地面的处理就迥然不同:粗糙的浇筑地面,所有骨料都暴露在外。斜坡的底部通向一个围合的空间,那里保留着一些随意散布的陵墓和墓碑,好像生命之河奔腾而下,携带着命运无穷的可能性,却在死亡的瞬间凝结(图6.91)。

图6.91　英古拉达墓园

#### 6.2.2　设计概念的表达

设计者关于场地的认知与潜在的场所特征,是左右设计过程的两个方面,通过对场地固有特征、场所精神的梳理与研究,结合设计者的愿望,并将两者融入特定的功能与形式中去,从而完成景观设计过程。

1)结合自然的营造

吴良镛先生指出:"人居环境首要的、最普遍的元素是自然,尽管人们不生产自然,但有责任使之成为一个有组织的系统。"景观环境归根结底是人造的空间,传统的中国园林提出"虽由人作,宛自天开",这不单纯是审美取向,还包含了科学意义的做法。任何客观存在的环境都包含着两个方面,其一是符合人们利用目的要求,其自身也符合本地区生态顺向演替的规律;另一种则是恰好相反,景观设计因此也就有了"利用"与"改造"两种不同的策略。最大限度地发现场地固有的价值,因势利导建构景观不仅符合生态规律、能有效地节约工程支出,而且有助于凸显场所固有的景观特征。

随着整个社会环境意识的觉醒,人们开始深入思考城市生态环境和自然价值观的问题。而"结合自然"的景观空间设计的实质即从改善景观环境出发,以塑造生态健康的景观环境为目标。保留自然、模拟自然的设计手法使"自然"与环境相融合,包容景观空间中一切同质和非同质的元素从而达到高度的和谐与统一。"自然"具有多孔的特质,因而生成柔和、不确定的边界,具有高度的亲和力和包容性。在建成环境中,建筑好比是"骨料",道路恰似"钢筋",而"自然"则如同黏合剂,以其柔和的特质将所有离散元素融为一体。

自然与人工的结合是没有障碍的,一百多年来,纽约中央公园周边的人工环境不断地变化着,但却从未与公园产生过矛盾,并很好的融合、共生与发展。这就进一步说明了纯自然或拟自然的环境由于其边界的不确定性而更易于融合环境(图6.92)。

(a)

(b)

图6.92 纽约中央公园

香港中环系中央商务区(CBD),高层建筑密集,地面交通繁忙,缺少空间和绿地,背靠山坡,面临海湾,发展余地有限。中心公园是CBD"混凝土森林"中的一片绿洲,作为香港CBD中心一块重现自然的场所,是十分可贵的。公园入口与地铁车站有自动步梯联结,中心公园和周围高架步道系统结合起来整体考虑,很好地保证了与周围建筑、场所的联系性、通达性,增强了场所的融入感,在中环商业繁华地区构筑了开敞绿地与步行交通相结合的城市开放空间系统(图6.93)。

图6.93 香港中环公园

被冠以"城市绿肺"之名的上海延中公园是一个系列绿化地段,绿地规划总面积23万 m²,共由17个地块组成,横跨黄浦、卢湾、静安三个区,位于相交的东西和南北走向的延安中路高架桥下,对周围嘈杂的交通环境起到了显著的缓冲作用,柔化了建筑与高架桥的矛盾,同时也改善了生态环境(图6.94)。

图6.94 上海延中绿地

北京商务中心区(CBD)西北区中部坐落着一座特殊的城市公园,它身居高楼鳞次栉比的都市环境中,作为西北区块最大最重要的拟自然的城市集中绿地,中心公园既包括了本体部分,又充分考虑了与东西街原有城市绿地和绿廊设计的衔接,其在CBD的开放空间体系中占有举足轻重的地位(图6.95)。

图6.95 北京中央商务区现代艺术中央公园

### 2）时代特征的彰显

景观设计不可避免地要打上时代的烙印，审美与技术及设计手法等元素共同促成了景观的时代特征。慕尼黑市中心王宫的内阁花园（Cabinet Garden），这个面积仅为1000㎡的庭院可谓慕尼黑市中心最小的花园之一，在由历史建筑围合的相对封闭的庭院中，花园设计采用对称的布局，具有简明、清晰的现代空间结构。各个细部节点设计都非常讲究，庭院的外围是石凳，中心是位于轴线两侧的水池，在水池与建筑之间是植物种植区域。水池是庭院中最吸引人的要素，白、红、绿、灰不同色彩的条状铺装为水池带来绚丽的气氛，也为庭院带来喜庆的效果。阳光穿过乔木洒在不同材质的地面上，庭院充满了光影的变化。庭院的南侧建筑是二战中被炸毁、2003年又重新修建的宫廷教堂，现作为音乐厅使用。庭院的北侧建筑是剧院。庭院有良好的夜景效果，晚上小花园可作为音乐厅和剧院中观众的户外休息庭院使用。庭院的设计是全新的，但与历史环境非常吻合，同时满足了功能要求，为附近文化机构的工作人员提供了安静休息的空间（图6.96）。

图6.96　慕尼黑王宫内阁花园

哈维尔·丰特（Xavier Font）对西班牙巴塞罗那某残桥的修复设计。"残桥"的主要拱形结构在1811年的拿破仑战争期间遭到了破坏，在随后的约190年间，没有任何修复的尝试。直到1996年，该桥所连接的两个村庄的居民决心建立"罗马桥梁协会2000"以筹集资金来进行修复。设计师采取了一种与先前截然不同的方式来重建残缺的部分，即选用现代材料——钢以及当代结构技术以恢复桥梁的功能，而不是设法创造一个仿制品。因此从某种意义上说，它仍然是一座断桥（图6.97）。

(a)　　　　　　　　　　　　　　(b)

图6.97　巴塞罗那残桥修复（http://en.structurae.de/photos/index.cfm?JS=20570）

澳大利亚悉尼沃华顿港畔新公园是将悉尼北部一系列滨水地区的工业仓库改建而成的公共公园。原有场址可容纳31个储油罐、办公室及其厚实的围墙,可防原油泄漏。设计保留了简单而结实的结构,透露出原场址用途的信息。设计师麦奎格(Mcgregor)采用了一系列的开放空间、湿地及景观绝佳的观景平台,彰显场址的工业背景和时代特征。观景平台坐落在原来的油罐位置,可将半圆形砂石悬崖得天独厚的美景一览无余。混凝土和金属结构的楼梯沿悬崖而建,与下方吸引野生生物的亲水生态系统遥相呼应。由于场址已用作储油场所达60年之久,为将其改造成公园而使用了多种有利于环境可持续的新设计,既有的土壤与进口的有机物质相结合,重新用于场地的建设(图6.98)。

图6.98 沃华顿港畔新公园(贝思出版有限公司. Landscape Design 亚太景观. 沈阳:辽宁科学技术出版社,2008)

3)典型情境的再现

通过重组与编排,将不同场合中发生的故事、事件、典型景观整合在一个空间单元之中,从一个相对独立的空间转入另一个节点,从而实现景象的连续变化。再现典型景观,即将具有典型意义的景观"片段"组织到景观环境之中。如大丰市二卯西河是通海的排水道,历史上有着重要的航道功能。设计中于景观带中部设置"船"形茶餐厅(图6.99),船首指向海岸所在——东方,以"船的意象"将建筑功能与形体进行巧妙组合,是一种具有公众意义的建筑语汇,可体验的场所感,一种艺术感染力。这种存在于空间结构关系中的情节通过体验使许多时空要素连在一起,以往的生活情节与经验成为空间场所记忆,通过创作主体的转换,重构了空间结构秩序。

大丰位于里下河入海口,历史上盐业兴旺,风车是盐场具有典型意义的景观,水车也是该地区常见的工具,这两种曾经作为大丰市标志性的景观在百姓心目中具有深刻的印象。因此设计中将大丰地区历史上的典型场景如风车、水车等,加以重组到新景观环境中,既加强了场所的历史意味,又进一步突出了场所的人性化与趣味性。鉴于该景观带所处区位及空间环境特征,建筑小品大多采用钢结构,维护部分以玻璃为主,形式新颖,造型轻巧,色彩淡雅明快,与滨水景观环境特征相协调(图6.100)。

图6.99　大丰市二卯酉河景观带——"船"形茶餐厅

图6.100　大丰市二卯酉河景观带——水车景观

又如美国加州程序科学中心的庭院景观，设计灵感则来源于DNA的"基因片段"（图6.101）。

图6.101　美国加州程序科学中心庭院

科斯普登景观公园是莱比锡世博会的一个项目,呈现了一个昔日的矿区向自然与休闲景观的转变过程。为了同其他景观公园和谐相融,位于劳尔森林浴场旁边的"风水园"成为一个重要的设计主题。"风水园"是对湖岸芦苇带自然区的阐释,在一片圆形的长满青草的洼地上,长长的钢架上安置了可以活动的有趣塑像,彩色的金属旗子在风中"飘扬",如同急流中的鱼儿一样。金属旗林中,一条碎石路向人工湖的湖底延伸(图6.102)。

图6.102　莱比锡科斯普登"风水园"(Rehwaldt Landschaftsarchrtekten. 莱比锡科斯普登"风水园".国际新景观,2009(1))

民俗文化因其根源于大众而具有广泛的群众基础,恰当地在环境设计中使用民俗文化不仅可以丰富建筑环境的文化内涵,而且更易与普通民众沟通,为民众所接受。如"十二生肖"可以说是民俗文化中接受率最高的,作为中国人,均有"属相"。在环境中点缀生肖题材的雕塑无疑增加了环境的认同感。凡普及率高的民俗活动都易于为民众所接受,诸如重阳登高、上巳踏青……都可以成为设计表现的题材。曲水流觞是俗文化中较"雅"的一类,源东汉年间,三国时期曹魏芳林园中已有流杯渠。南京武夷绿洲三期"品兰苑"的"曲水流觞"景点,设流觞台与兰亭,沿袭古韵,再现修禊之礼(图6.103)。

图6.103　武夷绿洲"品兰苑"

### 4）历史文脉的重组

美国建筑大师沙里宁说："城市是一本打开的书,从中可以看到它的抱负。让我看看你的城市,我就能说出这个城市居民在文化上追求什么。"高品位的景观环境设计不仅仅拥有悦目的形式,而且更应有耐人寻味的文化意蕴。如果说硬环境决定了环境的基本形式,那么软环境则为景观师提供了设计构思的情境与脉络,同时也奠定了环境空间的基本文化特征。其中包括功能所决定的景观环境特质,譬如,幼儿园的环境应与孩子们天真烂漫的特征相吻合,烈士陵园的环境应保持肃穆,办公环境理应静谧,医院环境宜轻松……环境的特质与功能有着不可分割的联系。蕴含于场所之中的地缘文化与景观设计有着紧密的关联,也是实现景观设计个性化的基本源泉。

查尔斯·摩尔(Charles W. Moove)设计的新奥尔良意大利喷泉广场(图6.104),集传统、民俗、地理等多种素材于一体,具有浓郁的意大利文化氛围。意大利半岛地图、阿尔卑斯楼、波河、台伯河、阿尔诺河、蒂勒尼安河亚得里亚海、西西里岛(讲坛)、撒丁岛、罗马式的古典钟楼、塔什干柱式、陶立克柱式、爱奥尼柱式、科林斯柱式、混合式柱式,几乎是包括了意大利的"典型特征",令侨居美国的意大利人有"他乡故里"之感,从而获得广泛的认同。

图6.104　新奥尔良意大利喷泉广场

R·文丘里说："我们要通俗的、常见的、地方性的、逐渐演进的、日常的、图式化的,而非英雄主义的、简单的、抽象的、纯粹的、晦涩的理论光辉。我们要为适度的手法主义而欢呼,而非虚伪的手法主义。""国际式"与"文化的缺失"是当下景观设计的一大误区,中国园林突出的成就之一便是意境的营造,从而使得中国园林具有超越时空之上的意义。传承与拓展中国优秀的造园之"法"对于提升景观品位与价值具有积极的现实意义。景观的特色化,其基本前提是个性化,任何一处场所本身具有特殊性,在漫长的历史过程中积淀了大量个性化特征,景观师在设计中发掘利用既有的场所特征,将其与新建立的景观空间环境相结合,共生共荣,既延续了场所的历史印记,又赋予其全新的功能,从而真正营造出特色化的景观环境。特殊的景观显然能对突出空间特色起到主导作用。以发展的眼光看待景观的演变,将作为场地特征的部分物质及精神景观保留下来,更多的被更新,这是景观发展的主旋律,除特殊地段外,完整地保留场地既无可能也无意义,重要的是延续场地的特征及其精神,同时更要满足当代生活游憩的需要。

（1）空间的重构

景观空间的建构需要满足相应的功能要求,同样物质空间的重组也是实现场所精神的基本途径。空间承载着场所的记忆,景观空间的趣味性与艺术感染力不仅与变相的题材相关,也与空间体验过程相关联,通过对时间与空间的感知,从而建立起场所感。因此空间的尺度、单元之间的衔接与转换都会作用于游人的感知。

由DELHI设计的英国议会大厦(British Council)后花园景观,从主入口沿着轴线直到后花园,各层次空间呈现着迥异的功能与形态,但都围绕同一主题:一个世纪以来印度和英国之间风云变幻的历史。从入口过渡到轴线上的第一幕为"曼迪"(Mundi)的节点空间注释了理性年代,镶嵌在石墙上的16世纪的欧洲航海罗盘,象征着近代科学创造的现代神话;位于中庭的第二幕"查巴夫"(The Char Bagh)主题为传统的伊斯兰天堂花园;第三幕"西瓦头像"位于轴线的终端,由螺旋线地面装饰和西瓦头像代表着印度教的神话(DELHI,1995)。隐形的时间次序勾勒了同一个主题,并非反映真实的历史事件与客观时间的再现。事实上历史事件更有可能是同时发生的或不连续的,通常以情节意象呈现。设计师通过这种序列与线索传达了空间意义与时间轴线之间的逻辑关系。在所有的空间中,一层层的事件在其中发生,而时间线索把一系列事件理出头绪、组成秩序,并使之有意义(图6.105)。

图6.105　英国议会大厦后花园

柏林伤残者公园(Invalidenpark),该地原为农业用地,战后柏林被一分为二,建筑废墟不得不让位于邻近的边境设施。两德重新统一后,这一地区再次拥有属于自己的身份,它不仅要正视某一特定的历史事件,还须面对一系列历史发展事实。公园中一长方形水面上矗立着一堵向上倾斜的水墙,参观者可以由此感受到Invalidenpark的军事历史和沧桑过去。顺着一条小径人们可以登上斜墙,并随着斜墙向上延伸,小径向世人展示了一段昔日教堂的墙基,以此记录一处逝去的景观遗产。同时水池和墙面呈南北朝向,而非以公园从前的普鲁士中轴线为准,这种东西之间的分割让人联想起德国的历史,而在这特殊的历史背景构成的景观空间中,水墙也引申出"柏林墙"的象征主题(图6.106)。

图6.106　柏林伤残者公园

（2）场所记忆的重组

现代景观设计更强调人们对"场所"的体验，将环境作为整体，走向空间与场所。任何场所均不同程度地蕴含着文化与历史，场所中的每一构成要素及其组成的空间共同记录了场所中发生、发展与变化的历史与事件。设计过程须对曾经存在发生的事予以充分的重视，择其要者再生于新的景观环境之中，从而实现场所记忆的延续。

当原有场地肌理、记忆与新的景观空间秩序产生交会时，会引起人的思绪，激发人们关于场地原有形态的记忆，进而产生共鸣。场所的记忆由两个方面共同组成，其一是自然及人为过程在场所中的积淀，包括那些积淀其间的原初自然过程以及人为的土地使用模式，用以建设的场地无不蕴含着丰富的场所记忆，人类在不同的历史阶段以不同的方式使用土地，相应的行为方式也记录在土地上；另外，便是人们的集体记忆，人们关于场所的记忆是总印象，它包括空间与情感两个层面。场地记忆是构成城市空间文脉延续性的重要因素，景观设计不仅仅在建构新的场所与空间秩序，也不仅仅要满足大众在外部空间中的使用要求，同时也应就场所积淀的文化加以表现，这需要对场所中的记忆加以甄别与解读，解读地景包含了"历史"与"现在"两个重要的时间段。

景观的塑造应体现地方精神，因此规划首先要做的是对历史文化的解读，它包括场地深层次的历史内涵和即将消失的生活记忆。其中所蕴含的生活场景，作为普通人的记忆，在新的景观环境中包括场地肌理、水系、建筑遗存以及乡土植物群落等。场所精神依赖于具体的空间结构和抽象的称之为"氛围"的空间性格，对应的是多样性、地域性和不同的文脉。基于人体验的空间结构编排艺术，表现在空间关系上就是一种有张力的空间记忆、场所意象。景观情节的重组与编排，是建构场所感的主要措施。从这一层意义上看，景观设计又是在叙述历史事件。将不同阶段的"故事"编排起来成为连续的时空序列，让观者行进其间唤起尘封的记忆或透过形式进一步加深对眼前景象的思考与理解。

与环境协调、与历史对话，时间是单向的，无法回复，任何场所均积淀着不同阶段的特征，除特殊原因，原封不动地"复原历史"是不足取的，应当加入时代的印记，这不仅仅能够反映时代的特征，也能够为同时代的人们所理解、接受。因此，"历史的真实"不同于"真实的历史"，前者是再加工、是历史地再现，而后者却无法变成现实。

例如，1979年文丘里设计的华盛顿西广场，用铺装的图案来隐喻城市的历史格局（图6.107）。

6 景观设计思维与表达

(a)　　　　　　　　　　　　　　　(b)

图6.107　华盛顿西广场

图6.108　甘比尔山居民建筑历史遗迹区（贝思出版有限公司.Landscape Design 亚太景观.沈阳：辽宁科学技术出版社,2008）

澳大利亚甘比尔山居民建筑历史遗迹区，甘比尔山是一个充满活力时尚的区域城市，拥有光荣的历史以及重要的文化机构和建筑。在设计中，这条商业街区的历史遗迹得以保留，同时在前庭设计中运用了现代风格，匠心独具的物料选用，令遗迹区散发出超越一般历史小镇的特质。第五溪工作室（Fifth Creek Studio）将遗迹区建筑的部分外角雕刻成粉色白云石坐椅，令这一建筑细部可以从行人的角度加以欣赏（图6.108）。

又如，新西兰马努考市城市广场，2002年，对该中心街区进行重新开发，以恢复城市中心的活力。设计者通过抽象的设计手法来表现南太平洋各地地域及民族特色。广场的边缘种植了一批新

399

西兰特有的圣诞树(一种濒临灭绝的当地树种,开红色花,以圣诞装饰树而著称),从而形成广场的绿化带,并按传统方式分排种植了亚麻树作为点缀。广场用料和质地都非常讲究,图纹的比例大小也体现了太平洋地域的抽象风格,如对木槿、织席和养鱼圈等传统元素的使用。地基黏土路面的花纹包括古玻利尼西亚航海图和一些体现传统风格的物品(既有来自新西兰的,也有来自南太平洋的)。在迎宾路上的大白鹭图案中还穿插了一幅受木槿花启发而创作的抽象图案。当地艺术家的作品也融入该广场中,如色彩斑斓的标识牌和毛利人传统的雕刻木柱(图6.109)。

平面图

古玻利尼西亚人在南太平洋上的航海图成为广场设计的一种灵感

**图6.109** 新西兰马努考市城市广场(Pedro F. Marcelino.以现代城市设计诠释传统标志——新西兰马努考城市广场.武秀伟,译.景观设计,2008(02))

(3) 元素的符号化

景观符号包含符号的能指、所指与实物。能指可视为景物的形式和空间,所指代表景物传达的含义,而实物则指具体的景物。对于使用者来说,形式是直观的、感性的;意义是间接的,可以通过采用局部、抽象或简化以及单个景观符号形式重新组合等手法使传统形式得以再生。

景观文化是一个开放的系统,它时刻不停地与外界环境进行着信息交流。在现代景观中引入传统文化中的其他文化符号,可以丰富景观文化的内容,同时景观文化的含义又是历史的、传统的,具有深层内涵和文化背景。

例如,卡洛·斯卡帕设计的威尼斯建筑学院入口大门。威尼斯建筑学院所在地原是一座修道院,入口大门的设计始于1965年。在开始的设计中,斯卡帕将注意力集中到如何整合庭院和其外小广场空间的问题上,尝试在大门的设计中加入建筑设计专业学生日常使用的元素,并使其符号化,例如图板、滑行尺和三角板等。整个大门实际上是一片简简单单的围墙,中央是一个大雨篷,由两片互成角度的混凝土板组成,钢框玻璃大门用滑轮组装备,可以滑动。围墙内侧是一斜坡,上面铺以石材,学生可以坐在上面休息交谈。围墙外侧有一块多边形的伊斯特里亚石板,上面刻着"Vdfum Ipeum Factum"(Truth Through Making)——真理源于实践,反映了斯卡帕的基本思想(图6.110)。

图6.110　威尼斯建筑学院入口大门（Sergio Los. Carlo Scarpa. Benedikt Taschen Verlag,1996）

　　加拿大唐士维的"MOTH"公园则明确运用了字母中介。多伦多唐士维是一个具有悠久航空史的城镇，"The Gypsy"和"Tiger Moths"是唐士维第一批出厂的两种飞机型号，之后用于二战。"MOTH"公园的设计灵感来源于一张摄于1920年的照片，照片上清晰可见曾经在唐士维跑道旁草坪上留下的"MOTH"字样。设计者通过现代景观布局的方式再现了当时的情境并与历史形成对话关系。同时在细节处理上，由花岗岩石块组成的"MOTH"字母不仅传承了历史信息，同时具有实用功能，比如"M"、"O"、"T"、"H"四个字母有不同的高度，可作桌椅使用（图6.111）。

(a)"M"　　　　　　　　　　　　(b)"T"

(c) "O"　　　　　　　　　　　　　　(d) "H"

图6.111　"MOTH"公园(贝思出版有限公司. Landscape Design— Canada. 武汉:华中科技大学出版社,2007)

法国巴黎联合国教科文组织总部的冥想之庭(Meditation Space),安藤忠雄鉴于该场所的特殊意义和地位,在狭小的空间内创造了具有强烈精神冲击力的空间。构筑物体量虽小,但却具有高度的纯洁性,意义非凡。冥想之庭的主要用途是为全世界人民祈望和平提供一个空间,因此整个场地设计不能带有任何宗教的特征,而应以普遍的、原始的状态出现,成为宗教的象征。而人类最原始时并无文字也无教义象征明确的宗教,但同时又要满足人们在还不能战胜自然的状况下不可避免的拜物趋向,故最朴素的几何形物体成为人们最初的膜拜对象。事实证明,原始的、简单的几何形往往会产生强大的震撼力,具有强烈的精神感染力。在这里,安藤忠雄认为,几何状的纯粹抽象空间,顶部投下的光线,侧面吹拂进来的风,荷池中缓缓流淌的水流将有助于唤起祈祷者对战争罹难者的回忆(图6.112)。

图6.112　冥想之庭

（4）艺术表达历史

建成环境蕴含着丰富的历史、文化和社会意义,对于人性的形成、人的素质和品格的培养,具有重要的影响。保护历史是塑造城市特色、保证建成环境可持续发展的必由之路。如何保护既有的历史文化资源,并通过景观营造诠释这些故事的场景是景观师们不可推卸的责任。景观环境设计应留意"历史"的发掘,借助历史的文化积淀以丰富建筑环境的文化意蕴。历史题材在环境设计中的运用可以有多种渠道,一片清水砖墙、一株苍老的树木、一尊塑像等都可以成就场所历史感。景观环境设计既不能脱离原有的人文环境去凭空架构,也不能简单地重复过去。只有在尊重历史的同时创造历史,在更新的过程中发展景观环境文脉。

建筑师黑川纪章提出:"建筑是本历史书,在城市中漫步,应该能够阅读它,阅读它的历史、它的意韵。把历史文化遗留下来,古代建筑遗留下来,才便于阅读这个城市,如果旧建筑、老建筑都拆光了,那我们就读不懂了,就觉得没有读头。这座城市也就索然无味了。城市正在被克隆,正在失去地域的、文化的、传统的、多样化的特色,建筑正在失去个性,正在失去灵魂。"历史蕴含丰富的意义,发掘地域文化是景观设计重要的表达渠道。将历史题材引入景观环境,成为环境中的一部分,这样一方面可以延续历史,另一方面也丰富了场所的文化内涵,进一步强化景观环境的个性特征。如大丰市二卯酉河景观设计紧紧围绕张謇"废灶兴垦"这一历史题材,加以引申拓展,成为景观带的文化内涵与主题;景观带西端设置张謇纪念园,通过浮雕地面硬质铺装反映那个时代的重大事件(图6.113)。

卡洛·斯卡帕设计的威尼斯建筑学院入口改造是体现新、老景观完美融合的典范。威尼斯建筑学院曾是修道院,有着悠久的历史,然而在学院改建的过程中出土了一个16世纪的大门,他摒弃了将新、老景观并置的传统手法,而是把大门平放在草坪上,并把它与一个曲尺形的跌落水池结合在一起,正是由于这一遗址的存在,庭院也成为留存记忆的场所,令学生感受到一种历史气息在庭院中弥漫,感受学校历史的悠久,设计师巧妙地将历史遗存整合在新的空间序列中(图6.114)。

图6.113 大丰市二卯酉河景观带——张謇纪念园

图6.114 威尼斯建筑学院入口改造(Sergio Los. Carlo Scarpa. Benedikt Taschen Verlag,1996)

在城市的更新和建设中要延续和发展城市的文脉,新与旧、现代与传统要有机结合,一脉相承,要有所发展和创新。南京新图书馆中庭建造在挖掘出的六朝遗迹之上,新馆与遗址融为一体,相得益彰(图6.115)。罗马艺术博物馆跨建在一个发掘的罗马古建筑遗址上,现代建筑与古代残垣断柱及雕像形成强烈的反差,但又十分和谐,既有继承又有创新(图6.116)。

图6.115　南京新图书馆中庭——六朝遗迹展示区

图6.116　德国法兰克福市区的古罗马遗址

荷莱恩(Hans Hdlein)建筑工作室在设计奥地利维也纳的迈克尔广场(Michaelerplatz)时，在施工的挖掘过程中发现了各个历史时期的众多建筑物，其中包括早至1—4世纪的罗马帝国时期遗迹，中世纪城堡的加固城墙，以及开挖后就出水的当时的几口古井，此外还发现了19世纪的一个暴雨下水道和一个现代的下水道。这展现了维也纳两千年建筑史上的一个横断面。

于是，一条11 m宽的横越圆形的广场开挖段被留下来，并且不加遮盖。从开口里能看见一个代表性的断面，显示出罗马帝国时期遗迹，中世纪的水井和20世纪的遗迹。在开挖槽沟的两个弧形短端安装了细钢栏杆。在两长边上，参观者可倚在磨光巴圣尔白色花岗岩材质的两道长矮墙上观看开挖物。参观者只需走下三级奥地利花岗岩石阶就能到达矮墙。白色花岗岩使新建筑物明显有别于原有的结构和材料（图6.117）。

(a)

图6.117　迈克尔广场

(b)

结合一块位于葡萄牙里斯本的拥有2100万年历史的礁岩海床的保护，设计师罗萨里奥·萨莱马(Rosario Salema)将其命名为"地质纪念碑"(Geo-Monument)。通过加装的一个保护结构可以阻止人们触摸地质土层的表面，以避免可能发生的破坏性行为。于是，一个由钢索组成的镂空的网构成了这个保护结构，它以模块形式重复着，竖立在围绕着土坡石灰石矮墙上，一面混凝土墙支撑着这个地质纪念雕塑，在墙面靠近土坡并能从街道看见的位置上，雕刻着这样一句话："2000万年前这里曾经是一片海洋。"在这句话下面则镌刻着一些教育性文字，关于沉积在那里、已演变为化石的海床。

在混凝土墙的背面，沿着将这块空地与喧嚣的街道隔离开的平台上放置了一块瓷砖，上面印有放大了4000倍的出现在地质土层上的苔藓虫群图像,它似乎将隔离开的地质土层开启了一条缝隙,向人们展示了那些"看不到"的东西(图6.118)。

图6.118 地质纪念碑(地质纪念碑,里斯本,葡萄牙.Geo-MONOMENT, LISBON, PORTUGAL,1999.世界建筑,2006(01))

对城市的特色进行分析、总结,在此基础上延续和发展城市的特色。中洲地处淮安传统历史街区的核心,由于独处古运河中央,而自成一体。根据城市用地性质的变化公园需要,保护与更新传统历史街区,赋予其新的功能,同时辨证的处理好城市整体空间的"更新"与"延续"的相互关系,突出传统街区的整体性。

中洲公园所处的地域,文化底蕴及基地的现存环境不仅是一种设计上的制约,更是设计创作的重要依据之一。中洲公园中的新清江浦楼及文化中心是在新的历史条件和社会背景中生成的景观建筑,建筑设计并非单纯的去模仿历史建筑的原貌,而是基于所处历史街区的整体性城市设计,在服务于现代人的审美及功能要求的同时,以适当的形式来延续传统文化。中洲岛原地形平坦,缺少竖向变化,两岸视线贯穿。设计着重处理新建公园与周边空间尺度的整体协调关系。由于中洲岛处运河之中,因此适当增加竖向变化可有助于丰富该地段的空间层次,设计着重塑造"山岛"的地貌特征,于南北两岸眺望,有"忽隐忽现,虚实相生"的趣味。在面积40亩的岛上,中部为文化中心,结合半地下室人工堆筑土山,中部略高,渐次向东西两端降坡。在此基础上,广植常绿、落叶乔木林,建筑物掩映其中,清江浦楼立于岛东端,为视觉中心的焦点,由此塑造出起伏变化的天际线(图6.119)。

图6.119 淮安中洲地区、清江浦楼

文丘里于1972年设计的位于费城附近的富兰克林庭院(Franklin Court)在处理主次关系时显得匠心独具:他将新建主体建筑置于地下,地面上用白色的大理石在红砖铺砌的地面上标志出旧有故居建筑的平面,用不锈钢的架子勾勒出简化的故居轮廓,文丘里戏谑为"幽灵构架";几个雕塑般的展示窗,保护并展示着故居的基础。设计带有符号式隐喻,显示出旧建筑的灵魂,而且也不使环境感到拥挤。纪念馆没有那些过分喧嚣的造型表演,主体建筑默默地埋在地下,引人深思,以纪念富兰克林的品质(图6.120)。

图6.120 富兰克林庭院

加拿大筑原设计事务所设计的江苏学政衙署遗址暨江阴中山公园,在学政衙署古建筑十三进的格局中,仅门是现有仅存的古建筑,其他旧有建筑悉数被毁且形式无从考证。为了表现对历史遗迹的尊重,真实反映历史变迁在场地上留下的时间印迹,设计遵循传统学政衙署的布置形式,用恢复遗址空间而非重建的方式再现学政衙署的完整格局。在原有大堂遗址上以钢结构玻璃影壁形式重现学政文化的历史,其余建筑不再恢复建造,只是在原来位置上用铺装形式表现建筑空间的存在。

同时作为学政文化中轴在时空概念上的终结,中山纪念塔的基座被升高、扩大。在塔身外部罩上与塔身形状一致的玻璃构架,使塔身形象更显巍峨,以强化"中山公园"命题。

在中轴线的地面上镶嵌地碑,地碑上的篆刻延续历史、内容为历代科举试卷,该轴线一直向前延伸,并以五四新文化以后的中山纪念塔为终极,在中轴线上形成一条不间断的历史长卷(图6.121)。

(a) 古址新韵

(b) 纪念塔及地碑

(c) 重修碑

**图6.121 江苏学政衙署遗址暨江阴中山公园**

比利时布鲁塞尔滑铁卢镇的酒厂公园(Barrel Warehouse Park),位于西格拉姆酒厂区,该地邻近酒厂区原有两处仓库,现已改建为公寓楼。设计改造的目的在于创造体现工业遗产的公共空间,同时展示在滑铁卢镇占主导地位的高科技产业特征。设计师珍妮特·罗森堡(Janet Rosenberg)采取传统与当代技术、材料相结合的手段,回收可利用的废弃工业艺术品作为雕塑穿插在场地中,从而加强了场所的历史感。同时,成排的观赏植物使人不由得联想起被用作提纯的谷物,穿插其间的小径也为场地增添了趣味性(图6.122)。

图6.122 比利时布鲁塞尔滑铁卢镇的酒厂公园(贝思出版有限公司. Landscape Design—— Canada. 武汉：华中科技大学出版社,2007)

1986年蒙特雷市政府回收了已废弃的钢铁厂,多年后Surfacedesign Inc.与Harari Arquitectos联手将摇摇欲坠的高炉和一片棕地改建成一座现代历史博物馆。博物馆坐落在现代化的芬迪多拉公园中,向人们讲述着蒙特雷市辉煌悠久的钢铁生产历史,令老一辈回味,更使年轻人铭记。钢铁博物馆的景观设计充分体现了钢铁产业曾经的荣耀,突显了其在众多景观之中的重要位置。整体景观设计依托于70 m的高炉进行,并且不断补充新的设计元素。展现钢铁产业的发展历程是博物馆设计的主要目的,因此从原工厂回收的钢铁被广泛地运用到公共广场、喷泉及露台的设计中,例如户外展区就采用了富含矿石的铁质围栏加以装饰。在挖掘过程中发现的体积庞大、体形不规则的铁制品则被用做石阶及其他景观的装饰。该设计既就地取材——将原有的工业遗留物进行回收利用,又通过应用环保技术恢复了当地的生态环境。

在广场上,原来覆盖在主大厅外的铁板被改造成阶梯状的瀑布式的水道。200 m长的水景向人们展示着曾经用火车装卸原材料的历史。位于阶梯式水道的尽头的是一座雾化喷泉。喷雾中的矿石

回收利用原场地的金属板

富含矿石的铁质围栏

**图6.123　钢铁博物馆**（Roderick Wyllie.工业历史的记忆——钢铁博物馆.张璐,译.景观设计,2008(06)）

清晰可见,让人们不禁产生错觉,仿佛置身于提炼矿石时所产生的具有腐蚀性的热气中,而如今取而代之的则是喷洒出的清凉水汽。微风将水汽吹向广场,给忍受蒙特雷干燥炎热气候的游人们带去清凉和喜悦。在较高的新建筑屋顶上,顺应屋顶结构种植了耐旱的景天属植物,仿佛高炉中燃烧的熊熊火焰(图6.123)。

# 主要参考文献

1. 中国大百科全书. 建筑·园林·城市规划卷. 北京:中国大百科全书出版社,1988
2. GB/T 18972—2003. 国家质量监督检验检疫总局. 旅游资源分类、调查与评价.北京:中国标准出版社,2003
3. 成玉宁. 园林建筑. 北京:中国农业出版社,2008
4. 王国维. 人间词话新注. 济南:齐鲁出版社,1986
5. 李友梅,刘春燕. 环境社会学. 上海:上海大学出版社,2004
6. 李道增. 环境行为学概论. 北京:清华大学出版社,1999
7. 郭琼莹. 水与绿网络规划——理论与实务. 台北:詹氏书局,2003
8. 杨培峰. 城乡生态规划理论与方法研究. 北京:科学出版社,2005
9. 王受之. 世界现代建筑史. 北京:中国建筑工业出版社,2000
10. 王建国. 现代城市设计理论与方法.南京:东南大学出版社,1991
11. 刘年丰,谢鸿宇,肖波. 生态容量及环境价值损失评价. 北京:化学工业出版社,2005
12. 王向荣,林箐. 欧洲新景观. 南京:东南大学出版社,2003
13. 冯学钢,包浩生. 旅游活动对风景区地被植物—土壤环境影响的初步研究. 自然资源学报,1999,14(3)
14. 李岭浩,刘庆,任海. 恢复生态学导论. 第二版. 北京:科学出版社,2008
15. 彭少麟. 恢复生态学. 北京:气象出版社,2007
16. 邬建国. 景观生态学:格局、过程、尺度与等级. 北京:高等教育出版社,2002
17. 张恒庆. 保护生物学. 北京:科学出版社,2005
18. 李俊清,牛树奎. 森林生态学. 北京:高等教育出版社,2008
19. 李哈滨. 景观生态学——生态学领域里的新概念构架. 生态学进展,1988
20. 褚智勇. 建筑设计的材料语言. 南宁:广西人民美术出版社,2006
21. 王仙民. 屋顶绿化. 武汉:华中科技大学出版社,2007
22. 林育真. 生态学. 北京:科学出版社,2004
23. 舆水肇. 建筑空间绿化手法. 大连:大连理工大学出版社,2003
24. 王珂,夏健,杨新海. 城市广场设计. 南京:东南大学出版社,1999
25. 单霁,郭嵘,卢军. 开放空间景观设计. 沈阳:辽宁科学技术出版社,2000
26. 马建业. 城市闲暇环境研究与设计. 北京:机械工业出版社,2002
27. 潘谷西. 江南理景艺术. 南京:东南大学出版社,2001
28. 吴良镛. 广义建筑学. 北京:清华大学出版社,1989
29. 徐磊青,杨公侠. 环境心理学——环境、知觉和行为. 上海:同济大学出版社,2002
30. 贝思出版有限公司. 城市景观设计. 南昌:江西科学技术出版社,2002
31. 台湾建筑报导杂志社. 台湾作品集. 天津:天津科学技术出版社,2002
32. [美]弗朗西斯·D K 钦. 建筑:形式·空间和秩序. 邹德侬,方千里,译. 北京:中国建筑工业出版社,1987
33. [英]彼得·柯林斯. 现代建筑设计思想的演变1750—1950. 英若聪,译. 北京:中国建筑工业

出版社,1987
34. [瑞典]诺伯格·舒尔茨. 场所精神:迈向建筑现象学. 施植民,译. 台北:田园城市文化事业有限公司,2001
35. [美]阿尔特丁·拉特利奇. 大众行为与公园设计. 王求是,译. 北京:中国建筑工业出版社,2001
36. [加]艾伦·泰特. 城市公园设计. 周玉鹏,肖季川,朱春模,译. 北京:中国建筑工业出版社,2005
37. [美]凯文·林奇. 城市意向. 方益萍,何晓军,译. 北京:华夏出版社,2001
38. [日]相马一郎. 环境心理学. 周畅,等译. 北京:中国建筑工业出版社,1986
39. [丹麦]杨·盖尔. 交往与空间. 何人可,译. 北京:中国建筑工业出版社,2002
40. [日]芦原义信. 外部空间设计. 尹培同,译. 北京:中国建筑工业出版社,1985
41. [日]高桥鹰志+EBS组. 环境行为与空间设计. 陶新中,译. 北京:中国建筑工业出版社,2006
42. [美]布伦特·C 布罗林. 建筑与文脉. 翁致祥,等译. 北京:中国建筑工业出版社,1988
43. [英]盖伊·库珀,戈登·泰勒. 未来庭园. 安晓露,译. 贵阳:贵州科技出版社,2002
44. [美]克莱尔·库珀·马库斯,卡罗琳·弗朗西斯. 人性场所:城市开放空间导则. 俞孔坚,孙鹏,王志芳,等译. 北京:中国建筑工业出版社,2001
45. [美]威廉·M 马什. 景观规划的环境学途径.第四版. 朱强,黄丽玲,俞孔坚,等译. 北京:中国建筑工业出版社,2006
46. [英]布赖恩·爱德华兹. 可持续性建筑.第二版. 周玉鹏,宋晔皓,译. 北京:中国建筑工业出版社,2003
47. [美]伊恩·轮诺克斯·麦克哈格. 设计结合自然. 芮经纬,译. 天津:天津大学出版社,2006
48. [美]肯尼斯·弗兰姆普敦. 现代建筑:一部批判的历史. 张钦楠,译. 北京:生活·读书·新知三联书店,2004
49. [美]Pete Melby,Tom Cathcart. 可持续性景观设计技术:景观设计实际运用. 张颖,李勇,译. 北京:机械工业出版社,2005
50. [英]凯瑟琳·迪伊. 景观建筑形式与纹理. 周剑云,唐孝祥,侯雅娟,译. 杭州:浙江科学技术出版社,2004
51. [美]弗雷德里克·斯坦纳. 生命的景观——景观规划的生态学途径.第二版. 周年兴. 李小凌. 俞孔坚,等译. 北京:中国建筑工业出版社,2004
52. [以]里埃特·玛格丽丝,[美]亚历山大·罗宾逊. 生命的系统——景观设计材料与技术创新. 朱强,刘琴博,涂先明,译. 大连:大连理工大学出版社,2009
53. [美]亚布拉罕·马斯洛. 需要层次论. 许全声,译. 北京:人民教育出版社,1997
54. [美]卡伦·C 汉娜,R 布莱恩·卡尔佩珀. GIS在场地设计中的应用. 吴晓恩,等译. 北京:机械工业出版,2004
55. [美]库尔德·勒温. 拓扑心理学. 竺培梁,译. 杭州:浙江教育出版社,1997
56. [美]约翰·O 西蒙兹. 景观设计学——场地规划与设计手册. 俞孔坚. 王志芳,孙鹏,译. 北京:中国建筑工业出版社,2008
57. [美]阿摩斯·阿普卜特. 建成环境的意义(非语言表达方法). 黄兰谷,译. 北京:中国建筑工业出版社,2003
58. [美]Sutherland Lyall. Designing the New Landscape Architecture. London: Thames & Hudson,1991
59. [英]Mark Vernon-Jones.New World Landscape. London: Laurence King Publishing,2004

60. [美]John Ormsbee Simonds.Earthscape: a Manual of Environmental Planning. New York: McGraw-Hill,2006

61. [美]Peter Walker, Melanie Simo.Invisible Gardens—The Search for Modernism in the American Landscape. Cambridge: The MIT Press,1996

62. [加]R Murray Schafer.The Soundscape.Destiny Books,1993

63. [美]Peter Walker. Peter Walker and Partners: Landscape Architecture Defining the Craft. London: Thames & Hudson,2005

64. [美]Elizabeth Barlow Rogers.Landscape Design—A Cultural and Architectural History. New York: Harry N. Abrams,2001

65. [美]Sima Eliovson.The Gardens of Roberto Burle Marx. New York: Baker & Taylor Books, 1991

66. [美]Public Technology Inc., US Green Building Council.绿色建筑技术手册:设计·建造·运行. 王长庆,龙惟定,等译.北京:中国建筑工业出版社,1999

67. World Landscape Contemporary Selected Projects 10×100. 武汉:华中科技大学出版社, 2008

68. [美] Michael Spens. Modern Landscape. London: Phaidon Press,2003

69. 罗伯特·村濑. 理麦恩巴兰司公园,西雅图,拜拿劳亚交响乐演奏厅纪念庭院[J]. 景观设计,专题:IT时代的景观设计,2003(04)

70. 鲁琪昌. 旅游开发的环境塑造点滴——海南琼山《荔湾酒乡》的园林构思[J]. 建筑学报, 1995(04)

71. [英]德里(Delhi). 英国议会大厦BRITISH COUNCIL[J]. 朱守训,宋彦,译. 世界建筑导报, 1995(01)

72. 周坚华,黄顺忠. 上海市绿化三维量调查及其对策研究[J]. 中国园林,1997年增刊

73. 成玉宁. 中国古典造园之"法"[J]. 造园学报,1993(1)

74. 邵伟平,陈淑慧,刘宇光,等. 开放的紫禁城:奥运中心区下沉花园及中国元素主题设计[J]. 建筑创作,2008(08)

75. 谷敬鹏,孙璐. 清丽蕴于无华——从历史环境角度解读卡洛·斯卡帕[J]. 新建筑,2001(02)

# 后　记

自1993年以来先后为东南大学建筑学院本科生、研究生讲授"建筑环境设计"、"现代景观设计理论与方法"课程，前后16年，其间持续不断地将相关实践及体会增补到课程内容之中，与之相应，研究中的思考往往也在工程中加以实践、推敲，而现代景观设计涉猎面之宽、随意性之大，令人深感景观设计的复杂。相关科学技术的发展、审美取向的变化直接或间接地左右着当代景观设计。通常初学者又热衷于聚焦"大师与风格"，往往淡化对于设计过程研究而直取形式，肤浅的形式背后更多的是困惑。透过百余年景观设计的变迁历程，纷繁复杂的理论与实践，发现总结现代景观设计理论与方法，从景观本体出发，理性地思考现代景观设计方法与技巧，形成符合景观设计规律的方法是本书撰写的初衷。《现代景观设计理论与方法》一书是教学研究与工程实践相结合的产物，在"实践中思考与有想法地设计"需要坚持不懈地努力，相信随着实践与研究的深入，关于景观设计规律性的认知也会逐渐丰富。

感谢王建国教授在百忙之中惠为本书作序；感谢东南大学研究生院将"现代景观设计理论与方法"评为研究生精品课程；感谢东南大学出版社徐步政教授等编辑的精心编审；感谢研究生王玉、张祎、张亚伟、戴丹骅等为本书部分文字及插图所作贡献；感谢家人的理解与支持。

成玉宁  
2009.8.6 于中大院